乡村振兴之
科技兴农系列

西瓜生产
经验大全

贾文海　主编

U0231431

化学工业出版社
·北京·

图书在版编目（CIP）数据

西瓜生产经验大全/贾文海主编.—北京：化学工
业出版社，2024.2

（乡村振兴之科技兴农系列）

ISBN 978-7-122-44562-9

Ⅰ.①西… Ⅱ.①贾… Ⅲ.①西瓜-瓜果园艺
Ⅳ.①S651

中国国家版本馆CIP数据核字（2023）第237232号

责任编辑：邵桂林　　　　　　　文字编辑：李　雪
责任校对：边　涛　　　　　　　装帧设计：韩　飞

出版发行：化学工业出版社
　　　　　（北京市东城区青年湖南街13号　邮政编码100011）
印　　刷：三河市航远印刷有限公司
装　　订：三河市宇新装订厂
850mm×1168mm　1/32　印张16　字数458千字
2024年4月北京第1版第1次印刷

购书咨询：010-64518888　　　　售后服务：010-64518899
网　　址：http://www.cip.com.cn
凡购买本书，如有缺损质量问题，本社销售中心负责调换。

定　　价：69.80元　　　　　　　版权所有　违者必究

编写人员名单

主　　编　贾文海

编写人员　贾文海

　　　　　贾智超

　　　　　王涵仪

前　言

　　西瓜在高产优质高效农业发展中具有重要地位。西瓜优质高产栽培技术，特别是设施栽培、特殊栽培和无籽西瓜栽培新技术等又是发展西瓜生产、提高农业经济效益的关键。为了适应西瓜生产、科研、教学的需要和满足广大瓜农了解与掌握西瓜生产新技术、新品种、新方法等最新成果的需求，也为了解答笔者在山东省昌乐县从事西瓜生产、科研时，以及在国内多处西瓜生产基地担任技术顾问时，许多西瓜生产经营者和基层农业技术推广站等提出来的许多问题，更为了把笔者从事西瓜生产、研究50多年来的经验贡献给社会，现将各类要点集结成书，旨在为更多的读者提供西瓜生产技术参考资料，同时也是对全国各地来信来访咨询西瓜生产技术者的公开回复。

　　本书将会有很广泛的读者：对生产者而言，初次种西瓜者，看了本书可"依样画葫芦"；多年种西瓜者，看了本书可借鉴经验，精益求精，可以"更上一层楼"；西瓜经营者、加工者、育种者、研究者及农业技术推广者等均可以各取所需，择要而读。所以，本书既可作为西瓜生产者、经营者的读物，也可供农业技术推广人员及科研、教学工作者参考，还可作为农业技术培训教材。此外，张峰先生在百忙中为本书绘制了部分图表，李弈霖也在百忙中为本书的修改付出了宝贵的时间和精力，特致谢意！

任何一本书都不可能包罗万象、完美无缺。有道是：学无止境。笔者也是坚持做到老学到老。鉴于所掌握的资料和水平有限，疏漏和不当之处在所难免，敬请同行专家及广大读者斧正赐教！

贾文海

2024.1.1

目 录

第一章 选择西瓜栽培品种的经验

第二章　西瓜育苗经验

第三章　西瓜栽培管理经验

第四章　西瓜栽培模式选择的经验

第五章　西瓜的间种套作经验

第六章　无籽西瓜和小型西瓜栽培技术

第七章　西瓜的特殊栽培

第八章　西瓜采收、销售、储藏与加工

第九章　西瓜病虫草害的防治经验

第十章　西瓜种植专家和"瓜把式"的经验

第十一章　西瓜育种和试验研究

参考文献

第一章
选择西瓜栽培品种的经验

第一节　西瓜品种选择依据

一、看熟性

西瓜品种的熟性一般是按生育期划分的，即根据生育期的长短分为早熟品种、中熟品种、晚熟品种。

（1）早熟品种　全生育期90～100天，多为中果型，单瓜重为5～6千克。其中全生育期80～90天的属于极早熟品种，多为小果型，单瓜重3～4千克。

（2）中熟品种　全生育期100～120天，为中熟品种，果实大中型。

（3）晚熟品种　全生育期120天以上为晚熟品种，果实多为大型。

二、看产量

产量是由单瓜重、结果率和种植密度决定的。西瓜露地栽培时，一般每株只留一个果。这样，在一定的种植密度条件下，产量的决定因素就是单瓜重，而单瓜重是由品种决定的。所以，在同一条件下，大果型品种一般会高产。

三、看品质

西瓜的品质是指口感、风味、含糖量等。在同样栽培条件下，种子是品质的决定因素。

四、看抗性

作物的抗性就是指抗病虫、抗旱、抗寒等抵御不良环境的能力。不同的品种其抗性不同。因此，在选择西瓜种子时，要根据我们的栽培条件，因地制宜地进行选择。

第二节　优良西瓜品种推广（有籽西瓜品种）

一、极早熟品种

极早熟品种的生育期一般为 80 ～ 90 天，其中果实发育期为 23 ～ 28 天。多为小型果，平均单瓜重 1.5 ～ 3.0 千克。株型较小，瓜蔓生长势较弱，但主蔓分枝力较强，伸展力较弱，适合露地双行密植栽培和棚室多茬栽培。近年来，这类品种（系）的引进和选育工作发展迅猛，为我国西瓜市场实现周年均衡供应提供了强有力的保障。

1. 特小凤

台湾农友种苗公司育成。全生育期 80 天左右，雌花开放至该果实成熟（以下简称果实发育期）22 ～ 25 天。果实近圆形，果皮鲜绿色，果面有不规则的黑条纹。单瓜重 1.5 ～ 2.0 千克。果肉金黄色，肉质细嫩、脆甜多汁，果实中含糖量 12% 左右。果皮极薄，种子特少。耐低温弱光，适合我国南北各地早熟或多季栽培（图 1-1）。

图 1-1 特小凤

2. 拿比特

从日本引进的红玉类最新西瓜品种。全生育期 85 天左右，果实发育期 24 ～ 26 天。果实长椭圆形，果皮绿色，上覆墨绿色条带。果肉红色，质脆嫩，果实中心含糖量 12% 以上。单瓜重 2 千克左右，易连续坐果，适宜我国各地春季早熟和秋延迟保护地栽培（图 1-2）。

图 1-2 拿比特

3. 红小玉

湖南省瓜类研究所从日本引进的一代杂交种。全生育期 80 ～ 85 天，果实发育期 22 ～ 25 天，极易坐果，每株可坐果 2 ～ 3 个。果实高球形，果皮深绿色，上有16～17条纵向细虎纹状条带。果肉浓桃红色，瓤质脆沙、味甜，风味极佳，中心含糖量 12% 左右。生长势较强，可以连续结果，单瓜重约 2.0 千克。适宜全国各地早熟栽培（图1-3）。

图1-3　红小玉

4. 黄晶一号

极早熟高档小型西瓜，果实成熟期 26 天，果实圆球形，黄皮红肉，外观漂亮喜人。肉质细嫩，口感好，中心含糖量 13% 以上。长势好，抗逆性强，易坐瓜，果实整齐度好，单瓜重 1.5 ～ 2 千克（图1-4）。

图1-4　黄晶一号

5. 特早红

黑龙江省大庆市庆农西瓜研究所育成，全生育期85天，果实生育期28天左右。果实圆形，浅绿色果皮上有深绿色条带。果肉红色，瓤质细脆多汁，风味好，中心含糖量12%以上。单瓜重4～5千克。适宜北方棚室早熟栽培（图1-5）。

图1-5 特早红

6. 世纪春蜜

中国农科院郑州果树研究所育成。全生育期85天左右，果实发育25天左右。果实圆形，果皮底色浅绿，上有深绿色细条带。果肉红色，瓤质细脆多汁，风味佳，果实中心含糖量12%以上。单瓜重3.5～4千克。适宜棚室早熟栽培（图1-6）。

图1-6 世纪春蜜

7. 小天使

合肥丰乐种业股份有限公司育成。全生育期 80 天左右，果实发育期 24 天左右。果实椭圆形，果皮鲜绿色，上覆深绿色中细齿状条带。果肉红色，质脆，纤维少，爽口多汁，风味佳，果实中心含糖量 12.5%。单瓜重 1.5～2 千克。适宜浙江、上海等生态区栽培（图 1-7）。

图 1-7　小天使

8. 早佳（8424）

新疆农业科学院园艺作物研究所育成。全生育期 75 天左右，果实发育期 28 天左右。果实圆形，果皮绿色，上覆深褐色条带。果肉粉红色，松脆多汁，纤维少，果实中心含糖量 12% 以上。单瓜重 3～5 千克。耐低温弱光，适宜棚室早熟栽培（图 1-8）。

图 1-8　早佳（8424）

9. 美抗 9 号

河北省蔬菜种苗中心育成。全生育期 85 天左右,果实发育期 28 天左右。果实高圆形,果皮深绿色,上覆墨绿色条带。果肉红色,质脆多汁,中心含糖量 12% 以上。单瓜重 4 千克左右,种子小而少。适宜北方地膜覆盖及棚室栽培(图 1-9)。

图1-9 美抗 9 号

10. 玉美人

新疆昌农种业股份有限公司选育。全生育期 80 ~ 85 天,果实发育期 22 ~ 24 天。果实椭圆形,果皮墨绿色,上覆绿色条带,皮极薄。果肉鲜黄色,细脆爽口,中心含糖量 13% 左右。一株多果,平均单瓜重 2.5 千克以上。适应性广,抗病性强,全国各地均可栽培(图 1-10)。

图1-10 玉美人

11. 春兰

极早熟、中小果型。全生育期约83天，果实发育期为24天左右。植株生长势中等偏弱，极易坐果，果实圆球形，翠绿底色上覆有深绿色细条带，外观非常漂亮。果肉黄色，肉质酥脆细嫩，口感极好，果实中心含糖量13%左右，品质一流。一般单瓜重3千克左右（图1-11）。

图1-11 春兰

12. 早春红玉

由日本引进的一代杂交种。全生育期80天左右，果实发育期25天左右。果实椭圆形，果皮深绿色，上覆黑色条状花纹，果皮极薄具弹性，耐运输。果肉桃红色，质细风味佳。果实中心含糖量12%以上。单瓜重1.5～2.5千克。适宜春、秋、冬多季设施栽培（图1-12）。

13. 黄美人

全生育期80～85天，果实发育期26天左右。果实椭圆形，果皮金黄色，果肉鲜红色，质脆沙，中心含糖量13%左右。单瓜重2.5～3千克。适应性广，适宜各西瓜主产区春、夏、秋多季栽培（图1-13）。

图1-12 早春红玉

图1-13 黄美人

14. 中科 1 号

特早熟、中果型、外观亮丽、品质一流、极具发展潜力。全生育期约 83 天，从坐果到果实成熟 24～26 天。生长势中等，极易坐果。果实圆正，底色翠绿，条带细，整齐清晰，商品性好。果肉鲜红色，肉质酥脆细腻，汁多，口感风味特好，中心含糖量 12%，最高可达13%。一般单瓜重 5～6 千克。适合保护地早熟栽培（图1-14）。

图1-14 中科 1 号

15. 世纪春露

早熟，全生育期约 85 天，果实发育期为 27 天左右。植株生长势中等，极易坐果，果实圆球形，浅绿底色上覆有深绿色细条带，外观非常漂亮。果肉大红，肉质酥脆，口感极好，果实中心含糖量为 12% 左右，品质上等。平均单瓜重 5～6 千克。适合保护地和露地栽培，也可用于秋延迟栽培（图 1-15）。

图 1-15　世纪春露

16. 早春翠玉

特早熟，全生育期约 80 天，果实发育期为 22 天左右。植株生长势中等，易坐果，果实圆球形，果皮绿色，上有深绿色特细条带，外观秀美。果肉黄色，肉质酥脆细嫩，口感风味好，果实中心含糖量 13% 左右。一般单瓜重 1.5 千克左右（图 1-16）。

图 1-16　早春翠玉

17. 早春美玉

特早熟、小果型。全生育期约 80 天，果实发育期为 22 天左右。植株生长势中等，易坐果，果实圆球形，果肉黄色，肉质酥脆细嫩，口感风味好，果实中心含糖量 13% 左右，品质一流。一般单瓜重 1.5千克左右（图 1-17）。

图 1-17　早春美玉

18. 丰乐小天使

极早熟品种。雌花开放至果实成熟约 24 天，果实椭圆形，绿皮覆盖墨绿色齿条，外形美观，平均单果重 1.5 千克左右，中心含糖量13% 左右。极易坐果，汁多味甜，口感极佳（图 1-18）。

图 1-18　丰乐小天使

19. 美王

兰州市种子管理站选育的早熟杂一代西瓜品种。2007 年通过甘肃省成果鉴定。果实发育期 28 天左右。植株长势中强，抗逆性强，适应性广，易坐果。平均单瓜重 3.5 千克。果实圆球形，绿皮齿条带，瓤色大红，中心含糖量 12%，品质佳，皮薄而韧，较耐贮运。日光温室、塑料大棚宜采用吊蔓栽培，双蔓整枝，一吊一伏，密度 27000 株 / 公顷左右。小拱棚和露地栽培宜采用三蔓整枝，密度 13500 株 / 公顷左右。适合甘肃及北方保护地和露地早熟栽培（图 1-19）。

图 1-19   美王

20. 特早甜

是甘肃省最新育成的新一代早熟超甜型西瓜新品种。该品种长势强壮，不易早衰，对瓜类枯萎病、炭疽病抗性较强，易坐瓜。果实圆形，皮墨绿色，果肉鲜红，细嫩多汁，籽少，中心含糖量 13%。皮薄且坚韧，耐储运，保鲜性好。一般单瓜重 5～8 千克，瓜个大小均匀，不易裂瓜（图 1-20）。

21. 新金巧

早熟，做秋延后栽培，全生育期 75～80 天。果实从开花至成熟 30 天。其植株生长健壮，易坐瓜，抗病，适应性强。果实高圆形，果面底色为绿色，上有锯齿形深绿条纹，果肉金黄，脆嫩无比，入口即化，品质极佳。中心含糖量 12%，单瓜重 5 千克左右（图 1-21）。

图1-20 特早甜

图1-21 新金巧

22. 夏丽

全生育期 85 天左右，雌花开放至成熟 28 天左右，适宜早春保护地栽培，更适合夏秋露地栽培，易坐果，单株坐果 2～3 果，果实一致性好，果实长椭圆形，果皮墨绿色有不明显锯齿状条带。果形指数 1.8，单瓜重 3～3.5 千克，中心可溶性固形物含量 13% 左右，边糖 11%，梯度小，肉色红，皮薄但硬，耐储运（图1-22）。

图1-22 夏丽

23. 秀玉 2 号

全生育期 83 天左右，果实发育期 27 天左右；易坐果，单瓜重 3～3.5 千克，中心可溶性固形物含量 13% 左右，边糖 11%，梯度小，肉色红，皮薄但硬，耐储运（图 1-23）。

图1-23　秀玉 2 号

二、早熟品种

早熟品种的全生育期一般为 90 ～ 100 天，其中果实发育期为 28 ～ 30 天。多为中果型，单瓜重 4 ～ 6 千克。

1. 黑美人

台湾农友种苗公司育成。全生育期 90 天左右，果实发育期 28 天左右。果实长椭圆形，果皮墨绿色，有暗黑色斑纹。果肉鲜红色，肉质细嫩多汁，中心含糖量 12% 以上。单瓜重 2.5 ～ 4 千克。果皮硬而韧，具弹性，极耐贮运。是目前栽培面积最大的早熟品种（图 1-24）。

2. 京欣 2 号

国家蔬菜工程技术研究中心育成。早熟品种，全生育期 88 ～ 90 天，果实发育期 28 天左右。果实圆形，皮绿色，上覆墨绿色条带，有蜡粉。瓜瓤红色，质脆嫩，口感好，甜度高，中心含糖量 12% 以上。皮薄有韧性，耐裂性较京欣 1 号强。单瓜重 6 ～ 8 千克。抗病性较强。适合全国保护地栽培和露地早熟栽培（图 1-25）。

图 1-24　黑美人

图 1-25　京欣 2 号

3. 天骄

　　河南省农科院园艺研究所选育，全生育期 94 天，果实发育期 28 天。植株长势强，易坐果。果实圆形，瓜皮底色浅绿，有墨绿色条带。瓜瓤大红色，质脆多汁，中心含糖量 11.5%，边糖 9.5%。种子卵圆形，褐色，千粒重 57.1 克。适宜棚室或露地早熟栽培（图 1-26）。

图 1-26　天骄

4. 春一

　　天津市农科院育成。全生育期 95 天，果实发育期 28 天左右。果实圆形，瓜皮底色翠绿，有清晰的黑色细条带，皮薄而韧，耐运。单瓜重 6～8 千克。易坐果，适合设施早熟栽培（图 1-27）。

图1-27　春一

5. 抗病绿王星

全生育期 100 天左右，果实发育期 32 天左右。瓜呈高圆形，绿皮，薄而韧；瓤色大红，中心含糖量为 13％左右，籽小而少，肉质紧密、口感好、风味佳。抗病性强（图 1-28）。

图1-28　抗病绿王星

6. 农科大 10 号

西北农林科技大学园艺学院选育。全生育期 105 天左右，果实发育期 31 天左右。果实圆球形，果皮翠绿色，覆墨绿色齿状条纹，有蜡粉，皮厚 0.9 厘米左右，较韧，耐运。果肉桃红色，质脆多汁，中心含糖量 10.5％ ～ 11.0％。单瓜重 4.7 ～ 6.8 千克。中抗枯萎病，耐低温弱光，适宜早春设施栽培（图 1-29）。

图1-29　农科大10号

7. 改良京抗2号

国家蔬菜工程技术研究中心育成。全生育期90天左右，果实发育期30天左右。果实高圆形，果皮浓绿色，上覆黑色中宽条带。果肉朱红色，质脆嫩，纤维少，口感风味佳，中心含糖量12%以上。单瓜重7～8千克。较其他京欣系列品种耐裂性有较大提高。适宜早春中、小拱棚及地膜覆盖露地栽培（图1-30）。

图1-30　改良京抗2号

8. 千鼎1号

早熟新品种。全生育期90天左右，果实发育期30天左右。果实圆形，果形指数1.1，瓜皮深绿色，上覆墨绿色中细条带，条带较清晰，皮厚1.2厘米，韧性好，耐贮运。果肉红色，肉质沙细，汁多，纤维少，口感佳，中心含糖量12.0%，中边糖梯度小。平均单瓜重6.0千克左右。植株生长势较强，抗病性、抗逆性强（图1-31）。

图1-31　千鼎1号

9. 禾山玉丽

新疆昌农种业股份有限公司选育。全生育期90天左右，果实发育期30天左右。果实高圆形，果皮翠绿，上覆深绿色窄条带。果肉红色，质细脆爽口，中心含糖量13%左右。单瓜重6～8千克。适应性广，抗病性强，较耐重茬。全国南北方均可栽培（图1-32）。

图1-32　禾山玉丽

10. 抗枯巨龙

新疆昌农种业股份有限公司选育。全生育期88～90天，果实发育期28～30天。果实椭圆形，果皮翠绿，上覆墨绿色条带。果肉鲜红色，质沙脆，风味佳，中心含糖量12%左右。单瓜6～7千克。适应性广，抗病性强，全国各地均可栽培（图1-33）。

图1-33 抗枯巨龙

11. 大总统

济南学超种业有限公司太空育种。全生育期85～95天，果实发育期26～28天。果实近圆形，果皮浅绿色，上覆黑色条带。果肉大红色，质脆，中心含糖量12%左右。单瓜重7～10千克。耐低温弱光，高抗病。皮薄坚韧，耐贮运。适宜露地早熟栽培和保护地春、秋栽培（图1-34）。

图1-34 大总统

12. 金旱 8 号

新疆昌农种业股份有限公司选育。全生育期 90 天左右，果实发育期 28 天左右。果实椭圆形，果皮黄绿色，上覆深绿色宽条带。果肉大红色，风味好，中心含糖量 12% 左右。单瓜重 7 ～ 8 千克。适应性广，抗病性强，我国南北方均可栽培（图 1-35）。

图 1-35　金旱 8 号

13. 兴华

台湾农友种苗公司选育。全生育期 90 天左右，果实发育期 28 天左右。果实长椭圆形，果皮淡绿色，上有粗宽深绿色条带。果肉深红色，中心含糖量 12% 左右。果皮薄而韧，耐贮运。单瓜重 3 ～ 4 千克。适宜各地早熟栽培（图 1-36）。

图 1-36　兴华

14. 早巨龙

河北省蔬菜种苗中心育成。全生育期96天，果实发育期31天左右。果实椭圆形，果皮深绿色，上覆墨绿色条带。果肉粉红色，种子少，中心含糖量11.5%左右。单瓜重4～6千克。适应性广，抗病性强，适宜各地早春栽培（图1-37）。

图1-37 早巨龙

15. 双抗2号

全生育期90天左右，果实发育30天左右。果实圆形，果皮深绿色，上覆黑色条带。果肉红色，中心含糖量11.5%左右。单瓜重4～5千克。抗枯萎病，兼抗炭疽病。适宜露地和保护地早熟栽培。在湖南、浙江等省栽培面积较大（图1-38）。

图1-38 双抗2号

16. 春光

全生育期 90 ～ 95 天，果实发育期 30 天左右。果实长椭圆形，果皮鲜绿，上覆浓绿色细条带。果肉粉红色，质细嫩，中心含糖量 13% 左右，梯度小，风味佳。果皮极薄，仅 0.2 ～ 0.3 厘米。单瓜重 2 ～ 2.5 千克，植株生长稳健，低温下伸长性好，在早春不良条件下易坐果。目前在上海郊区、苏浙等地有较大面积栽培（图 1-39）。

图 1-39　春光

17. 金宝

全生育期 100 天左右，果实发育期 28 ～ 30 天。果实正圆形，条带清晰、无乱纹，底色翠绿。瓤色大红，细嫩多汁，口感好。中心含糖量 12% 以上，皮薄且质韧，耐运输。果实整齐度高，果形大，一般单瓜重 8 ～ 10 千克。该品种抗逆性、耐低温能力较强。适宜早春保护地栽培（图 1-40）。

18. 京花宝

京欣类型品种中大果型西瓜。从坐果到果实成熟 29 天左右。植株生长健壮，极易坐果。果实圆正，底色翠绿，条带清晰，商品性极好。果肉大红鲜艳，肉质脆细，汁多，口感风味好，耐运输。中心含糖量可达 12%。一般单瓜重 8 ～ 10 千克，最大可达 16 千克。适合保护地、露地栽培（图 1-41）。

图1-40　金宝

图1-41　京花宝

19. 美兰

早熟中型西瓜，果面绿色，覆墨绿色齿带，果面光滑、无棱沟、覆蜡粉，果皮厚1.1厘米，瓜瓤黄色，汁液多，瓤质脆，口感好。耐储运性中等。该品种较耐高温，不易早衰，综合性状与早佳相近（图1-42）。

图1-42　美兰

20. 金童

早熟一代杂种，植株长势强，坐果整齐，全生育期93天。果实发育期28天左右，果实圆形，果皮底色草绿，上覆深绿色细条带，外形美观；皮薄，果肉红色，口感极好，含糖量 12％左右。单瓜重 6 ～ 10 千克（图 1-43）。

图1-43 金童

21. 黑早龙

全生育期 90 天左右，果实发育期 25 ～ 28 天；植株长势强，坐果整齐，瓜皮薄，果肉红，口感好，含糖量 12％左右。单瓜重 4 ～ 6 千克（图 1-44）。

图1-44 黑早龙

22. 羞月

全生育期 85 ～ 90 天，果实发育期 26 天左右；植株长势强，坐果整齐，果实圆形美观，皮翠绿色，上覆墨绿条带；黄瓤肉细口感好，含糖量 11% 左右。单瓜重 5 ～ 6 千克（图 1-45）。

图 1-45 羞月

23. 京抗 3 号

全生育期 85 ～ 90 天，果实椭圆形，皮绿色，上覆清晰的齿形条纹。果肉桃红色，脆嫩爽口；中心含糖量 11%，皮厚 1 厘米，韧性强，耐储运（图 1-46）。

图 1-46 京抗 3 号

三、中晚熟品种

近几年在国内种子市场能够看到的各种包装的西瓜种子中，中熟品种占 65% ～ 80%（2001 年为 80%，2009 年为 65%），晚熟品种很少。在众多的中熟品种中，根据果型大小、果皮颜色、种子多少及抗病、耐贮运等不同特性分别选取部分有代表性的品种予以介绍。读者可根据市场需求、生态条件、栽培方式、生产条件和技术水平选择适合自己的品种。

下面介绍一批高产品种。

1. 西农 8 号

西北农林科技大学育成。全生长期 95 ～ 105 天，果实发育期 34 ～ 36 天。果实椭圆形，果皮浅绿色，上覆墨绿色齿状条带。果肉红色，质细脆甜，中心含糖量 11% 以上。单瓜重 7 ～ 8 千克。适宜长江以北露地或地膜覆盖栽培（图 1-47）。

图 1-47　西农 8 号

2. 红冠龙

西北农林科技大学园艺学院育成。全生育期 100 天左右，果实发育期 36 天左右。果实椭圆形，果皮浅绿色，上覆有不规则深绿色条带。果肉大红色，质细嫩脆爽，风味好，中心含糖量 11% 以上。单瓜重 9 ～ 10 千克。适宜我国各主要西瓜产区露地栽培（图 1-48）。

图 1-48　红冠龙

3. 黑巨冠

中晚熟品种，全生育期 100 天左右，果实发育期 30 天左右。果实椭圆形，果皮纯黑色，上覆白色蜡粉；瓤色大红，肉脆多汁；中心含糖量 11% 左右，口感好。单瓜重 8 ～ 9 千克，最大 15 千克。皮薄而韧，耐储运（图 1-49）。

图 1-49　黑巨冠

4. 农乐 1 号

中熟一代杂种，果实发育期 33 天左右，全生育期 100 天左右。生长势强健，易坐果，抗病抗逆性强。果实圆形，果皮绿色，覆墨绿条带，皮厚 0.9 厘米。中心可溶性固形物含量 11%，中边梯度 1.0，瓤色大红，剖面均匀一致，品质佳。平均单瓜重 4.5 千克（图 1-50）。

图 1-50　农乐 1 号

5. 抗病黑巨霸

中国农业科学院郑州果树研究所选育的中熟大果型品种。高抗枯萎病，全生育期 100 天左右，果实发育期约 33 天。植株生长势中等偏上，极易坐果，果实椭圆形，黑皮带有暗条。果肉大红，肉质脆甜，中心糖含量 12% 左右，口感极佳。单瓜重 8 ～ 10 千克。果皮坚韧，耐贮运（图 1-51）。

图 1-51　抗病黑巨霸

6. 抗病 201

全生育期 100 天，果实发育期 30 天左右。植株生长稳健，易坐果。果实椭圆形，果皮底色浅绿色，上有深绿色的不规则条带。果肉大红，肉质脆爽，汁多味正，果实中心糖含量12%，品质上等。果皮薄而韧，耐运输。单瓜重7～8千克。种子小（图1-52）。

图1-52 抗病201

7. 雪峰黑媚娘

湖南农业大学园艺园林学院和湖南省瓜类研究所共同育成的中熟偏早有籽西瓜一代杂种，全生育期90天左右，果实发育期30天左右。植株生长势和抗病抗逆性较强，坐果性好。果实高圆球形，果皮深绿色，覆墨绿色条带。瓤色鲜红，瓤质脆，中心可溶性固形物含量约12.0%，汁多味甜、爽口，品质优。单果重量6千克左右。果实整齐度高，栽培适应性强，适合于长江中下游地区及相近生态地区露地、保护地多季节栽培（图1-53）。

图1-53 雪峰黑媚娘

8. 开杂 12

河南省开封市农林科学研究院育成。全生育期 106 天，果实发育期 34 天。果实椭圆形，果皮黑色，上覆有暗黑条带。果肉红色，质脆多汁，中心含糖量 11% 左右。单瓜重 8 ～ 10 千克。适宜华北及长江下游地区露地或地膜覆盖栽培（图 1-54）。

图 1-54　开杂 12

9. 鄂西瓜 16 号

武汉市农业科学研究院选育的中熟西瓜品种。果实高圆形，果皮绿色，覆墨绿色锯齿状条带。果肉鲜红色，中心糖含量 11.13%，边糖含量 8.36%。肉质细嫩爽口，汁多味甜，风味佳。果皮薄而韧，不易裂瓜。单瓜重量 3.0 ～ 3.5 千克。抗病性、抗逆性较强，较耐贮运（图 1-55）。

图 1-55　鄂西瓜 16 号

10. 庆发黑马

黑龙江省大庆市庆农西瓜研究所育成。全生育期 110 ～ 120 天，果实发育期 35 天左右。果实椭圆形，果皮黑色。果肉红色，质脆甜，中心含糖量 12% 左右。单瓜重 8 ～ 10 千克。适宜东北、西北、华北及生态条件类似的地区种植（图 1-56）。

图 1-56　庆发黑马

11. 美抗 8 号

河北省蔬菜种苗中心育成。全生育期 105 ～ 110 天，果实发育期 32 天左右。果实椭圆形，果皮浅绿色，上覆有深绿色条带。果肉鲜红色，质细脆而多汁，中心含糖量 12% 左右。单瓜重 7 ～ 10 千克，最大可达 28 千克。适宜华北春季露地栽培（图 1-57）。

图 1-57　美抗 8 号

12. 庆农 5 号

黑龙江省大庆市庆农西瓜研究所育成。全生育期 105 天左右，果实发育期 33 天左右。果实椭圆形，果皮浅绿色，上覆有浓绿色条带。果肉红色，少籽，瓤质细脆而多汁，中心含糖量 12% 左右。单瓜重 8～10千克，最大可达 28 千克。适宜华北地区春季膜覆盖栽培（图 1-58）。

图 1-58　庆农 5 号

13. 郑抗 8 号

中国农科院郑州果树研究所育成。全生育期 95～100 天，果实发育期 28～30 天。果实椭圆形，果皮墨绿至黑色，上有隐形暗网纹。果肉鲜红色，质细脆沙、汁多纤维少，中心含糖量 11% 以上。单瓜重 6～8 千克。适宜华北地区露地栽培（图 1-59）。

图 1-59　郑抗 8 号

14. 聚宝 3 号

合肥丰乐种业股份有限公司育成。全生育期 95 天左右，果实发育期 33 ～ 35 天，植株生长势中等稳健，较抗枯萎病和炭疽病。果实椭圆形，果形指数 1.35 ～ 1.4，浅黄绿果皮上覆深绿齿条，果皮 1.0 厘米，不裂果，果肉红色，纤维少，中心可溶性固形物含量 11% 左右，中边梯度小，单瓜重 4 千克左右（图 1-60）。

图 1-60　聚宝 3 号

15. 华蜜 8 号

合肥华厦西瓜甜瓜科学研究所育成。全生育期 95 ～ 100 天，果实发育期 35 天左右。果实椭圆形，果皮绿色，上覆有墨绿色齿状条带。果肉红色，质细脆甜，纤维少，风味好，果实中心含糖量 12% 左右。单瓜重 8 ～ 9 千克。适宜华东、华北及长江中下游地区露地栽培（图 1-61）。

16. 改良新红宝

全生育期 100 天左右，果实发育期 30 ～ 33 天。果实长椭圆形，果皮浅绿色，略显翠绿色网纹。果肉红色，瓤质脆甜，中心含糖量 11% 以上。单瓜重 10 ～ 15 千克，宜在北方各省及南方旱季露地栽培（图 1-62）。

图 1-61　华蜜 8 号

图 1-62　改良新红宝

17. 莱育 8 号

全生育期 95 ～ 100 天，果实发育期 35 天左右。果实高圆形，果皮浅绿色，上覆有深绿色宽条带。果肉红色，质细，纤维少，中心含糖量 12% 以上。单瓜重 6 ～ 8 千克。适宜山东、河南等地露地栽培（图 1-63）。

图 1-63　莱育 8 号

18. 华西 7 号

新疆华西种业有限公司育成。全生育期 95 天左右，果实发育期 35 天左右。果实椭圆形，果皮浅绿色，上覆有墨绿色条带。果肉朱红色，品质佳，风味佳，果实中心含糖量 11% 以上。单瓜重 7～8 千克。适宜新疆、河北等地区露地栽培（图 1-64）。

图1-64　华西 7 号

19. 丰乐圣龙

合肥丰乐种业股份有限公司育成。全生育期 95～100 天，果实发育期 33 天左右。果实椭圆形，果皮底色浅绿，上有齿状黑条带。果肉红色，质脆，纤维少，中心含糖量 12% 左右。单瓜重 6～7 千克。适宜安徽、河南、山东等地区露地栽培（图 1-65）。

图1-65　丰乐圣龙

20. 燕都巨龙

中熟一代杂交。全生育期 95～100 天，果实发育期 30～32 天。

果实椭圆形，果皮绿色，上覆有黑色齿状条带。果肉红色，质脆爽而多汁，中心含糖量12%左右。单瓜重9～11千克。适宜辽宁、山东、河南、河北等地露地或地膜覆盖栽培（图1-66）。

图1-66　燕都巨龙

21. 大江2008

中熟大型果一代杂交种。全生育期100天左右，果实发育期32天左右。果实椭圆形，果皮纯黑色，果肉朱红，少籽，中心含糖量11%～12%。单瓜重9～12千克，最大可达25千克。适宜河南、山东、河北、辽宁等地区露地栽培（图1-67）。

图1-67　大江2008

22. 威龙

中晚熟品种，全生育期103天左右，果实发育期33天左右。果实长椭圆形，果皮绿色，覆有黑绿色齿状条纹；果肉大红色，甜度高，中心含糖量12%；抗病性强，耐储运（图1-68）。

图1-68　威龙

23. 世雷5号

中晚熟品种，全生育期102天左右，果实发育期30～33天。果实圆形，皮绿色，上覆深绿色条带，有果粉；瓜瓤红色，汁多，脆甜，中心含糖量12%以上；单瓜重10～15千克；抗病性强，耐储运（图1-69）。

图1-69　世雷5号

四、独具特色的西瓜品种

（一）高糖少籽品种

1. 金鹤黑美龙

广东珠海裕友种苗有限公司选育。系黑美人改良品种，极早熟，全生育期85～90天，果实发育期28天左右。果实长椭圆形，果皮墨绿色，上覆有黑色条斑。果肉深红色，肉质细嫩多汁，中心含糖量12%～14%，种子少。单瓜重3.5～5千克。适宜广东、广西、云南、贵州等地早熟栽培（图1-70）。

图1-70 金鹤黑美龙

2. 裕友美麒麟

广东珠海裕友种苗有限公司选育。早熟品种，全生育期90～95天，果实发育期30天左右。果实短椭圆形，果皮墨绿色，上覆有黑色条纹。果肉深红色，质脆，多汁，中心含糖量13%～14%。单瓜重3.5～4.5千克，少籽。适宜广西及华南地区露地栽培（图1-71）。

3. 京抗2号

北京农林科学院蔬菜研究中心育成。全生育期90～95天，果实发育期30天左右。果实圆形，果皮绿色，上覆有深绿色条带。果肉红色，种子少，口感好。果实中心含糖量12%以上。单瓜重4～5千克。适宜北京、河北、山东、辽宁、黑龙江、吉林等地露地栽培（图1-72）。

图 1-71　裕友美麒麟

图 1-72　京抗 2 号

4. 庆发 8 号

黑龙江省大庆市庆农西瓜研究所育成。全生育期 100 ～ 105 天，果实发育期约 33 天。果实圆形，果皮绿色，上覆有较宽的黑色齿状带。果肉红色，质脆多汁，味醇甜爽口。果实中心含糖量 12% 左右，高者可达 13.5%，中边梯度小。单瓜重 7 ～ 10 千克。籽少，每果仅 70 ～ 120 粒。适宜河北、河南、山东、江苏、安徽、湖南等地露地栽培（图 1-73）。

图 1-73　庆发 8 号

5. 新优 20 号

全生育期 90 ~ 98 天，果实发育期 29 天左右。果实椭圆形，果皮墨绿色。果肉桃红色，质脆多汁，纤维少，风味好，中心含糖量 12% 左右，种子较少。单瓜重 5 ~ 6 千克。不裂果，耐运输。适宜新疆、甘肃等地露地栽培（图 1-74）。

图 1-74　新优 20 号

6. 甜卫世纪星

全生育期 95 ~ 100 天，果实发育期 28 天左右。果实近椭圆形，果皮深绿色，上覆有墨绿色条带。果肉红色，质脆味极甜，中心含糖量 13% 以上。单瓜重 4 ~ 5 千克。适宜东北、华北地区地膜覆盖栽培、露地栽培或北方小拱棚覆盖栽培（图 1-75）。

7. 平优 5 号

浙江省平湖市西瓜豆类研究所育成。果实椭圆形，瓜皮青黑色，瓤大红色，单果重 5 ~ 8 千克。中熟杂交种，开花至成熟 30 天，皮薄且韧，耐贮运，耐湿；较耐炭疽病、疫病、枯萎病；肉质松脆，中心可溶性固形物含量 11.5% ~ 12%，口味好（图 1-76）。

图1-75 甜卫世纪星

图1-76 平优5号

8.昌农黑冠

新疆昌农种业股份有限公司育成。全生育期100天左右，果实发育期35天左右。果实长椭圆形，果皮黑色，有蜡粉。果肉大红，中心含糖量12%左右。单瓜重10～12千克，最大18千克。长势强，易坐果，适应性广，抗病性强。我国各地均可栽培（图1-77）。

图1-77 昌农黑冠

（二）高抗枯萎病的品种

中国农科院郑州果树研究所主持的西瓜甜瓜病育种组和其他西瓜

育种单位，近几年育成一批抗枯萎病的西瓜品种，在西瓜生产中发挥了抗病、增产作用。

1. 西农 10 号

天津科润农业科技股份有限公司蔬菜研究所与西北农林科技大学合作育成。全生育期 98～102 天，果实发育期 32 天左右。果实长椭圆形，果皮绿色，上覆有黑色齿状条带。果肉大红色，瓤质细脆，风味好，中心含糖量 11% 左右。单瓜重 6～8 千克。高抗枯萎病，可适度连作。适宜陕西、河北、天津等地栽培（图 1-78）。

图 1-78　西农 10 号

2. 抗病黑旋风

天津科润农业科技股份有限公司蔬菜研究所育成。全生育期 95～102 天，果实发育期 30～33 天。果实椭圆形，果皮黑色。果肉红色，质脆沙，中心含糖量 12% 左右。单瓜重 9 千克以上，籽少。抗病性强，特抗西瓜枯萎病。适宜河北、天津等地露地栽培（图 1-79）。

3. 先行者

全生育期 95～100 天，果实发育期 30 天左右。果实椭圆形，果皮绿色网纹，上覆蜡质白粉。果肉红色，肉质细脆，中心含糖量 12%

左右。单瓜重 6 ～ 8 千克。抗逆性强，高抗枯萎病，兼抗病毒病。适宜河南、河北、山东等地露地或地膜覆盖栽培（图 1-80）。

图 1-79　抗病黑旋风

图 1-80　先行者

4. 郑抗 1 号

中国农科院郑州果树研究所育成。全生育期 100 天左右，果实发育期 30 ～ 32 天。果实椭圆形，果皮绿色，上覆有深绿色不规则条带。果肉大红色，质细，纤维少，中心含糖量 11% 左右。单瓜重 5 ～ 6 千克。抗西瓜枯萎病。适宜河南、山东、河北等地露地栽培（图 1-81）。

图 1-81　郑抗 1 号

5. 丰乐旭龙

合肥丰乐种业股份有限公司育成。全生育期 95 天左右，果实发育期 30 天。果实椭圆形，果皮深绿色，上覆有黑色齿状条带。果肉红色，中心含糖量 11.5% ～ 12.5%。单瓜重 4 ～ 5 千克。高抗枯萎病。适宜安徽、江苏等地露地栽培（图 1-82）。

图 1-82　丰乐旭龙

6. 台湾宝冠

全生育期 95 ～ 100 天，果实发育期 32 天左右。果实椭圆形，果皮绿色，上覆有深绿色网纹。果肉红色，质脆多汁，中心含糖量 11.5%。单瓜重 5 ～ 6 千克。高抗枯萎病。适宜山东、河北等地露地栽培（图 1-83）。

图 1-83　台湾宝冠

7. 美国重茬王

山东济南学超种业有限公司引进。全生育期 100 天左右，果实发育期 30 天左右。果实椭圆形，果皮草绿色，上覆墨绿色双条窄带。果肉大红色，风味佳，中心含糖量 11% 以上。单瓜重 10 ～ 20 千克。高抗枯萎病兼抗疫病、炭疽病（图 1-84）。

图1-84 美国重茬王

8. 抗病 3 号

全生育期 100 天左右，果实发育期 30 天左右。果实短椭圆形，果皮黄绿色，有隐形网纹。果肉大红色，质细脆，梯度小，中心含糖量 12% 左右。单瓜重 8 ～ 10 千克。耐重茬，高抗枯萎病（图 1-85）。

图1-85 抗病 3 号

9. 墨丰

东方正大种子公司推出。全生育期102天，果实发育期32天。果实圆球形，果皮墨绿色至黑色。果肉大红色，质脆多汁，中心含糖量12%以上。单瓜重5～8千克。植株耐湿热，抗病性极强（图1-86）。

图1-86　墨丰

10. 天使

全生育期100天左右，果实发育期30天左右。果实椭圆形，果皮草绿色，有深绿色宽条带。果肉大红色，质细脆，梯度小，中心含糖量12%左右。单瓜重8～10千克。耐重茬，高抗枯萎病（图1-87）。

图1-87　天使

11. 嘉年华

全生育期 102 天左右，果实发育期 32 天左右。果实椭圆形，果皮墨绿至黑色。果肉大红色，质脆多汁，种子大，中心含糖量 12% 以上。单瓜重 6～8 千克。植株耐湿热，抗病性强（图 1-88）。

图 1-88　嘉年华

（三）独具特色的珍稀品种

在自然界，西瓜原本就有黑、白、绿、花、黄不同皮色和红、黄、白不同瓤色的品种存在，但由于其产量、品质、抗性及适应性的不同，特别是受生产者、消费者价值观的取向所影响，有些品种，栽培面积会迅速扩大，而有些品种，栽培面积会越来越小，甚至会绝种。如白皮、白瓤、白籽的"三白"品种，浅绿网纹皮、白瓤的"冰淇淋"品种等。随着人们生活水平的不断提高，消费市场需要多样化，西瓜品种需要多样化。西瓜育种工作者已选育出一部分独具特色的西瓜新品种，现介绍如下。

1. 黄瓤品种

果肉金黄色，瓤质细嫩多汁，纤维少，有冰糖风味。

（1）冰晶　袁隆平农业高科技股份有限公司湘园瓜果种苗分公司育成。全生育期 85 天，果实发育期 27 天左右。果实高圆形，果皮浅绿色，上覆 17 条深绿色条纹。果肉黄瓤，质细脆，纤维少，味甜多汁，中心含糖量 12% 左右。单瓜重 1 ～ 1.5 千克。适宜多季棚室栽培（图 1-89）。

图 1-89　冰晶

（2）小兰　台湾农友种苗公司育成。全生育期 80 天左右，果实发育期 25 天左右。果实近圆形，皮色浅绿，上覆青色细条纹。果肉黄色晶亮，质细脆多汁，中心含糖量 12% 左右，种子小而少。单瓜重 1.5 ～ 2 千克。适宜冬春棚室栽培（图 1-90）。

图 1-90　小兰

（3）金元宝　全生育期 95 天左右，果实发育期 30 天左右。果实圆球形，果皮浅绿色，上有深绿色条带。果肉金黄色，瓤质细嫩，风味佳，中心含糖量 12% 左右。单瓜重 3 千克左右（图 1-91）。

图 1-91　金元宝

（4）中选 12 号　中国农科院蔬菜花卉研究所育成。全生育期 90 天左右，果实发育期 29 天左右。果实高圆形，果皮底色浅绿，上覆墨绿色齿状条带。果肉金黄色，质细脆甜，中心含糖量 11% 以上。皮薄耐贮运。单瓜重 3 千克左右。适宜北京、河北、辽宁等省市早熟栽培（图 1-92）。

图 1-92　中选 12 号

（5）金鹤玉凤　广东珠海裕友种苗有限公司育成。极早熟品种，全生育期 90 天左右，果实发育期 28 天左右。果实高球形，果皮浅绿色，上有深绿色纵向条纹。果肉晶黄美观，中心含糖量 12% 左右。单瓜重 1.5 千克左右。瓜皮极薄，高温多雨天气成熟时易裂果。适宜北方地区棚室内早熟栽培（图 1-93）。

图 1-93　金鹤玉凤

（6）阳春　合肥华夏西瓜甜瓜科学研究所育成。全生育期 90 天左右，果实发育期 28 天左右。果实高圆形，果皮翠绿，上覆有墨绿色条带。果肉金黄色，质细爽口，中心含糖量 12% ～ 13%，梯度小，品质上等。单瓜重平均 2 千克。耐低温弱光，抗性强。适宜各地早熟栽培（图 1-94）。

图 1-94　阳春

西瓜生产经验大全

（7）黄小玉　湖南省瓜类研究所育成的一代杂交新品种。全生育期85～90天，果实发育期26天左右。果实高圆形，单瓜重2千克左右。果皮厚约3毫米，不裂果，果肉金黄色略深，含糖量12%～13%，肉质细，纤维少，籽少，品质极佳。抗病性强，易坐果，极早熟。适于大棚早熟覆盖栽培（图1-95）。

图1-95　黄小玉

（8）黄小宝　全生育期85～90天，果实发育期28天左右。果实圆球形，黑皮光滑，瓜瓤黄色，肉细味甜，种子少，品质好；中心含糖量11.5%。抗病性强。适合于设施栽培（图1-96）。

图1-96　黄小宝

2.黄皮品种

果皮金黄色，外观美丽。但这类品种，一般抗病性较差，产量较低，所以要求较高的栽培技术。

（1）金帅2号　中国农科院蔬菜花卉研究所育成。全生育期80～90天，果实发育期28～30天。果实短椭圆形，果皮金黄色，果肉浅黄色，质脆多汁，中心含糖量11%左右。果皮薄而韧，耐贮运。单瓜重4千克左右（图1-97）。

图1-97　金帅2号

（2）丰乐8号　安徽省合肥丰乐种业股份有限公司育成。全生育期85～90天，果实发育期28天左右。果实圆形，果皮黄色，覆有深黄色暗条带。果肉红色，质脆，中心含糖量11%左右。果皮薄而韧，耐贮运。单瓜重3～4千克（图1-98）。

图1-98　丰乐8号

（3）金玉 6 号　全生育期 75 ～ 85 天，果实发育期 22 ～ 25 天。果实圆球形，果皮金黄色，油亮，上覆深黄色花纹。果肉金黄色，质脆味甜，中心含糖量 11% ～ 12%。单瓜重 1.5 ～ 2 千克（图 1-99）。

图 1-99　金玉 6 号

（4）金红宝　全生育期 85 ～ 90 天，果实发育期 25 ～ 28 天。果实高圆形，果皮深金黄色，果肉红色，瓤质细，脆而多汁，中心含糖量 11.5% 左右。单瓜重 2 ～ 3 千克（图 1-100）。

图 1-100　金红宝

（5）华晶 3 号　河南省孟津县西瓜协会育成。全生育期 80 ～ 90 天，果实发育期 25 ～ 28 天。果实圆形，果皮金黄色，上覆深黄色暗细条带。果肉红色，质脆汁多，口感甜爽，中心含糖量11%左右。单瓜重1.5千克左右。皮薄有韧性。耐旱、耐涝，易坐果，抗病性较强（图1-101）。

图1-101　华晶3号

（6）金美人　全生育期85～90天，果实发育期26～28天。果实长椭圆形，果皮金黄色，上覆深黄色暗细条带。果肉红色，质脆汁多，口感甜爽，中心含糖量11%左右。单瓜重1.5千克左右。皮薄而韧，耐储运，抗病性较强（图1-102）。

图1-102　金美人

第三节　无籽西瓜的主要品种

无籽西瓜栽培历史较短，品种较少。但我国从 20 世纪 70 年代起即投入大量人力物力进行研究，现已育成了不同皮色、不同瓤色及不同果型等多种类型的新品种。

一、黑皮红瓤品种

这类品种果皮硬度大，韧而具弹性。果肉脆，甜度高，抗病性强。

1. 黑蜜 2 号

中国农科院郑州果树研究所育成。中晚熟品种。全生育期 100～110 天，果实发育期 36～40 天。果实圆球形，皮色墨绿，覆有隐暗墨色宽条带。瓜瓤红色，质脆多汁，中心含糖量 11% 以上。果皮厚 1.2 厘米，坚硬而具弹性，耐贮运，采收后在室温下贮藏 20 天亦风味不变。单瓜重 5～7 千克，最大可达 10 千克（图 1-103）。

黑蜜 2 号是目前国内制种量最大、栽培范围最广的无籽西瓜品种，在南方和北方均有大量栽培。

图 1-103　黑蜜 2 号

西瓜生产经验大全

2. 雪峰无籽 304

湖南省瓜类研究所育成。中熟品种，全生育期 95 ～ 100 天，果实发育期 35 天左右。果实圆球形，果皮黑色，上覆有深黑色暗条纹。果肉红色，肉质脆沙，无着色秕籽。皮厚 1.2 厘米。果实中心含糖量 12% 左右。单瓜重 7 ～ 8 千克。适宜我国南、北各省市露地或小拱棚栽培（图 1-104）。

图 1-104　雪峰无籽 304

3. 洞庭 1 号

湖南省岳阳市农业科学研究所育成。全生育期 105 天左右，果实发育期 34 天左右。果实圆球形，果皮墨绿色，上覆有蜡粉。皮厚 1.1 厘米左右。果肉红色，瓤质脆细嫩，中心含糖量 11.5% ～ 12%。单瓜重 5 ～ 8 千克。该品种耐湿热，适宜湖南、湖北等地栽培（图 1-105）。

4. 郑抗无籽 2 号

中国农业科学院郑州果树研究所育成。中晚熟品种。全生育期 105 ～ 110 天，果实发育期 35 天左右。果实椭圆形，果皮黑色至墨绿色。果肉红色，质脆细，不空心，不倒瓤，白色秕籽少而小。果实中心含糖量 11% ～ 12%。单瓜重 6 ～ 7 千克。适宜我国北方各地栽培（图 1-106）。

图 1-105　洞庭 1 号　　　　图 1-106　郑抗无籽 2 号

5. 黑宝无籽

中熟品种，全生育期 105 ～ 108 天，果实发育期 35 天左右。果实圆形，果皮黑色，光亮。果肉大红色，质酥脆，纤维少，中心含糖量 12% 左右。单瓜重 7 ～ 9 千克。适宜安徽、江苏、浙江等地区露地栽培（图 1-107）。

图 1-107　黑宝无籽

6. 世纪 304

新疆昌农种业股份有限公司选育。全生育期 105 天，果实发育期 32 ～ 35 天。果实圆形，果皮黑色油亮。果肉鲜红色，无着色秕籽，中心含糖量 13% 左右。易坐瓜，适应性广，抗病性强。单瓜重 8 千克左右。适宜全国各地栽培（图 1-108）。

图 1-108　世纪 304

7. 黑马王子

湖南省瓜类研究所选育。全生育期 105 天，果实发育期 36 天左右。果实圆形，果皮墨绿色，上有蜡粉。果肉鲜红，质脆风味佳，中心含糖量 12% 以上。果皮硬而韧，耐贮运。单瓜重 6 ～ 8 千克。适宜全国各地栽培（图 1-109）。

图 1-109　黑马王子

8. 黑蜜 5 号

全生育期 110 天，果实发育期 33 天左右。果实圆形，果皮墨黑。果肉红色，质脆，中心含糖量 12% 左右，梯度小。单瓜重 6～7 千克。适宜全国各地栽培（图 1-110）。

图 1-110　黑蜜 5 号

9. 蜜都无籽

湖南省瓜类研究所选育。全生育期 100 天左右，果实发育期 30 天左右。果实高圆形，果皮深绿底色，上有墨绿色暗条带。果皮厚 1.2 厘米，有韧性，耐贮运。果肉鲜红，质细脆，中心含糖量 12% 左右。白秕籽小而少。适合长江南一带种植（图 1-111）。

图 1-111　蜜都无籽

10. 黑巴顿

全生育期100～105天，果实发育期35天左右。果实椭圆形，果皮黑色，上有隐形细条纹。果肉大红，质脆爽口，中心含糖量12%以上。单瓜重8～10千克。长势强，易坐果，适应性广，抗病性强。全国各地均可栽培（图1-112）。

图1-112 黑巴顿

二、绿皮红瓤品种

这类品种多数瓜皮较薄，但抗病性和耐贮运性一般不如黑皮品种。

1. 绿宝无籽

中国农科院郑州果树所育成。全生育期100天左右，果实发育期30天左右。果实短椭圆形，绿皮网纹。果肉大红，质脆甜多汁，中心含糖量12%以上。白秕籽少而小。单瓜重5千克以上。露地、大棚、温室栽培均可。适宜保暖、潮湿气候条件下栽培（图1-113）。

图1-113 绿宝无籽

2. 商道4号

山东鲁青园艺研究所、鲁青种苗有限公司选育。全生育期98～100天，果实发育期32天左右。果实高圆形，果皮绿色，上有深绿色细网纹。果肉大红，质脆不倒瓤，品质风味一流，中心含糖量12%以上。单瓜重5～6千克。适宜露地和保护地栽培（图1-114）。

图1-114 商道4号

3. 玉童

先正大种业集团选育。全生育期95～100天，果实发育期32天左右。果实圆球形，果皮浅绿，上有青色网纹。果肉鲜红，质细嫩，中心含糖量 12.5% ～ 13.5%。单瓜重 3 ～ 4 千克。适宜棚室早熟或多茬栽培（图 1-115）。

图 1-115　玉童

三、花皮红瓤品种

这类品种果型较大，产量高，但瓤质和风味，多数不如黑皮类品种。

1. 无籽京欣 1 号

国家蔬菜工程技术研究中心选育。全生育期 98 ～ 100 天，果实发育期 28 ～ 30 天。果实近圆形，果皮绿，上覆有黑色中宽条带。果肉桃红色，质脆嫩，中心含糖量 12% 以上，且梯度小。单瓜重 6 ～ 7 千克。耐低温弱光，易坐果。适宜保护地和露地早熟栽培（图 1-116）。

2. 国蜜 2 号

国家蔬菜工程技术研究中心选育。全生育期 100 天左右，果实发育期 35 天左右。果实近圆形，果皮深绿色，上覆黑色宽条带。果肉红色，品质好，中心含糖量 12% 左右。单瓜重 7 ～ 8 千克。生长势强健，易坐果，抗病性强。适应性广，适宜全国各地露地或保护地区栽培（图 1-117）。

图 1-116　无籽京欣 1 号　　　　　图 1-117　国蜜 2 号

3. 小龄童无籽 4 号

全生育期 85 ～ 90 天。果实发育期 28 天左右。果实椭圆形，果皮绿色，上覆墨绿色条带。果肉鲜红色，味甜质脆，中心含糖量 13% 左右。易坐果，单瓜重 3 ～ 5 千克。适应性广，抗病性强，全国南北方均可栽培（图 1-118）。

图 1-118　小龄童无籽 4 号

4. 花蜜 5 号

新疆昌农种业股份有限公司选育。全生育期 105 天左右。果实发育期 35 天左右。果实高圆形，果皮浅绿色，上覆绿色宽条带。果肉大红，质细脆爽口，中心含糖量 13% 左右。适应性广，抗病性强，适宜露地和保护地栽培（图 1-119）。

图1-119 花蜜5号

5. 春韵1号

东方正大种子公司选育。全生育期100天左右，果实发育期32天左右。果实圆球形，果皮绿色，上覆墨绿色条带。果肉大红，口感好，甜度高，中心含糖量12.5%。单瓜重7～8千克。果型整齐，产量高，适应性广，抗病性强。全国各地均可栽培（图1-120）。

图1-120 春韵1号

6. 雪峰花皮无籽

又名湘西瓜5号。湖南省瓜类研究所育成。中熟品种，全生育期95～100天，果实发育期35天左右。果实圆形，果皮浅绿色，上覆有 17 条深绿色宽条带。果肉桃红色，中心含糖量 11.5%。单瓜重 5～6 千克。适宜湖南、贵州等地区露地栽培（图 1-121）。

图1-121　雪峰花皮无籽

7. 郑抗无籽 1 号

中国农业科学院郑州果树研究所育成。全生育期 95～100 天，果实发育期 31 天左右。果实椭圆形，果皮浅绿色，上覆有深绿色齿状条带。果肉红色，质脆，中心含糖量 11% 以上。单瓜重 6～7 千克。适宜河南、河北等省及相同生态区栽培（图 1-122）。

图1-122　郑抗无籽 1 号

8. 丰乐无籽 2 号

合肥丰乐种业股份有限公司育成。中熟品种，全生育期 105 天左右，果实发育期 33 天左右。果实圆球形，果皮浅绿色，上覆有墨绿色齿状窄条带。果皮厚 1.2 厘米。果肉红色，纤维少，中心含糖量 11.5% 左右。单瓜重 6～8 千克。适宜我国西北、华北、华东等地区露地栽培（铺地膜）（图 1-123）。

图 1-123　丰乐无籽 2 号

9. 翠宝 3 号

新疆八一农学院与昌吉园艺场合作育成。中熟品种，全生育期 110 天，耐贮运。果肉红色，质脆，中心含糖量 12% 左右。单瓜重 5～6 千克。适宜新疆、甘肃等地区露地栽培（图 1-124）。

图 1-124　翠宝 3 号

10. 花蜜无籽

北京北农西甜瓜育种中心育成。全生育期 100 天左右，果实发育期 30 ～ 33 天。果实高圆形，果皮绿色，上覆黑色齿状条带。果肉红色，质脆嫩，中心含糖量 12% 左右。单瓜重 6 ～ 8 千克。适宜我国北方各地区栽培（图 1-125）。

图 1-125　花蜜无籽

11. 其他同类品种

国龙、元帅、嘉丽、春蜜、秀雅、超新一号。见图 1-126 ～ 图 1-131。

图 1-126　国龙

图 1-127　元帅

图1-128　嘉丽　　　　　图1-129　春蜜

图1-130　秀雅　　　　　图1-131　超新一号

四、黄瓤品种

这类品种包括绿皮黄瓤、花皮黄瓤和黑皮黄瓤品种。

1. 无籽京欣 4 号

北京市农林科学院蔬菜研究中心育成。中熟品种，全生育期 105 天左右，果实发育期 33 天左右。果实圆形，果皮绿色，上覆有墨绿色窄条带。果肉黄色，着色均匀，质地脆嫩，中心含糖量 11% 以上。单瓜重约 6 千克。适宜华北各地小拱棚或露地栽培（图 1-132）。

图 1-132 无籽京欣 4 号

2. 黄宝石无籽西瓜

中国农业科学院郑州果树研究所育成。中熟品种，全生育期 100 ～ 105 天，果实发育期 30 ～ 32 天。果实圆球形，果皮墨绿至黑色，上覆有黑色暗宽条纹。皮厚 1.2 厘米。果肉黄色，纤维少，无着色秕籽，中心含糖量 11% 以上。单瓜重 5 ～ 7 千克。适宜我国西北、东北、华北、华东等地区露地栽培（图 1-133）。

图 1-133 黄宝石无籽西瓜

3. 雪峰蜜黄无籽

湖南省瓜类研究所育成。中熟品种，全生育期 95 天左右，果实发育期 33～35 天。果实圆球形，果皮绿色，上覆有深绿色条纹。果肉金黄色，瓤质细脆，中心含糖量 12% 以上。单瓜重 4～5 千克。适宜湖南及相同生态地区栽培。

4. 洞庭 3 号

湖南省岳阳市农业科学研究所育成。中熟品种，全生育期 103 天左右，果实发育期 33 天左右。果实圆球形，果皮深绿色。果肉鲜黄色，质脆爽口，中心含糖量 11.5% 以上。单瓜重 5～7 千克。适宜湖南、湖北等地栽培。

5. 花蜜 2 号

北京北农西甜瓜育种中心育成。中熟品种，全生育期 100～105 天，果实发育期 33～35 天。果实圆形，果皮浅绿色，上覆有深绿色条带。果肉金黄色，瓤质脆嫩，有清香味，中心含糖量 12%。单瓜重 6～10 千克。适宜北京、河北、天津等地区露地栽培（图 1-134）。

图 1-134　花蜜 2 号

五、黄皮品种和小型无籽西瓜品种

这类品种属特色品种，要求较高的栽培技术。适宜棚室或露地多季栽培。其果实多作为礼品或高档商品水果投放市场。

1. 金太阳无籽 1 号

中国农业科学院郑州果树研究所育成。中熟品种，全生育期 110 天左右，果实发育期 30 ～ 32 天。果实圆球形，果皮金黄色，果肉大红色，瓤质硬脆，白色秕籽少而小，果实中心含糖量 11.5%。单瓜重 6 ～ 8 千克。适宜有无籽西瓜栽培经验的地区栽培（图 1-135）。

图 1-135 金太阳无籽 1 号

2. 金蜜 1 号

中国农业科学院蔬菜花卉研究所育成。中熟品种，全生育期 100 天左右，果实发育期 35 天左右。果实高圆形，果皮深金黄色，果肉深红色，质细脆沙多汁，中心含糖量 12% 左右。单瓜重 4 ～ 6 千克。适宜地区同金太阳无籽 1 号（图 1-136）。

图 1-136 金蜜 1 号

3. 雪峰小玉红无籽

湖南省瓜类研究所育成。早熟品种，全生育期 88 ～ 90 天，果实发育期 28 ～ 29 天。果实高圆形，果皮绿色，上覆有深绿色虎纹状条带。果肉鲜红色，中心含糖量 12% ～ 13%。单瓜重 1.5 ～ 2 千克，每株可结果 2 ～ 3 个。适宜华北、华东地区棚室栽培，南方可露地栽培（图 1-137）。

图 1-137 雪峰小玉红无籽

4. 金福无籽

湖南省瓜类研究所育成。早熟品种，全生育期 86 ～ 88 天，果实发育期 28 天左右。果实高圆形，果皮金黄色。果肉桃红色，中心含糖量 12% ～ 13%。果皮厚度约 0.5 厘米。单瓜重 1.5 ～ 3 千克。适宜华北、华东地区棚室栽培，南方可露地栽培（图 1-138）。

图 1-138 金福无籽

5. 蜜童

先正大种业公司推出。全生育期95～100天，果实发育期28～30天。果实圆球形，果皮绿色，上覆墨绿色宽条带。果肉鲜红，纤维少，汁多味甜，中心含糖量12%以上。瓜皮韧性大，耐贮运。平均单瓜重2.5千克。适宜各地棚室栽培（图1-139）。

图1-139 蜜童

6. 先甜童

先正大种业公司推出。全生育期100～105天，果实发育期32～35天。果实近圆形，果皮浅绿色，上覆青黑色宽花条带。果肉鲜红，中心含糖量12%左右。品质佳，耐贮运。单瓜重2.5～3千克。适宜保护地早熟栽培（图1-140）。

图1-140 先甜童

7. 小玉无籽 4 号

湖南省瓜类研究所选育。全生育期 100 天左右，果实发育期 32 天左右。果实圆球形，果皮深黄色，略显细纹。果肉黄色，风味好，中心含糖量 11.5% 以上。单瓜重 2～3 千克。适宜棚室保护栽培（图 1-141）。

图 1-141 小玉无籽 4 号

第四节　鉴别西瓜种子新陈的方法

快速而准确地鉴别西瓜种子的新陈，无论在西瓜生产中还是在种子经营中，都是十分重要的一项技术。准确鉴别种子新陈的方法主要有感官鉴别、化学鉴别和催芽法鉴别三种。

一、感官鉴别

就是对西瓜种子的色泽、光洁度、气味及种仁特征进行鉴别。凡是新种子，一般都具有该品种固有的颜色，而且种皮上有胶质物并往往附着一层极薄的白色膜状物；种子具有光泽，种皮表面光洁，将手插入种子内感觉细而涩；种仁洁白，含油较多，具有香味。凡是陈种子，一般种皮颜色变暗，无光泽；种皮表面往往有黄斑或霉状物，角质层干缩，种皮变粗糙；种脐部（种子嘴）波状纹加深；将手插入种子内感觉粗而滑；种仁灰白或具有白蜡状（泛油），无香味甚至有霉变异味。

二、化学鉴别

用某些化学药品处理种子，由于种子的呼吸作用而使药品发生还原反应，从而改变了原来的种仁颜色。利用这些药品改变颜色时间的长短以鉴别种子的新陈。例如将西瓜种子用四氮茂盐浸种 5 小时后，观察种仁的变色（变红）程度，这种方法也叫染色法。利用染色法鉴别种子的新陈程度，比感官鉴别较为准确，但需要时间较长，比发芽试验较为迅速，但准确度不如发芽试验。

三、催芽法鉴别

利用催芽法进行发芽试验，能十分准确地鉴别西瓜种子的新陈。根据种子发芽率的高低，就可以鉴别种子的新陈。据试验，在一般贮藏条件下，有籽西瓜种子（成熟、干燥种子，牛皮纸袋包装，放置室内木箱中）贮藏期在 1 年以内，发芽率可保持在 95% ～ 100%；贮藏 2 ～ 3 年，发芽率为 80% ～ 95%；贮藏 4 ～ 5 年，发芽率为 30% ～ 40%；贮藏 6 年以上，发芽率极低，甚至完全丧失发芽能力（表 1-1）。

表 1-1　西瓜种子不同贮藏年限的发芽率　　　　单位：%

品种	贮藏年数					
	1 年	2 年	3 年	4 年	5 年	6 年
蜜宝	98	96	72	42	22	7
乐蜜 1 号	99	95	89	65	38	9

另外，据试验，西瓜种子的贮藏时间不仅影响发芽率和发芽快慢，而且还会影响幼苗的前期生长（表 1-2）。

表 1-2　西瓜种子贮藏时间与其发芽及生长的关系

贮藏时间 / 年	发芽率 /%	50% 出苗时间 / 天	播种后 20 天的幼苗		
			叶片数 / 枚	叶长 / 厘米	植株重 / 克
1	96.4	3.6	2.54	8.15	3.95
3	72.7	5.9	2.21	7.14	3.13
5	21.5	9.4	1.87	6.53	2.37
7	0	—	—	—	—

　　采用催芽法虽能准确地鉴别西瓜种子的新陈，但比感官鉴别和化学鉴别麻烦，消耗种子较多。因而对种源充足、价格便宜的种子适用，而珍贵稀有品种不太适宜。

四、西瓜种子的发芽试验

　　种子发芽试验，不但是鉴别种子新陈的一种方法，同时还可以检验种子的发芽快慢和发芽能力，预测播种和幼苗的发育情况及确定播种量，以免因种子发芽率低而造成播后大量缺苗。

　　西瓜种子的发芽试验一般可采用催芽法和育苗法两种。催芽法操作时间较短，方法简单，管理方便，但只能粗略计算发芽率，不能计算发芽势。育苗法操作时间长，方法与培育子叶苗相同，需实行西瓜整个发芽期的全部管理措施。育苗法的优点不仅能十分准确地计算种子的发芽率，而且还能计算出种子的发芽势。

1. 催芽法

　　从待测样品种子中，随机取出 100 粒（珍贵品种可取 50 粒或更少一些），在室温下用清水浸泡 8 ~ 10 小时，控去水液，用湿纱布包好（或在发芽皿内垫上滤纸、细沙等，将种子均匀地放在里面），保持温度为 28 ~ 30℃，相对湿度为 95%，并置于黑暗而通风的条件下，绝大多数品种的种子经 48 小时后即可计算出发芽率。如果温度较低，湿度适宜，发芽时间将会推迟 6 ~ 10 小时。

2. 育苗法

任意取 100 粒或 50 粒样品种子，首先用清水浸种 8～10 小时，然后进行催芽（方法与上述催芽法完全相同）或不经催芽而直接播种。种子可播在发芽皿、花盆、瓷盘或木盘中，每天都要观察记载发芽数。根据西瓜完成发芽的时间，我国规定西瓜在播种后第 4 天计算发芽势，播种后第 8 天计算发芽率。发芽势和发芽率的计算公式如下：

$$发芽势 = \frac{规定天数内种子发芽粒数}{供发芽试验的种子粒数} \times 100\%$$

$$发芽率 = \frac{已发芽种子粒数}{发芽试验种子粒数} \times 100\%$$

第五节　西瓜品种选择的原则

一、因地制宜选择

西瓜品种的特征特性多样，如生育期、果形、皮色、瓤色、瓜型大小、抗病性和适应性等千差万别。所以，无论是露地栽培还是设施栽培，都要选用适宜当地气候和其他具体条件的优良品种。如南方露地栽培，应着重选择耐高温、强光、多雨，抗病性强的品种；北方设施栽培，应着重选择耐低温、耐弱光、易坐果、抗病的品种。

二、根据市场需求选择

由于各地在西瓜果实大小、形状、皮色、瓤色、种子多少和有无等方面有所不同，所以要根据这些差异，面向市场需要，选择适销对路的品种。目前，每个家庭人口一般较少，特别在城市消费中，中小型果或切半果的品种很受欢迎。

三、根据消费水平选择

在消费水平较低的地区，应选择生产成本低的普通品种；在消费水平较高的地区，应选择高档品种，如无籽西瓜、礼品西瓜、优质稀有品种。

四、根据运程选择

以外销为主，运程较远的生产者，应选择不裂瓜、果皮硬而韧、耐储运的品种。

第二章
西瓜育苗经验

第一节　西瓜常规育苗设施

一、阳畦

1. 阳畦的结构和性能

阳畦曾经是我国各地农作物育苗普遍采用的主要设施。由于易建造、成本低，在某些地区经改良后，仍然是当地西瓜育苗的主要设施之一。阳畦的防寒保暖性能一方面取决于自身结构和覆盖物的性能，另一方面取决于太阳光照时间和光照强度。而后者又与季节和天气密切相关。传统阳畦一般由风障、栽培畦和覆盖物组成。多数采用东西走向、南北排列，每个阳畦都要求背风向阳。

用来育苗的阳畦，应选择地势高燥、背风向阳的地段。畦的大小规格不强求一致，但为便于计算播种量、育苗数及施肥量等，有条件时，可做成长 22.2 米、宽 1.5 米的"标准畦"，即每亩（1 亩 =667 平方米）做 20 个畦。育苗畦的结构通常由北墙、东墙、西墙和畦面等构成。有些改良阳畦的外形与土温室或日光温室相似，是接近于日光温室的简易设施。所以其透明和不透明覆盖物，均与日光温室相同，但其温、光、气、湿的调控性能仍不如日光温室。

2. 阳畦的建造

阳畦应选在距栽培地较近、排灌方便、背风向阳的地方。如果在低洼易存水的地方建造阳畦，为防止积水，可使阳畦畦面稍高于地面。

目前阳畦有两种基本形式，一种是拱形阳畦，一种是斜面阳畦。拱形阳畦多数建成南北走向、东西排列；斜面阳畦则全部建成东西走向、南北排列，以便更好地接受阳光和抵御寒风。

阳畦位置和阳畦形式选好后，即可着手建造。在山东、河南北部和河北南部各地，3 月中旬以前育苗的，应在前一年封冻前建好阳畦；3 月中旬以后育苗的，可在春季土壤解冻以后建造。无论拱形阳畦还是斜面阳畦，建造工序基本相同，只是规格标准和建成形状不同（图 2-1）。

图 2-1 西瓜阳畦苗床示意图

（1）挖畦床　建畦时，首先要挖好畦床。挖畦床时先将表面熟土取出，留作配制营养土之用；底层生土挖出后，留给斜面阳畦的北墙和两头斜墙用。拱形阳畦宽 100～120 厘米，斜面阳畦宽 120～150 厘米；拱形阳畦畦床深（畦床底至原地面高度）为 20 厘米，斜面阳畦为 25 厘米；畦床长可根据育苗的多少确定，但为了便于控制温湿度及通风等管理工作，以 8 ～ 10 米长为宜，最多不超过 15 米。畦床四周（畦墙）要光滑坚固，防止塌落。拱形阳畦床沿（床口）呈平面状。斜面阳畦北墙高出原地面 45 厘米（高出床底 70 厘米），畦两头筑起北高南低的斜坡墙，使床沿和塑料薄膜呈斜面状。畦床底要整平、踩实，并铺放一薄层细沙或草木灰。

（2）放置营养土 将盛有营养土的营养钵或营养纸袋逐个依次整齐地排列在畦床上，每个钵（纸袋）之间不可挤得过紧，应留出小的空隙，排完后用沙土充填好空隙，以备播种。如果采用营养土块育苗，床底层除先铺一层细沙或草木灰外，还要填入 10 ～ 12 厘米厚营养土。

（3）插骨架 拱形阳畦需用 2 米左右长的细竹竿弯曲成弓形，沿阳畦走向每隔 50 ～ 60 厘米横插一根，深度以插牢为准。但整个阳畦拱脊应在一条水平线上。另用直竹竿或树条，分别绑在弓形竹竿的拱脊和拱腰上，并与拱杆呈垂直方向，将每个交叉点用塑料纸绳绑紧。斜面阳畦可用 1.5 ～ 1.8 米（根据斜面长确定）细竹竿或直树条，沿阳畦走向每隔 60 ～ 80 厘米横置一根，南北两端用泥土压住。如果竹竿或树条太细，可将两根并作一处放置，或将竹竿树条间距由 60 ～ 80 厘米缩小到 40 ～ 50 厘米，以保持足够的支撑力。

（4）覆盖薄膜 育苗阳畦应采用 0.08 ～ 0.1 毫米厚的聚乙烯薄膜，幅宽 2 米左右为宜，如买不到该规格时，可用电熨斗焊接或剪裁。注意不要使用地膜，以免破损后冻伤瓜苗。覆盖薄膜时，最好由 3 人同时操作，2 人分别将裁好的塑料薄膜两边伸直、拉紧，对准阳畦，盖在骨架上，另 1 人用铁锨铲湿土埋压塑料薄膜的四边。拱形阳畦可将一侧 20 ～ 30 厘米薄膜埋入土中固定封死，将另一侧所余的薄膜暂时封住，以便播种或苗床管理中随时开启。斜面阳畦可将北边 20 ～ 30 厘米宽薄膜用湿泥压住封死，将南边所余的薄膜暂时埋入土中封住，以便开启。在风多风大地区，盖膜后除将薄膜四周压住外，最好再在薄膜上放置 1 ～ 3 条压膜线（用麻绳或塑料绳）以固定薄膜，防止大风吹翻。

二、温床

1. 通气酿热温床

通气酿热温床由酿热温床改进而成。由于它增加了通气道和通气孔，因而其温度比酿热温床提温速度快而平稳，更易掌握和控制，也更便于管理。

（1）苗床建造　床址选择与阳畦苗床基本相同。通气酿热温床一般宽 1.5 米，长 10～12 米。在选好的床址上，按上述尺寸挖一个深 40～50 厘米的东西向床池，把挖出的大部分土放在床池北侧。在床池北侧建一宽 30～40 厘米、高 40 厘米的墙，南侧建同宽、高 10 厘米的矮墙，东西两端建一与南北墙自然相接的斜墙。垒墙方法与阳畦床相同。剩余的土可推到北墙外侧，起挡风保温作用。再在墙北侧外埋设风障，高 1 米左右即可。然后，在床池底上挖 4～5 条"V"形、深 7～9 厘米东西向的通气道，两端挖上横的通气道，使道道相通，并在两端分别伸出床外，在距床内壁 50～60 厘米的地方，升到地面，同时垒上 0.5 米高的通气孔。用树枝或棉秆将通气道盖好。在床池中部南北两侧的通气道上垒一进气孔，以使通气道中的空气进入酿热物。进气孔可用砖或瓦围起，高 10 厘米左右。最后，在床池中填入酿热物。

（2）酿热物选配与填充　酿热物可用 70% 的新鲜骡马粪，加入 30% 的麦秸或稻草（最好先进行粉碎），然后拌入水，将酿热物调湿，一般酿热物含水 65%～70% 为宜，最好用温水调和，调完后装入床池中，厚度为 35 厘米左右，在北方地区和气温较低的季节可适当厚一些，反之，应薄一些。酿热物填充后应将表面整平，铺上 5 厘米左右厚的土并踏实，最后制钵排到床上，或装上营养土并浇透水，采用营养块时应进行切块。按阳畦苗床的方法搭好支架，盖好薄膜，待床温达到要求时即可播种。

（3）酿热温床育苗应注意的问题

① 所用的酿热物，必须是尚未发酵的，如已发酵的陈马粪不能再产生热量了。

② 酿热物必须达到一定厚度（20～45 厘米）。如果在冬季所育

菜苗为瓜类、茄果类喜温蔬菜，则一般厚度应为 30 ～ 50 厘米。

③ 所用酿热物应有一定的碳氮比。一般采用新鲜马粪与作物秸秆、树叶等按 3∶1 的比例混合均匀即可。

④ 为了增加酿热物中细菌数量和氮素营养，以促进发热，在填入酿热物时，可每填一层，泼一次稀人粪尿水。

⑤ 酿热物填好后，不要踩、压，要保持疏松状态，覆盖塑料薄膜，夜间加盖草苫，使其有良好的通气和保温条件。

⑥ 酿热物要保持一定的水分（75% 左右），不可过干或过湿。

⑦ 播种前浇底水时，千万不要大水浇。因为大水浇不仅能迅速降低酿热物和床土的温度，而且还会恶化酿热物的通气状况，以致限制甚至破坏细菌活动，停止发热。所以一般多用喷壶喷水。

2. 电热温床

电热温床是现代育苗设施。它装有控温仪，可以实现苗床温度的自动控制，不仅温度均匀，而且温度比较稳定，安全可靠，节约用工，育苗效果较好。但育苗成本较高，而且必须有可靠的电源。

（1）选择电热线　电热线也叫电加温线。可选用 NQ/V0.89 农用电热线，每根长 160 米，功率为 1100 瓦。也可选用 DV 系列电热线，长度为 60 ～ 120 米，功率为 800 ～ 1000 瓦。要根据苗床面积来选择电热线，确定电热线的功率。北方地区一般每平方米苗床功率 80 ～ 90 瓦即可，南方只要 60 ～ 70 瓦就足够了。当苗床的面积确定之后，就可确定所用电热线的功率。为了安全可靠，一般在电热线上接控温仪，控温仪可选用上海生产的 UMZK 型（能自动显示温度），或选用农用 KWD 型控温仪。

（2）建床　床址的选择与阳畦苗床相同，但必须在靠近电源的地方。在选好的床址上，挖深 25 厘米、宽 1 米的长方形床池，长一般 10 ～ 15 米。在池底铺 5 ～ 10 厘米厚的麦秸、稻草或草木灰作为隔热材料，铺平踏实，再盖上 2 厘米左右厚的土。苗床最好建成东西向，并在床池北侧建一高 40 厘米、宽 30 ～ 40 厘米的床墙，南侧垒 5 ～ 10 厘米高的墙，两端呈斜坡形并与南北两墙相连接。

（3）铺设电热线

① 电热线的种类和型号　电热线全称叫电加温线。是一种电热转换的器件，是具有一定电阻率的特别制造的电线。电加温线外面包有耐热性强的乙烯树脂作为绝缘层，把它埋在一定深度的土壤内通电以后，电流通过阻力大的导体，产生一定的热量，使电能转为热能来进行土壤加温，提高局部范围内的土壤温度。热量在土壤中传导的范围，从电加温线发热处，向外水平传递的距离可以达到25厘米左右，15厘米以内的热量最多，也就是说，越靠近电加温线的土壤温度越高，反之则土壤温度逐渐下降。DV系列电加温线（表2-1），由塑料绝缘层、电热线和两端导线接头构成。塑料绝缘层主要起绝缘和导热作用，并有耐水、耐酸、抗碱等优良性能，电热线是电加温线的发热元件，为电阻系数0.1241（欧姆·毫米^2）/米的合金丝材料，通电发热后的最高温度小于65℃，在土壤中允许使用温度40℃左右，在35℃土壤环境内可以长期工作；接头用来连接电加温线和引出线，是用塑料高频热压工艺制成，接头处耐17000伏，不漏电、不漏水。引出线为普通铜芯电线，使用时基本不发热。

表2-1　DV系列电加温线规格

型号	电压 / 伏	电流 / 安	功率 / 瓦	长度 / 米	允许使用土壤温度 /℃	色标
20410	220	2	400	100	≤ 45	黑
20608	220	3	600	80	≤ 40	蓝
20810	220	4	800	100	≤ 40	黄
21012	220	5	1000	120	≤ 40	绿

表中DV20410型号的"D"为电加温线，"V"为塑料绝缘层，"2"为电加温线额定电压220伏，"0"为农用电热线，"4"为电加温线功率400瓦，"10"为电加温线长度100米。其余型号以此类推可知。此外，NQ/V0.89农用电加温线，每根长度160米，功率为1100瓦，加温线表面最高温度能达到50℃，使用时电加温线周围土壤温度也

能达到 30℃ 左右。

② 电热线的铺设　当苗床面积和电热线长度已知后，便可根据下式计算出布线条数和线距：

布线条数 =（电热线长 –2× 床宽）÷ 床长（取偶数）

线距 = 床宽 ÷（布线条数 +1）

具体做法是：取 10 厘米长的小木棍，根据线距插在床池的两端，每端的木棍条数与布线条数相等。先将电热线的一端固定在床池一端最靠边的 1 根大棍上，手拉电热线到另一端挂住 2 根木棍。再返回来挂住 2 根木棍，如此反复进行，直到布线完毕。最后将引线留在苗床外面。电热线布完后，接上控温仪，并在床池中盖上 2 ~ 3 厘米厚的土并夯实，以埋住和固定电热线。这时可将两端的木棍拔出。然后通电，证明线路连接准确无误时，可将制钵排放在床池中，或装好床土浇水后切块。

（4）建造电热温床时应注意的问题

① 布线时要使线在床面上均匀分布，线要互相平行，不能有交叉、重叠、打结或靠近，否则通电后易烧坏绝缘层或烧断电热线。也不能将整盘电热线在空气中通电。电热线和部分接头必须埋在土壤中，不能暴露在空气中。

② 电热线的功率是额定的，不能剪断分段使用，或连接使用。否则会因电阻变化而使电热线温度过高而烧断，或发热不足。

③ 接线时必须设有保险丝和闸刀，各用电器间的连线和控制设备的安全负载电流量要与电热线的总功率相适应，不得超负荷，否则易发生事故。

④ 电热线工作电压为 220 伏，在单相电源中有多根电热线时，必须并联，不得串联。若用三相电源时必须用星形（Y）接法，不得用三角形（△）接法。

⑤ 当需要进入电热温床内时应首先断开电源。苗床内各项操作均要小心，严禁使用铁锹等锐硬工具操作，以防弄断电热线或破坏绝缘层。一旦断路，可将内芯接好并用热熔胶密封，然后再用。

⑥ 电热线用完后，要轻轻取出，不要强拉硬拽，并洗净后放在阴处晾干，安全贮存，防止鼠咬和锈蚀，以备再用。

（5）电热温床育苗的技术要点　电热温床育苗的主要技术是：铺设床土，浇足底水；播种出苗，控制床温；掌握浇水量，适时间苗。

① 铺设床土，浇足底水　苗床内拉好电热线后，在上面铺设事先配制好的疏松、肥沃的培养土作床土。床土太厚，地温升高慢，耗电量大，床土太薄，影响根系的生长，且易烧根，适宜的床土厚度为 8～10 厘米。床土填入后刮平，并用喷壶浇足底水。因加热地温，床土易干，浇水量应大，一般可分两次浇入，第一次浇后隔半小时，再轻浇第二次，使床土吸足水，达到幼苗出土前不用浇水的要求。床土湿度以持水量的 80% 为宜。

② 播种出苗，控制床温　电热温床育苗，可采用催芽播种，或浸种后直接播种。因加温育苗，出苗率高，播种量应比冷床育苗少。播后盖土 1 厘米左右，再覆盖地膜保温保湿。最后盖上薄膜小拱棚密封保温。出苗前的床温控制一般为 25～30℃，20%～30% 的种子出苗时，降低床温至 20～22℃，即将盖在土面上的薄膜揭去，以防秧苗徒长。齐苗后通风降温。

③ 掌握浇水量，及时间苗　电热温床一般设置在日光温室或大棚内，晴天蒸发面大，蒸发水分快，加之床土紧挨电加温线，易变干，因此，需经常补充浇水。浇水少不能满足秧苗生育的需要，浇水多，湿度大，地温高，又易发生病害。故电热温床的浇水量和次数要比冷床育苗多，以经常保持表土发白，底土潮湿为宜。电热温床育苗，可在二真叶一心叶时移栽瓜苗。移苗前为防止拥挤，要及时间苗，间苗的原则是：匀、稀、早。一般在齐苗后一星期内间苗，使苗间距离达 6～8 厘米。

三、土温室

土温室升温快，保温性能好，成本低投资少，很适合西瓜育苗。建棚前应先根据经济条件、棚型结构和栽培面积等，筹备好建棚所需的各种物料。如建造 1 亩土温室（水泥柱竹拱单斜面塑料大棚）时，应备好后柱 36 根、中柱 26 根、前柱 26 根、水泥横梁 36 根、毛竹横梁 40 根，需水泥 2500 千克、钢筋 500 千克、小石子 1 立方米、铁丝 100 千克、草帘 42 块、鸭蛋竹 100 根、塑料薄膜 120 千克。建棚时应按以下要求进行。

1. 选好场地

为了更好地接受阳光，建棚场地应选择在避风、向阳的地块，同时最好选在地势平坦、排灌方便、土质肥沃的地块。

2. 建造骨架

单斜面大棚是由后墙、东西侧墙、南屋面和后屋面构成。一般由水泥预制立柱、横梁及拱杆组成屋面骨架，上面覆盖塑料薄膜。大棚跨度为 7～8 米，棚长 30～50 米。棚面坡度与地理纬度有关，山东省春用棚的天角为 14～15 度，地角为 20～22 度。

建棚时一般先建后墙和侧墙。通常多为土墙或土坯墙。后墙高 1.5～1.6 米、厚 0.4～0.5 米。底部打好地基，砌 40 厘米高的砖或石头底座，以防雨淋倒塌，内外墙面挂一层较厚的泥墙皮，以增加保温效果。侧墙为东西两侧的防风保温墙，厚度与后墙相同，呈不等边屋脊形，后坡高出后屋面 10 厘米，脊高为 2.5 米。前坡与南屋面角度一致。在东侧后屋面下方留单扇进出口便门。在后墙上方每隔 3 米左右（一般在两立柱之间）留一个通风窗，宽 0.4～0.5 米，高 0.5～0.6 米。后墙和侧墙建好后埋立柱（分后立柱、中立柱和前立柱）。立柱是支撑前后屋面的重要支柱，多采用 4 根直径 4 毫米的钢筋骨架制成横断面为 10 厘米×8 厘米的水泥柱。后柱长 2.6 米，埋入地下 0.4 米。后柱距后墙 1.2～1.3 米，东西向排列每隔 2.4 米一根。后柱上架横梁及拱杆。水泥柱顶端呈凹刻状并留有预埋孔。以便穿铁丝固定横梁。中立柱埋在后柱南面 2.5～3 米处，柱长 2.1～2.2 米，埋入地下 0.4 米。中立柱顶端架横梁。中立柱和横梁总高度为 1.8 米。前立柱在中立柱南面 3 米，距大棚前沿 0.8～1.1 米，埋入地下 0.3 米。前立柱顶架横梁，总高度为 0.9 米。后屋面为不透明覆盖物，宽度一般为 1.7 米。前屋面为透明塑料薄膜及草帘覆盖，由拱杆直接支撑。拱杆一般用直径 4～5 厘米、长 6～8 米的鸭蛋竹制成。横向拱杆间距 80 厘米，上端插到后梁上，中间固定在中柱横梁上，下端置于前柱横梁上。

3. 扣膜压膜

扣膜时最好选用透光好、保温强、耐老化的聚乙烯长寿膜或聚乙烯无滴防老化薄膜，采用"三大块，两条缝"的扣膜方法。具体做法是选无风天气，先从大棚前沿扣第一块薄膜。此膜宽 2 米，上端折回 5 厘米焊成筒状，内穿上粗绳，两端拉紧后固定在侧墙上，下端埋入土中 30 厘米。第二块薄膜宽 6 米左右，上下两端均焊成小筒穿绳，盖后绷紧，压住第一块薄膜 25 厘米左右，以便顺水防漏。第三块薄膜宽 2 米，下端焊成小筒穿绳，压住第二块薄膜 25 厘米，其上端压在后屋顶上用泥土压好。压膜用尼龙压膜线或 8 号铁丝套上细塑料管压于两道拱杆中间。线上端连接后梁，下端将压膜线拉紧后拴在事先埋好的地锚上，使棚面形成瓦棱形。如用竹竿压膜，通过各条横梁在两拱杆间用铁丝穿孔拉住压杆，最后上好草帘。草帘厚 4 厘米，宽 2 米，长度比屋面长 0.5 米。从东向西安装，西边的草帘要压住东边草帘 20 厘米左右，以便防风保温。每个草帘装两条拉帘麻绳以便卷起和放下。

四、塑料大棚

1. 塑料大棚的种类

塑料大棚的类型很多，按覆盖面积和结构可分为单栋式和连栋式两类，按其棚顶形式可分为拱形和单斜面两类。各类大棚又因棚架材料不同，分为竹木结构、钢材结构、水泥预制件、竹木钢材混合结构及镀锌钢架装配式等多种。适宜西瓜育苗的塑料大棚主要有以下几种。

（1）竹木钢材混合结构拱棚　大棚南北走向，棚顶呈拱圆形。大棚的立柱全部用水泥预制；拉杆（花梁）有水泥预制的，也有用钢筋焊接的；拱杆是竹木的；压杆有用竹木的，也有用钢筋或铁丝的。其结构形式是：立柱纵向每间隔 2～3 米一根，横向间隔 2 米左右一排。面积为 1 亩（1 亩 =667 平方米）的大棚，可设立柱 5～6 排，一般棚宽 10～12 米，长 60～70 米，顶高 2.4～2.5 米。建 1 亩这样的大棚需水泥 2 吨，钢筋 0.75 吨，拱杆、压杆各 50 根左右。这种大棚的骨架比竹木结构大棚耐用，具有抗风能力强，增温、保温性较好，可搬动，建棚材料易储备等优点；缺点是骨架较沉重，棚内立柱较多，遮光较多。

（2）水泥预制件大棚　全棚骨架除压杆用竹木或钢筋外，其余骨架全部为水泥预制件构成。采用"悬梁吊柱"棚架，可减少立柱或建成无立柱的空心大棚（顶部呈拱形或起脊）。建造1亩水泥预制件大棚，需水泥3吨、钢筋1吨。

这种大棚坚固耐用，抗风性能强。由于立柱少或无立柱，遮光少，透光好，光照强，有利于幼苗生长发育。同时，棚内宽敞，管理方便，并且可以进行双膜覆盖栽培。缺点是棚架笨重，安装费工，不易搬动。

（3）镀锌钢架装配式大棚　又称钢管大棚，是工厂生产的成套大棚。造型美观，高大宽敞，开棚、关棚容易，操作方便，遮阴少，光照条件好。骨架坚固耐用，大棚增温、保温性能好，是目前最理想的一种塑料大棚。但由于这种大棚全部用镀锌钢管组成，造价很高。

（4）单斜面塑料大棚　也叫土温室塑料大棚。东西走向。棚面像土温室一样，南低北高，向南倾斜。宽8米左右，长40～60米，脊高（后柱）2～2.2米，东、西、北三面都是土墙或砖墙，北墙高1.6～1.8米，棚南侧肩高（边柱）0.8～1米；南北共三排立柱，离地面高度分别为：后柱2～2.2米，腰柱（也叫中柱）1.7～1.8米，边柱0.8～1米，各柱间距为3米左右，后柱至腰柱为2.5～2.8米，腰柱至边柱2.5～2.9米，边柱之外为0.6～0.8米。用竹竿压棚膜，通风时可通过北墙开窗、棚顶留通风口，南侧底部向上卷起等办法进行。夜间覆盖草苫。

这种大棚的优点是建造容易，坚固耐用，防风、保温性能好，可加温。

（5）冬暖大棚　寿光Ⅲ、Ⅳ型冬暖大棚。寿光Ⅲ型冬暖大棚，适当增大了南北向跨度，提高了棚脊高度，加大了墙体的厚度，加粗了水泥立柱，从总体上增强了抗风、抗震和负载能力，有利于安装自动卷帘机，是目前山东寿光推广的主要棚型。寿光Ⅳ型冬暖大棚，系无立柱钢筋骨架结构。其设计目标是：逐步向现代化和工厂化方向发展。温室总宽11.5米，后墙高2.2米，山墙高3.7米，后墙厚1.3米，走道宽 0.7 米，种植区宽 8.5 米。仅有后立柱，种植区内无立柱。后立柱高 4 米。采光屋面参考角平均 26.3 度，后屋面仰角 45 度左右。

2. 拱圆形塑料大棚的建造

这种大棚的造型多采用水泥柱和拱圆竹木混合结构。

大棚的建造主要由立柱、拱杆、塑料农膜、压杆或压膜线组成。大棚走向一般为南北纵向延伸。棚宽东西方向 13 ～ 15 米，棚长南北方向 50 ～ 100 米。上顶拱圆，横断面呈隧道式（图 2-2）。现将建造程序和方法介绍如下。

(a) 拱圆大棚结构剖面图

(b) 拱圆大棚结构立体图

图 2-2　拱圆大棚结构示意图

（1）埋设立柱　立柱选用 6 厘米 ×8 厘米的水泥柱或 5 ～ 8 厘米的木杆皆可。南北方向每隔 3 米左右设一立柱，东西方向每排由 4 ～ 6 根立柱组成（如棚宽为 13 米时，设 5 排即可），每隔 3 米设一立柱。每排立柱的高度不同。中柱最高，高出地面 1.9 米左右，中柱两侧对称的两排，高出地面 1.6 米，东西两侧的立柱称为边柱，高出地面 0.9 米左右。每根立柱都要埋入地下 40 厘米左右，并且要垫基石，以防灌水后下沉。所有立柱都要定点准确，埋牢、埋直，并使东西成排，南北成行，每个纵排立柱高度一致。

（2）安装拉杆、吊柱和拱杆　拉杆选用细毛竹或粗蛋竹，固定在立柱顶端以下 20 厘米处，拉杆上每隔 1.5 米固定一根 20 厘米高的小立柱构成悬梁吊柱。纵向拉杆连成一体，两端拉紧固定在木桩上。

拱杆选用蛋竹，每根拱杆横向间隔 1.5 米，固定到各排主柱和吊柱顶上，用细铁丝牢牢绑住。每根铁丝的剪头都要向下向里，不得高出拱杆，以免盖膜时刺破塑料薄膜。

（3）覆盖薄膜　目前市面和厂家销售的农用塑料薄膜品种和规格很多，质量也各不相同。例如仅幅宽一项就有 1 米、2 米、4 米、7 米、9 米等不同规格。因此，要根据大棚跨度（棚宽）选择适宜的幅宽。上述西瓜大棚最好选用 4 米宽的聚乙烯无滴膜或半无滴膜。覆盖时，先从棚的东西两侧开始，沿边柱外侧刨一条深 30 厘米、宽 5～10 厘米的小沟，将薄膜横幅的一侧放于沟内用土埋紧，然后再依次往上覆盖。两幅薄膜边缝相互重叠 20 厘米左右。在棚膜上面，每两根拱杆之间设压膜杆（线）一条，压紧薄膜。压膜杆（线）的两端固定在拉杆或地铺上，将薄膜压紧，使棚面略呈瓦棱形。

（4）设门　在大棚的一端或两端设"活门"，用以进棚操作。大棚的通风方法，一是将"活门"拿下横放在门口，二是在薄膜连接处扒口。

五、日光温室

1. 日光温室的设计

日光温室按前屋面的结构可分为拱圆式和琴弦式两种；按建筑材料可分为竹木结构、混合结构和钢管结构等。选择哪种类型要根据当地条件，但无论是哪种类型的日光温室，在设计建造时必须考虑以下几个问题。

（1）前屋面角度　日光温室采光后的角度，以当地"冬至"日正午时太阳光的投影角56度为设计参数。也就是说，无论南北地理纬度是多少，在建造日光温室时，其采光石的角度，都要以当地"冬至"日正午时太阳光投射角达到56度，即入射角为34度时，太阳光正好垂直照射到采光石上为准。

（2）加大基角　日光温室当跨度一定时，为了达到理想的太阳入射角，必然是地理纬度越高的地区，其脊高和后墙也越低。同理，当日光温室的高度一定时，其跨度将随着地理纬度的增加而减小。这样都不会建成较理想的日光温室。前者温室低矮，管理不便；后者温室跨度小，保温性能差。只有加大基角，才能克服上述问题。在基角顶点设一个斜面前窗，是加大基角的唯一办法。不同地理纬度，应设不同斜面度的前窗。

（3）用生土做墙体　不同地理纬度用生土做成不同厚度的土墙体。墙体的最小厚度应为当地最大冻土层厚度再加50厘米。

（4）前后坡水平宽度协调　不同地理纬度，前后坡水平宽度是不一样的。越是高纬度地区后坡水平宽度应越大，前坡水平宽度则越小，这样，建造的日光温室的保温比较大，保温性较强。

（5）朝向合理　日光温室的朝向应依据当地纬度和冬季寒冷程度而定。一般说来，我国地处北纬36度左右的地区可建成正南向；处于北纬36度以上的地区可建成偏西南向；处于北纬36度以下的地区可建成偏东南向。

（6）加强防寒性，提高透光率　覆盖物应尽量选择保温防寒性能强、透光率高的类型。此外，尽量减少室内立柱，以铁代竹木、挖防寒沟等，都是加强防寒性、提高透光率的好办法。

2. 日光温室的主要结构

（1）墙体　由东山墙、西山墙和后（北）墙组成。一般用生土或草泥填入模板夯成。

（2）骨架　由立柱、拱杆、拉杆、压杆、门窗等构成。

① 立柱　是日光温室和塑料大棚的主要支柱，它承受棚架、覆盖物、雨雪负荷以及风沙压力与引力的作用，所以一定要直立并深

埋。为了减少室内遮光和防止占用空间过大，立柱应尽量减少数量和缩小粗度（直径）。立柱基部要用砖、石、混凝土墩等做"柱脚石"以防止主柱下沉。

② 拱杆　拱杆是支撑覆盖物的骨架横向固定在立柱上，呈自然拱形，使屋（棚）面呈一定坡度。拱杆一般每隔 1～1.5 米设一根，其长度略大于屋（棚）面。拱杆南北向南端固定在前窗顶部横梁上，北端固定在后墙或屋脊横梁上。

③ 拉杆　拉杆是纵向连接立柱、固定拱杆和压杆的"拉手"（连接杆），可起到棚室整体加固的作用，相当于房屋的檩条。各排主柱之间均应设拉杆，这是加固棚室的关键结构。

④ 压杆　压杆用来压住屋（棚）面塑料薄膜，以防止被风吹动、鼓起。一般在每二根拱杆之间设一根压杆，将屋（棚）膜压紧压平。压杆可稍低于拱杆，使屋（棚）面呈瓦垄状，以利于排水和抗风。压杆通常用光滑顺直的细长竹竿连接而成。为了减少遮光和减少屋（棚）面上的孔眼，近年来，多以 8 号铁丝代替压杆。压杆两端埋入地下，并用"地锚"加固。

⑤ 门窗　在棚室两端各设一个活门，需要通风时，可把活门拿下来，横放在门口的底部，防止冷风由底部吹入棚内，侵袭蔬菜作物，或在门的下半部挂塑料薄膜帘，也可起到防风保温的作用。

通风窗：在屋（棚）顶部的最高点开天窗，南侧开地窗。跨度较高大的棚，要增设腰窗代替天、地窗，以利通风换气，管理也方便。

⑥ 准备间　在棚室的东山墙或西山墙外修建准备间，可防止进出棚室时寒风直接侵入室内，并可放置生产工具和供管理人员休息。准备间跨度 3 米左右，东西长 2～2.5 米，南面设门，通向棚室的门要靠温室后墙。

3. 冬暖式日光温室的建造

冬暖式日光温室，由于升温快、保温性能好，很适合无籽西瓜育苗和极早熟保护栽培。目前结构较好的是寿光建造的日光温室（图2-3）。

图 2-3 山东寿光Ⅲ型冬暖日光温室结构图

主要建造程序如下。

（1）选地　建棚场地要求与建造拱圆形大棚相同，但东西向最好为 60～80 米以上。

（2）备料　冬暖式大棚由墙体、立柱、拱杆、铁丝、薄膜和草苫构成。如建造一个 80 米长的冬暖式大棚，需要截面 8 厘米 ×10 厘米的水泥立柱 134 根，其中长 3.3 米的 45 根，长 3.1 米的 22 根，长 2.2 米的 22 根，长 1.3 米的 45 根，立柱顶部要留孔，以便固定拱杆；宽 3 米、厚 0.10～0.12 毫米的聚氯乙烯无滴膜 120 千克，宽 3 米。厚 0.08 毫米的聚乙烯农膜 8 千克，宽 1.3 米、厚 0.007～0.008 毫米的地膜 5 千克；长 8.5 米、直径 9 厘米的毛竹 22 根，长 6 米、直径 7 厘米的鸭蛋竹 14 根，长 7 米、直径 5 厘米的鸭蛋竹 2 根，长 2～3 米、直径 1.5 厘米的细竹 700 根；长 2.3 米、直径 10～15 厘米的短木棒 49 根，长 7 米、直径 8 厘米左右的长木棒 4 根做成木梯；8# 铁丝 300 千克，12# 铁丝 10 千克，18# 铁丝 15 千克，长 5～8 厘米的铁钉 300 个；长 10 米、宽 1.2 米、厚 3 厘米的稻草苫 92 床，长 20 米、直径 0.8 厘米左右的拉绳 82 根；重 20 千克左右的坠石 54 块。

（3）建筑墙体　用麦穰泥砌或用湿土打成东、西、北三面墙体，后墙高 1.8 米，脊高 3 米，脊顶距后墙 1 米，前立窗 80 厘米，总跨度 8.2 米，墙体下部厚 1 米，上部厚 80 厘米。最好从墙外取土，如需从墙内取土，一定要先剥去熟土层，取生土砌墙后再将熟土填回。

（4）埋设立柱　在距后墙根 75 厘米处放置后排立柱，深埋 60 厘米，地上部分 2.7 米，下面填砖防陷，向后稍倾斜，立柱间距 1.8 米。要先埋两头，然后拉线埋设，使上端整齐一致。埋好后排立柱后再埋前排立柱。前排立柱距后墙 6 米，与两山墙前端上口齐。每 3.6 米 1 根，深埋 50 厘米，地上部分 80 厘米，与后排立柱错开 10 厘米左右。埋好前排立柱后，在前、后两排立柱间按等距离埋第二、第三排立柱，位置与前排立柱对齐，深埋 50 厘米左右。前面第二排地上部分 1.9 米，第三排地上部分 2.4 米。

（5）埋坠石　在山墙外 1.3 米处挖 1.5 米深的沟，将捆好铁丝的坠石排入沟内埋好踏实，铁丝一头（双股）露出地面，每头 27 块。

（6）上后坡铁丝　在后墙和后排立柱上架斜木棒，间距 1.8 米，与地面呈 45 度角，用铁丝固定在后排立柱上，并上好两山墙斜木棒，木棒顶端与山脊齐。在后坡上共上 6 根铁丝，其中顶部 2 根，其余均匀分布，两端固定在坠石上，用紧线机拉紧，再用铁钉固定在木棒上。

（7）上后坡　先在后坡上铺一层塑料薄膜，纵向铺 30 厘米厚的玉米秸，再包一层薄膜，这样能防止玉米秸腐烂，延长使用寿命。玉米秸上面培土 20～30 厘米。

（8）上拱杆和横杆　拱杆用粗头直径 9 厘米、长 8.5 米的毛竹。将粗头固定在顶部 2 根铁丝上，小头固定在前排立柱上，然后再固定在第二、第三排立柱上，使其呈微弓形，间距 3.6 米。拱杆与前排立柱割齐后上横杆，横杆用直径 7 厘米的鸭蛋竹。在前排立柱或 2 根前排立柱中间埋戗柱，与前排立柱叉开 20 厘米，顶在横杆上。

（9）上前坡铁丝　棚前坡有 18 根 8# 铁丝，自横杆到顶部均匀分布，东西平行，拉紧固定在坠石上，用铁钉或铁丝固定在拱杆上。另外拱杆下面还有 3 根，上、中、下各一根，以备吊蔬菜用。

（10）上压膜垫竹　将直径 1.5 厘米的细竹捆在铁丝上，间距 60～80 厘米，并割去毛刺，以防扎破薄膜。

（11）上棚膜　用电熨斗或专用黏合剂将 3 米宽的聚氯乙烯无滴膜 3 幅粘成一大块，长度略小于棚长。上膜要选无风天气进行，以免鼓坏薄膜。需 20 ～ 30 人，先将众人分为 5 批，4 批从 4 个方向拉紧薄膜，另一批人先从两山用竹竿缠紧薄膜，固定在铁丝上，再将两边用土压好。要求薄膜平、紧。

（12）上压膜竹　用 18# 铁丝将压膜小竹固定在压膜垫竹上，上部留 20 厘米以备放风。

完成上述工作，一个冬暖式大棚就基本建好了，然后在棚前挖宽 40 厘米、深 30 厘米的防寒沟，用麦秸填好埋实，防止热量从棚前土壤中散失。气温降低时加盖草苫。在一山墙开门建缓冲房。最后上好草帘。草帘一般厚 4 厘米，宽 2 米，长度比屋面长 0.5 米。从东向西安装，西边的草帘要压住东边草帘 20 厘米左右，以便防风保温。每个草帘装两条拉帘麻绳，以便卷起和放下。

六、育苗覆盖物

1. 塑料薄膜

各种薄膜按树脂原料可分为聚乙烯（PE）薄膜、聚氯乙烯（PVC）薄膜和乙烯 - 醋酸乙烯（EVA）薄膜三大类，每类又可按其性能特点分为普通膜、长寿膜、无滴膜、漫反射膜和复合多功能膜等许多品种。

（1）聚乙烯薄膜　其优点为透光性好、易清洗、耐低温。缺点是保温性较差。主要有以下品种。

① 普通膜　有较好的透光性，无增塑剂污染，尘污易清洗，耐低温，单位面积质量小，红外线透过率高，夜间保温性较好。缺点是透湿性差，易积雾滴水，不耐高温和日晒，易老化，使用寿命较短。

② 长寿膜　耐高温和日晒，抗老化，使用寿命长，可连续使用 2 年以上。厚度一般为 0.12 毫米，宽度有 1 米、2 米、3 米、3.5 米等不同规格。

③ 双防膜　防老化、防水滴，使用寿命 1 年多，具有流滴性，其他性能与普通膜基本相同。

④ 紫光膜　在双防膜的基础上添加紫色素，可以将 0.38 纳米以下的短波光转化为 0.76 纳米以上的长波光，其余性能与双防膜相同。

⑤ 漫反射膜　在生产聚乙烯普通膜的树脂中加入对太阳光透过率高、反射率低、化学性质稳定的漫反射晶核，使薄膜具有抑制垂直入射光透过的作用，降低中午前后棚室内的光照和温度的峰值，可防止高温伤害。同时，又能随太阳高度角的降低相对增加阳光的透过率，使早晚太阳光尽量多地进入棚室，增加光照，提高温度。这种棚膜保温性较好，但应注意通风，强度不宜过大。

⑥ 复合多功能膜　在生产聚乙烯普通膜的树脂中加入多种特殊功能的助剂，使薄膜具有多种功能。该膜可集长寿、全光、防病、耐高温、抗低温、保温性强等于一体。复合多功能膜还可根据购买者的具体要求专门定量定向生产。

（2）聚氯乙烯薄膜　保温效果好，易粘补，但易污染，透光率下降快。

① 普通膜　透光性好，耐高温和日晒，弹性好，透湿性较强，雾滴较轻。缺点是易污染，不易清洗，红外线透过率较低，单位面积质量大，延伸率低。

② 无滴膜　在生产聚氯乙烯普通膜的原料中加入一定量的增塑剂、耐湿剂和防雾剂，使薄膜的表面张力与水相同或相近，薄膜下面的凝聚水珠在膜面可形成一薄层水膜，沿膜面流入棚室底部土壤，不至于聚集成露滴久留或滴落棚内。该膜抗老化、防水滴。

③ 无滴防尘膜　在生产无滴膜的工艺中，增加一道表面涂抹防尘工艺，这样既具有抗老化、防水滴的功能，又具有减少吸尘、透光率下降较慢、抗水滴持久等特点。

（3）乙烯 - 醋酸乙烯薄膜　保温性和透光率介于聚乙烯薄膜和聚氯乙烯薄膜之间，但其防雾滴效果更好。目前主要产品有多功能复合膜和光转换膜。

① 多功能复合膜　生产该膜采用醋酸乙烯共聚树脂，并使用有机保温剂，从而使中间层和内层的树脂具有一定的极性分子，成为防雾滴的良好载体，流滴性能大大改善，透光性强，在冬暖大棚上应用效果最好。

② 光转换膜　在生产多功能复合膜的树脂中加入光转换助剂，把太阳光中的紫外光变为光合作用的可见光，促进植物的光合作用。

其生产工艺与聚乙烯的紫光膜基本相同。

2. 不透明覆盖物

防寒覆盖物主要有草苫、草帘、纸被、无纺布（不织布）和聚乙烯泡沫软片等。遮阴覆盖物主要有遮阳网等。

（1）草苫 依编织材料分，有稻草苫、蒲草苫和蒲苇苫，均由绳筋编织而成。草苫有较好的保温性，主要用来覆盖温室、大棚和中小棚夜间保温或遮挡风雪。

（2）草帘 分稻草帘和蒲草帘两种。稻草帘由绳筋将稻草编织成一薄层；蒲草帘由绳筋将蒲草编织成一薄层。草帘比草苫薄，保温性不如草苫好，一般多用来覆盖小拱棚防寒保温。

（3）纸被 用多层牛皮纸或包装纸制成。一般与草苫配套覆盖。具体使用方法是，先在棚室塑料薄膜上覆盖好纸被，然后再在纸被上覆盖草苫。这样既能提高防寒保温效果，又能减少草苫对棚膜的损伤。

（4）无纺布（不织布） 常用的是涤纶长丝农用不织布，多用于温室、大棚内覆盖保温。可做成不织布保温幕、不织布小棚等。不织布覆盖不但能在夜间提高棚内温度，还能降低棚室内的空气湿度。

（5）聚乙烯泡沫软片 用聚乙烯作原料，经发泡工艺生产而成。轻便、多孔、卷曲自如。一般多为白色，其保温性介于草苫和草帘之间。

（6）遮阳网 系塑料蛇皮丝编织而成。主要用于各种棚室遮阴育苗、防虫隔离和防高温、冰雹、暴雨等。

第二节 西瓜常规育苗技术

一、育苗营养土的配制

1. 育苗土的组成

育苗营养土要求疏松、透气、保肥保水特性强、富含各种养分、无病虫害等。用于配制育苗营养土的原料有：园土、河泥、炉灰、牛粪、骡马粪、家禽粪、人粪尿等。苗床营养土的组成不仅要有各种矿质元素，还要有丰富的有机物质。同时，还要有良好的物理结构。

2. 调制

营养土按各种原料的配合比例掺匀调好，在每立方米营养土中再加入尿素 0.25 千克、过磷酸钙 1 千克、硫酸钾 0.5 千克，或者加入三元复合肥 1.5 千克，以增加营养土中的速效肥含量。营养土在育苗或装钵前应充分调匀并过筛。

3. 注意问题

① 原料中的有机肥一定要堆沤腐熟，以免发生烧苗或传播病菌、虫卵。

② 加入速效化肥，要严格按比例掺入，并充分调和均匀。

③ 选用的园田土应与所育幼苗不重茬。

二、育苗容器（营养体）的选择

1. 营养杯（钵）

是在营养土块的基础上创制的育苗容器。目前生产中常用的主要有以下几种。

（1）纸筒　以旧报纸为材料折叠黏合而成。具体做法是：先裁好旧报纸，大张（对开）报纸横八竖二折叠，裁成 16 小块；小张（四开）报纸横四竖二折叠，裁成 8 小块。然后将裁好的长条纸短边用糨糊粘住，这样就成为高 10 厘米，直径 8～9 厘米的圆纸筒。

（2）塑料筒　利用废旧塑料薄膜剪成长 20～30 厘米、宽 8～10 厘米的长条，用缝纫机或订书机将两个短边缝接起来，成为圆筒。这是在过去塑料袋的基础上改进的。过去使用有底的塑料袋育苗，底部需扎上几个渗水眼（小孔），既费工又束缚幼苗根系的伸展。使用直径为 6～8 厘米的塑料筒更为简便，只要截成 8～10 厘米高的圆筒即可。将配好的育苗营养土装入筒中即能育苗。装入营养土的方法与纸筒完全相同。

（3）塑料钵　是由工厂或作坊生产的，专门用于育苗的成品钵。其形状如小花盆，有多种规格，也可以定做。用塑料钵育苗，虽然一次投资较大，但可以连续使用多次，而且使用方便，育苗效果好，便于运输，且不散不破钵，是较理想的育苗容器。用塑料钵育苗，是把营养钵并排在育苗畦面上，装满营养土后用手抚平实，有装不满的再装满，然后用耙子耙平，播种前浇水时，再检查一下畦面（钵内的土）平不平，沉下去的再放上点营养土，把畦面找平。

2. 育苗盘

育苗盘可用于工厂化育苗和无土育苗，也可用于棚室内育苗。可常年反复使用，且易于长途搬运幼苗。我国目前采用较多的是塑料片材吸塑而成的美式盘，一般长 54.6 厘米，宽 27.5 厘米，深度因孔径大小而异。根据孔径大小和孔数的不同，可分为各种规格。此外，目前市场上还出现韩式盘，可根据质量和价格比较后选用。

三、播种前的种子处理

1. 种子消毒

（1）温水浸种　也叫温汤浸种。即用 55℃的温水浸种。

（2）开水快速烫种　即用 90℃以上的热水快速烫种消毒，并接着浸种。具体方法：先准备好两个水瓢（或塑料水勺），在一个瓢内盛开水，一个瓢内盛种子，将种子倒入盛开水的瓢内，立即迅速往返倒换，直至水温降到 50℃左右时，捞出种子，另换 30～40℃的干净温水，在室温下浸泡 8～10 小时，搓洗数次，然后捞出催芽。注意在烫种时一定要迅速不停地从这个瓢倒入那个瓢，停留时间稍长就可能烫伤种子。

（3）药剂消毒　就是把可能带有病菌的西瓜种子，浸入药液中消毒。

防治枯萎病和蔓枯病，可用 40% 福尔马林水剂 150 倍液，浸种 30 分钟，也可用 50% 多菌灵可湿性粉剂 500 倍液，浸种 1 小时，或用 2%～4% 漂白粉液，浸种 30～60 分钟。

防治炭疽病，除可用上述药剂和浸种同样时间外，还可用硫酸链霉素 100～150 倍液（必须用蒸馏水稀释），浸种 10～15 分钟。此外，10% 磷酸三钠浸种 10 分钟可防病毒病；二氯萘醌、福美双、克菌丹等均可进行种子消毒。

西瓜种子用药剂浸种后，必须用清水冲洗净药剂才可进行浸种催芽，否则可能发生药害。

（4）强光晒种　在春夏季节育苗时，可选择晴朗无风天气，把种子摊在布、纸或草席上，厚度不超过 1 厘米，使其在阳光下暴晒，每隔 2 小时左右翻动一次，使其受光均匀。阳光中的紫外线和较高的温度，对种皮上的病菌有一定的杀伤作用。晒种时不要放在水泥地、铁板或石头等物上，以免影响种子的发芽率。晒种除有一定的杀菌作用外，还可促进种子后熟、增强种子活力、提高发芽势与发芽率、打破休眠期等。

2. 浸种

为了加快种子的吸水速度，缩短发芽和出苗时间，一般都应进行浸种。浸种的时间因水温、种子大小、种皮厚度而异，水温高、种子小或种皮薄时，浸种时间短。反之，则浸种时间延长，一般在 6～10 小时范围内。浸种注意事项如下。

① 浸种时间要适当，时间过短时种子吸水不足，发芽迟缓，甚至难以发芽；时间过长则会导致吸水过多，造成浆种，同样影响种子发芽。用冷水浸种时，浸泡时间可适当延长，温水或恒温条件下浸种时，浸泡时间应适当缩短。

② 利用不同消毒灭菌方法处理的种子，浸种时间应有所区别。如用高温烫种的，由于在温度较高的水中，蔬菜种子软化的速度快，吸收速度也快，达到同样的吸水量所用浸种时间会大大缩短，若在 25～30℃的恒温下浸种，所需时间会更短，一般 3 个小时即可达到

种子发芽的适宜含水量，浸种时间再长，反而会因吸水过多而影响种子发芽，严重者会使种子失去发芽能力。药剂处理时间较长时，浸种时间也应适当缩短。

③ 在浸种前已进行种子锻炼的，其浸种时间也应适当缩短。浸种完毕，将种子在清水中洗几遍，并反复揉搓，以洗去种子表面的黏质物，以利种子萌发。

3. 种子催芽

催芽就是在人工控制条件下，促使种子加快发芽的过程。种子吸足水分以后，只要环境条件适宜就会萌动发芽。这时所要求的环境条件主要是温度。只要是在蔬菜种子适应的温度范围内，随着温度的升高，发芽速度会逐渐加快。因此，通过人工控制适宜的温度条件，加快种子萌发过程，促其尽快发芽，对于加快蔬菜出苗保证一播全苗具有重要的作用。种子催芽的方法如下。

（1）恒温箱催芽法　该种方法最为安全可靠。即科研或生产上常用的恒温发芽箱或恒温培养箱，因有自动控温装置，能控制恒定的温度。催芽时先将控制盘或控制旋钮调到适宜的刻度上，打开开关通电加热。然后将湿纱布或湿毛巾放在一个盘或其他容器上，把种子平摊在湿纱布上，再盖上 1～3 层湿纱布，种子要摊匀。最后，将盘放入恒温箱中，令其催芽。每天要将种子取出 1～2 次，用干净的温水冲洗，沥干水后再重新放入。当胚根露出时即可播种。这种方法温度稳定，发芽条件好，发芽快而整齐。如果没有恒温箱，也可自制温箱进行催芽。自制温箱的方法是，取完整的小纸箱一个，将一只 100 瓦的红色电灯泡或白炽灯泡，接通电源并放入纸箱内（电灯线最好用花线，由纸箱上盖穿孔引入），使灯泡吊在纸箱下方正中。然后将经过浸种的蔬菜种子，放在离电灯下 5 厘米左右的位置，盖好纸箱保温催芽。要每隔 4～5 小时检查一次，可取出种子，用温水浸湿纱布后再包好种子，当胚根露出后即可播种。

（2）火炕催芽　就是在热炕上铺一层塑料薄膜，在薄膜上再铺一层湿布，然后将浸过的蔬菜种子和一支管式温度计用纱布包好，放在湿布上，上面再覆盖一层塑料薄膜，最上面盖棉被等保温。每隔 4 ～ 5 小时看一下温度计，使催芽温度维持在该菜种发芽的适宜温度，当胚根露出后即可播种。如温度低时应烧火加温；温度高时可将种子由炕头向炕尾温度较低处移动，也可在放种子的炕面上垫一层隔热物（纸或布等）。尤其是夜间应特别注意观察温度的变化情况。

（3）保温瓶催芽　利用保温瓶催芽是近年来菜农创造的一种简易催芽法。具体做法是先将保温瓶及用的纱布用开水烫过，然后将浸过种的蔬菜种子用湿纱布包起来放入保温瓶内，瓶口不要加塞，只用纱布或棉花盖一下即可。这种方法催芽时间稍长些。

（4）体温催芽　利用人的体温进行催芽，这是山东、河北、天津、河南等省市老蔬菜产区经常采用的一种催芽方法。其做法是将浸过种的蔬菜种子用湿纱布包好，放在清洁的塑料袋内，使塑料袋敞着口，再放入布袋，缠于腰间即可。由于人的体温十分恒定，而且衬衣外、外衣内的温度均在 30℃左右，很适合蔬菜种子发芽。

（5）热水催芽　先在较大的盆内放入 40 ～ 50℃的热水，再将浸过种的西瓜种子用湿纱布包好放在另外一个小盆内，并将小盆放于盛热水的大盆中，上面用麻袋片盖好。当大盆内水温降低后，及时再加入热水，使温度保持在 40 ～ 50℃。

第三节　西瓜苗床管理

一、环境管理

1. 温度管理

苗床在温度的控制与调节上应掌握几个关键时期：从种子萌动到子叶（指 90% 子叶，下同）出土前要求床温较高，一般要求晴天28 ～ 30℃，阴天 25℃左右。这时如果床温低，会使出土时间延长，种子消耗养分多，出苗后幼苗瘦弱变黄，子叶出土后应适当降温，晴天 22 ～ 25℃，阴天 18 ～ 20℃，以防下胚轴过长。当 90% 植株的第一片真叶展出后，再逐渐提高床温到 25 ～ 27℃。定植前一周应逐渐降温蹲苗，使床温由 27℃降到 20℃左右，直到和外界气温相一致。

苗床温度的控制与调节，因育苗设施的不同而异。阳畦育苗或温床育苗主要靠揭盖草帘和开关通风口来进行。通风口的大小，是靠掀开覆盖苗床塑料薄膜部分的大小来调节的（可用两块砖头或石块支起，中间形成通风口），掀开的部分越大，通风量越大。斜面阳畦、温床的通风口，一般都设在南侧和两头；拱形阳畦、温床的通风口，可设在建床覆盖塑料薄膜时没有固定死的临时压膜一侧。子叶出土后，为了加强光照和延长光照时间，除阴雨天外，可于每天上午 10 时至下午 4 时揭开草帘日晒，下午 4 时以后再盖上草帘。随着天气渐暖，真叶展出后，要及时通风降温，随气温的回升，通风口由小到大，通风时间由短到长，直到除掉所有覆盖物进行锻炼。另外，通风口的位置也应及时调换。一般每隔 5 天左右调换一次，以保持苗床内温度、湿度及气体等条件相对一致，促使幼苗健壮而整齐。温室和塑料大棚内苗床温度的控制与调节，主要依靠天窗的开闭及草帘的揭盖进行。如果属加温温室或大棚，还可通过提高或降低加温温度来进行调节。电热温床的温度，可通过电热线功率、布线时的线距来控制。电热线功率越大，升温越快，床温越高。线间距越小，升温越快，床温越高。反之，电热线功率越小，升温越慢，床温越低；线间距越大，升温越慢，床温越低。调节电热温床的温度，还可通过控温仪进行。转动控温仪的调节旋钮，可改变通向电热线的电流强度，从而改变电热线功率的大小，以达到调节床温的目的。

2. 湿度管理

苗期要求较高的土壤湿度。一般要求土壤湿度达到田间池水量的 85% ～ 90%（以下简称相对湿度）。尤其是种子萌发时需要更大的湿度，通常为 90% ～ 95% 的土壤相对湿度。幼苗期单株需水量虽然不大，但由于根系不甚发达，吸水面积小，而且苗床中瓜苗密集，温度又常较外界高，地面和叶面总蒸发量很大，所以应当使苗床内土壤经常保持湿润。但为了使西瓜苗根系发达，培育壮苗，减少苗床内病害的发生，床内空气湿度不可过大。

西瓜苗床湿度管理总的要求是：一般应维持 80% 左右的空气相对湿度。播种时浇足底水后，直到瓜苗出土前一般可不浇水。子叶展平阶段控制地面见干见湿，以保墒为主。苗床保墒主要是在床面撒一层薄薄的细沙土（俗称描土），以降低土壤水分蒸发量，并可以预防幼苗猝倒病和立枯病。真叶展出后，若地面见干时可用喷壶喷水。喷水一般要在晴天上午进行。以后随着温度的回升及地上部幼苗叶面积的扩大，喷水量可逐渐增加，一般可每隔 3 ~ 5 天喷水一次。直到定植前数日停止喷水，进行蹲苗。到幼苗第 3 ~ 4 片真叶展出时，即可定植于大田中。上述湿度的管理，适用于温室、大棚、电热温床及阳畦、温床等设施内的所有苗床，但特别值得注意的是，阳畦苗床喷水时，每次的喷水量以充分湿透营养土块或营养纸袋为限度。如果吸水太大，容易降低苗床温度，根系长期处于温度低、湿度大的环境中，有可能引起沤根。如果每次喷水量很小，必然要增加喷水次数，这样一方面会造成苗床土壤板结，另一方面会影响幼苗根系的正常生长。其他有加温设备或有酿热物的苗床，由于床温较高，每次喷水量可适当多一些（每平方米苗床喷水 10 ~ 15 千克）。喷水时最好能将井水晒温或加入少量热水，使水温在 15℃ 以上。

各种设施内的苗床，分别通过相应的通风设备（如天窗、通风口）及揭盖塑料薄膜部分进行通风换气，使苗床内湿度大的气体与外界湿度小的气体进行交换，从而降低苗床内的空气湿度。

3. 光照管理

阳光是幼苗叶片光合作用的能量来源，育苗期间的光照条件好坏直接关系到幼苗的生长和苗的壮弱。因此，出苗后要千方百计增加床内光照。若光照不足，幼苗茎细叶薄，光合产物积累少，容易徒长，并致使根系生长不良，移栽后缓苗慢生育期延迟，进而还会影响到产量。增加光照的措施主要是及时揭开覆盖物，一般当日出后气温回升（一般在上午 8 ~ 9 时）就应及时揭开草苫等覆盖物，使幼苗接受阳光，下午在苗床温度降低不太大的情况下适当晚盖覆盖物，以延长幼苗受光时间。同时，也要经常扫除塑料薄膜上面的污物，如草、泥土、灰尘等，以提高薄膜的透光率。到育苗后期，瓜苗较大，外界气温稳定在20℃左右时，即可将塑料膜揭开，使幼苗直接接受日光照射，提高叶片光合能力。揭膜要由小到大逐渐进行，循序渐进，使幼苗逐步适应外界环境，防止一次揭开，而使幼苗受害。当揭开薄膜，发现幼苗萎蔫叶子下垂时要立刻盖好，待幼苗恢复正常后，再慢慢揭开。值得特别注意的是，遇有阴雨天气时，不要因为没有阳光而一直不揭草苫，幼苗长期处于黑暗条件下也会发生徒长，造成弱苗。所以在阴雨天气尤其是连阴天的情况下，白天只要床内气温不低于16℃，也要揭开草苫，靠周围的散射光，幼苗仍可进行一定的光合作用。如果气温较低时，可采取一边揭一边盖的方法，既不降低床温，又可增加光照。

二、其他管理

1. 西瓜育苗期间的浇水

培育健壮的幼苗，除了通过揭盖草帘，增加光照，控制床温，适当通风外，浇水是一项十分重要的技术措施。育苗期间，除按幼苗正常生长发育对苗床湿度的要求合理浇水外，苗床浇水时，应注意以下几项具体技术问题。

（1）育苗前期要浇温水　育苗前期，气温、地温均低，菜苗幼小，需要浇水时，尽量不要浇冷水，以免降低床温，影响幼苗根系的吸收和根毛的生长。确实需要浇水时，可浇15℃左右的水。

（2）要分次浇水　苗床浇水一般采用喷水的方法，为了准确掌握浇水量，要分次喷水，不要对准一处一次喷水过多。对于苗床同一部位要均衡地先少量喷水，等水渗下后再喷第二次，以防止局部喷水过多。

（3）苗床不同部位的浇水量要不同　苗床的中间部分要多喷水，靠近苗床的四周要适量少喷水。这样，可使整个苗床水分一致，能够保证整个苗床内的幼苗生长整齐一致。这是因为，在苗床内靠近南壁的床土，由于床壁挡光，土温较低，蒸发量也较小，依靠由中部床土浸润过来的水分基本上就能满足幼苗生长的需要，故应少喷水或不喷水。苗床的中间部分接受阳光较多，温度较高，蒸发量也很大，故应多喷水。靠近苗床北壁的床土，由于床壁反光反热，温度条件较好，如果浇水量和苗床中部一样多，幼苗就容易徒长（高温高湿幼苗极易徒长），但也不可浇水过少，因为如果浇水不足，又容易使幼苗老化，所以这一部位可比苗床中部适当少浇水。

2. 松土

在育苗期间，适当进行中耕松土，不仅可以增加土壤中的空气含量，提高土壤的透气性，促进根系生长；还可以调节土壤湿度，提高床土温度。在床土湿度大、温度低的情况下，其效果更为明显，中耕的时间一般可从出全苗后开始。当瓜苗出全以后，将床面松锄一下，但深度要浅，一般 1 厘米左右为宜，这时松土的主要作用是弥补床面裂缝。当幼苗破心时再锄 1 次，以促进根系发育，有利于培育壮苗，以后可根据实际情况中耕 2～3 次。一般是在每次浇水后的 1～2 天，进行 1 次松土，可以消灭杂草，破除板结，提高土壤温度，调节其湿度。松锄时开始要浅，以防伤害根系，随着瓜苗的长大，可逐步加深，深度以 2～3 厘米为宜，但也不宜过深。

3. 追肥

幼苗期视苗情追施 1～2 次有机肥和氮素化肥，以促进幼苗生长。幼苗长势良好时，追肥 1 次，在 3～4 片真叶时进行，在植株南侧20 厘米处开沟，深 15 厘米左右，每公顷施腐熟饼肥 600～750 千克，或人畜粪 3000～4500 千克；若幼苗长势较弱，可追肥 2 次。第一次在二叶期，在瓜苗南侧 15 厘米处开穴，每公顷施人尿粪 90～112.5千克。第二次在团棵后，在瓜苗北侧开沟，每公顷施腐熟饼肥 600 千克，或芝麻酱 900～1200 千克。另外，当幼苗生长不整齐时，可对个别小苗、弱苗增施"偏心肥"。施用方法是：在离幼苗基部 10 厘米处，用木棍捅一直径 2～3 厘米、深 10 厘米左右的洞，施入适量尿素后点水盖土；或将尿素溶于水中，配成浓度为 0.5% 的溶液，在幼苗基部开穴浇施，每株用液量 0.5 千克左右。

第四节 西瓜嫁接育苗技术

一、嫁接育苗的好处

1. 借根抗病

土传病害是西瓜育苗和栽培中的重大问题，尤其是在设施栽培条件下，因不便轮作换茬，其病害更为严重。采用抗土传病害强的作物为砧木，进行嫁接换根，就可以有效地防止土传病害的发生。例如瓜类的枯萎病就可采用嫁接换根的办法予以避免。

2. 增强长势

砧木的根系和生长势一般都比接穗强大，因而促进了接穗茎叶的旺盛生长，提高了整个植株的生长势。发达的根系，可以吸收更多的水分和矿物质，供地上部生长和积累所需。生产中亦证实，嫁接栽培作物的施肥量，可比自根栽培同一作物的施肥量少。曾有人对西瓜、黄瓜、茄子嫁接苗进行过研究，认为嫁接苗和对照在株高、茎粗、最大叶面积等方面，均有显著差异（株高增加40.7%、茎粗增加7.1%、最大叶面积增加36.9%）。笔者在多年的西瓜试验中也发现类似的结果。

3. 提高抗逆性

作物经嫁接后，其耐寒性、耐热性及耐盐性等都有所增强。西瓜是喜温耐热的作物，在冬、春栽培易受冻害。但若经新土佐南瓜砧木嫁接后，采用同样栽培设施，则可提前定植而不受冻害；若换用冬瓜或白菊座南瓜作砧木，则可提高接穗的耐热性，而抵御夏季的高温多雨。再如，西瓜是不耐盐碱的作物，但以黑籽南瓜作砧木嫁接后，则其抗盐性大大提高。植株抗盐性的提高，对设施栽培尤为重要。因在棚室栽培条件下，缺乏雨水的淋洗和冲刷，土壤表层易造成盐渍化。

4. 增产

在西瓜生产实践中，已充分证明，凡是苗期经嫁接的，定植后生长发育迅速，果实产量增加。许多地区的试验，更科学、更具体地验证了西瓜嫁接栽培的增产潜力。笔者多次试验，嫁接西瓜比自根不重茬西瓜增产 23.2% ～ 35.8%，比重茬自根西瓜增产 374.4% ～ 437.1%。

二、砧木的选择

1. 选择原则

（1）与接穗应有良好的亲和力　亲和力包括嫁接亲和力和共生亲和力两方面。嫁接亲和力，是指嫁接后砧木与接穗愈合的程度。嫁接亲和力可用嫁接后的成活率表示。嫁接后砧木很快与接穗愈合，成活率高，则表明该砧木与这个接穗亲和力高，反之则低。共生亲和力，是指嫁接成活后砧木与接穗两者的共生状况，包括嫁接苗的生长发育速度、生育是否健壮等。为了在苗期判断共生亲和力，则可以成活后的幼苗生长速度为指标。嫁接亲和力和共生亲和力并不一定一致。有的砧木嫁接成活率很高，但进入结果期或生长发育的中后期便表现不良，甚至有些嫁接株突然凋萎，表现出共生亲和力差。

（2）提高接穗的抗病能力　嫁接育苗的主要目的就是利用砧木的抗病能力避免某些土传病害。因此，砧木抗病能力的大小便成为选择是否适宜的重要标准。导致西瓜发生枯萎病的病原菌中，以西瓜菌（株）系和葫芦菌（株）系为最重要。因此，所用砧木必须同时能抗这两种病原菌。但葫芦不抗西瓜菌（株）系的病菌侵染，因而不是绝对抗病的砧木；而南瓜则表现兼抗上述两种病菌，因而南瓜是可靠的抗病砧木。

总之，选用的砧木应能达到 100% 的植株抗病。

（3）能增强接穗的抗病能力　在嫁接栽培条件下，接穗的耐寒、耐旱、抗热、抗病、耐湿、耐盐及其他对不良环境条件的适应能力、生长发育速度、生长势强弱等，都受砧木固有特性的影响。不同砧木对接穗的影响各不相同。因此，要根据栽培季节、环境条件和接穗的实际需要，选择最适宜的砧木。例如，在冬春育西瓜苗，就要选抗低温、弱光的新土佐南瓜作砧木；而夏秋栽培的西瓜就要选择耐高温、高湿的白菊座南瓜作砧木。

（4）能使接穗优质高产　优质高产是生产者的最大心愿。优良的砧木也是育苗的基础之一。要育成健壮的幼苗，还须掌握熟练而准确的嫁接技术和配套栽培管理技术。

对于西瓜、甜瓜等瓜类嫁接育苗，品质是选择砧木的重要标准。如果形、果皮厚度、果肉质地、含糖量（包括果实含糖梯度）等都是选择砧木时的考量条件。

2. 目前西瓜嫁接苗的主要砧木

（1）新土佐南瓜　系印度南瓜与中国南瓜的一代杂交种，作西瓜嫁接砧木，嫁接亲和力和共生亲和力均强，幼苗低温下生长良好，长势强，发育快，高抗枯萎病；对果实品质无不良影响。

（2）勇士　台湾农友种苗公司育成的野生西瓜杂交种，为西瓜专用砧木。勇士嫁接西瓜高抗枯萎病，生长健壮，低温下生长良好，嫁接亲和力和共生亲和力均强。坐果良好，果实品质和口味与同品种非嫁接株所结果实完全一样。

（3）长颈葫芦　果实圆柱形，蒂部圆大，近果柄处细长。作西瓜砧木，嫁接亲和力和共生亲和力都很强，植株生长健壮，根系发达，对土壤环境适应性广，吸肥力强，耐旱、耐涝、耐低温。抗枯萎病，坐果稳定，对西瓜品质无不良影响。

（4）长瓠瓜　又名瓠子、扁蒲。各地均有栽培。根系发达，茎蔓生长旺盛。与西瓜亲缘关系较近，亲和力强。抗枯萎病、耐低温、耐高温。嫁接西瓜后，表现为抗病、耐低温、坐果稳定，对西瓜果实品质无不良影响。

（5）园瓠瓜　属大葫芦变种，果实扁圆形，茎蔓生长茂盛，根系入土深，耐旱性强。做西瓜嫁接砧木亲和性好，植株生长健壮，抗枯萎病，坐果好，果实大，品质好。

（6）相生　日本米可多公司培育的瓠瓜杂交种。嫁接亲和力和共生亲和力均强。西瓜嫁接苗植株生长健壮，根系发达，高抗枯萎病，低温下生长良好，优质高产。

三、嫁接方法

嫁接育苗能否在生产中大量推广，关键在于嫁接技术能否做到简便易行，工本低，成活率高。关于嫁接的方法，各地常用的主要是插接、靠接、劈接和贴接。其中插接又可分为顶插接、水平插接、皮插接和腹插接等不同的插接方法。靠接法可分为舌靠接和抱靠接。现将几种最常用的嫁接方法介绍如下。

1. 顶插接

又称斜插接。此法最好由两人配合，其中一人持特制竹签（宽、厚与幼苗下胚轴相仿，先端约 1 厘米削成楔形）负责插接，另一人持刀片负责切割接穗。嫁接前要保证苗床湿润，并喷一次百菌清或多菌灵之类的杀菌剂。首先去掉砧木的第一片真叶和生长点，然后用左手食指和中指夹住砧木的茎上部，拇指和中指捏住砧木内侧一片子叶，右手持竹签从内侧子叶的主叶脉基部插入竹签，尖端和楔形斜面朝下呈 45 度角向对面插入 5～7 毫米，以竹尖透出茎外为宜。与此同时，另一个人用左手中指托住接穗的基部偏上部位，右手用刀片从接穗茎两侧距接穗子叶 8～10 毫米处斜切断茎，使切口长略大于插入砧木的插口深度。然后插接人拔出竹签，将接穗切口朝下迅速插入砧木，以接穗尖端透出砧木茎外为宜（图 2-4）。插接法两人一天可嫁接 2000 棵以上，成活率一般在 90% 以上。

(a) 接穗要小　　　(b) 砧木要大　　　(c) 已插接好

图 2-4　顶插接示意图

2. 腹插接

又叫侧接，是在胚轴一侧切口嫁接。嫁接时，在砧木下胚轴离子叶节 0.5 ～ 1.0 厘米处无子叶着生的一侧，由上向下斜切，与下胚轴成 30 ～ 40 度斜角，深度约为茎粗的 1/3，不能深切至砧木的中心（髓腔）。然后将接穗距子叶 0.5 ～ 1.0 厘米以下胚（根茎）斜切，削成楔形插入砧木切口内，随即用嫁接夹固定。接穗顶端要略高于砧木的子叶。

3. 舌靠接

嫁接时先在砧木的下胚轴靠子叶处，用刮脸刀片向下作 45 度角斜切一刀，深达胚轴的 2/5 ～ 1/2，长约 1 厘米，呈舌状。再在接穗的相应部位向上作 45 度角斜切一刀，深达胚轴的 1/2 ～ 2/3，长度与砧木相等，也呈舌状。然后把砧木和接穗的舌部互相嵌入，用薄棉纸条或塑料嫁接夹夹住，同时栽培在营养钵中，要使基部稍稍离开地面，以免浇水时浸湿刀口，影响成活（图 2-5）。嫁接苗置塑料小拱棚内愈合，要求保持一定的温度和湿度，特别是湿度，在最初 3 ～ 5 天应为 95% ～ 99%，同时要加以遮阴，以后逐渐通风见光，一般 1 周后即可愈合，接穗开始生长。半月后，将接穗的根剪断，再生长一段时间即可于大田定植。

(a) 砧木苗向下切口   (b) 接穗苗向上切口   (c) 砧木与接穗切口嵌合

图 2-5 舌靠接示意图

4. 劈接

先将拔取的接穗冲去泥沙，放入带水的碗（盘）中，然后用刮脸刀片将砧木的生长点和真叶削去，在幼茎一侧向下纵切约1.5厘米长。切时注意不可将幼茎两侧全劈开，否则砧木子叶下垂影响成活率。砧木劈口后，立即将接穗子叶下1.5～2厘米的根茎沿子叶方向削去，并使两侧削面呈楔形，接着插入砧木劈口内，用塑料嫁接夹夹住。

5. 贴接

当砧木长到3～4片真叶时进行嫁接。嫁接时将砧木留2片真叶，用刀片在第二片真叶上方斜削，去掉顶端，形成30度左右的斜面，使斜面长1～1.5厘米。再将接穗取来，保留1～2片真叶，用刀片削成一个与砧木相反的斜面，大小与砧木的斜面一致。然后将砧木的斜面与接穗的斜面贴合在一起，用嫁接夹固定好。

四、嫁接苗的管理

嫁接苗的管理要点是保温、保湿、遮光、除萌和防病虫等。

1. 保温

嫁接后砧木与接穗的愈合需要一定的温度，因此要注意苗床的保温。嫁接苗适宜的温度：白天应维持在22～25℃，夜间维持在14～16℃。由于早春气温变化大，特别是在塑料薄膜覆盖下，温度昼夜变化更大，即使白天晴天或阴雨天，中午和早晚温度变化都很大。所以，应特别防止高温灼苗和低温冻苗，如果夜间气温低于14℃，或者有寒流侵袭，应及时加盖草帘防寒，并密封苗床保温。

2. 保湿

嫁接苗由于砧木和接穗均有伤口，尤其是顶插接和劈接的接穗，因失去根部，所以极易失水而萎蔫。因此，要保持苗床内较高的湿度。一般要求嫁接苗栽植后，随即浇一次透水，盖好塑料薄膜，在2～3天内不必通风，使苗床内相对湿度保持在95%左右。3天以后，可根据苗床内温度和湿度情况适当进行通风。

3. 遮光

为了减少接穗的水分消耗，防止萎蔫，嫁接后应将苗床透光面用草帘遮盖起来。但当嫁接苗成活后，应立即去掉遮光物。嫁接苗的成活与否，一般观察接穗是否保持新鲜，不凋萎，主要应看接穗是否明显生长，并较快展叶。但应注意，这期间遮光的时间，并不是每日全天遮光，一般是嫁接后 2～3 日内全天遮光，以后可以上午 10 时至下午 4 时遮光，成活前后则只在中午烈日下短时间遮光即可。在遮光期间，如遇阴雨天，就要揭除遮光物。这样，既可防止接穗因光照强烈而发生萎蔫，有利于成活，又可防止嫁接苗长期不见光致使徒长和叶片黄化，影响以后健壮生长。

4. 除萌

在嫁接时虽然切除了砧木的生长点和已发出的真叶，但随着生长，砧木上还会萌发出新的腋芽。对砧木上的萌芽，应及早抹除，否则将会影响接穗生长。如果砧木上的萌芽保留到结果期还不抹除，不但会影响接穗生长，而且还会使果实品质变劣。

5. 防病虫

嫁接育苗轮作周期短，前作多为秋菜，种类复杂，土壤中病虫害种类也多，因而大大增加了嫁接苗遭受病虫危害的机会，特别是炭疽病、疫霉病、线虫病、蛴螬、地老虎等最易发生。所以，嫁接育苗应从苗期即加强防治病虫害。

6. 其他管理

嫁接苗成活后苗床大通风时，应注意随时检查和去掉砧木上萌生的新芽，以防影响接穗生长（图 2-6）；同时，应根据嫁接苗成活和生长状况，进行分级排放、分别管理，使秧苗生长整齐一致，提高好苗率。一般插接苗接后 10～12 天、靠接苗接后 8～10 天即可判定成活与否。有时因嫁接技术不熟练，部分嫁接苗恢复生长的速度慢，可单独加强管理，促进生长。靠接苗成活即可切断接穗接口下的接穗苗茎（又称断根），同时取下夹子收存，以备再用。为防止断根过早而引起接穗凋萎，可先做少量断根实验，当确认无问题时再行全部断根。

图 2-6　及时除掉砧木上萌生的新芽

五、嫁接应注意的问题

嫁接育苗不论采用哪种方法，要想提高成活率，都必须注意接穗的切削方法和砧木与接穗的嫁接适期。此外，还要有清洁的嫁接用具和熟练的嫁接手法。

1. 接穗的切削方法

接穗切削的方法与嫁接的成活率有一定的关系。两面斜削时，插入砧木后形成层与砧木的接触面大，成活率也较高。至于接穗插入的方向，即接穗子叶与砧木子叶呈平行或垂直，则没有明显的差别。

切削时，下刀要直，使切口平直。这样接穗与砧木的接触面也就容易紧密无隙，有利于刀口愈合。

2. 砧木和接穗的嫁接适期

采用顶插接方法的，砧木的适宜时期是第一片真叶开展时，砧木的下胚轴要粗壮，以便打孔插入接穗。接穗苗以子叶充分长成为宜。为使砧木、接穗适期相遇，一般先播种砧木，当子叶出土后移入营养钵，与此同时播种催过芽的接穗。这样，当接穗子叶展开时，砧木刚好出现第一片真叶，为砧木与接穗嫁接最适期。采用舌靠接方法的，砧木和接穗的大小应相近，因此接穗要比砧木提前 5～7 天播种。采用劈接方法的，砧木比接穗提前播种，当接穗出苗后即可进行嫁接。如果采用葫芦作砧木时，应较接穗提早 7～10 天播种；如果采用南瓜作砧木时，较接穗提前 5～7 天播种即可。

3. 留叶面积

一般来说，接穗的叶面积越小，其水分蒸发量越少，成活率相对较高。但从西瓜嫁接实例看，子叶幼小时嫁接，成活率虽然较高些，但嫁接成活后，子叶迟迟不能充分扩大，真叶的展出也较缓慢。当然，接穗叶面积过大，易失水萎蔫，的确会降低成活率。所以接穗的留叶面积最好根据砧木的种类和根系发育状况来确定，以便使嫁接后植株的地上部与地下部相平衡。

4. 嫁接用具和操作要洁净

嫁接用的刀片、竹签、夹子等要消毒或洗净。嫁接时，手上和秧苗上不能带泥土或沙子。

5. 嫁接手法要熟练

无论采用哪种嫁接方法，在操作中都要求稳、准、快。用手拿苗、拿刀及下刀时，一定要稳。对切口的方向、深度和角度一定要准确。对接穗与砧木的接合，一定要快。这就要求每个操作人员勤学多练。

6. 及时遮阴防止萎蔫

嫁接时不可在露天阳光直射下进行操作，一般都在背风遮阴条件下嫁接。最好采用流水作业，随嫁接随栽植入保温、保湿、防晒、防风的棚室中。

7. 注意接口位置

接口位置低，栽植后易被埋入土中，产生不定根，从而失去嫁接的意义。对某些根茎短的砧木，在嫁接时，需保留 2～3 片真叶。劈接时，切口的位置应处于砧木茎中间，不要偏向一侧。斜切接时，斜面要削得平整，且应有一定长度，不可过短，否则不易接牢。

8. 选择嫁接方法应灵活

当砧木与接穗茎粗接近时，宜采用斜切接或舌靠接；当砧木较粗、接穗较细时，宜采用劈接。劈接苗初期较斜切接苗愈合牢固，除夹后不易出现问题。但插接操作简单、速度快、效率高，适合于大量嫁接。

第五节　西瓜工厂化育苗技术

一、设施

1. 播种车间

播种车间占地面积视育苗数量和播种机的体积而定，一般面积为 100 平方米，主要放置精量播种流水线和一部分的基质、肥料、育苗车、育苗盘等，播种车间要求有足够的空间，便于播种操作，使操作人员和育苗车的出入快速顺畅，不发生拥堵。同时要求车间内的水、电、暖设备完备，不出故障。

2. 催芽室

催芽室是促进种子萌发出芽的设备，是工厂化育苗必不可少的设备之一。催芽室可作为大量种子浸种后催芽，也可将播种后的苗盘放进催芽室，待种子 60% 出芽时挪出。一般大型育苗场要建 30 平方米的催芽室。育苗盘架用角铁焊成，架高 1.8 米，长 2.2 米，宽 1.1 米，每 20 厘米高一层。具体设计要根据育苗量的大小、催芽室的面积而定。

3. 育苗温室

大规模的工厂化育苗企业要求建设现代化的连栋温室作为育苗温室。温室要求南北走向、透明屋面东西朝向、保证光照均匀。

4. 主要设备

（1）穴盘精量播种设备和生产流水线　主要包括育苗播种生产线、基质破碎机、基质混料机、斜坡输送带、基质填料机、针式精量播种机、覆料淋水机、平板输送带。

（2）育苗环境自动控制系统　育苗环境自动控制系统主要指育苗过程中的温度、湿度、光照等的环境控制系统。

① 加温系统。育苗温室内的温度控制要求冬季白天温度晴天达 25℃，阴雪天达 20℃，夜间温度能保持 14～16℃，以配备若干台 15 万千焦/时燃油热风炉为宜，水暖加温往往不利于出苗前后的温度升温控制。育苗床架内埋设电加热线可以保证秧苗根部温度在 10～30℃ 范围内任意调控，以便满足在同一温室内培育不同园艺作物秧苗的需要。

② 保温系统。温室内设置遮阴保温帘，四周有侧卷帘，入冬前四周加装薄膜保温。

③ 降温排湿系统。育苗温室上部可设置外遮阳网，在夏季有效地阻挡部分直射光的照射，在基本满足秧苗光合作用的前提下，通过遮光降低温室内的温度。温室一侧配置大功率排风扇，高温季节育苗时可显著降低温室内的温、湿度。通过温室的天窗和侧墙的开启或关闭，也能实现对温、湿度的有效调控。在夏季干燥地区，还可通过湿帘风机设备降温加湿。

④ 补光系统。苗床上部配置光通量 1.6 万勒克斯、光谱波长 550～600 纳米的高压钠灯，在自然光照不足时，开启补光系统可增加光照强度，满足各种园艺作物幼苗健壮生长的要求。

⑤ 控制系统。工厂化育苗的控制系统对环境的温度、光照、空

气湿度和水分、营养液灌溉实行有效的监控和调节。由传感器、计算机、电源、监视和控制软件等组成，对加温、保温、降温排湿、补光和微灌系统实施准确而有效的控制。

⑥灌溉和营养液控制设备。种苗工厂化生产必须有高精度的喷灌设备，要求供水量和喷淋时间可以调节，并能兼顾营养液的补充和喷施农药；对于灌溉控制系统，最理想的是能根据水分张力或基质含水量、温度变化控制调节灌水时间和灌水量。应根据种苗的生长速度、生长量、叶片大小以及环境的温湿度状况决定育苗过程中的灌溉时间和灌水量。苗床上部设行走式喷灌系统，保证穴盘每个孔浇入的水分均匀。

二、工厂化育苗的方式

育苗包括播种育苗、扦插育苗、试管育苗等方法，以播种育苗最为常见。

播种育苗方式主要包括穴盘育苗、塑料钵育苗、聚氨酯泡沫育苗块育苗、基菲育苗块育苗。

1. 穴盘育苗

由塑料片经过吸塑加工制成，在塑料育苗穴盘上具有许多上大下小的倒梯形或圆形的小穴。育苗时将育苗基质装入小穴中，播种后压实，浇水后即可。

2. 塑料钵育苗

育苗用的塑料钵具有两种类型：硬质塑料钵和软质塑料钵。容积600～800毫升，主要作为培育大苗；容积为400～600毫升的可培育较小的瓜苗。

3. 聚氨酯泡沫育苗块育苗

将聚氨酯育苗块平铺在不漏水的育苗盘上，每一块育苗块又分切为仅底部相连的小方块，每一小方块上部的中间有一"X"形的切缝；将种子逐个放入每一个小方块的切缝中，然后在育苗盘中加入营养液，直至浸透育苗块后育苗盘内保持 0.5 ～ 1 厘米厚的营养液层为止；待出苗之后，可将每一育苗小块从整个育苗块中掰下来，然后定植到水培或基质培的种植槽中。

4. 基菲育苗块育苗

这是由挪威最早生产的一种由 30% 纸浆、70% 泥炭和混入一些肥料及胶黏剂压缩成圆饼状的育苗小块，外面包以有弹性的尼龙网，直径约 4.5 毫米，厚度 7 毫米；育苗时把它放在不漏水的育苗盘中，然后在育苗块中播入种子，浇水使其膨胀，每一块育苗块可膨胀至约 4 厘米厚；这种育苗方法很简单，但只适用于育瓜果类作物。

三、基质选择与配制

1. 对育苗基质的基本要求

穴盘育苗对基质的总体要求是尽可能使幼苗的水分、氧气、温度和养分供应得到满足。

影响基质理化性状主要有：基质的 pH 值、基质的阳离子交换量与缓冲性能、基质的总孔隙度等。有机基质的分解程度直接关系到基质的容量、总孔隙度以及吸附性与缓冲性，分解程度越高，容重越大，总孔隙度越小，一般以中等分解程度的基质为好。

不同基质的 pH 值各不相同，泥炭的 pH 值为 4.0 ～ 6.6，蛭石的 pH 值为 7.7，珍珠岩的 pH 值为 7.0 左右，多数蔬菜幼苗要求 pH 值为微酸至中性。孔隙度适中是基质水、气协调的前提，孔隙度与大小空隙比例是控制水分的基础。风干基质的总孔隙度以 84% ～ 95% 为好，茄果类育苗比叶菜类育苗略高。另外，基质的导热性、水分蒸发蒸腾总量与辐射能等均对种苗的质量产生较大的影响。

2. 基质选材的原则

① 尽量选择当地资源丰富、价格低廉的物料。
② 育苗基质不带病菌、虫卵，不含有毒物质。
③ 基质随幼苗植入生产田后不污染环境与食物链。

④ 能起到与土壤相同的基本功能与效果。

⑤ 以有机物与无机材料复合基质为好。

⑥ 质量小，便于运输。

3. 育苗基质的配制

（1）选用基础物料　配制育苗基质的基础物料有草炭、蛭石、珍珠岩等。

草炭被国内外认为是基质育苗最好的基质材料，我国吉林、黑龙江等地的低位泥炭储量丰富，具有很高的开发价值，有机质含量高达37%，水解氮 270 ～ 290 毫克 / 千克，pH 5.0，总孔隙度大于 80%，阳离子交换量 700 毫摩尔 / 千克，这些指标都达到或超过国外同类产品的质量标准。

蛭石是次生云母石在 760℃ 以上的高温下膨化制成，具有质量小、透气性好、保水性强等特点，总孔隙度 133.5%，pH 6.5，速效钾含量达 501.6 毫克 / 千克。

（2）调制　需特殊发酵处理后的有机物如芦苇渣、麦秸、稻草、食用菌生产下脚料等可以与珍珠岩、草炭等按体积比混合（1 : 2 : 1 或 1 : 1 : 1）制成育苗基质。

（3）消毒　育苗基质的消毒处理十分重要。主要是蒸汽消毒或加多菌灵处理等，多菌灵处理成本低，应用较普遍，每 1.5 ～ 2.0 立方米基质加 50% 多菌灵粉剂 500 克拌匀消毒。最后，在育苗基质中加入适量的生物活性肥料，有促进秧苗生长的良好效果。对于不同作物种类，应根据种子的养分含量、种苗的生长时间，配制时加入。

四、优质穴盘苗培育技术

1. 选盘与消毒

（1）选盘　在育苗之前，要按照育苗数量并结合计划苗龄来确定育苗盘的种类和数量。国际上使用的穴盘，外形大小多为 54.9 厘米 ×27.8 厘米，每个穴盘有 50 ～ 800 个孔，西瓜一次育成成品苗的常用穴盘为 50 孔和 72 孔两个规格。夏季育苗要使用孔数少的苗盘，冬季育苗要使用孔数多的苗盘,因为夏季苗子生长较快,冬季苗子生长较慢些,这里主要是考虑到叶面积的因素。孔穴深度对孔穴中空气含量有一定的影响,深盘较浅盘为幼苗提供了较多的氧气,可促进根系的生长发育。小孔穴的苗盘因基质水分变化较快,管理技术水平要求也较高,相反,大孔穴的苗盘管理较为容易。

(2)穴盘使用前的消毒 育苗后的苗盘都应进行清洗和消毒,其方法是,先用清水冲净苗盘,黏附在苗盘上较难冲洗的脏物,可用刷子刷干净。冲洗干净的苗盘可以扣着散放在苗架上,以利于尽快将水控干,然后进行消毒。

2. 育苗基质的选择

育苗基质的选择是穴盘育苗成功与否的关键因素之一,目前用于穴盘育苗的基质材料,主要是草炭、蛭石和珍珠岩。草炭分为水鲜草炭和灰鲜草炭两种,水鲜草炭多为深位草炭,pH 3.0～4.0,营养成分较低,其氮含量为 0.6%～1.4%,表面有蜡质层,因此亲水性较差;灰鲜草炭为浅位草炭,pH 5.0～5.5,养分含量较高,因为表层蜡质较少,故亲水性较好。蛭石比重轻,透气性好,具有很强的保水能力,含有较高的盐基代换量,钾的含量相当高。育苗时,草炭与蛭石的配比为 2:1 或 3:1,播种之后覆盖料全部为蛭石。根据蛭石粒径大小分为很多类型,西瓜无土育苗多选用粒径 2～3 毫米的蛭石。珍珠岩由火山灰岩高温发泡制成,pH 7.0～7.5。珍珠岩不具有保水能力和盐基代换能力,加入基质后增加其透气性,可减少基质水分含量,有些花卉育苗中常加入 30%,西瓜育苗中珍珠岩用量不多,一般只加入 10% 左右,夏季育苗中不加入珍珠岩。

3. 装盘与播种

(1)装盘 首先应该准备好基质,将配好的基质装在穴盘中,装盘时应注意不要用力压紧,因为压紧后基质的物理性状受到了破坏,使基质中空气含量和可吸收的含量减少,正确的方法是用刮板从穴盘的一方刮向另一方,使每个孔穴都装满基质,尤其是四角和盘边的孔穴,一定要与中间的孔穴一样,基质不能装得过满,装满后各个格室应能清晰可见。

（2）压穴　装好的盘要进行压穴，以利于将种子播入其中，可用专门制作的压穴器压穴，也可将装好基质的穴盘垂直码放在一起，4～5盘一摞，上面放一支空盘，两手平放在盘上均匀下压至达到要求深度为止。

（3）播种　将种子点在压好的穴盘中，或手动播种，每穴一粒，避免漏播。

（4）覆盖　播种后用蛭石覆盖穴盘，方法是将蛭石倒在穴盘上，用刮板从穴盘的一方刮向另一方，去掉多余的蛭石，覆盖蛭石不要过厚，与格室相平为宜。

（5）浇水　播种覆盖后的穴盘要及时浇水，浇水一定要浇透，目测是以穴盘底部的渗水口看到水滴为宜。

4. 苗期环境条件控制

（1）水分条件　水分是西瓜幼苗生长发育的重要条件，所以，水质的好坏、基质湿度的大小至关重要。穴盘育苗的灌溉水应符合理想的灌溉水要求。在不同生育阶段，基质水分的含量也不同，具体品种、不同时期应根据西瓜品种特性区别对待。

（2）基质肥料条件　适宜的基质条件是培育壮苗的基础，基质不仅对秧苗起着固着作用，而且秧苗的根系除了从基质中吸收养分外，还吸收多种矿质元素以维持正常的生理活动。基质营养条件和基质酸碱度对秧苗的生命活动影响很大，基质中矿质元素的多寡影响秧苗的营养生长，而基质酸碱度又影响根系对矿质元素的吸收，因此，育苗期间应十分注意基质的营养状况和酸碱度。配制好的基质除含有一定量的肥料外，还应有一定的含水量，如用草炭加蛭石做基质，播种使基质的含水量以40%～45%为宜，基质过干过湿都会影响到播种质量。

（3）气体条件　气体条件包括育苗温室的气体和育苗基质中的气体。育苗温室的氧气是供给秧苗进行呼吸作用的，经常进行通风换气，保持温室内空气新鲜，就可以满足蔬菜幼苗进行呼吸作用所需要的氧气。育苗基质中的气体含量是指基质中的氧气含量，当基质中的氧气含量充足时，根系才能生成大量的根毛，形成强大的根系。如果基质中水分过多，或基质过于黏重，根系就会缺氧窒息，使地上部萎蔫，生长停止。因此，在配制育苗基质时，一定要注意土质疏松、透气性好。

（4）温度条件　温度条件是指育苗温室的气温和幼苗根际周围的地温，以及昼夜温差三个方面。

（5）光照条件　光照条件直接影响秧苗的质量，秧苗干物质的积累 90% ～ 95% 来自光合作用，而光合作用的强弱主要受光照条件的影响。对于穴盘育苗来说，由于单株营养较少，幼苗密度大，对光照强度的要求更加严格。

水、肥、气、热、光这五个条件，在育苗生产中要分阶段地抓住主要矛盾，在生产上要不断总结经验，认真调控好这几个因子，使之协调发展，才能为西瓜穴盘育苗提供良好的生长发育环境。

第六节　西瓜无土育苗

一、无土育苗的类型

无土育苗的类型见图 2-7。

无土育苗按其消耗能源多少和对环境生态条件的影响，可分为有机生态型和无机耗能型无土栽培；按是否使用基质，以及基质特点，可分为基质栽培和无基质栽培。无基质栽培是指植物根系生长在营养液或含有营养液的潮湿空气中，但育苗时可能采用基质育苗方式，用基质固定根系。这种方式可分为水培（表 2-2）和雾培两大类。基质栽培简称基质培，是指植物根系生长在各种天然或人工合成的基质中，通过基质固定根系，并向植物供应养分、水分和氧气的无土栽培方式。根据基质种类不同，基质培分为无机基质栽培、有机基质栽培和复合基质栽培；根据栽培形式的不同分为槽培、箱培、盆培、袋培、立体培等。

图2-7　无土育苗的类型

表2-2　水培类型

水培类型		英文缩写	液层深度／厘米	营养液状态	备注
主要类型	营养液膜技术	NFT	1～2	流动	—
	深液流技术	DFT	4～10	流动	—
	浮板毛管水培技术	FCH	5～6	流动	营养液中有浮板，上铺无纺布，部分根系在无纺布
	浮板水培技术	FHT	10～100	流动、静止均可	植物定植在浮板上，浮板在营养液中自然漂浮
其他	潮汐式水培（EFT）、静止暴气技术（SAT）、暴气液流技术（AFT）、各种静止水培				

二、无土育苗的方法

1. 沙砾栽培法

此法是在一定栽培容器中，用沙或砾石作基质，定时定量地供应营养液而进行的栽培。根据其栽培容器不同，又可分为盆栽法和槽栽法。

（1）盆栽　以直径40厘米左右、深50～60厘米的釉瓷钵、瓷瓦钵等做栽培容器，在容器内装入沙砾及石块等作为栽培基质。即先在盆底部装卵石块一层，厚约 10 厘米，其上再铺砾石（直径大于 3 毫米）厚 5 厘米，最上层铺粗沙（直径 2 毫米左右）25 厘米。在盆的上部植株附近安装供液管，定时定量均匀地使营养液湿润沙石，或用勺浇供液。在盆下部安装排液管，集中回收废液，以便循环使用。

（2）槽栽　原理与盆栽相同，其装置由栽培床、储液池、电泵和输液管道等部分组成。栽培床多为铁制或硬质塑料做成的三角槽，槽内装入沙砾，营养液由电泵从储液池中泵出，经供液管输入栽培槽，在栽培槽末端底部设有营养液流出口，经栽培床后的营养液从出口流入储液池，再由电泵打入注入口，循环使用。

2. 营养液膜法

营养液膜法是在水栽的基础上发展起来的一种栽培形式，这种方法不需要沙砾等物质做栽培基质，其原理是使一层很薄的营养液，在栽培沟槽中循环流经根系，而进行育苗栽培。栽培沟槽一般用硬质塑料或其他防水材料制成，可以用塑料布折叠在一起形成一个口袋的样子，边缘用扣子或夹子连在一起，植株由缝固定，使营养液在袋中循环流动。或者在平底长槽中，放上一个微孔的厚塑料覆盖板，其上按一定株行距开种植孔进行播种。由于覆盖板差不多是停放在槽中的，随着根系的生长，覆盖板也可以上升，用电动抽水机使营养液在槽中流动，小规模的也可以用手工操作使之流动，以供植株吸收。

3. 雾栽法

又称气培，就是作物根系悬挂于栽培槽的空气中，用喷雾的方法供应根系营养液，使根系连续或不连续地浸在营养液细滴（雾或气溶胶）的饱和环境中。此法对根系供氧效果较好，便于控制根系发育，节约用水。但对喷雾质量的要求较高，根系温度受气温影响波动较大，不易控制。日本已将喷雾法进一步改进，形成多种形式的喷雾水栽装置，已大面积应用于生产，取得良好效果。

三、无土育苗的基质

基质的作用在于固定幼苗根系、稳定植株，为根系的生长发育提供良好的条件。基质的好坏决定了地下部分水、肥、气三大因素之间的合理调节，尤其是水、气两者之间的调节。国内外选作蔬菜育苗的基质有沙、砾石、泥炭、泥炭藓、煤渣、锯末、炭化砻糠、珍珠岩、蛭石、矿棉（石绒棉）、酚类树脂泡沫颗粒等材料。优良的育苗基质要求容重小、总孔隙度大、大孔隙（空气容积）与小孔隙（毛管容重）有一定比例，引水力、持水力较大，经过消毒不带病虫害，能就地取材，价格便宜，资源丰富。对优良基质的几项具体要求如下。

1. 容重

经试验认为容重以 0.7 左右为适当。菜园土容重在 1.1 ～ 1.5 之间，太重，搬动育苗盘时费力；蛭石、珍珠岩、炭化砻糠等容重在 0.15 ～ 0.25 之间，太轻，压不住根，浇水时易倒苗。实际使用时，可以用多种基质相互掺和，将容重调整至 0.7 左右。

2. 总孔隙度

一般育苗盘内总孔隙度应该大于 55% 以上。总孔隙度较大有利于水、气贮存及根系发育。若田间土壤总孔隙度过大，则播下的种子悬在土粒之间，在这种情况下，土壤失水大、吸水难、出苗慢，应在播种以后镇压表土，以弥补其缺点。但在育苗盘内播种，上有覆盖，下不渗漏，像蛭石等总孔隙达 133.5%，出苗仍然很好。

3. 空气容积

试验证明，基质中空气容积应占总孔隙度的 25% ～ 30% 为好。如炭化砻糠空气容积占总孔隙的 57.5% 时，育苗盘中易失水干燥，而珍珠岩及蛭石空气容积只占总容积的 25% ～ 30%，持水多，不易干燥。

4. 毛管水

基质的每一颗粒上毛管水含量应大，颗粒之间的毛管水应小。这样有利于水分的贮存和减少水分的散失。如蛭石、煤渣、珍珠岩的毛管水的含量分别为基质重量的 108%、33% 与 30.75%。

5. 基质中营养元素的含量

采用无土育苗时，基质的主要任务是固定根系、供给氧气。但炭化砻糠、煤渣等基质中含有一定数量的营养元素。南京农业大学会同中国农业科学院测定表明：像炭化砻糠、煤渣等基质中还含有相当多的全氮、速效磷、速效钾及丰富的微量元素锰、硼、锌等。这些元素的含量可成为今后使用不同基质、配制不同营养液的依据。试验证明，以煤渣基质育苗时，在营养液中施用微量元素是多余的。

各地在育苗中，可以根据当地基质的资源条件，就地取材，合理选用。

四、无土育苗的营养液

1. 营养液的成分和要求

（1）配制营养液的养分要求　营养液是根据作物对各种养分的需求，把一定数量和比例的无机盐类溶解于水中配制而成的。作为无土栽培的营养液，必须达到以下要求。

① 必须含有作物生长发育所必需的全部营养元素，包括大量元素和微量元素。

② 这些矿质元素应根据不同作物的需要，按其适当比例配合成平衡营养液。

③ 所配制的无机盐类，在水中的溶解度要高，并且是离子状态，易被作物所吸收。

④ 不含有有害及有毒成分，并保持适于根系生长、利于养分被吸收的酸碱度和离子浓度，能使作物的生长发育良好，且能获得优质高产。

⑤ 取材容易，用量小，成本低。因此，要配制符合要求的营养液，其原料包括水源、含有营养元素的化合物及辅助物质要符合要求。首先，对水质要求，生产中使用的水通常来自雨水、井水和自来

水等，其总要求和卫生规范中的饮用水要求相当。主要是硬度不能太高。一般以不超过 10 度为宜，pH 为 6.5 ～ 8.5，氯化钠含量小于 2 毫摩尔 / 升，重金属如汞、镉、铅等及有害健康的元素含量在容许范围之内。对无机盐化合物的要求，由于营养液配方标出的用量是以纯品表示，在配制营养液时，要按各种化合物原料实际的纯度来折算出原料的用量，商品标识不明、技术参数不清的原料禁用。如采购到的大批原料缺少技术参数，应取样送检，确认无害时才允许使用。此外，原料的纯度要符合要求，少量的有害元素应不超容许限度。否则均会影响营养液平衡。

（2）配制营养液的肥料选择　营养液的成分包括了作物生长所必需的矿质养分，由什么肥料来提供这些养分是配制营养液首先要考虑的。由于设施栽培的营养供应是通过全价营养液滴灌到基质中，植物根系从基质中吸收水分、养分。因此，营养液不能有沉淀，要有合适的酸碱度，各成分间不能发生化学反应。所以，综合考虑肥料的溶解性、酸碱度、稳定性以及所带入的副成分、价格等因素，确定氮源以尿素、硝酸钙为主，硝酸钾为补充。磷源以磷酸二氢钾、磷酸一氢钾为宜。钾源以硫酸钾为主，硝酸钾作补充。钙由硝酸钙提供，镁源为硫酸镁，铁源为螯合铁。铜、锌、锰、硼、钼、氯化学性质较稳定，其中铜、锌、锰的硫酸盐溶解性好，且硫也为植物所需，一般用硫酸盐。硼用硼砂，钼用钼酸钠。氯的需要量很少，水源中的氯基本上已够用。营养液配制既可用单质肥料如氮肥、磷肥、钾肥和微量元素肥料，也可用配方复合肥。荷兰等温室栽培发达国家采用单质肥料，营养液的配方比较灵活，营养成分的调整较方便，但肥料种类多，配制过程较复杂。以色列、芬兰等国主要使用高浓度全溶解的复合肥。笔者建议使用西瓜专用复合肥。

2. 营养液的配制

生产上配制营养液一般分为浓缩贮备液（也叫母液）的配制和工作营养液（也叫栽培营养液）的配制两个步骤，前者是为方便后者的配制而设的。配制浓缩贮备液时，不能将所有盐类化合物溶解在一起，因为浓度较高，有些阴、阳离子间会形成难溶性电解质引起沉淀，所以一般将浓缩贮备液分成 A 母液、B 母液、C 母液 3 种。A 母液以钙盐为中心，凡不与钙作用而产生沉淀的盐都可溶于其中，如 Ca（NO₃）₂ 和 KNO₃ 等；B 母液以磷酸盐为中心，凡不与磷酸根形成沉淀的盐都可溶于其中，如（NH₄）₃PO₄ 和（NH₄）₂SO₄ 等；C 母液为微量元素母液，由铁（如 Na₂Fe-EDTA）和各微量元素合在一起配制而成。母液的倍数，根据营养液配方规定的用量和各种盐类化合物在水中的溶解度来确定，以不致过饱和而析出为准。如大量元素 A、B 母液可浓缩为 200 倍，微量元素 C 母液，因其用量小可浓缩为 1000 倍。母液在长时间贮存时，可用 HNO₃ 酸化至 pH 3 ～ 4，以防沉淀产生。母液应贮存于黑暗容器中。工作营养液一般用浓缩贮备液来配制，在加入各种母液的过程中，也要防止局部的沉淀出现。首先在大贮液池内先放入相当于要配制的营养液体积 40% 的水量，将 A 母液应加入量倒入其中，开动水泵使其流动扩散均匀。然后再将应加入的 B 母液慢慢注入水泵口的水源中，让水源冲稀 B 母液后带入贮液池中参与流动扩散，此过程所加的水量以达到总液量的 80% 为好。最后，将 C 母液的应加入量也随水冲稀带入贮液池中参与流动扩散。加足水量后，继续流动搅拌一段时间使达到均匀。营养液的配制要避免难溶性物质沉淀的产生。合格的平衡营养液配方配制的营养液应不出现难溶性物质沉淀。配制时应运用难溶性电解质溶度积法则来指导，以免产生沉淀。在称量肥料和配制过程中，应注意名实相符，防止称错肥料，并反复核对确定无误后才配制，同时应详细填写记录。

3. 调整营养液的 pH 值

大多数作物根系在 pH 5.5 ～ 6.5 的酸性环境下生长良好，营养液 pH 值在栽培过程中也应尽可能保持在这一范围之内，以促进根系的正常生长。此外，pH 直接影响营养液中各元素的有效性，使作物出现缺素或元素过剩症状。营养液的 pH 变化是以盐类组成和水的性质（软硬度）等为物质基础，以植物的主动吸收为主导而产生的。尤其是营养液中生理酸性盐和生理碱性盐的用量比例，其中以氮源和钾源的盐类起作用最大。例如，（NH₄）₂SO₄、NH₄Cl、NH₄NO₃ 和 K₂SO₄

等可使营养液的 pH 下降到 3 以下。为了减轻营养液 pH 变化的强度，延缓其变化的速度，可以适当加大每株植物营养液的占有体积。营养液 pH 的监测，最简单的方法可以用石蕊试纸进行比色，测出大致的 pH 范围。现在市场上已有多种便携式 pH 仪，测试方法简单、快速、准确，是进行无土栽培必备的仪器。当营养液 pH 过高时，可用 H_2SO_4、HNO_3 或 H_3PO_4 调节；pH 过低时，可用 NaOH 或 KOH 来调节。具体做法是取出定量体积的营养液，用已知浓度的酸或碱逐渐滴定加入，达到要求 pH 值后计算出其酸或碱用量，推算出整个栽培系统的总用量。加入时，要用水稀释为 1～2 摩尔/升的浓度，然后缓缓注入贮液池中，随注随拌。注意不要造成局部过浓而产生 $CaSO_4$ 或 $Ca(OH)_2$ 等沉淀。一般一次调整 pH 的范围以不超过 0.5 为宜，以免对作物生长产生影响。

五、营养钵无土育苗

营养钵育苗包括基质准备、建立苗床、播种和苗床管理等作业，总的要求是实现一播全苗，在苗床培育早苗壮苗。

1. 基质准备

同穴盘育苗。

2. 建立苗床

一要根据种植密度和种植面积留足苗床面积；二是尽量建在靠近大田附近以便就地移栽。如移栽面积较小，苗床可选地势较高、背风向阳、水源方便、无病无盐的地方。移栽面积较大，可在定植田内划出一定面积就地建床。苗地要整成高畦，畦宽以能搭塑料小拱棚为度。营养钵装基质时，装半钵稍压实，再装至钵高十分之九，装后按梅花形排列于畦面上，钵与钵之间间隙越小越好。如苗拥挤，可适当加大间隙，在间隙外填满沙土。营养钵排放一定要整齐一致，可略高出地面，钵与钵之间的空隙用细沙填好，苗床四周挖好排水沟，防止雨水渗入苗床。

3. 播种

苗床播种前 2 ～ 3 天，要装好营养钵并喷透水，达到墒饱墒足，避免中途揭膜喷水，以免降低苗床温度。播种前进行种子消毒和催芽，然后选好晴天进行苗床播种。播种时在钵的中央点穴，将种子轻放入内，每钵播种数与定植时每穴栽植数相同，然后用蛭石覆盖。播后用塑料薄膜覆盖苗床，膜四周要封好压实。

4. 苗床管理

包括温度、水分、养分等的管理，基本同穴盘育苗。

六、有机生态型无土育苗

有机生态型无土育苗，是指全部使用固态有机肥代替营养液，灌溉时只浇清水，排出液对环境无污染，能生产合格的绿色幼苗，其应用前景广阔。有机基质无土育苗技术是现代育苗栽培技术与传统有机农业相结合的产物，是一个稳定的具有一定缓冲作用的农业生态系统。具有一般无土育苗的特点，同时追施固态有机肥滴灌清水或滴灌低浓度的大量元素营养液，进行开放式栽培，大大简化了操作管理过程，降低了设施系统的投资，节省生产费用，产品洁净卫生，可达"绿色食品"标准，而且对环境无污染。制作有机基质的原料丰富易得。农产品的废弃物，玉米、小麦、水稻、向日葵等作物秸秆；农产品加工后的废弃物，椰壳、酒渣、醋渣、蔗渣等；木材加工的副产品，锯末、刨花、树皮等；还有造纸工业下脚料、食用菌下脚料等各种各样的工农副业有机废弃物都可用来制作有机栽培基质。这些有机废弃物经粉碎，加入一定量的鸡粪、发酵菌种等辅料，堆制发酵合成有机基质。南京农业大学等单位已利用造纸厂的下脚料合成优质环保型有机苇末基质，并实现了商品化生产，广泛应用于穴盘育苗和无土栽培中。为了改善有机基质的理化性状，在使用时可加入一定量的其他固体基质，如蛭石、珍珠岩、炉渣、沙等。如国际通用的一半泥炭一半蛭石混合，一半椰子壳一半沙混合，7 份苇末基质 3 份蛭石或 3 份炉渣等。总之混配后的复合基质努力达到容重 0.5 克 / 厘米³ 左右，总孔隙度 60% 左右，大小孔隙比 0.5 左右，pH 值 6.8 左右，电导率

2.5 毫西门子 / 厘米以下，每立方米基质内应含有全氮 0.6 ～ 1.8 千克，全磷（P_2O_5）0.4 ～ 0.6 千克，全钾（K_2O）0.8 ～ 1.8 千克。有机基质的使用年限一般为 3 年左右。有机基质培一般采用槽式栽培。栽培槽可用砖、水泥、混凝土、泡沫板、硬质塑料板、竹竿或木板条等材料来制作。建槽的基本要求是槽与土壤隔绝，在作物栽培过程中能把基质拦在栽培槽内。为了降低成本，各地可就地取材制作各种形式的栽培槽。为了防止渗漏并使基质与土壤隔离，应在槽的底部铺 1 ～ 2 层塑料薄膜。槽的大小和形状因作物而异，甜瓜、洋香瓜、迷你番茄、迷你西瓜、西洋南瓜、普通番茄、黄瓜等大株型作物，槽宽一般内径为 40 厘米，每槽种植 2 行，槽深 15 厘米。奶油生菜、西洋芹等矮生或小株型作物，可设置较宽的栽培槽，以栽培管理及采收方便为度。一般 70 ～ 95 厘米，进行多行种植，槽深 12 ～ 15 厘米。小株型作物也可进行立体式栽培，提高土地利用率，便于田间管理。槽的长度可视灌溉条件、设施结构及所需人行道等因素来决定。槽坡降应不少于1：250，还可在槽的底部铺设粗炉渣等基质或一根多孔的排水管，有利于排水，增加通气性。有机基质培无土栽培系统的灌溉一般采用膜下滴灌装置，在设施内设置贮液（水）池或贮液（水）罐。贮液池为地下式，通过水泵向植株供液或供水；贮液罐为地上式，距地面 1 米左右，靠重力作用向植株供液或供水。滴灌一般采用多孔的软壁管，40 厘米宽的槽铺设 1 根，70 ～ 95 厘米宽的栽培槽铺设 2 根。滴灌带上盖一层薄膜，既可防止水分喷射到槽外，又可使基质保湿、保温，也可以降低设施内空气湿度。滴灌系统的水或营养液，要经过一个装有 100 目纱网的过滤器，以防杂质堵塞滴头。

七、无土育苗的基本程序和管理

1. 基本程序

（1）育苗前的准备

① 选择育苗方式　西瓜育苗可选用 50 ～ 72 穴盘育苗，也可用营养钵或岩棉块育苗。根据当地实际情况因地制宜选择育苗方式和育苗材料。育苗材料使用前要进行消毒。

② 基质准备　选择草炭、蛭石、珍珠岩等。一般的配比含量为草炭∶蛭石∶珍珠岩=3∶1∶1。在基质中加入适量的无机肥和有机肥，一般每立方米基质中加入 2.6 ～ 3.1 千克氮磷钾复合肥 15∶15∶15 及 10 ～ 15 千克脱味鸡粪等，拌匀基质。然后将基质消毒。如果基质过于干燥，应加水进行调节。

③ 装基质　用穴盘或营养钵育苗时，播种前要做好育苗床或育苗畦，并装好基质，码排好育苗盘或育苗钵备用。

（2）播种　把经过催芽的种子点播于苗盘、营养钵内或岩棉块上，播种后用蛭石均匀覆盖在种子上，浇透水，然后盖上一层白色地膜，保温保湿。

2. 无土育苗的管理

（1）基质消毒　育苗基质和育苗装置使用前要进行消毒，杀灭残留病菌和虫卵。

（2）水质管理　对水质要求严格，尤其是水培，因为它不像土栽培具有缓冲能力，所以许多元素含量都比土壤栽培允许的浓度标准低，否则就会发生毒害，一些农田用水不一定适合无土栽培，收集雨水做无土栽培，是很好的方法。电导度（EC）是溶液含盐浓度的指标，通常用毫西门子（mS）表示。无土栽培的水，pH 值不要太高或太低，因为西瓜对营养液 pH 值的要求以中性为好，如果水质本身 pH 值偏低，就要用酸或碱进行调整，既浪费药品又费时费工。

（3）营养液的管理　营养液是无土栽培的关键。配制营养液要考虑到化学试剂的纯度和成本，生产上可以使用化肥以降低成本。配制的方法是先配出母液（原液），再进行稀释，可以节省容器便于保存。需将含钙的物质单独盛在一容器内，使用时将母液稀释后再与含钙物质的稀释液相混合，尽量避免形成沉淀。营养液的 pH 值要经过测定，必须调整到适于作物生育的 pH 值范围，以免发生毒害。营养液配方在使用过程中，要根据西瓜不同生育期、季节或因营养不当而发生的异常表现等，酌情进行配方成分的调整。西瓜苗期以营养生长为中心，对氮素的需要量较大，而且比较严格。因此，应适当增加营养液中的氮量。在氮素使用方面，应以硝态氮为主，少用或不用铵态氮。

在日照较长的春季育苗时，可适当增加铵态氮用量。缺氮时往往是叶黄而形小，全株发育不良。温室无土育苗易发生徒长，营养液中应适当增加钾素用量。在无土栽培中，由于缺铁而造成叶片变黄等较为多见，缺铁表现叶脉间失绿比较明显，其原因往往是营养液的pH较高，铁化物发生沉淀，不能为植株吸收而发生铁素缺乏。可通过加入硫酸等使pH降低，并适量补铁。

（4）提高供液温度　无土栽培中无论哪一种形式，营养液温度都直接影响幼苗根系的生长和对水分、矿质营养的吸收。例如，黄瓜根系的生长适温为18～20℃，如果营养液温度长期高于25℃或低于13℃，均对根系生长不利。冬春蔬菜无土育苗极易发生温度过低的问题，可采取营养液加温措施（如用电热水器加温等），以使液温符合根系要求。如果为沙砾盆栽或槽栽方法，可尽量把栽培容器设置在地面以上，棚室内保持适宜的温度，以提高根系的温度。

（5）补充二氧化碳　二氧化碳是幼苗进行光合作用、制造营养物质的重要原料。棚室内进行无土栽培，幼苗吸收二氧化碳速度很快，由于基质中不施用有机肥料，因而二氧化碳含量较少。因此，二氧化碳不足是重要限制因子。现在在国外二氧化碳追肥已成为无土栽培中必不可缺少的一项措施。温室内补充二氧化碳的具体方法有：第一，开窗通气，上午10时以后，在不影响室温的前提下，开窗通气，以大气中的二氧化碳补充棚室内的不足；第二，碳酸铵加硫酸产生；第三，施用干冰或压缩二氧化碳。国外一般用二氧化碳发生机和燃烧白煤油来产生二氧化碳。

（6）其他管理　无土育苗如采用沙砾盆栽法，一般每天供液2～3次，上午和下午各1～2次，晴朗、高温的中午增加一次，幼苗期量小一些，后期量大一些。营养液膜法和雾栽法两次供液间隔时间一般不超过半小时。

八、无土育苗的栽培要点

1. 基质的选择

（1）pH值　反映基质的酸碱度，非常重要。它会影响营养液的成分变化。pH 6 ～ 7 被认为是理想的基质。

（2）电导度（EC） 反映已经电离的盐类溶液浓度，直接影响营养液的成分和作物根系对各种元素的吸收。

（3）缓冲能力 反映基质对肥料迅速改变 pH 值的缓冲能力，要求缓冲能力越强越好。

（4）盐基代换量 是指在 pH ＝ 7 时测定的可替换的阳离子含量。一般有机基质如树皮、锯末、草炭等可代换的物质多；无机基质中蛭石可代换物质较多，而其他惰性基质则可代换物质就很少。

2. 基质消毒

育苗基质和育苗装置使用前要进行消毒，杀灭残留病菌和虫卵。

3. 水质

水质与营养液的配制有密切关系。水质标准的主要指标是电导度（EC）、pH 值和有害物质含量。无土栽培对水质要求严格，尤其是水培，因为它不像土栽培具有缓冲能力，所以许多元素含量都比土壤栽培允许的浓度标准低，否则就会发生毒害，一些农田不一定适合无土栽培，收集雨水做无土栽培，是很好的方法。电导度（EC）是溶液含盐浓度的指标，通常用毫西门子（mS）表示。无土栽培的水，pH 值不要太高或太低，因为西瓜对营养液 pH 值的要求以中性为好，如果水质本身 pH 值偏低，就要用酸或碱进行调整，既浪费药品又费时费工。

4. 营养液

营养液是无土栽培的关键，不同作物要求不同的营养液配方。目前世界上发表的配方很多，但大同小异，因为最初的配方本源于对土壤浸提液的化学成分分析。配制营养液要考虑到化学试剂的纯度和成本，生产上可以使用化肥以降低成本。配制的方法是先配出母液（原源），再进行稀释，可以节省容器便于保存。需将含钙的物质单独盛在一容器内，使用时将母液稀释后再与含钙物质的稀释液相混合，尽量避免形成沉淀。营养液的 pH 值要经过测定，必须调整到适于作物生育的 pH 值范围，以免发生毒害。

5. 供液系统

无土栽培供液方式很多，有营养液膜（NFT）灌溉法、漫灌法、双壁管式灌溉系统、滴灌系统、虹吸法、喷雾法和人工浇灌等。归纳起来可以分为循环水（闭路系统）和非循环水（开路系统）两大类。目前生产中应用较多的是营养液膜法和滴灌法。

（1）营养液膜法

① 母液贮液罐　备三个，一个盛硝酸钙母液，一个盛其他营养元素的母液，另一个盛磷酸或硝酸，用以调节营养液的 pH。

② 贮液槽　贮存稀释后的营养液，用泵将其液由栽培床高的一端送入，由低的一端回流。液槽大小与栽培面积有关，一般 1000 平方米要求贮液槽容量为 4 ～ 5 吨。贮液槽的另一个作用就是回收由回流管路流回的营养液。

③ 过滤装置　在营养液的进水口和出水口要求安装过滤器，以保证营养液清洁，不会造成供液系统堵塞。

（2）滴灌系统的灌溉方法

① 备两个浓缩的营养液罐，存放母液　一个液罐中含有钙元素，另一个是不含钙的其他元素。

② 浓酸罐　用以调节营养液的 pH。

③ 贮液槽　用来盛按要求稀释好的营养液。一般 300 ～ 400 平方米的面积，贮液槽的容积 1 ～ 1.5 吨即可。贮液槽的高度与供液距离有关，只要高于 1 米，就可供 30 ～ 40 米的距离。如果用泵抽，则贮液槽高度不受限制。甚至可在地下设置。

④ 管路系统　用各种直径的黑色塑料管，不能用白色，以避免藻类的孳生。

⑤ 滴头　固定在作物根际附近的供液装置，常用的有孔口式滴头和线性发丝管。孔口式滴头在低压供液系统中流量不太均匀，发丝管比较均匀。但共同的问题是易堵塞，所以在贮液槽的进出口处，也必须安装过滤器，滤出杂质。

第七节　西瓜试管育苗技术

一、培养材料和培养基

试管育苗也称组织培养，就是利用植物的一部分组织或器官，在无菌条件下培养成完整植株的一种新的无性繁殖方法。此法也是无籽西瓜和其他珍稀名贵品种育苗，实现优良品种快速繁殖的一条有效途径。尤其结合嫁接栽培，借用砧木的较强适应能力和发达的根系，可比常规的试管苗直接生根移栽效果好。这样，既提高了瓜秧质量，保证有较高的成活率和抗病性，又解决了西瓜的连作障碍问题。

其具体操作方法如下。

1. 培养材料

无籽西瓜或其他珍贵品种的种胚、茎尖、根尖、花粉及子房等这些材料均可用于组织培养，目前应用最多的是种胚和茎尖组织培养。

2. 培养基

无籽西瓜组织培养的培养基因所选用的材料因培养阶段的不同而有差异。一般分为种胚培养基、芽团分化培养基和生根培养基三种。

（1）培养基的成分　培养基的成分包括无机盐（常量元素和微量元素）、有机化合物（蔗糖、维生素类、氨基酸、其他水解物等）、螯合剂［乙二胺四乙酸（EDTA）］和植物生长调节剂等。常量元素除氮、磷、钾外，还有碳、氢、氧、钙、镁、硫等。常用的氮素有硝态氮和铵态氮，多数培养基都用硝态氮。微量元素主要需加入 $0.1 \sim 10$ 毫克／升浓度的铁、硼、铜、钼、锌、锰、钴、钠等。一定浓度的无机盐有利于保证培养组织生长发育所需的矿质营养，使其生长加快。

有机化合物中的糖类是组织培养不可缺少的碳源，并能使培养基保持一定的渗透压。维生素类主要需加维生素 B_1、维生素 B_6、维生素 B_{12}、烟酸、生物素等。此外，还有肌醇（环己六醇）、甘氨酸等。

植物生长调节剂对于组织培养中器官形成起着主要的调节作用，

其中影响最显著的是生长素和细胞分裂素。使用生长调节剂要注意其种类、浓度以及生长素和细胞分裂素之间的比例。一般认为生长素与细胞分裂素比值大时，利于根的形成，比值小时，则可促进芽的形成。常用的生长素主要有吲哚乙酸（IAA）、萘乙酸（NAA）、吲哚丁酸（IBA）和2,4-D（2,4-二氯苯氧乙酸）等。常用的细胞分裂素主要是激动素（KT）、6-苄基腺嘌呤（6-BA）、玉米素（ZA）等。

琼脂是常用的凝固剂，系培养基质，用以固定、着生培养物。通常用量为0.6%～1%。

（2）培养基的配方及其配制　三种培养基中常量元素、微量元素、维生素类及有机物等完全相同，只生长调节剂类有所不同。无籽西瓜芽团培养基的配方如表2-3（pH值最高至6～6.4）。

表 2-3　无籽西瓜芽团培养基配方

成分	含量/（毫克/升）	成分	含量/（毫克/升）
硝酸铵（NH_4NO_3）	1650	维生素 B_6	0.5
硝酸钾（KNO_3）	1900	肌醇	100.0
氯化钙（$CaCl_2 \cdot 2H_2O$）	440	二乙胺四乙酸铁盐（EDTA-Fe_2）	74.5
硫酸镁（$MgSO_4 \cdot 7H_2O$）	370	甘氨酸	2.0
磷酸二氢钾（KH_2PO_4）	170	烟酸	0.5
硫酸锰（$MnSO_4 \cdot 4H_2O$）	22.3	维生素 B_1	0.4
硫酸锌（$ZnSO_4 \cdot 7H_2O$）	8.6	硫酸亚铁（$FeSO_4 \cdot 7H_2O$）	55.7
硼酸（H_3BO_3）	6.2	吲哚乙酸（IAA）	1.0
碘化钾（KI）	0.83	6-苄基腺嘌呤（6-BA）	0.5
钼酸钠（$NaMoO_4 \cdot 2H_2O$）	0.25	琼脂	7000.0
硫酸铜（$CuSO_4 \cdot 5H_2O$）	0.025	蔗糖（或白糖）	30000（50000）
氯化钴（$CoCl_2 \cdot 6H_2O$）	0.025		

无籽西瓜种胚培养基的配方中常量元素、微量元素、维生素及有机物等全部与芽团培养基相同，但生长调节剂去掉吲哚乙酸（IAA）和6-苄基腺嘌呤（6-BA），蔗糖改为每升20克（食用白糖33.3克），pH值为6～6.4。

无籽西瓜生根培养基的配方是将芽团培养基中的吲哚乙酸和6-苄

基腺嘌呤去掉，换用吲哚丁酸（IBA）每升 1 毫克，其余各类元素不变。

配制培养基时，首先依次按需要量吸取各种成分，并混合在一起。将蔗糖或食用白糖加入溶化的琼脂中，再将混合液倒入，加蒸馏水定容至所需体积。随即用氢氧化钠或盐酸将 pH 值调至要求值，然后分装于培养容器内。

二、培养方法

1. 消毒灭菌

将无籽西瓜种子先用 70% 酒精浸泡 5 分钟，再用饱和的漂白粉溶液浸泡 3 小时，用无菌水冲洗 3 次，然后在无菌条件下剥取种胶，接种到种胚培养基上进行培养。

2. 接种及转瓶

（1）接种　接种一般在超净工作台或接种箱内进行，应严格按无菌操作规程认真进行。每接种一批及时放入培养室，随接种随培养。使形成工厂化连续生产。在适宜的条件下，胚根首先萌发，2 周后两片子叶展开转绿时，将带子叶的胚芽切下，进行转移培养。以后每隔 3～4 周切割 1 次，将顶芽和侧芽分离，植于芽团培养基中进行继代培养。

如果从田间无籽西瓜苗上直接取茎尖或侧芽则应先将取来的材料用自来水冲洗干净，再用 70% 的酒精消毒 10 秒，然后用 0.1% 的升汞消毒 2 分钟，最后用无菌水冲洗 4～5 次，接种于芽团培养基上进行培养。

（2）转瓶的适宜时间　无论种胚培养基还是芽团培养基所培养的无菌苗，当其增殖到 3 个芽时，应立即转瓶（分列转移到另一个三角瓶中），特别是在芽团培养基上，时间越晚分化形成的幼芽越多，不仅芽细弱，而且不便将每个芽完整地分离。

三、培养条件

无籽西瓜组织培养过程中，受温度、光照、培养基、pH 值和渗透压等各种环境因素的影响，需要严格控制培养条件。

1. 温度

无籽西瓜种胚培养最适宜的温度为 28～30℃, 芽 (茎尖) 培养最适宜的温度为 25～28℃。低于 16℃, 高于 36℃, 均对生长不利。温度不仅影响细胞增殖, 而且影响器官的形成。

2. 光照

光照强度、光照时间及光的成分, 对无籽西瓜组织培养中细胞的增殖和器官的分化都有很大的影响。在育苗中, 培养室内每 100 厘米 ×50 厘米的面积安装 40 瓦日光灯 1 盏, 光照每日 10 小时, 瓜苗生长快而健壮。

3.pH 值

由于培养基的成分不同, 要求 pH 值也有差异。例如, 虽然无籽西瓜种胚培养基适宜的值为 pH 6～6.4, 但如果培养基中无机铁源是 $FeCl_2$, 当 pH 值超过 6.2 时即表现缺铁症。如果培养基中改用螯合铁时, 即使 pH 值为 7 也不会表现出缺铁症。芽团分化培养适宜的 pH 值为 5.5～6.4。

4. 渗透压

培养基的渗透压对器官的分化有较大影响。例如, 适当提高培养基中蔗糖或食用白糖的浓度, 对提高无籽西瓜愈伤组织的诱导频率和质量起着重要作用。

5. 气体

愈伤组织的生长需要充足的氧气。在实践中, 为了保证供给培养物足够的氧气, 通常用疏松透气的棉花做瓶塞, 而且将培养瓶放置在通风良好的环境中。

四、嫁接与管理

当芽团培养基中经分离培养的无根瓜苗长 3～4 厘米时, 可从基部剪断，作为接穗嫁接在葫芦或南瓜砧木上。当砧木子叶充分展开并出现 1 片小真叶时，切除真叶，用插接法或半劈接法进行嫁接。

嫁接后的管理，主要是保湿、保温。相对湿度维持在 95% 以上，温度保持在 26 ～ 30℃的范围内。经过 15 天左右，当接穗长出 3 ～ 5 片较大叶片时，即可定植于田间。在定植前 5 ～ 7 天，应将嫁接苗放到培养室外进行炼苗。炼苗前 1 ～ 2 天，应将培养温度降至 20 ～ 24℃，相对湿度降至 75%～ 85%。

五、加快幼苗繁殖的措施

1. 及时调整培养基中生长调节剂的种类和浓度

在无籽西瓜组织培养过程中，芽的分化数量与培养基中所加入的细胞分裂素的种类和数量有关。例如培养基中加入 2 毫克 / 升 6-苄基腺嘌呤培养 3 ～ 4 周后，能形成 10 ～ 15 个芽团，加入 2 毫克 / 升激动素，只能形成 2 ～ 3 个芽团。但是从芽的伸长生长来看，激动素的作用优于 6-苄基腺嘌呤。附加激动素培养 3 ～ 4 周后，芽长可达 4 厘米左右，可以剪取芽作继代分株培养，也可直接作接穗用于嫁接栽培。加入 6-苄基腺嘌呤的培养苗，则一直处于丛生芽的芽团状态。因此，为了尽快增加芽的数量，可加入 6-苄基腺嘌呤，以加速芽的增殖。而为了尽快取得足够的嫁接接穗或剪取一定长度的幼芽作继代培养，可加入激动素。此外，北京市农林科学院林果所高新一等研究证明，用高浓度的激动素（3 ～ 8 毫克 / 升）加低浓度的吲哚乙酸（1 毫克 / 升），附加赤霉素（GA_3，2 毫克 / 升），能促进苗的生长。将幼芽转瓶后两周，即能长到 3 ～ 4 厘米高，带有 4 ～ 5 片小叶，且生长健壮，可供嫁接用。

2. 加强管理，保持适宜的培养条件

在培养过程中，要尽量满足无籽西瓜细胞分化和器官形成对环境条件的要求。如果发现培养苗黄化并逐渐萎缩甚至死亡时，可将培养基中的铵盐适当降低并把铁盐增加 1 倍，pH 值调到 6.4。

3. 改生根培养为嫁接培养

按照植物组织培养常规程序，无论利用种胚还是茎尖培养，要形成独立生长的植株，最后均需移植于生根培养基中，待形成一定的根系后才能定植到田间。但培养材料在生根培养基中生根不仅需一定的时间，而且操作较复杂，其间还有污染感病的危险，根系亦不甚发达。如果将分化形成的无籽西瓜小苗或 2～4 厘米长的无根丛生苗，从基部剪取作为接穗，残留部分仍可继续培养利用。由于接穗幼嫩，嫁接培养除应熟练掌握嫁接技术外，还要注意嫁接的技术要求，选择适宜的砧木，以提高嫁接成活率。长度不足 1.5 厘米的细弱接穗，嫁接成活率很低，一般只有 20％～25％。封顶的芽嫁接成活率更低，即使嫁接成活后也长期不能伸长生长，无法在田间定植应用，这是在嫁接时应避免的。用插接或劈接法嫁接时，砧木应粗壮或达到一定粗度时再嫁接。嫁接后要保持 95％以上相对湿度和 26～30℃的温度，并注意遮成花荫。嫁接后 7～10 天愈合成活，15～20 天当接穗长出 4～5 片叶片时即可定植于田间。

第三章
西瓜栽培管理经验

第一节　土地的选择

一、西瓜栽培对土质的要求

西瓜根系的生长，喜欢透性良好、吸热快、疏松的沙质壤土。为了使西瓜根系向纵深发展，扩大吸收面积，就要深翻土壤，改善土壤结构，增加土壤透水层，加大通气性。沙地也可以种西瓜，但应在种植穴内换上深、宽各 30～40 厘米的肥沃沙质壤土。沙地种植西瓜的特点是苗子生长快，西瓜成熟早，品质好，但因沙土保肥保水能力差，植株因肥水不足，容易早衰，发病也早，故应加强肥水管理和防病措施。春季黏土地的地温回升慢、地温低，西瓜苗期生长缓慢，而且土壤越是黏重，地温回升越慢，地温也就越低；沙质壤土则是沙性越大，地温回升越快，尤其在晴朗白天，黏重土地与沙土地的地温回升差别特别明显。我国北方农民常说"春田沙质土发苗，黏土不发苗"，就是这个道理。在黏土地种西瓜应深耕细耙，多施有机肥，并加强铺沙、中耕、排水等项工作，以改善渗水和通气、调温等性能。

西瓜喜弱酸性土壤，但对土壤溶液的反应不太敏感，在 pH 5～8（弱酸性→中性→弱碱性）的范围内，生长发育没有多大区别。嫁接栽培时，由于葫芦、南瓜等砧木不耐酸性，而且需磷量高，所以应选择中性而且有效磷含量较高的土地。在发生过枯萎病的地区种西瓜，应选择酸性小的土壤种植。在含盐量不超过 0.008% 的土壤中，西瓜也可以较正常地生长，但是出苗不好，应育苗移栽，并带大土块，以利幼苗生长健壮。在酸性较强的土壤中种西瓜，应增施石灰或碱性较强的肥料，以便中和酸性，利于西瓜生长。

二、重茬地种植西瓜应注意的问题

一般说西瓜最忌重茬。重茬后西瓜植株生长衰弱，易感病，严重时能造成大幅度减产。但在一定条件下，采取某些农业防治措施，西瓜也是可以连作重茬的。根据各地多年经验，在重茬地种西瓜应注意下列几点。

（1）要未发生过枯萎病　如果第一年种西瓜的田间没有枯萎病发生，一般第二年连作时也很少发病。同样，第二年种西瓜的田间仍没有枯萎病发生，第三年还可以连作。一旦西瓜发生枯萎病时，则下一年就不能再继续连作西瓜了。

（2）选用抗病品种　在重茬地种西瓜，应特别注意选用抗病品种，如郑抗 1 号、黑巨冠、西农 10 号、新先锋、丰乐旭龙、豫艺 15 号及多倍体西瓜。

（3）要错开种植行　选作西瓜的种植行，要与上一年的种植行错开位置，其距离为 60 厘米以上。在当年西瓜收获后，要及时清理瓜蔓、瓜根。在安排茬口种植其他作物时，最好不要打乱原来的西瓜行向土层。在耕翻土地时，要作好标记，不要使原西瓜行的土壤与留作下年西瓜行的土壤相混合。所有这一切都是为了防止通过土壤传播病害。

（4）实行早熟栽培　连作西瓜要采用育苗移栽、塑料薄膜覆盖早熟栽培等措施，使西瓜及早成熟。早熟栽培可以避开枯萎病的发病季节。

（5）增加密度　任何作物在生理上均有所谓"连作障碍"（连作后生长发育不良），瓜类作物特别明显。西瓜连作后生长势减弱，单瓜重变小，产量降低，甚至常常出现缺株死苗情况。加大密度后，可弥补缺苗及减产。

（6）施用复合肥　连作西瓜应多施复合肥，少施氮素化肥；有条件时要增施磷、钾肥和碱性肥料，少施或不施酸性肥料，以提高西瓜的抗病能力，并抑制枯萎病菌繁殖。

（7）减少伤口和避免产生不定根　连作西瓜在整枝压蔓时，应掌握尽量减少瓜蔓伤口。压蔓时，以明压或以树条卡子固定瓜蔓，尽量使西瓜茎蔓裸露地面。避免产生不定根（如地面铺草或使用地膜）。这样都可减少土壤内枯萎病菌侵害西瓜植株的机会。

（8）嫁接栽培　如果采用南瓜等作砧木、西瓜为接穗进行嫁接栽培，可以防止西瓜枯萎病的传播，故上述（1）～（6）条可以不予考虑。因此，可以说采用嫁接栽培及（7）中的要求，是西瓜连作的根本出路。

三、丘陵地种植西瓜应注意的问题

西瓜较耐瘠薄，对土壤要求不太严格。在土层很薄，甚至新开垦的荒地种植西瓜，也生长良好。丘陵地的光照充足，昼夜温差较大，同时土壤中所含的微量元素较丰富，种植的西瓜容易获得优良的品质。但是，在丘陵地种植西瓜，要达到早熟、高产、优质栽培的目的，还应注意以下几点。

（1）地势的选择　丘陵地种植西瓜时，应根据当地气候特点、品种及轮作规划，进行合理布局。例如，采用早熟耐湿品种或北方干旱地区早春栽培西瓜，应选择背风、向阳、温暖、地势低洼处；采用晚熟耐旱品种或南方温暖多雨地区栽培西瓜，则应选择高燥、向阳的坡地栽培。

（2）防止"水重茬"　在制订轮作计划时，应特别注意"水重茬"。引起西瓜枯萎病（俗称重茬病）的病原菌，可以存活 6～8 年之久。病菌可以通过种子、肥料、水流等传播。特别是水流，如在上水头（上坡地）种瓜发生此病，下水头不种瓜的土壤中亦可存在该病菌，第二年或以后 6～8 年内种植西瓜时仍可发生此病。因此，称为"水重茬"。所以在丘陵安排西瓜地一般应是先种低处后种高处，也就是由低而高逐年轮茬。

（3）防止水土流失　丘陵地种植西瓜应以防止水土流失、保水保肥为主，不能过分强调畦向。生产中一般应使瓜沟与坡向垂直延伸，并提前修好灌水渠和排水沟，以利于灌溉和排涝。

（4）增施有机肥料　丘陵地土壤中有机质的含量少，为了增加土壤中有机质的含量，提高西瓜产量，必须增施有机肥料。除适当增加厩肥和圈肥外，还可就地沤制绿肥、土杂肥等。有条件时，可施用部分饼肥。

（5）加强中耕等田间管理　丘陵地一般水浇条件较差，除应注意选用抗旱西瓜品种外，还应按旱作西瓜的要求加强中耕等田间管理工作。

四、盐碱地种植西瓜应注意的问题

盐碱地一般不太适于西瓜生长，但是，有时由于实际需要，在盐碱地上也可种植西瓜。在盐碱地上种植西瓜时只要能注意以下几点，也能获得较好收成。

（1）增施有机肥料　有机肥料可以改良盐碱地土壤结构，提高土壤肥力，有利于西瓜生长发育。故在盐碱地上种植西瓜要增施有机肥料，尽量少用化肥。

（2）整地作畦要适宜　翻地及开瓜沟时不宜过深，一般不深于35厘米，但可适当将瓜沟挖宽一些。作畦要短，畦面要保持一定坡度，以利于排水。整地、作畦要平，防止返碱。

（3）播前浇透水　直播的西瓜，播种前要浇透底水，播种后覆盖稻草、麦秸等可以减轻返碱。但最好不直播而采用育大苗移栽的方法。

（4）栽后淡水冲盐　对移栽的瓜苗，定植时要浇足定植水，冲洗盐分，防止返碱。

（5）浇水要合理　浇水要均匀，排水要及时。可采取沟灌洗碱的方法进行浇水。

（6）要勤松土　瓜蔓封垄前要勤松土，防止土壤板结，减少水分蒸发和盐分上升。

另外，有条件的地方或者盐碱程度较重的地区，可在盐碱地上按行距挖 50 厘米深和 50 厘米宽的沟，沟内铺上塑料薄膜，填满非盐碱性田间土壤，并混施土杂肥作基肥，然后播种或定植瓜苗，可完全避免盐碱影响。

第二节　整地作畦的经验

　　种植西瓜的地块，应于封冻前进行深翻，使土壤充分风化并积纳大量雨雪。结合深翻可施入基肥。深翻后即可根据当地实际需要做成各种瓜畦。

一、挖西瓜丰产沟

　　西瓜丰产沟简称瓜沟，就是在西瓜的种植行挖一条深沟，然后将熟土和基肥填入沟内，以备作畦。

　　春西瓜地最好在上年封冻前挖沟，以便使土壤充分风化，而且沟内可以积纳大量雨雪。挖西瓜沟的好处很多：瓜沟内的土壤全部回填熟土，使疏松层加厚，孔隙增多，提高了储水和透水能力，为西瓜根系的纵横生长创造了良好条件。挖沟可以促进土壤有效养分增加，例如，沟内土壤经过深翻后，土壤内可被西瓜吸引利用的磷和氮的含量均有增加，还可促进好气性微生物活动和繁殖，使土壤内的有机物质易于分解，提高肥料的利用率。此外，沟内土壤经过深翻，还可以将土壤中的越冬害虫翻于地面冻死。

　　西瓜沟多为东西走向、南北排列。这是因为，我国北方各省春季仍有寒冷的北风侵袭，如果瓜沟南北走向，"顺为北风"将会对瓜苗造成严重威胁。挖沟时可以用深耕犁，也可以用铁锨。西瓜沟宽 40 厘米左右、深 50 厘米左右（约两锨宽、两锨深）。先把翻出的熟土放在西瓜沟两边，再把下层生土紧靠熟土放在外侧（图 3-1）。挖沟时要尽量取直，两壁也要垂直，沟宽要求均匀一致。沟底要平整。沟底土壤坚实，应用铁锨翻或镢头刨一遍，以加深疏松和风化土层。

熟土　生土

50厘米　　　　上层土
　　　　　　　下层土

←—40厘米—→

图 3-1　西瓜丰产沟

　　西瓜沟挖好后不要马上回填土，以利于土壤风化。一般可待作畦时再回填。在作畦前要施基肥、平沟。平沟前先用镢头沿瓜沟两侧各刨一镢，使挖沟时挖出的熟土和原处上层熟土落入沟内，然后将应施入的土杂肥沿沟撒入，与土搅和均匀。从沟底翻出的生土不要填入沟内，留在地面上以利风化。整平沟面后即可作畦。在长江流域以南地区，因为春季雨水较多，所以多结合挖瓜沟开挖排水沟，具体做法是：每条瓜沟（畦）两边开竖沟，瓜田四周开围沟，围沟与进水沟和出水沟连接，做到沟沟相通。竖沟深 30 ～ 35 厘米，围沟深 45 ～ 50 厘米，出水沟的沟底要低于围沟，以利于排水通畅。

二、西瓜畦方向的确定

　　西瓜畦的方向应当依据当地的地势条件、栽培方式及温度条件确定。一般来讲，我国北方各省春季多有寒冷的北风侵袭，冷空气的危害是早春影响西瓜缓苗和生长的主要因素。所以西瓜畦以东西走向为好（表 3-1）。采用龟背形西瓜沟畦，西瓜苗定植于沟底，沟底距离畦顶的垂直高度为 10 ～ 20 厘米，那么畦顶便成为西瓜苗挡风御寒的主要屏障。对于早春冷空气较少侵袭的地区，西瓜地北侧有建筑物或比较背风向阳的地方，以及支架栽培或采用塑料拱棚覆盖栽培等，均可采用南北走向的西瓜畦。西瓜的株距比其他作物大，而且西瓜蔓多为爬地生长，所以无论西瓜畦南北向还是东西向，一般不存在植株间相互遮阴的问题。另外，对于坡耕地，应以防止水土流失，保水保肥，便于排灌为主，不能过分强调畦向，应使西瓜畦与坡向垂直延伸。

表 3-1　畦向对瓜苗生育的影响

畦向	主蔓长度 / 厘米	侧蔓数 / 条	侧蔓总长 / 厘米	雌花开放植株 /%
东西向	1505	4	216.2	55
南北向	109.9	3	116.5	2

三、西瓜畦式的选择与制作

在栽培上，为了便于田间管理，常常先要做成适当的畦式。在播种或定植前半月左右，将瓜沟两侧的部分熟土与肥料混匀填入沟内，再将其余熟土填入，恢复到原地面高度，整平做成瓜畦。瓜畦的形式有多种，南、北方各不相同。常见的有平畦、低畦、锯齿畦、龟背畦、高畦等。北方多采用平畦或锯齿畦，南方则多为高畦。

（1）平畦　分大小两个畦。畦面与地平线相齐，故称平畦。将瓜沟位置整平，做成宽约 50 厘米的小畦，称为老畦或老沟，用来播种或定植瓜苗。将从瓜沟中挖出的生土在老畦前整平做成大畦，称为加畦或坐瓜畦，作为伸展瓜蔓和坐果留瓜之用。大畦和小畦之间筑起畦埂以利挡水。

（2）锯齿畦　将原瓜沟整平做成宽 50 厘米左右的畦底，北侧的生土筑成高 30 厘米左右的畦埂并整成南高北低的斜坡，从侧面看上去，整个瓜田呈"锯齿"形，故称锯齿形瓜畦。锯齿形瓜畦具有良好的挡风、反光、增温和保温作用，适于我国北方地区早春栽培西瓜应用。

（3）龟背畦　把原挖的瓜沟做成畦底，整成宽 30 厘米左右的平面，再将畦底两侧的土分别向畦背（挖瓜沟时放生土的地方）扒，使两沟间形成龟背形，即成龟背畦。龟背畦的坡度要适宜，因为多在畦底处播种或栽苗，所以畦底的深度应根据地势、土质和春季风向而定。高地宜深些，低洼地宜浅些；沙土宜深些，壤土宜浅些；春季顺沟风多宜浅些，横沟风多宜深些。一般畦底深度为 20 厘米左右（畦底与龟背之间的高度差）。

（4）高畦　南方春季雨多易涝，故多采用高畦栽培。高畦有两种规格：一种畦宽 2 米，高 40 ~ 50 厘米，两畦间有一宽 30 ~ 40 厘米的排水沟，在畦中央种 1 行西瓜；另一种畦宽 4 米，在畦面两侧各种 1 行西瓜，使其瓜蔓对爬。同样在畦间开挖排水沟。做高畦前将土壤深翻 40 ~ 50 厘米，施入基肥后整平。瓜田四周要挖好与畦间排水沟相通的深沟，以利排水。在地下水位特高或雨水特多的地区，常在高畦上再作圆形瓜墩以利排水通气。

为了便于浇水和田间其他农艺操作，瓜畦均要平整，各种瓜畦长度以不超过 30 米为宜。

第三节　田间管理经验

西瓜的田间管理工作主要是查苗间苗补苗、中耕松土、防草防病、控制肥水及植株调整等。

一、查苗补苗

西瓜苗齐、苗全、苗壮是高产的基础。种植西瓜时，如果严格按照播种、育苗和瓜苗定植的技术要求操作，一般不会出现缺苗的现象。但有时由于地下害虫的危害、田间鼠害，或者在播种、育苗和定植时某些技术环节失误，会造成出苗不齐不全或栽植后成活率不高的现象。遇此情况，可采取以下的补救办法。

1. 催芽补种

西瓜直播时，如果播种过深或湿度过大，会造成烂种或烂芽，而形成缺苗。这时要抓紧将备用的瓜种进行浸种、催芽，待瓜种露出胚根后，用瓜铲挖埯补种。

2. 就地移苗，疏密补缺

把一埯多株的西瓜苗，用瓜铲将多余的带土瓜苗移到缺苗处。栽好后浇少量水，并适时浅划锄，促苗快长。

3. 移栽预备苗

在西瓜播种时，于地头地边集中播种部分预备苗，或者定植时留下部分预备苗。当瓜田出现缺苗时，可移苗补栽。这种方法易使瓜苗生长整齐一致，效果较好。

4. 加肥水促苗

对于瓜苗生长不整齐的瓜田，要在瓜苗长出 3 ～ 4 片真叶时，或定植缓苗后，对生长势弱、叶色淡黄的三类瓜苗，追一次偏心肥。办法是在距瓜苗 15 ～ 20 厘米处，揭开地膜挖一小穴，每株浇施约 0.2 千克腐熟的人粪尿或 0.5% 的尿素化肥水 0.5 千克，待肥水渗下后埋土覆膜，以促使弱苗快长。此外，对个别弱苗，施偏心肥 7 ～ 10 天后，还可距瓜苗 15 ～ 20 厘米开沟，每株追施尿素 20 ～ 30 克或复合化肥 50 克，然后覆土，浇 0.5 千克左右水，待水渗下后盖好地膜。

5. 及时中耕松土

西瓜苗出土或大田定植以后，要经常中耕松土。中耕松土的作用，一方面可切断土壤毛细管，减少水分蒸发，保持墒情；另一方面可使表土层经常保持疏松，以增加土壤通气性能，并能提高地温。因此，中耕松土是促进幼苗根系发育的重要措施。盖地膜的瓜田，只在地膜外围趟锄除草即可。

二、植株调整

在西瓜生产中，对植株进行整枝、压蔓、打杈、摘心等，通常总称为植株调整。其作用可调整或控制西瓜蔓叶的营养生长，促进花果的生殖生长，改善田间或空间群体结构和通风透光条件，提高西瓜产量和品质。

1. 西瓜植株调整的意义

西瓜植株调整，实质上就是调整叶面积系数（指单位面积土地上西瓜全部绿叶面积与土地面积的比值），改善群体结构（指西瓜植株在一定范围内的分布状态），有利于碳水化合物的积累，提高西瓜的产量和品质。因此，整枝、压蔓是西瓜高产栽培的一项不可缺少的重要措施。但不同品种对植株调整的反应不同，这与其生长结果习性，特别是生长势及分枝性有关，此外与栽培方式和栽植密度也有关。一般晚熟品种较早熟品种，保护地栽培较露地栽培，植株调整有其更重要的意义。

整枝的作用主要是让植株在田间按一定方向伸展，使蔓叶尽量均匀地占有地面，以便形成一个合理的群体结构。压蔓的作用主要是固定瓜蔓，防止蔓叶和幼瓜被风吹动而造成损伤；同时压蔓还可以产生不定根，增加吸收能力。打杈和摘心能够调整植株体内的营养分配，控制蔓叶生长，促进西瓜生长。

植株调整除了调整营养分配，促进坐瓜和瓜发育外，还可缩短生长周期，提早成熟。西瓜是喜光喜温作物，当栽植较密，风光郁闭，或播种较晚，受到温度限制时，生长后期所形成的叶子，不但不能制造养分供应西瓜生长，反而会消耗前期形成的叶片所制造的养分。及时打杈或摘心，就可以减少后期蔓叶，使前期所结的瓜充分吸收营养，缩短生长时间，达到提早成熟的目的。

2. 西瓜的整枝方式

整枝即对西瓜的秧蔓进行适当整理，使其有合理的营养体，并在田间分布均匀，改善通风透光条件，控制茎叶过旺生长，减少养分消耗，促进坐果和果实发育。整枝方式因品种、种植密度和土壤肥力等条件而异，有单蔓式、双蔓式、三蔓式、多蔓式。

（1）单蔓整枝　单蔓整枝即只保留一条主蔓，其余侧蔓全部摘除。由于它长势旺盛，又无多蔓备用，因此，坐果不易，要求技术性强。采用单蔓整枝，通常果实稍小，坐果率不高，但成熟较早，适于早熟密植栽培。东北、内蒙古、山西等地有部分瓜田采用这种整枝方式。

（2）双蔓整枝　双蔓整枝即保留主蔓和主蔓基部一条健壮侧蔓，其余侧蔓及早摘除。当株距较小、行距较大时，主、侧蔓可以向相反的方向生长（图3-2）；若株距较大、行距较小时，则以双蔓同向生长为宜。这种整枝方式管理简便，适于密植，坐果率高，在早熟栽培或土壤比较瘠薄的地块较多采用。

图3-2　西瓜双蔓对向整枝示意图

（3）三蔓整枝　即除保留主蔓外，还要在主蔓基部选留2条生长健壮、生长势基本相同的侧蔓，其他的侧蔓予以摘除。三蔓式整枝又可分为老三蔓、两面拉等形式。老三蔓是在植株基部选留两条健壮侧蔓，与主蔓同向延伸；两面拉即两条侧蔓与主蔓反向延伸。此外，还有的在主蔓压头刀后（距根部30～50厘米远处）选留两条侧蔓，这种方法晚熟品种应用得比较多。三蔓整枝坐果率高，单株叶面积较大，容易获得高产。各地西瓜栽培中应用较为普遍，也是旱瓜栽培地区应用最广泛的一种整枝方式（图3-3）。

排灌水沟

地膜

180～200厘米

地膜

排灌水沟

图3-3 西瓜对向三蔓整枝示意图

（4）多蔓整枝　除保留主蔓外，还选留 3 条以上的侧蔓，称为多蔓整枝。如广东、江西等地的稀植地块，每公顷仅种植 3000 ～ 4500 株，除主蔓外还选留 3 ～ 5 条侧蔓。华北晚熟大果型品种有采用四蔓式或六蔓式整枝两面拉的方法，每公顷种瓜 4500 株左右。采用多蔓式整枝的，一般表现为结瓜多、瓜个大，但由于管理费工、不便密植，在生产上已很少采用。

另外，还有不打杈、保留所有分枝的乱秧栽培。它适用于生长势较弱、分枝力较差的品种。在籽瓜栽培中应用较多。

各种整枝方式，都有其优点和缺点。单蔓式和双蔓式整枝，可以进行高密度栽植，利用肥水比较经济，西瓜重量占全部植株重量的百分比（称为经济系数）较高，缺点是费工，植株伤口较多，易染病。特别是单蔓式整枝，生长旺盛，成熟较早，但要求技术性强，瓜个小，不易坐瓜，一旦主蔓坐不住瓜或被地老虎截断，没有副蔓备用，就会造成空蔓。三蔓式或多蔓式整枝，管理比较省工，植株伤口少，一旦主蔓受伤或坐不住瓜时，可再选留副蔓坐瓜；同时，只要密度适宜，有效叶面积较大，同样的品种，三蔓式要比单蔓式和双蔓式整枝结瓜多或单瓜重量大、产量高；缺点是不宜高密度栽植，浇水施肥不当时易徒长，留瓜定瓜技术要求较高，瓜成熟较晚。

（5）西瓜的倒秧和盘条

① 倒秧　又称"板根"，系在西瓜幼苗团棵后，蔓长 30 ～ 50 厘米时，将还处于半直立生长状态的瓜秧按预定方向放倒呈匍匐生长，这一作业俗称"倒秧"或"板根"。由于西瓜伸蔓期，瓜秧处于由直立生长转向匍匐生长的过渡时期，此期最容易被风吹摇动而使西瓜下胚轴折断，并且也不便于压蔓，因此需先将瓜蔓向预定一侧压倒，使瓜秧稳定。倒秧的做法各地也不一样。北京大兴区有"大板根"和"小板根"两种方法。大板根是在瓜苗一侧用瓜铲挖一深、宽各 5 厘米的小沟，再将根（下胚轴）部周围的土铲松，一手持住西瓜秧根茎处，另一只手拿住主蔓顶端，轻轻扭转瓜苗，向延伸瓜蔓的方向压倒于沟内，再将根际表土整平，并用土封严地膜破口。同时，在瓜秧根颈处用泥土封成半圆形小土堆，拍实。这种"大板根"，方法较适用于西瓜植株生长势强或沙土地情况下，可防止徒长；"小板根"的做法与"大板根"不同处在于，将瓜秧自地上部近根处扳倒，而根茎部依旧直立，只是地上部压入地下 1 ～ 2 厘米，拍实，留蔓顶端 4 ～ 7 厘米任其继续自然生长。随后用土封住地膜破口。这种"小板根"法适用于植株生长势弱和黏土地情况下，有增强长势、利于坐果的作用。一般在进行"板根"作业前，要先去掉未选留的多余小侧蔓。山东地区西瓜田的植株管理较精细，自古有盘条压蔓习惯，而在"盘条"前也有类似北京大兴区的"板根"措施，当地俗称"压腚"或"打椅子"，即当西瓜主蔓长 40 厘米左右时，扒开瓜秧基部的土，将瓜秧向一侧压倒，用湿土培成小土堆使其稳定，随后可进行盘条。

② 盘条　通常所谓"盘条"，是指在"板根"或"压腚"之后，瓜蔓长 40 ～ 50 厘米时，将西瓜主蔓和侧蔓（在双蔓整枝情况下）分别先引向植株根际左右斜后方，并弯曲成半圆形，使瓜蔓龙头再回转朝向前方，将瓜蔓压入土中（但不可埋叶）。一般主蔓较长，弯得弧大些；侧蔓短，则弯得弧小些，使主侧蔓齐头并进。"盘条"作业要及时，若过晚则"盘条"部位的叶片已长大，"盘条"后瓜蔓弯曲

处的叶片紊乱和拥挤重叠，且长时间不能恢复正常，对生长和坐瓜不利。

盘条可以缩短西瓜的行距，宜于密植，同时能缓和植株的生长势，使主侧蔓整齐一致，便于田间管理。老瓜区露地栽培的晚熟西瓜品种多进行此项工作。

3. 西瓜的压蔓

用泥土或枝条将秧蔓压住或固定，称为压蔓。压蔓的作用一是可以固定秧蔓，防止因风吹摆动乃至滚秧而使秧蔓及幼果受伤，影响结果。二是可以使茎叶积聚更多的养分而变粗加厚，有利于植株健壮生长。三是可使茎叶在田间分布均匀，充分利用光照，提高光能利用率。四是压入土中的茎节上可产生不定根，扩大了根系吸收面积，增强了对肥水的吸收能力。

压蔓有明压、暗压、压阴阳蔓等方式。

（1）明压法　明压亦称明刀、压土坷垃，就是不把瓜蔓压入土中，而是隔一定距离（30～40厘米）压一土块或插一带杈的枝条将蔓固定。明压时一般先把压蔓处整平，再将瓜蔓轻轻拉紧放平，然后把准备好的土块或取行间泥土握成长条形泥块压在节间上。也可用鲜树枝折成"A"形或选带杈的枝条、棉柴等将瓜蔓叉住。明压法对植株生长影响较小，因而适用于早熟、生长势较弱的品种。一般在土质黏重、雨水较多、地下水位高的地区，或进行水瓜栽培，多采用明压法。

（2）暗压法　暗压即压闷刀，就是连续将一定长度的瓜蔓全部压入土内，称为暗压法，又称压阴蔓。具体做法是：先用瓜铲将压蔓的地面松土拍平，然后挖成深8～10厘米、宽3～5厘米的小沟，将蔓理顺、拉直，埋入沟内，只露出叶片和秧头，并覆土拍实。暗压法对生长势旺、容易徒长的品种效果较好，但费工多，而且对压蔓技术要求较高。在沙性土壤或丘陵坡地栽培旱瓜，一般要用暗压法。

（3）压阴阳蔓法　将瓜蔓隔一段埋入土中一段，称为压阴阳蔓法。压蔓时，先将压蔓处的土壤松土拍平，然后左手捏住瓜蔓压蔓节，右手将瓜铲横立切下，挤压出一条沟槽，深6～8厘米，左手将瓜蔓拉直，把压蔓节顺放沟内，使瓜蔓顶端露出地面一小段，然后将沟土挤压紧实即可。每隔 30 ～ 40 厘米压一次。在平原或低洼地栽培旱瓜，压阴阳蔓较好。

南方种瓜很少压蔓，大多在瓜田铺草，或在西瓜伸蔓后，于植株前后左右每隔 40 ～ 50 厘米插一束草把，使瓜蔓卷绕其上，防止风吹滚秧。

西瓜压蔓有轻压、重压之分。轻压可使瓜蔓顶端生长加快，但较细弱；重压后瓜蔓顶端生长缓慢，但很粗壮。生长势较旺的植株可重压，如果植株徒长，可在秧蔓长到一定长度时将秧头埋住（俗称闷顶）。在雌花着生节位的前后几节不能压蔓，雌花节上更不能压蔓，以免使子房损伤或脱落。为了促进坐果，在雌花节到根端的蔓上轻压，以利于功能叶制造的营养物质向前运输，雌花节到顶端的 2 ～ 3 节重压，以抑制营养物质向顶端，控制瓜秧顶端生长，迫使营养物质流向子房或幼果。北方地区，西瓜伸蔓期正处在旱季，晴天多，风沙大，温度高，宜用重压，使其多生不定根，扩大根系吸水能力，且防风固秧。一般是头刀紧、二刀狠，第三刀开始留瓜，同时压侧蔓。西瓜压蔓宜在中午前后进行，早晨和傍晚瓜蔓较脆易折断，不宜压蔓。

应特别提出的是，采用嫁接栽培的西瓜一定不能压蔓！

三、西瓜浇水的经验

西瓜浇水应根据生育期、天气和土质等情况综合考虑。在生产中瓜农通常是"看天、看地、看苗"浇水。

1. 西瓜定植水的施用

西瓜苗有浇水后定植和定植后浇水两种栽植方法。在西瓜生产中这两种方法都常采用。浇水后定植俗称坐水定植，即先在瓜沟内开定植穴或定植沟，然后灌水，等水渗下时栽苗，栽后覆土。定植后浇水是先在瓜沟内开定植穴或定植沟，栽苗后覆土，适当压紧，然后浇水，待水全部渗下去以后，在定植穴的表面铺沙或覆以细干土。此外，移栽大苗采用先定植后浇水的方法比较方便；移栽小苗，特别是"贴大芽"，则以先浇水后定植的方法较好。

在采用先浇水后定植的方法时，应掌握在水渗下后马上栽植。如栽早了，穴或沟中尚有水，培土按压时可能在根部形成泥块，影响根系生长。如栽晚了，穴或沟中水分已蒸发，培土后根部土壤处于干燥状态，不利于瓜苗发根。

2. 西瓜高产栽培浇水量的确定

（1）根据不同品种的吸水特点确定浇水量　西瓜的中熟品种对浇水最敏感。所以，旱瓜生态型品种浇水量可少，水瓜生态型品种浇水量应多；同一类生态型的西瓜，早熟品种浇水可少些，中熟品种浇水应多。

（2）根据不同天气条件确定浇水量　不同的天气条件如降雨，空气相对湿度和风力大小对蒸腾拉力有很大影响。而蒸腾拉力又是西瓜吸水最主要的动力，根压居次要地位。只有当空气湿度很大而土壤水分又充足时，蒸腾拉力才变得很弱，也只有在这种情况下，根压才成为最主要的吸水动力。因此，愈是在干旱的季节，愈是在空气干燥的情况下，蒸腾拉力愈大，就需大量浇水。

（3）根据不同生育期的耗水量确定浇水　西瓜的耗水量不仅与品种、气候条件有关，而且还与生育期有关。

幼苗期浇水宜少。如果土壤较干，瓜苗先端小叶中午时叶片灰暗，叶片萎蔫下垂即是缺水的象征，可以喷浇。移栽的瓜苗应在2～4天内及时浇缓苗水，以促进缓苗和幼苗生长。

伸蔓期植株需水量增加，浇水量应适当加大。瓜苗"甩龙头"以后，在植株一侧30厘米处开沟浇水，浇水量不宜过大，采用小水缓浇，浸润根际土壤。最好在上午浇水，浇完后暂时不封沟，经午间阳光晒暖后，下午封沟，这种方法通常称为暗浇或"偷浇"，以后随着气温的升高，植株已经长大，可以改为畦面灌溉，进行明浇。

结果期植株需水量最大，要保证充足的水分供应。从坐瓜节位雌花开放到谢花后3～5天，是西瓜植株从营养生长向生殖生长转移的时期，为了促进坐瓜，这一阶段要控制浇水，土壤不过干，植株不出现萎蔫一般不要浇水。幼瓜膨大阶段，即雌花开花后5～6天，要浇膨瓜水。由于此时的茎叶生长速度仍然较快，所以浇水量不要过大，以浇水后畦内无积水为好。当幼瓜长到鸡蛋大小以后可每隔 3 ～ 4 天浇一次水。当瓜长到直径 15 厘米左右时，正是果实生长的高峰阶段，需要大量的水分，可开始大水漫灌，天气干旱时，一般每隔 1 ～ 2 天浇一次水，始终保持土壤湿润。到瓜成熟前 7 ～ 10 天应逐渐减少浇水量，采收前 2 ～ 3 天停止浇水。

南方雨水较多，西瓜生育期间一般浇水较少，但长江中下游一带的西瓜生育后期进入旱季，常常要进行补充浇水。浇水方法可利用排水沟进行沟灌，或采用泼浇的方法。有条件可进行喷灌。

（4）根据产量确定浇水量　任何作物产量的形成都需要消耗一定的水分。因此，要求达到的产量指标越高，需要浇水的次数和水量也要越多。一般每生产 100 千克西瓜，大约需要消耗 5600 千克水。但实际浇水时，还要考虑到土壤贮水或流失以及田间蒸发失水。也就是说，每生产 100 千克西瓜，实际消耗水量还要大于 5600 千克水。在生产实践中证实，要获得西瓜高产、稳产，必须保证土壤在 0 ～ 30 厘米土层的含水量为田间最大持水量的 70％以上，如果土壤相对湿度低于 48％，则引起显著减产。因此，在以产定水时，应结合土壤中的含水量酌情增减。一般可按每生产 100 千克西瓜需消耗水分 10 吨（不包括地面蒸发的水分）参考。

3. 西瓜浇水的依据

我国北方各地在春西瓜生产中，大部分时间是处在春旱少雨季节，春天沙质土壤水分蒸发又快，所以及时适量浇水是很重要的。西瓜要看天、看地、看苗浇水，简称"三看浇水法"。所谓看天，就是看天气的阴晴和气温的高低。一般是晴天浇水，阴天蹲苗；气温高，地面蒸发量大，浇水量大；气温低，空气湿度大，地面蒸发量小，浇水量也小。早春为防止降低地温应在晴天上午浇水；6 月上旬以后，气温较高，以早晚浇水为宜，夏季雨后要进行复浇，以防雨过天晴，引起瓜秧萎蔫。所谓看地，就是看地下水位高低，土壤类型和含水量的多少。地下水位高，浇水量宜小，地下水位低浇水量应大。黏质土地，持水量大，浇水次数应少；沙质土地持水量小，浇水次数应多；盐碱地则应用淡水大灌，并结合中耕；对漏水的土地，应小水勤浇，并在浇水时结合施用有机肥料。所谓看苗，就是看瓜苗长势和叶片颜色，也就是根据生长旺盛部分的特征来判断。在气温最高、日照最强的中午观察，当瓜苗的先端小叶向内并拢，叶色变深时，是缺水的特征。若瓜苗的茎蔓向上翘起，表示水分正常。如果叶片边缘变黄，是显示水分过多。植株长大以后，当中午观察时，发现有叶片开始萎蔫，但中午过后尚可恢复，这说明植株缺水。叶片萎蔫的轻重以及其恢复的时间长短，则表明其缺水程度的大小。若看到叶子或茎蔓顶端的小叶舒展，叶子边缘颜色淡时，则表示水分过多。此外，看茎蔓顶端（俗称龙头）翘起与下垂，叶片萎蔫的轻重及恢复的快慢等，都能反映出需水的程度。

四、施肥的经验

1. 西瓜的施肥量

种西瓜习惯于大量施肥，例如我国北方大量使用基肥。但实际上并不是肥料越多越好。施肥量不足，减少产量，施肥量过大，不仅浪费肥料，还可能引起植株徒长，降低坐瓜率，造成减产。利用无土栽培测算的结果是，每生产 100 千克西瓜（鲜重），需纯氮（N）0.184 千克、磷（P_2O_5）0.039 千克，钾（K_2O）0.198 千克。我们可以根据不同的产量指标，不同的土壤肥力，计算出所需的施肥量。

2. 种植西瓜施肥量的计算

（1）计算程序　首先查阅土壤普查时的档案找出该地块氮、磷、钾的含量；如果没有进行土壤普查的地块，可按相邻地块推算或进行取样实测。然后，再根据预定西瓜产量指标，分别计算出所需氮、磷、钾数量。最后，根据总需肥量，土壤肥力基础，各种肥料的利用率（表 3-2），计算出实际需要施用的各种肥料的数量。

（2）计算公式

$$Q = \frac{LW - T}{RS}$$

式中　Q——每公顷所需施用肥料数量，千克；

　　　　L——生产每千克西瓜所需氮（N）、磷（P_2O_5）、钾（K_2O）

数量，千克；

W——计划西瓜每公顷产量，千克；

T——每公顷土壤中氮（N）、磷（P_2O_5）、钾（K_2O）数量，千克；

R——所施肥料中氮（N）、磷（P_2O_5）、钾（K_2O）含量，%；

S——所施肥料的利用率，%。

L 为已知试验常数，$L(N)=0.00184$，$L(P)=0.00039$，$L(K)=0.00198$。

表 3-2　西瓜常用肥料氮、磷、钾含量及利用率表

肥料名称	全氮 /%	磷（P_2O_5）		钾（K_2O）		利用率 /%
		全量 /%	速效 /%	全量 /%	速效 /%	
土杂肥	0.2 ～ 0.5	0.18 ～ 0.25	—	0.7 ～ 5	—	15
人粪尿	0.73	0.3	0.1	0.25 ～ 0.3	0.14	30
炕土	0.28	0.1 ～ 0.2	0.05	0.3 ～ 0.8	0.17	20
草木灰	—	2.5	1.0	5 ～ 10	4 ～ 8.3	40
棉籽饼	4.85	2.02	—	1.9	—	30
豆饼	6.93	1.35	—	2.1	—	30
芝麻饼	6.28	2.95	—	1.4	—	30
多肽缓控肥	15	—	8	—	20	70
控释复合肥	20 ～ 26	—	6 ～ 10	—	8 ～ 10	70
多元水溶肥	15	—	5	—	30+TE	80
硝基磷酸铵	26	—	13	—	0	70
双酶水溶肥	20	—	10	—	30	80
双膜控释肥	24	—	12	—	12	80
靓果高钾肥	10	—	8	—	30	80
新型硝酸钾	13.5	—	0	—	46	70
硝酸磷钾	22	—	9	—	9	70
硝酸磷肥	26.5	—	11.5	—	0	70
磷酸三铵	17	—	17	—	17	70
含硫氮肥	25	—	0	—	0	70
多肽双脲铵	23	—	0	—	10	80
腐植酸水溶复合肥	13	—	7	—	22	80
磷酸二铵	18.0	45 ～ 46	20 ～ 22	—	—	50
尿素	46.3	—	—	—	—	60

肥料名称	全氮 /%	磷（P_2O_5）		钾（K_2O）		利用率 /%
		全量 /%	速效 /%	全量 /%	速效 /%	
海藻复混肥	13	—	5	—	18	70
硫酸钾	—	—	—	—	50	60
氯化钾	—	—	—	—	60	50
复合化肥	15.0	—	15	—	15	
螯合复合肥	16	—	9	—	20	70

注："TE"表示肥料中含有微量元素。该表各种肥料利用率系笔者连续三年试验平均数据。

3. 以产定肥

以产定肥，不仅可以满足西瓜对肥料的需要，而且还可以做到经济合理用肥。

根据西瓜生产中的肥料试验和我们提出的以产定肥计算公式，制订了下面的西瓜以产定肥参考表（表3-3），以供西瓜生产者施肥时参考。如果施用的肥料种类与表中不相同，可根据所用肥料的有效成分折算。在计算肥量时，还应根据土壤普查时的化验结果，通过查阅获得，也可在施肥前及时化验取得。

表 3-3　西瓜以产定肥参考表　　　　单位：千克

计划产量	吸收肥量			每公顷需补充施肥数量					
	氮（N）	磷（P_2O_5）	钾（K_2O）	氮（N）	折尿素	磷（P_2O_5）	折过磷酸钙	钾（K_2O）	折硫酸钾
2000	5.04	1.62	5.72	121.2	263.5	82.2	632.25	112.95	234.0
2500	6.30	2.03	7.15	159.0	345.6	106.8	812.55	148.2	297.0
3000	7.56	2.43	8.58	196.8	427.8	130.8	1006.2	184.2	369.0
3500	8.82	2.84	10.01	234.6	510.0	155.4	1195.3	220.2	441.0
4000	10.08	3.24	11.44	272.4	592.2	179.4	1380.0	256.05	511.5
4500	11.34	3.65	12.87	310.2	674.4	204.0	1569.3	291.75	583.5
5000	12.60	4.05	14.30	348.0	756.4	228.0	1753.8	327.45	655.5

以产定肥参考表中"计划产量"一栏，系指要求达到的西瓜产量指标；"吸收肥量"一栏，系指要达到某产量指标时，西瓜植株应吸

收到体内的氮、磷、钾数量；"每公顷需补充施肥数量"一栏系指除土壤中已含有的主要肥料数量外，每公顷还需要补充施用的氮、磷、钾肥数量。栏内数据系在土壤肥力为每公顷土壤（0～30厘米）含纯氮2千克、磷（P_2O_5）1千克、钾（K_2O）2千克的基础上计算出来的。硫酸铵的利用率按50%、过磷酸钙的利用率按25%、硫酸钾的利用率按60%计算。如果施用其他肥料，请根据表3-2中所列数据进行计算。

西瓜以产定肥参考表（表3-3）中所列数据系在山东省中等肥力土壤上的施肥量。为了简便而迅速确定施肥量，也可以不计算土壤肥力基础，而根据当地土壤的肥沃程度参考表中所列数据酌情增减。例如某地块较肥沃时，可比表中用量酌情减少8%～10%，某地块较瘠薄时，可比表中用量酌情增加8%～10%。实际上，在各地的西瓜生产中，由于肥源、肥料的质量、施肥的习惯及经济条件不同，加上肥料的流失、挥发等因素，施肥量往往有较大的差异。

4.西瓜基肥的施用

西瓜需要较多的肥料，而基肥（特别是有机肥）对于瓜苗的生长发育，形成发达的根系以及抵抗旱、涝、低温等不良条件，具有一定的作用。

西瓜基肥一般分两次施用，方法是沟施和穴施。沟施就是在深翻西瓜沟时，结合平沟作畦将基肥施于将来的播种或定植行地面下25厘米左右处，并与土壤掺和均匀。施肥时间应在播种或定植前15～20天。这次基肥一般多施用土杂肥，用量为全部基肥数量的70%～80%。如土杂肥每公顷一般施用60000千克左右。除土杂肥外，这次基肥还常常施用猪栏粪、炕土、鸡粪、骨粉及控释复合肥、硝酸磷肥和磷酸三铵等肥料。第2次施基肥为穴施，即在定植穴或播种穴内施用肥料。这次施肥多在播种或定植前10天左右施用。具体方法是，按株距沿着播种或定植行向挖深15厘米左右、直径15～20厘米的圆形小穴，每穴施入基肥，并与穴内土壤掺和均匀，上面盖土3～5厘米并作好标记，以备定植或播种。这次基肥用量，随所用肥料种类或肥效大小的不同而异，一般为全部基肥用量的20%～30%。有的地区第一次基肥是撒施，即在西瓜地深翻之前，将肥料均匀地撒在地面，耕地时基肥翻入土内。这种施肥方法简单，肥料在瓜地各处分布均匀，所以也叫全面施肥法。这种施肥方法的缺点是需肥量大，而且由于西瓜株行距较大，根系分布有疏有密，肥料利用率低。所以农谚说："施肥一大片，不如一条线。"

5. 西瓜追肥的施用

西瓜不同生育期的肥料吸收量和需肥种类不同，因而不能一次施足各生育时期的需肥量，同时也无法一次满足不同生育时期对各种不同营养需要的配合比例。因此，在施用基肥的基础上，必须通过分期分量追肥来满足上述各种要求。

西瓜生育期间的追肥原则是根据各个生育时期的吸肥特点，选用适宜的肥料种类，做到成分完全，配比恰当。常用作追肥的有机肥，北方多用大粪干、饼肥（其中又以棉籽饼和花生饼最多）、复合肥、水溶肥等，南方多用人粪稀、水溶肥、冲施肥等。化肥中常用作追肥的有多肽尿素、聚能双酶水溶肥、硝酸铵钙、硝酸磷钾、磷酸三铵及螯合复合肥等。近几年来，不少地区根据当地的土壤肥力基础和西瓜的吸肥规律，进行氮、磷、钾合理配比，并适量加入腐植酸及各种微量元素等，研制和生产了多种西瓜专用肥，应用效果良好。西瓜的追肥应以速效肥料为主，有机肥与化肥合理搭配，充分满足西瓜各生育期对矿质元素的需要。

（1）提苗肥　在西瓜幼苗期施用少量的速效肥，可以加速幼苗生长，故称为提苗肥。提苗肥是在基肥不足或基肥的肥效还没有发挥出来时追施，这对加速幼苗生长十分必要。提苗肥用量要少，一般每株施多肽尿素8～10克。追肥时，在距幼苗15厘米处开一弧形浅沟，撒入化肥后封土，再用瓜铲整平地面，然后点浇小水（每株浇水2～3千克）。也可在距幼苗10厘米处捅孔施肥。当幼苗生长不整齐时，可对个别弱苗增施"偏心肥"。

（2）催蔓肥　西瓜伸蔓以后，生长速度加快，对养分的需要量增加，此期追肥可促进瓜蔓迅速伸长，故称催蔓肥。追施催蔓肥应在植株"甩龙头"前后适时进行，每株施用腐熟饼肥100克，或腐熟的大粪干等优质肥料500克左右。如果施用化肥，每株可施多肽尿素10～15克、硝酸磷钾15克。其施用方法是：在两棵瓜苗中间开一条深10厘米、宽10厘米、长40厘米左右的追肥沟，施入肥料，用瓜铲将肥料与土拌匀，然后盖土封沟踩实。如果施用化肥，追肥沟可以小一些，深5～6厘米、宽7～8厘米、长30厘米左右即可。施后及时浇1次水，以促进肥料的吸收。

（3）膨瓜肥　当正常结瓜部位的雌花坐住瓜，幼瓜长到鸡蛋大小后，即进入膨瓜期，此时是西瓜一生需肥量最大的时期。因此，是追肥的关键时期。此期追肥可以促进果实的迅速膨大，故称之为膨瓜肥。膨瓜肥一般分1～2次追施，第一次在幼瓜鸡蛋大小时，在植株一侧距根部30～40厘米处开沟，每亩施入磷酸三铵15～20千克或双膜控释肥10～15千克。也可结合浇水追施人粪尿7500千克。第二次在瓜长到碗口大小时（坐瓜后15天左右），每亩追施多元水溶肥10～15千克或双酶水溶肥8～12千克或靓果高钾硫酸钾10～15千克或螯合复合肥12～15千克，可以随水冲施，或撒施后立即浇水。

此外，在西瓜生长期间，可以结合防治病虫害，在药液中加入0.2%～0.3%的尿素和磷酸二氢钾（二者各半），进行叶面喷肥，每隔10天左右喷1次。也可以单独喷施。

南方西瓜追肥，以速效性的人粪尿为多，故均用泼施法。施肥次数和施肥时期与北方相似，但各期追施的肥料浓度不同。幼苗期追施1～2次，浓度为20%～30%；伸蔓期追施一次，浓度为30%～40%；结瓜期追施1～2次，浓度为50%左右，施用数量也比较多。上海金山区的西瓜，一般采用连续结果连续施肥的方法，促进多次结瓜。

6. 西瓜常用的有机肥料

西瓜生产用肥，应以有机肥为主，化肥为辅。尤其是基肥，因为有机肥料来源广，成本低，同时增施有机肥不仅能满足西瓜对各种营养元素的需要，还能改善土壤的理化性状，提高西瓜品质。种植西瓜常用的有机肥除饼肥外，还有以下几种。

（1）土杂肥　土杂肥是农村中来源最广泛、使用最普通的一种基肥。由于其肥甚"杂"，所以有效成分含量也差异甚大，从而施用量各地出入很大。据测定，土杂肥含全氮 0.2％～0.5％，含磷（P_2O_5）0.18％～0.25％，含钾（K_2O）0.7％～5.0％，植株利用率约为 15％。每公顷用量通常为 60000～75000 千克。一般在播种或定植前 15～20 天施入瓜沟内，也可在深翻前撒于地面，以便深翻时翻于地下。

（2）大粪干　我国北方习惯以大粪干做西瓜的基肥或追肥。大粪干系人粪尿掺少量土晒制而成，一般含全氮 0.8％～0.9％、速效磷 0.03％～0.04％、速效钾 0.3％～0.4％，植株利用率约为 30％。每公顷用量基肥通常为 30000 千克左右，追施一般为 15000～22500 千克。基肥多在定植前施于穴与土掺匀；追肥多在植株团棵后至伸蔓时开沟追施，施后封土、浇水。

（3）人粪尿　人粪尿含氮（N）0.5％～0.8％、磷（P_2O_5）0.2％～0.4％、钾（K_2O）0.2％～0.3％。人粪尿虽然是有机肥，但很容易发酵分解，植株吸收利用也比较快，所以主要用于追肥。做追肥常在西瓜生长期间结合浇水冲施，每公顷每次用量 6000～7500 千克。

积攒人粪尿要使用加盖的粪池或泥罐等，以免影响环境卫生，同时在贮存过程中，人粪尿不要与碱性物质如草木灰、石灰等混合，以免失效。另外，人粪尿一定要充分腐熟后才能施用。

（4）草木灰　是含钾量很高的一种有机肥。西瓜需钾肥量较多，在硫酸钾等无机钾肥缺少的地区，草木灰是十分宝贵的钾肥。据测定，草木灰中含钾（K_2O）8.3％～8.5％，6 千克草木灰的含钾量相当于 1 千克硫酸钾。此外，草木灰中还含有约 60 毫克/千克的速效磷。草木灰的利用率为 40％。草木灰既可以做基肥，也可以做追肥，但以做追肥效果最好。开沟穴施，施后封土浇水。每公顷用量 1500～2250 千克。追肥时为了防止风吹和散落叶面上，应将草木灰中洒上少量水拌和一下，并尽量在追肥沟沿地面追施。

（5）鸡粪　鸡粪是氮磷钾含量很高的一种有机肥。据测定，含有机质 25.2%、氮 1.63%、磷 1.54%、钾 0.85%。此外，还有较多的中微量元素。养分多，易发热，肥效长，是栽培西瓜的好肥料。一般结合深翻或整畦施入土下 20 厘米左右。每公顷施用量 30000 ~ 45000 千克。

7. 西瓜常用的化肥

随着西瓜栽培面积扩大和有机肥料的不足，施用化肥种西瓜的越来越多。西瓜经常施用的化肥有以下几种。

（1）氮素化肥　常用的有尿素、多肽尿素、多肽双脲铵、含硫氮肥、硝酸铵钙和磷酸二铵等。尿素是含氮很高的一种化肥，目前国内外生产的尿素，含氮量为 45% ~ 46%。尿素通常做追肥施用，每次每亩西瓜用量为 15 千克左右。由于尿素易溶于水，所以施入土壤后不要立即浇大水，以免尿素被淋溶到土壤深层而降低肥效。另外，尿素还可以做根外追肥，常用浓度为 0.3% ~ 0.5%。多肽尿素、多肽双脲铵、含硫氮肥等是新型复合氮肥，既具有速效又具有缓释、长效功能。磷酸二铵含氮 18%，易溶于水，并易被西瓜吸收。硝酸铵钙转化快、利用率高、易吸收，尤其在高温、高湿条件下吸收更快。上述肥料可做基肥，也可做追肥。做追肥时要比尿素施用深些，一般要求施用深度为 5 厘米以上，施后及时浇水。

（2）磷素化肥　西瓜常用的主要有硝基磷酸铵、硝酸磷肥、磷酸三铵和磷酸二铵。磷酸二铵含磷 45% ~ 46%，其中 20% ~ 22% 为碱性速效肥。硝基磷酸铵含速效磷为 13%，硝基磷肥含速效磷 11.5%，磷酸三铵含速效磷 17%。西瓜每亩用量 30 ~ 40 千克。为了提高肥效，多与有机肥（如土杂肥、猪栏粪等）混合施用。此外，在西瓜雌花开放前或坐瓜后，如果发现植株缺磷，可以用硝基磷酸铵水溶液进行根外追肥，常用浓度为 0.4% ~ 0.5%，在上午或下午喷洒叶面，可促进幼瓜发育，提高西瓜含糖量和种子质量。

（3）钾素化肥　目前钾肥主要有硫酸钾、新型硫酸钾、靓果高钾、多元水溶肥、双酶水溶肥、黄腐酸钾水溶肥等。硫酸钾含钾 50%，易溶于水，西瓜吸收利用率较高（可达 60% 以上）。硫酸钾、新型硫酸钾、黄腐酸钾既可以做基肥，也可以做追肥。基肥每亩用量20～30千克，追肥每次每亩15～20千克。硫酸钾不能与碳酸氢铵等碱性肥料混合施用。靓果高钾、双酶水溶肥、多元水溶肥等以追肥较好。每次每亩15～20千克。

（4）复合化肥　复合化肥是含有两种或两种以上主要营养元素的化学肥料。它们的有效成分含量高，养分比较齐全，有利于西瓜的吸收利用。同时还可以减少单一化肥的施肥次数，对土壤的不良影响也比单一化肥小。种植西瓜常用的复合化肥主要有氮磷钾复合肥、多肽缓控复合肥、控释复合肥、双膜控释肥、螯合复合肥等。

氮磷钾复合肥含氮、磷、钾各10%～15%，为淡褐色或灰褐色颗粒化肥。可溶于水，但分解较慢，肥效迟缓，西瓜主要用于穴施基肥或第一次追肥，每亩用量30～40千克。

磷酸三铵含氮17%、磷17%、钾17%。螯合复合肥含氮16%、磷9%、钾20%。磷酸二氢钾含磷24%、钾1%，易溶于水，酸性。磷酸二氢钾可作根外追肥，一般配成0.2%～0.3%的水溶液叶面喷洒，每亩每次喷70～80千克水溶液。在西瓜生长中期和后期连续喷2～3次，可防止西瓜植株早衰，提高西瓜产量，改善品质。

（5）西瓜专用肥　西瓜专用肥，是根据西瓜的需肥特点及土壤营养水平，专为西瓜栽培而研制的肥料。因此，具有促进西瓜茎叶粗壮、增强抗病能力、增加含糖量、改善品质、提早成熟及提高产量等作用。根据各地的土壤肥力和施用时期（基肥或追肥），可施用不同型号的西瓜专用肥。

8. 西瓜常用的饼肥

（1）饼肥的种类　饼肥是西瓜生产中传统的优质肥料，主要种类有大豆饼、花生饼、棉籽饼、菜籽饼、芝麻饼、蓖麻饼等。

饼肥属细肥，养分含量较高，富含有机质、氮、磷、钾及各种微量元素。一般含有机质70%～85%、氮（N）3%～7%、磷（P_2O_5）1%～3%、钾（K_2O）1%～2%以及少量的钙、镁、铁、硫和微量的锌、锰、铜、钼、硼等。主要饼肥中的氮磷钾含量见表3-4。

表 3-4　主要饼肥氮、磷、钾的平均含量

饼肥种类	氮（N）/%	磷（P_2O_5）/%	钾（K_2O）/%
大豆饼	7.00	1.32	2.13
花生饼	6.32	1.17	1.34
芝麻饼	5.80	3.00	1.30
菜籽饼	4.60	2.48	1.40
棉籽饼	3.41～5.32	1.62～2.50	0.97～1.71
蓖麻饼	5.00	2.00	1.90
桐籽饼	3.60	1.30	1.30
茶籽饼	—	0.37	1.23

　　饼肥中的氮、磷多呈有机态存在，钾则大都是水溶性的。这些有机态氮、磷不能直接被西瓜所吸收，必须经过微生物的分解后才能发挥肥料。一般来讲，大豆饼、花生饼、芝麻饼施到土壤中分解速度较快；棉籽饼、菜籽饼的分解速度则较慢。

　　饼肥肥效持久，对土壤无不良影响，并且适用于各种土壤。施用饼肥种西瓜，对提高产量，特别是对改进西瓜品质有较显著的作用。

　　（2）西瓜饼肥的施用方法及用量　饼肥可作西瓜基肥，也可作追肥施用。为了使饼肥尽快地发挥肥料，在施用前需进行加工处理。作基肥时，只要将饼肥粉碎后即可施用。但作追肥时，必须经过发酵腐熟，才能有利于西瓜根系尽快地吸收利用。饼肥一般采用与堆肥或猪栏粪混合堆积的方法，或者粉碎用清水浸泡 10～15 天，待发酵后施用。

　　① 基肥的施用　饼肥作基肥，可以沟施，也可以穴施。如果数量较多时，可以将 1/3 沟施，将 2/3 穴施。如果数量不多时，应全部穴施。沟施就是在定植或播种前 20 天左右施入瓜沟中，深度为 25 厘米左右。穴施就是按株距沿着行向分别挖深 15 厘米、直径 15 厘米的小穴，每穴施入 100 克左右，和土壤掺和均匀，再盖土 2～3 厘米。

　　② 追肥的施用　用饼肥作追肥，宜早不宜迟，一般当西瓜苗团棵后即可追施。如果追施过晚，饼肥的肥效尚未充分发挥出来，西瓜已经成熟了，这样对饼肥的利用就不经济了。但如果追施过早，饼肥的肥效便主要用在西瓜蔓叶的生长方面，当西瓜需要大量肥料时，饼

肥的肥效却已"过劲"了。这样对饼肥就等于"好钢没用在刀刃上"。饼肥的追施方法，一般是顺西瓜行向，在西瓜植株一侧，距根部25厘米左右，开一条深10厘米、宽10厘米的追肥沟，沿沟每棵西瓜撒上100克豆饼或150克花生饼，与土拌匀，再盖上2～3厘米封严踩实。

（3）西瓜施用饼肥应注意的问题　随着西瓜栽培面积的扩大，饼肥的供应越来越不能满足西瓜生产的需要，同时，施用饼肥的成本也较高，所以并不提倡大量施用饼肥。但在大豆、花生、棉花、油菜、蓖麻等油料作物集中产区，肥源充足，又有长期施用饼肥的习惯，掌握正确的施用饼肥方法以及在施用中应注意的一些问题是十分必要的。

① 施用时间应适时　无论作基肥还是作追肥，都要适时施用。基肥施用过早，在幼苗前期生长尚未发挥作用时已失去肥效；施用过晚，对幼苗后期生长继续发挥作用，引起徒长，延迟坐瓜，使坐瓜率降低。正确的施用时间应在定植前10天左右施入穴内。追肥施用过早，是造成植株徒长的重要原因之一。例如催蔓肥追施过早，则可使节间伸长过早过快，使叶柄生长过长，同时当开花坐瓜需肥时，肥效却早已过去。追肥施用过晚，是早衰和减产的主要原因之一。因为饼肥不像化肥那样施后能很快发挥肥效，而需要一段时间在土壤里进行分解和转化，才能被根系吸收利用。

② 需粉碎及发酵　饼肥在压榨过程中形成坚硬的饼块，需粉碎成小颗粒才能施用均匀。并尽快地被土壤微生物分解。由于饼肥在被分解过程中能产生大量的热，可使附近的温度剧烈升高。所以，在作追肥施用时，一定要经过发酵分解后再追施，以免发生"烧根"。

③ 用量要恰当　饼肥是一种经济价值较高的细肥，为了尽量做到经济合理地施用饼肥，用量一定要恰当。根据对山东德州、潍坊、烟台、济宁、菏泽等地区及河南、河北、辽宁、内蒙古及黑龙江等省、自治区的部分西瓜产区的调查，用饼肥作基肥，每亩用量一般不超过30～50千克，作追肥的用量一般不超过60～100千克。试验结果证明：每株施用100克、150克及200克的单瓜重差异不大，而施用50克和250克的则均减产（表3-5）。

表 3-5 豆饼追肥用量与西瓜单瓜重的关系

每株用量 / 克	50	100	150	200	250
单瓜重 / 克	3.5	4.8	5.9	6.1	4.3

④ 深浅远近要适宜 饼肥的施用深度应比化肥稍深一些，基肥为 25 厘米左右，追肥为 15 厘米左右。追肥时，不可距根太近，以免引起"烧根"；也不可距根太远，以免根系吸收不到，一般催蔓肥距根 25 厘米左右，膨瓜肥距根 30 厘米左右。

⑤ 施用后不可马上浇水 追施饼肥后一般不可马上浇水，以免造成植株徒长。通常在追饼肥后 2 ～ 3 天浇水为宜。如果在追施饼肥后 2 天以内遇到降雨时，应在雨后及时中耕锄，以降低土壤湿度。

⑥ 其他 在饼肥较少时，可以与其他有机肥料混合施用。但一般不可与化肥混合施用。特别不能与速效公肥混合施用，以免造成植株徒长或引起"烧根"。

9. 新型有机肥

有机肥是以有机质为原料，经多种微生物发酵、低温干燥新技术生产的有机质肥料。它以其养分全、肥效长、抗病增产、施用方便、特效无公害等特点受广大农民的欢迎。目前，应用较多的有机肥主要是复合微生物肥，如鱼蛋白有机液态肥、多元营养素有机肥及生物有机质肥等。

10. 化肥的正确施用

化肥是化学肥料的简称，也叫无机肥料。由于化肥有效成分含量较高，一般都易溶于水，能直接为作物吸收利用，而且运输、使用方便，所以早就成为普遍使用的肥料。但在瓜类栽培中，对化肥认识不一，效果也很不一致。通过多地调查和试验研究，我们认为化肥种西瓜完全可以，但在具体施用中应掌握下列要点。

（1）成分完全，配比恰当 在施用单元素化肥时，必须做到氮、磷、钾三种元素配合使用，而且还要根据西瓜不同生育时期对主要元素的需要量提供与之相适应的配合比例。西瓜坐瓜前以氮为主，坐瓜后对钾的吸收量剧增。瓜的退毛阶段吸收氮、钾量基本相等；瓜的膨大阶段达到吸收高峰；瓜的成熟阶段氮、钾吸收量大大减少，磷的吸收量相对增加。氮、磷、钾三要素的比例，幼苗期应为3.8∶1∶2.8；抽蔓期应为3.6∶1∶1.7；果实生长盛期应为3.5∶1∶4.6。

（2）熟悉性质，品种对路　各种化肥都有不同性质，即使各元素配合比例恰当，品种不对路时，同样不能更好地发挥应有的作用。例如：各种氮素化肥的性质就很不相同。硫酸铵系生理酸性肥料（肥料在化学反应上不是酸性，被作物吸收后残留下酸性溶液），吸湿性较小，易贮存。硝酸铵兼有硝态、铵态两种性质，肥效及利用率都很高，施用后土壤中不残留任何物质，粉状的吸湿性很强，易结成硬块。尿素是铵态氮，是目前含氮量最高的化肥，最适宜作追肥，但不宜作种肥。在磷肥中以硝基磷酸铵、硝酸磷肥等使用效果最好。在钾肥中以新型硝酸钾、多元水溶肥、靓果高钾肥及黄腐酸钾水溶肥等使用效果好。硫酸钾为生理酸性肥料；氯化钾含大量氯离子能影响西瓜品质。

（3）正确施用，提高肥效　为了提高肥料的利用率，减少损失，就要特别注意肥料的施用时期和施用方法。

① 施用时期　作物在生长发育过程中，有一个时期对某种养分的要求非常迫切，如该养分供应不足、过多或比例不当，都将给作物的生长发育带来极为不良的影响，即使以后再施入、减少或调整这种养分的用量，也很难弥补所造成的损失。这个时期叫作营养的临界期。西瓜的氮、磷营养临界期都在幼苗期，而钾的营养临界期在抽蔓期。在作物生长发育的某一时期，所吸收的养分发挥最大的效果，称为营养最大效率期。西瓜的营养最大效率期在结瓜期。因此，西瓜幼苗期、抽蔓期和结瓜期都是施肥的重要时期。

② 施肥方法　西瓜根系较浅，多呈水平分布，所以追肥时不宜深施。化肥有效成分较高，使用不当易"烧苗"。西瓜与其他作物相比，种植密度较小，单株营养面积较大，这就决定了西瓜施用化肥应具有与其他作物不同的特点，总的原则是：局部浅施、少量多次，施后浇水。西瓜无论使用基肥或追肥，多数都在局部使用，例如基肥一般为沟施和穴施；追肥一般为株间或株旁开浅沟施用。每次追肥量较少，但追肥次数较多，且每次追肥后随即浇水。西瓜施用化肥时，距

根部应稍远一些，更不可直接与叶片接触，以免发生"烧苗"。在磷肥较少的情况下，可全部用于基肥或幼苗前期追施，以保证西瓜营养临界期对磷素的需要。西瓜根外追肥所用的化肥主要有尿素、双酶水溶肥、硝酸磷钾、靓果高钾、磷酸二氢钾、硫酸钾以及微量元素肥料中的硼砂、硫酸锌等。此外，在多种化肥混合使用时，还要根据各种化肥的性质进行混合。

五、选胎留瓜的经验

1. 最理想的坐瓜节位

实践证明，西瓜的坐瓜节位过低，生长的西瓜个头小，瓜皮厚，纤维多，易畸形，使商品率大大降低。特别是无籽西瓜，除了上述不良性状外，还会出现空心、硬块及着色秕籽（种子空壳）等。但坐瓜节位过高时，则常常助长了西瓜蔓叶徒长，使高节位的瓜胎难以坐住瓜。而且节位过高，西瓜发育后期往往植株生长势已大为减弱，使西瓜品质和产量也大为降低。西瓜最理想的坐瓜节位，应根据栽培季节、栽培方式、不同品种等综合权衡而定。一般原则是采用加温保护设施栽培，其坐瓜节位可低，阳畦育苗、地膜下直播栽培的，坐瓜节位应高；春季露地栽培的，其坐瓜节位应高，夏季露地栽培的，坐瓜节位可低；早熟品种坐瓜节位可低，晚熟品种坐瓜节位高，而中熟品种又比晚熟品种着生雌花的节位低。坐瓜前后，在低温、干旱、肥料不足、光照不良等条件较差的情况下，坐瓜节位应高。生产上一般选留主蔓上距根部1米左右远处的第二、第三雌花留瓜，在15～20节。采用晚熟品种与多蔓整枝的，留瓜节位可适当高一些；早熟品种与早熟密植少蔓整枝时，留瓜节位则应低一些。坐果前后，如遇低温、干旱、光照不良等不利条件，或植株脱肥长势较弱时，留瓜节位应高；反之，宜低。侧蔓为结果后备用，当主蔓受伤不宜坐果时可在侧蔓第一、第二雌花选留。

2. 西瓜雌花的选择

在生产中可以看到，西瓜花有单性雌花、单性雄花、雌性两性花和雄性两性花。

单性雌花和雌性两性花都能正常坐瓜，特别是雌性两性花，不但自然坐瓜率高，而且西瓜发育较快，容易长成大瓜，在选择雌花时应予注意。另外，当开花时，凡是子房大而长（与同一品种相对比较）、花柄粗而长的雌花，一般均能发育成较大的瓜。

为了使理想节位的理想雌花坐住瓜，除采用先进栽培技术并提供良好的栽培条件外，人工授粉十分重要。

3. 西瓜每株的留瓜数量

西瓜早熟高产栽培，每株留瓜个数，主要根据栽植密度、瓜型大小、整枝方式及肥水条件而定。一般说来，每亩栽植 500 ～ 600 株，大、中型瓜，三蔓或多蔓式整枝，肥水条件较好，每株可留 1 ～ 2 个瓜；每亩栽植 700 ～ 800 株，大、中型瓜，双蔓式整枝，肥水条件中等，每株留 1 个瓜为宜；每亩栽植 500 ～ 600 株，大型瓜，双蔓或三蔓式整枝，肥水条件中等，每株留 1 个瓜较好；每亩栽植 700 ～ 800 株，中小型瓜，三蔓或多蔓式整枝，肥水条件好，每株可留 2 个瓜；每亩栽植 600 ～ 700 株，中、小型瓜，三蔓或多蔓式整枝，肥水条件好，每株可留 2 ～ 3 个瓜。总之，栽植密度小，可适当多留瓜；栽植密度大，可适当少留瓜；大型瓜少留瓜，小型瓜多留瓜；单蔓或双蔓式整枝少留瓜，三蔓或多蔓式整枝多留瓜；肥水条件好，适当多留瓜，肥水条件较差，适当少留瓜。此外，还应根据下茬作物的安排计划确定是否留二茬瓜来考虑每株的留瓜数。如果下茬为大葱、萝卜、大白菜或冬小麦等秋播作物，一般每株只留 1 ～ 2 个瓜；如果下茬为春播作物，则可让西瓜陆续坐瓜，每株最多可结 3 ～ 4 个商品瓜。

当每株选留 2 个以上瓜时，应特别注意留瓜方法。一般可分同时选留和错开时间选留两种方法。同时选留法就是在同一株西瓜生长健壮势力均等的不同分枝上，同时选留 2 个以上瓜胎坐瓜。这种方法适用于株距较大、密度较小、三蔓式多蔓式整枝、肥水条件较好的地方。这种方法的技术要点是，整枝时一般不保留主蔓，利用侧蔓结瓜。同时不要在同一分枝上选留 2 个以上瓜胎。错开时间选留法是在一株西瓜上分两次选留 2 个以上瓜胎坐瓜。这种方法也叫留"二茬瓜"，适用于株距较小、密度较大、双蔓式整枝、肥水条件中等的情况。这种方法的技术要点是，整枝时保留主蔓，在主蔓上先选留 1 个瓜，当主蔓的瓜成熟前 10～15 天再在健壮的侧蔓上选留 1 个瓜（在同一条侧蔓上只能留 1 个瓜）。大型瓜当第一瓜采收前 7～10 天选留第二瓜胎坐瓜。

4. 西瓜的人工授粉

西瓜是虫媒花，在自然条件下，西瓜的授粉昆虫主要有花蜂、蜜蜂、花虻、蝇及蝴蝶等。如果在晴天，早晨 5～6 时西瓜即开始开花。但若阴天、低温、有大风或降雨等不良天气情况下，常因上述昆虫活动较少而影响正常的授粉坐瓜。采用人工授粉，除了能代替上述昆虫在不良天气条件下进行授粉外，还有许多好处。

5. 人工授粉的好处

（1）人工控制坐瓜节位　在良好的天气情况下，依靠昆虫传粉，虽然能够正常坐瓜，但却不能按照生产者的意志控制在一定节位上坐瓜。所以常常出现这样的情况：最理想的节位没坐住瓜，不理想的节位却坐了瓜。如果采用人工授粉，就可以避免坐瓜的盲目性，做到人工控制在最理想的节位上坐瓜。

（2）提高坐瓜率　人工授粉比昆虫自然授粉可显著提高坐瓜率。瓜农普遍反映，采用人工授粉后，不仅没有空秧（不坐瓜的植株），而且每株坐 2 个以上瓜的植株大大增加了。尤其是当植株出现徒长或阴雨天开花时，人工授粉对提高坐瓜率的效果更为突出。据试验，人工授粉比自然授粉在晴天无风时可提高坐瓜率 10% 左右，在阴雨天时可提高坐瓜率 1 倍以上（表 3-6）。

（3）减少畸形瓜　在自然授粉的情况下，产生的畸形瓜较多，而人工授粉时，很少出现畸形瓜。这是因为花粉的萌芽除受气候条件的影响外，还与落到柱头上的花粉多少有关；落到柱头的花粉越多，花粉发芽越多，花粉管的伸长也越快。由于 1 粒花粉发芽后只能为 1 粒种子受精，所以，发芽的花粉粒越多，瓜内产生的种子数也就越多。同时，因为西瓜雌花每根柱头（花柱顶端膨大的部分，能分泌黏液接受花粉）又各自分为两部分，它们又分别与子房和胚珠相联系。所以，如果授粉偏向某一根柱头，或者在某一根柱头上黏附的花粉较多时，种子和子房的发育也就会偏向于该侧。于是便形成了畸形瓜。在通常情况下，自然授粉不仅花粉量较少，同时花粉落到柱头上的部位及密度也会不均匀，而人工授粉由于花粉量较多，且花粉在柱头上的分布密度也比较均匀，所以人工授粉的西瓜很少产生畸形瓜。

表 3-6　人工授粉对西瓜坐瓜的影响（贾文海，莱州）

处理	晴天无风			上午阴，下午 1 点半降小雨		
	开花数 / 个	坐瓜数 / 个	坐瓜率 /%	开花数 / 个	坐瓜数 / 个	坐瓜率 /%
自然授粉	32	29	92.6	26	11	42.3
人工授粉	30	30	100.0	24	21	87.5

注：3 月 21 日阳畦育苗，4 月 23 日定植，覆盖地膜，三蔓式整枝，6 月 22 日分别调查 6 月 13 日和 17 日两天自然授粉和人工授粉静坐瓜数。品种为鲁瓜 1 号，开花数系指调查株数中当日开放的雌花数目。

（4）有利于种子和瓜的发育　科学试验和生产实践都证明，人工授粉的西瓜种子数量较多，并且种仁充实饱满，白籽、瘪粒较少。同时，子房内种子数量多的，瓜发育得也大。因此，人工授粉尤其是重复授粉的西瓜，明显增产。

（5）用于杂交制种和自交保纯　人工授粉还可以人为地利用事前选择的父母亲本进行杂交，也可以将原种自交系或原始材料进行自交保纯。而自然授粉时，则达不到这些要求。

6. 人工授粉的方法

西瓜人工授粉要求时间性强，雌雄花选择准确，授粉方法恰当等。因此，对授粉人员最好能在授粉前进行技术训练。

（1）授粉时间　西瓜的开花时间与温度、光照条件有关。西瓜花为半日花，即上午开放，下午闭合。在春播条件下，晴天通常在凌晨 5 时左右花冠开始松动，6 时左右花药开始裂开散出花粉，花冠全部展开，12 时左右花冠颜色变淡，下午 3 ～ 4 时花冠闭合。这个过程的长短和开花时间的早晚，往往受当时气温条件的影响，气温高时，开花早，闭花也早，花期较短；气温低时，开花晚，闭花也晚，花期较长。由于上午 7 ～ 10 时是雌花柱头和雄花花粉生理活动最旺盛的时期，所以这时也是人工授粉最适宜的时间。晴天温度较高时，一般 10 时以后授粉的坐瓜率就显著降低。授粉时，气温在 21 ～ 25℃时，花粉粒的发芽最旺盛，花粉管的伸长能力也最强。当气温在 15℃以下或 35℃以上时，花粉粒的发芽困难；降雨时，花粉粒吸水破裂而失去发芽能力。阴雨天气开花晚，授粉时间也应推迟。因此，适宜的授粉时间为晴天上午 7 ～ 10 时，阴天 8 ～ 11 时。同时，有人还测定出：完成授粉和受精的理想气温是 21 ～ 25℃。

（2）雌雄花的选择　人工授粉不是将每天开放的雌花与雄花全部授粉，而是当选留节位的雌花开放时，用一定品种当日开放的雄花进行授粉。雌、雄花的选择按以下要求进行。

雌花的选择：雌花的素质对果实发育影响很大。雌花花蕾发育好、子房大、生长旺盛，授粉后就容易坐果并长成优质大瓜。其主要特征是果柄粗、子房肥大、外形正常（符合本品种的形态特征）、皮色嫩绿而有光泽、密生茸毛等。如果子房瘦弱短小，茸毛稀少的雌花，授粉后则不易坐瓜，或即便坐瓜也难以发育成大瓜。因此，授粉时应当选择主蔓和侧蔓上发育良好的雌花。一般主蔓坐瓜较早，侧蔓上的雌花为候补预备瓜。

雄花的选择：雄花是提供花粉的。除选用健康无病、充分成熟、具有大量花粉的雄花外，还应根据人工授粉的目的选择雄花。

如果人工授粉的目的是提高坐瓜率和减少畸形瓜，那么，除按预定坐瓜节位选择雌花外，对雄花的选择就可以就近选择当日开放的同株或异株、同品种或不同品种的雄花进行授粉。如果人工授粉的目的是杂交制种，那么雄花就应选择预定的父本当日开放的雄花，并且在父母本的雄、雌花开放前 1 天，将花冠卡住或套上纸袋。如果人工授粉的目的是自交保纯，则应选择同一品种或同株当日开放的雌花和雄花进行授粉，并且在该雌、雄花开放前 1 天将花冠卡住或套上纸袋。

（3）授粉方法　对于以生产商品西瓜为目的的瓜田，授粉时不必提前选花套袋，只要将当天开放且已散粉的新鲜雄花采下，将花瓣向花柄方向一捋，用手捏住，然后将雄花的雄蕊对准雌花的柱头，全面而均匀地轻轻蘸几下，看到柱头上有明显的黄色花粉即可。对于以生产种子为目的的瓜田或植株，就要在开花前1天下午巡视瓜田，选择翌日开放的父本的雄花和母本的雌花（此时花冠顶端稍现松裂，花瓣呈浅黄绿色），用长约4厘米、宽约3毫米的薄铁片或铝片做成卡子，在花冠上部1/3处把花冠夹住。夹花时防止夹得过重，以免将花瓣夹破，也不可太轻，以免翌晨花冠开张时铁片容易脱落。以自交保纯或杂交育种为目的时，一般都采用花器隔离（套袋）或空间隔离。夹好花（套袋）后，应在花梗处作好标记，以便第2天上午授粉时寻找。已选好的雄花，也可于下午4～6时连同花柄一起摘下来，插入铺有湿沙的木盘内，也可将含苞待放的雄花连同花柄在开花前1天下午摘下，放入玻璃瓶或塑料袋内，以备翌日授粉用。

授粉时，先把雄花取下，除去花冠上的铁（铝）片卡子，或从盛放雄花的沙盘、玻璃瓶、塑料袋内取出雄花，剥掉花瓣，用指甲轻碰一下花药，看有无花粉散出，若已有花粉粒散出时，就将雌花上的卡子打开取下，使花瓣展开，然后拿雄花的花药在已经露出的雌花柱头上轻轻地涂抹几下，使花粉均匀地散落在柱头各处。授粉后，再将雌花的花冠用卡子夹好或套袋，并在花柄上拴1个授粉卡片或彩色塑料做出标记。

对于稀有珍贵品种或少量原种、自交材料等的保种保纯，也可采用上述人工授粉方法，只不过雄花是来自同一植株或同一品种的不同植株。

（4）注意事项

① 学好技术知识　授粉前，先熟悉西瓜的开花习性和花器构造，掌握人工授粉技术。

② 仔细授粉　授粉要认真仔细、小心操作，既要使大量花粉均匀地散落在柱头各处，又不要碰伤柱头。

③ 阴雨天授粉　若遇阴雨天，要在雨前用小纸袋或塑料袋将待授粉的雌花和雄花分别罩住，勿使雨水浸入，雨后及时授粉。必要时，也可在雨伞等防雨工具的保护下，在雨天进行人工授粉。

④ 抓住授粉时机　在低温、阴天和由于徒长或其他原因等，雄花往往推迟开花、散粉时间，应经常观察，注意花粉散出时间，尽可

能及早进行人工授粉，以免贻误授粉的良好时机。

⑤ 注意留瓜节位　尽量做到选留部位一致，使坐瓜整齐，成熟一致。

7. 侧蔓上瓜胎的处理

西瓜的结瓜习性和甜瓜不同，多数品种都是以主蔓结瓜能力强、坐瓜早、产量高。所以在一般情况下，还是在主蔓上留瓜好。但在西瓜生产中遇到下列三种情况之一时，可在侧蔓上留瓜。

（1）主蔓受伤　由于病虫危害或机械损伤，使主蔓丧失了继续健壮生长和正常结瓜的能力（例如遭到小地老虎的蛀截或感染枯萎病等），应及时控制主蔓生长，而改在最健壮的侧蔓上留瓜。具体做法是：整枝时，在原主蔓伤口以下再剪去 3 ～ 4 节瓜蔓，将所留瓜蔓放于原侧蔓位置，而将选中的原健壮侧蔓置于原主蔓位置，并固定住所留的瓜胎。

（2）单株选留多瓜　就是在每一株西瓜上，同时选留 2 个以上瓜的栽培法。具体做法是：当西瓜团棵后，第五片真叶展开时，即进行摘心，促使侧蔓迅速伸出，然后就可在 2 ～ 3 条基部侧蔓上选留坐瓜，但每一条侧蔓上只能留 1 个瓜。这种留瓜方法的优点是可以增加单位面积的瓜数，瓜型整齐，成熟一致，缺点是瓜较小，平均单瓜重量低。

（3）二次结瓜　当主蔓上的瓜成熟前，在侧蔓上选留 1 ～ 2 个节位适宜的瓜胎继续生长（同一条侧蔓只留一个瓜），而将其余的瓜胎全部及时摘掉。采用这种方法，主、侧蔓上的瓜选留时间一定要错开，以免发生互相争夺养分的现象。在生产中，一般是当主蔓上的瓜成熟前 10 ～ 15 天再选留植株基部最健壮的侧蔓留瓜。这种方法选留的瓜，通常是第一个瓜大（主蔓上），第二个瓜较小（侧蔓上）。

8. 识别西瓜雌花能否坐住瓜的方法

开放的雌花无论是自然授粉还是人工授粉，都不能保证 100％坐瓜。识别西瓜雌花能否坐住瓜，对于及时准确地选瓜留瓜，提高坐瓜率，以及获得优质高产的商品西瓜具有重要意义。识别西瓜雌花能否坐住瓜的依据主要有以下几点。

（1）根据雌花形态　如花蕾发育好、子房大、生长健壮等。

（2）根据子房发育速度　能正常坐瓜的子房，经授粉和受精后，发育很快。授粉后的第二天果柄即伸长并弯曲，子房明显膨大，开花后第三天子房横径可达 2 厘米左右。如果开花后子房发育缓慢，色泽暗淡，果柄细、短，这样的瓜胎就很难坐住，应及时另选适当的雌花坐瓜。

（3）根据植株生育状况　西瓜植株生长过旺或过弱时，都不容易坐瓜。当生长过旺时，蔓叶的生长成为生长中心，使营养物质过分集中到营养生长方面，严重地影响了花果的生殖生长。其表现是节间变长，叶柄细而长，叶片薄而狭长，叶色淡绿；雌花出现延迟，不易坐瓜。当生长过弱时，蔓细叶小，叶柄细而短，叶片薄，叶色暗淡，雌花出现过早，子房纤小而形圆，易萎缩而化瓜。

（4）根据雌花着生部位　雌花开放时，距离所在瓜蔓生长点（瓜蔓顶端）的远近，也是识别该雌花能否坐住瓜的依据之一。据调查，当雌花开放时，从雌花到所在瓜蔓顶端的距离为 30 ～ 40 厘米时，一般都能坐住瓜，从雌花到所在瓜蔓顶端的距离为 60 厘米以上或 15 厘米以下时，一般都坐不住瓜。

此外，雌花开放时，在同一瓜蔓上该雌花以上节位（较低节位）已坐住瓜时，则该雌花一般不能再坐住瓜。

（5）根据肥水供应情况　在雌花开放前后，肥水供应适当，就容易坐瓜，如果肥水供应过大或严重不足，都能造成化瓜。

（6）在识别能否坐住瓜的基础上，应主动采取积极措施，促进坐瓜，提高坐瓜率　主要措施是：进行人工授粉；将该雌花前后两节瓜蔓固定住，防止风吹瓜蔓磨伤瓜胎；将其他不留的瓜胎及时摘掉，以集中养料供应所留瓜胎生长；花前花后正确施用肥水，保胎护瓜。在田间管理时对已选留的瓜胎要倍加爱护，防止踏伤及鼠咬虫叮，浇水时防止水淹泥淤。如采用上述措施后仍坐不住瓜，应立即改在另一条生长健壮的侧蔓上选留雌花，并且根据情况再次采用上述促进坐瓜的各项措施，一般都能坐住瓜。

（7）瓜胎的清理　西瓜若任其自然坐瓜，1 株西瓜可着生 6 ～ 10

个幼瓜。但在西瓜生产中，为了提高商品率，保证瓜大而整齐，一般每株只留 1 个或 2 个瓜。不留的瓜胎何时摘掉要根据植株生长情况和所留幼瓜的发育状况而定。

一般说来，凡不留的瓜胎摘去的时间越早，越有利于所留瓜的生长，也越节约养分。但事实上，有时疏瓜（即摘去多余的瓜胎）过早，还会造成已留的瓜"化瓜"。这种情况在新瓜区常常遇到：不留的瓜胎已经全部摘掉了，而原来选好的瓜又"化"了，如果再等到新的瓜胎出现留瓜，不仅季节已过，时间大大推迟，而且那时植株生长势也已大为减弱，多数形不成商品瓜。但有些老瓜区接受了疏瓜过早的教训，往往又疏瓜过晚，不但造成许多养分的浪费，同时还影响了所留瓜的正常生长。

最适宜的疏瓜时间，应根据下列情况确定：

① 所留瓜胎已谢花 3 天，子房膨大迅速，瓜梗较粗，而且留瓜节位距离该瓜蔓顶端的位置适宜。

② 所留的瓜已退毛后，即开花后 5 ～ 7 天，子房如鸡蛋大小，茸毛明显变稀。

③ 不留的瓜胎应在退毛之前去掉。

9. 护瓜整瓜

护瓜整瓜包括松蔓、顺瓜和垫瓜、曲蔓、翻瓜和竖瓜、荫瓜等。

（1）松蔓　松蔓即当果实生长到拳头大小时（授粉后 5 ～ 7 天），将幼瓜前后的倒 "V" 形卡子或秧蔓上压的土块去掉，或将压入土中的秧蔓提出土面放松，以促进果实膨大。

（2）顺瓜和垫瓜　西瓜开花时，雌花子房大多是朝上的，授粉受精以后，随着子房的膨大，瓜柄逐渐扭转向下，幼瓜可能落入土块之间，易受机械压力而长成畸形瓜，若陷入泥水之中或沾污较多的污浆，会使果实停止发育造成腐烂。因此，应进行垫瓜和顺瓜。垫瓜即在幼瓜下边以及植株根际附近垫以碎草、麦秸或细土等，以防炭疽病及疫病病菌的侵染，使果实生长周正，同时也有一定的抗旱保墒和防病作用。顺瓜即在幼瓜坐稳后，将瓜下地面整细拍平，做成斜坡形高台，然后将幼瓜顺着斜坡放置。北方干旱地区常结合瓜下松土进行垫瓜，当果实长到 1 ～ 1.5 千克时，左手将幼瓜托起，右手用瓜铲沿瓜下地面进行松土，松土深度约 2 厘米，并将地面土壤整平。一般松土 2 ～ 3 次。在南方多雨地区，可将瓜蔓提起，将瓜下面的土块打碎整平，垫上麦秸或稻草，使幼瓜坐在草上。

（3）曲蔓　曲蔓即在幼瓜坐住后，结合顺瓜将主蔓先端从瓜柄处向后曲转，然后仍向前延伸，使幼瓜与主蔓摆成一条直线，然后也同样顺放在斜坡土台上。这样的幼瓜垫放，将有利于加速从根部输入果实的养分、水分畅通运输。对于行距较小、株距较大的瓜田，更有必要进行曲蔓。

（4）翻瓜和竖瓜　翻瓜即不断改变果实着地部位，使瓜面受光均匀，皮色一致，瓜瓤成熟度均匀。翻瓜一般在膨瓜中后期进行，每隔 10 ～ 15 天翻动 1 次。翻瓜时应注意以下几点：第一，翻瓜的时间以晴天的午后为宜，以免折伤果柄和茎叶。第二，翻瓜要看果柄上的纹路（即维管束），通常称作瓜脉，要顺着纹路而转，不可强扭。第三，翻瓜时双手操作，一手扶住果梗，一手扶住果顶，双手同时轻轻扭转。第四，每次翻瓜沿同一方向轻轻转动；一次翻转角度不可太大，以转出原着地面即可。

在西瓜采收前几天，将果实竖起来，以利果形圆正，瓜皮着色良好，即所谓"竖瓜"。

（5）荫瓜　夏季烈日高温，容易引起瓜皮老化、果肉恶变和雨后裂果，可以在瓜上面盖草，或牵引叶蔓为果实遮阳，避免果实直接裸露在阳光下，这就是荫瓜。

第四章
西瓜栽培模式选择的经验

第一节　西瓜栽培模式

一、露地春西瓜栽培模式

春西瓜栽培的关键问题是低温。生产中无论采用育苗移栽还是直播，均要围绕增温保温采取措施。特别要注意茬口安排和品种选择。

1. 茬口安排

前作一般为玉米、大豆、花生或非瓜类秋菜。

2. 品种选择

露地春西瓜应选择抗寒、耐低温、坐果性强的品种，如黄小玉、特小凤、早春红玉、黑美人、早巨龙、地雷、改良京抗 2 号、京欣 4 号、红小玉等。

二、夏播西瓜栽培模式

夏播西瓜是西瓜晚种晚收，延长西瓜供应期，保证夏末秋初市场供应的有力措施。它是在前茬作物增产增收的基础上，进一步增加当年收入的致富门路。

1. 整地作畦

夏播西瓜的前作一般为小麦。当小麦收割后，立即用拖拉机深耕一遍，耕深35厘米左右，再用圆盘耙耙两遍。然后每亩施3000～5000千克土杂肥作基肥。基肥可按行距1.7～1.8米，将肥料撒成50～60厘米的带状，用耘锄深耘两遍，使粪土掺匀翻入土内。如果基肥准备施用饼肥或化肥，因用量较少，可用耧串施入栽种行内。施肥后作好标记，以便定植或播种时识别。

夏播西瓜应注意排水防涝，所以作畦时应作成简易高畦。简易高畦作法是先作成平畦，然后在离定植或播种一侧25厘米处开一条深15厘米、宽25厘米的排灌水沟，西瓜种植于每条排灌水沟的两侧。为了有利于排水灌水，畦长可根据地形和坡度确定，一般为20～30米。瓜畦越长，排水灌水沟越应沟边直、沟底平，以利排水和灌水。

2. 品种选择

应选择生育期短、抗病耐热的早熟品种，但往往产量较低，如果选用中熟品种，则应采取提早育苗和提早坐瓜的某些技术措施。

3. 田间管理

（1）追肥方面　夏播西瓜生育期较短，在施足基肥的情况下，前期应尽量少追或不追肥。坐住瓜之后，可根据植株长势或缺肥情况，适当追施部分速效肥。施肥方法是垄栽的在两株间开穴施入，高畦栽培的在离植株20厘米处开一条深5～8厘米、宽10厘米的追肥沟，施入肥料，埋土封沟。

（2）浇水排涝　夏播西瓜因生长期间雨水较多，容易引起瓜蔓徒长，不易坐瓜，延迟成熟，降低产量和品质。因此，生产上必须做好排水工作，尤其要做好雨后的排水工作。一般要求降雨时畦面不积水，雨停后沟内积水很快能够排泄干净。如果排水不良，会造成沤根和减产。这是因为土壤中水分多，孔隙度就小，通气性差，西瓜根系的呼吸作用受到抑制，进而使根毛腐烂，吸收机能遭到破坏。据调查，当7、8月高温期，西瓜地内若积水12小时，瓜根即产生木质化现象；如果积水5天，则根系的皮层完全腐烂。可见瓜地积水对西瓜的危害是很严重的。所以夏播西瓜除采用高畦栽培外，还必须在汛期到来之前，于瓜田及其附近挖好排水沟，以便及时排涝。

但当进入西瓜膨大盛期，需水量很大，必须及时进行浇水。浇水时应采用沟灌，浇水量由少到多。浇水后仍应勿使沟内积水，以充分湿润畦面为度。浇水时间，高温期以早晚为宜，因为在炎热的旱天，白天地温很高，浇水时容易伤根。瓜地土壤应始终保持一定的湿润状态，切忌过湿或过干。

夏播西瓜的主要方式是麦田套种或套后抢种。前茬作物是早春蔬菜的地块也可以种夏播西瓜。因夏播西瓜的生育期处在高温多湿季节，不但气候不适应，而且杂草和病虫危害都重，对西瓜的品质和产量影响较大。但是只要措施有力，方法得当，在小麦每亩产量350～400千克的基础上，夏播西瓜的产量仍可以达到3000千克以上。

4.夏播西瓜的栽培管理要点

（1）高畦栽培 西瓜根系不耐淹渍，只要积水时间稍长就会引起烂根，造成死蔓。因此，要选择地势高、能灌能排的沙质壤土地，瓜畦应作成高畦或采用起垄栽培。起垄栽培时，因单行栽培或双行栽培的不同，垄的规格大小也不同。单行栽培的垄背高15～20厘米，上宽15厘米，底宽50厘米左右；双行栽培的垄背高15～20厘米，上宽50厘米，底宽60～80厘米。单行的株行距0.5米×1.6米或0.4米×1.8米，双行的株行距为0.5米×3.0米或0.4米×3.6米。起垄栽培的好处，可防积水，土壤通透性良好，温度回升快同时降温也快，会形成较大的昼夜温差，灌水时避免了根部积水，土壤不会板结。这样既促进了西瓜根系的生长，又加快了植株的生长发育，对瓜的膨大、糖分的积累都是有利的。

（2）及时追肥　在基肥不足的情况下要及时追肥。当幼瓜鸡蛋大时，每亩可追施大量元素水溶肥或聚能双酶水溶肥15～20千克或螯合复合肥20～30千克或海藻生物有机肥15～20千克。施肥方法是，起垄栽培者株间穴施；高畦栽培者沟施或水冲施。

（3）覆盖银灰色地膜　7、8月份是气候多变的季节，特别是中、大雨多，阴雨天气增加，有时雨后骤晴，强光暴晒。这个时期会造成土壤养分大量流失，带来土壤表层的板结，透气不良，同时各种病虫害严重发生，对西瓜的生长发育不利。覆盖银灰色地膜，既能提高土壤温度，又稳定了土壤墒情（既抗旱又防涝），更有避蚜和增加光照的效果，增强了西瓜的长势，减少了西瓜病毒病的发生。

（4）浇水和排涝　夏播西瓜因生长期间雨水较多，为防止植株徒长必须控制浇水和及时排涝。如果是露地直播栽培，夏播西瓜苗期要严格控制浇水。因这个阶段温度高，水分大，幼苗比成龄大苗更容易徒长。出苗后根据情况严格控制浇水，必须浇水时也要少浇，控制苗子的生长速度，使苗子长成壮苗。移栽定植的大苗也要做好雨后及时排涝。一般要求降雨时畦面不积水，雨停后沟内积水很快能排泄干净。如果哪里积水时间过长，哪里就会沤根、烂根。

（5）加强整枝　夏播西瓜生育前期，也就是从团棵到坐瓜前，处在高温高湿的条件下，营养生长旺盛；生育后期，从瓜膨大到成熟期，温度开始下降，光照减少，这就必须采取合理的密度，及时整枝打杈。双蔓整枝早期使蔓叶覆盖地面，充分利用光能促进光合作用。为防止过密互相遮阳，要及时打掉多余的侧蔓。在雌花开放阶段，如植株徒长，不易坐瓜，应在雌花前3～5片叶处把瓜蔓扭伤或者摘心，控制营养生长。坐住瓜后，营养生长过旺时，应把坐瓜的蔓在10片叶前打顶。如仍有徒长现象，把另一条瓜蔓的顶心也打掉，使田间始终保持着良好的通风透光状态，既防止各种病虫害的发生，同时也防止植株的早衰，有利于光合作用的提高，促进瓜的膨大。

（6）搞好人工授粉，提高坐瓜率　夏播西瓜雌花节位高，间隔大，不易坐瓜，遇到不利天气推迟坐瓜，影响产量，造成成熟期推后，甚至不能成熟。要想在理想的节位上坐瓜，必须采取人工授粉的办法。如遇上阴雨天气，还要防雨套袋，授粉后继续套袋，以防雨淋后大量落花、化瓜。

（7）及时防治病虫草害　夏播西瓜的病虫草害比春播西瓜种类多，发生早，来势猛，危害重。因此，应特别注意以防为主，治早、治小。一般从子叶出土后即用 2.5% 溴氰菊酯乳油 3000 倍液灌根，以防治瓜地蛆、金针虫等地下害虫。从团棵至伸蔓，结合中耕、间苗等彻底清除田间杂草。伸蔓后结合整枝，还要继续除草。

三、秋延迟栽培模式

西瓜秋延迟栽培是指 7 月份播种，10 月份成熟上市的西瓜，俗称秋西瓜。适当发展一部分秋西瓜，不仅能使人们在"中秋""国庆"两大节日前后吃上新鲜西瓜，丰富节日市场供应，而且还可以通过贮藏保鲜，延长到新年甚至春节上市，其经济效益非常可观。

种好秋西瓜，应注重抓住以下几个关键。

1. 选用良种

秋西瓜坐果后，气温逐渐下降，不利于西瓜果实迅速发育。同时秋西瓜采收后，为了增加季节差价，一般都愿贮藏一段时间再卖。所以在选择栽培品种时，一方面要考虑早熟性，特别是要求果实发育快、耐低温、全生育期较短的品种；另一方面还要求瓜皮较硬、抗病、耐贮运的品种。

2. 培育壮苗

秋西瓜一般在 7 月上中旬播种。由于苗期正处在高温多雨季节，病虫害较重，无病虫害者，瓜苗也往往徒长。如果采用小高畦遮阳网育苗，可培养出非常健壮的瓜苗。秋西瓜适宜定植的苗龄是 20 ～ 25 天，定植时以幼苗三叶一心（三片真叶展开，一片幼叶刚露出）为宜。我国北方地区的定植时间，一般掌握在 7 月下旬至 8 月上旬。定植过早，幼苗易发生病虫害，特别是容易由蚜虫传播而感染病毒病，使植株生长不良难以坐瓜。定植过晚，后期气温逐渐降低，生长发育速度减缓，难以保证果实成熟。

3. 铺盖银灰地膜

7、8 月份雨水较多，易造成土壤养分的大量流失，土壤表层板结，影响土壤通气。同时，这一期间又是各种病虫危害严重和杂草生长迅速的季节。因此，定植后应及时覆盖地膜进行保护。一般在下午开穴移苗定植，浇足定植水，第二天上午覆盖地膜。所用地膜以银灰色光膜为好。这种膜既可增温保墒，又能驱蚜防病。

4. 高畦栽培

秋西瓜应特别注意前期防涝排水问题。除选择地势高燥、土质肥沃、排灌方便的地块外，还必须采用起垄栽培。起垄栽培又可分单行栽培和双行栽培两种方式。单行栽培宜采用小高垄，一般垄高 15 ~ 20 厘米，垄底宽 50 厘米，垄面宽 15 厘米。双行栽培宜采用小高畦，畦高 15 ~ 20 厘米，畦面宽 50 厘米，畦底宽 60 ~ 80 厘米，每畦栽两行瓜苗，两行西瓜分别向相反的方向爬蔓。有些地区麦收后，在麦田畦埂上按 0.6 米株距种植西瓜，不挑瓜沟，不作瓜畦，在原麦田畦埂上覆盖地膜和小拱棚，十分简便。

5. 前控后促

在整个田间管理过程中，要始终掌握前控后促原则。即苗期防止徒长，坐瓜期防止化瓜，果实膨大期促果保熟。在肥水管理中，伸蔓后至坐瓜前严格控制氮肥和浇水。在高温天气，浇水宜在早晨和傍晚进行，浇水量以离垄面 5 ~ 8 厘米为宜，浇后将多余的水立即排出，以保持畦面湿润为度，切忌大水漫灌。进入果实膨大期后，气温逐渐降低，浇水宜在中午前后进行，水量不宜过大，以小水勤浇为宜。

秋西瓜多采用双蔓整枝。坐瓜后，若发现植株生长过旺时，应将坐瓜蔓在幼果前留 10 片叶打去顶端。

6. 促瓜保熟

秋西瓜生长后期，外界环境条件不利于西瓜果实的发育，最大的限制因素是温度。除了利用覆盖物增温保温外，采用某些促进果实发育的技术措施也可使果实迅速发育，缩短发育时间，提早成熟，避开不利条件。

（1）掌握好播种期　当计划采收期确定后，要根据所种西瓜品种生育期和当地物候期（主要指月均温或西瓜有效积温）向前推算播种时间。例如种京欣 6 号西瓜，计划国庆节在烟台上市，那么最适宜的播种期应为 6 月 28 日。如果种京欣 2 号或黄帅、抗病早冠龙等早熟品种，也计划国庆节在烟台上市，那么最适宜的播种期应为 7 月 7 日。如果种京欣 6 号西瓜，计划 10 月中旬在莱州上市，那么，最适宜的播种期应为 7 月 4 日（按生育期计算应为 7 月 8 日，但积温不够）。无论早熟品种还是中熟品种，秋西瓜播种越晚，生育期也相应地延长（平均气温逐旬降低，积温逐旬减少）。这一点在计算播种期时应予考虑。

（2）促进坐瓜　秋西瓜雌花节位较春西瓜高且节间较长，肥水施用不当极易徒长。因此，秋西瓜比春西瓜难以坐瓜。要想在理想的节位上坐住瓜，必须进行人工授粉。在雌花开放阶段，如果植株徒长而不易坐瓜时，可在雌花节前 3～5 叶处将瓜蔓扭伤，即以两手的拇指和食指分别捏住瓜蔓，相对转动 90 度。也可将前端"龙头"拧伤捏入土下或摘掉。

（3）促进果实发育　除科学施用肥水、及时防治病虫害等外，可选择某些植物生长调节剂或其营养制剂，以促进西瓜果实的迅速发育。生产上常用的有高效增产灵、植保素、西瓜灵、α-萘乙酸钠、矮壮素、聚糖多肽生物钾等。但使用这些制剂时，必须注意施用时间、浓度和方法（按"使用说明"施用）。

（4）后期覆盖保温　秋西瓜进入果实生长中后期，气温明显下降，不利西瓜果实发育和糖分的积累。如利用农膜覆盖保温，则可确保果实继续生长发育，直至成熟采收。目前覆盖形式多采用小拱棚。即用竹片或棉槐条作骨架，做成宽 1 米、高 0.4～0.5 米拱圆形小棚，上面覆盖幅宽 1.5 米的农用塑料薄膜。覆盖前，先进行曲蔓，即把西瓜蔓向后盘绕，使其伸展长度不超过 1 米，然后在植株前后两侧插好拱条，每隔 0.8 米左右插一根，插完一行覆盖一行，将塑料薄膜盖好，四周用土压紧。覆盖前期，晴天上午外界气温升至 25℃以上时，可在薄膜背风一侧开几个通风口或全部揭开通风（主要根据棚内温度确定），下午 4 时左右再盖好盖严。覆盖后期，一般不进行通风，只有在晴天中午当棚内气温过高时，才进行短时间小通风（在向阳一侧开少量小通风口）。采收前 5 ～ 7 天，昼夜不通风，保持较高棚温，促进西瓜果实成熟。

四、地膜覆盖栽培模式

1. 覆盖前的准备

（1）施足基肥　覆盖地膜一般在播种或定植以后进行，盖地膜前一定要施足基肥。由于地膜西瓜生长快，发育早，如果仍采用露地西瓜那种多次追肥法，一则容易造成脱肥，二则增加地膜破损，不利于保墒增温。所以地膜西瓜应一次施足基肥。在整瓜畦时，每亩沟施土杂肥 4000 ～ 5000 千克，穴施硝基磷酸铵 30 千克或磷酸三铵 40 千克或螯合复合肥 30 ～ 40 千克。

（2）灌水蓄墒　地膜西瓜由于土壤条件的改善，其根系横向伸展快，80% 的根群分布在 10 ～ 30 厘米的土层内，因而不抗旱。加之地温较高，瓜苗生长量增大，需水量也相应增加，所以必须灌足底水。这样不但能蓄造良好的底墒，而且可使西瓜畦踏实，坷垃易碎，有利于精细整畦和铺放地膜。

（3）精细整畦　为了使地膜与畦面紧密接触以达到增温的良好效果，铺地膜前必须将畦面整细整平，无坷垃，畦幅一致，排灌方便，流水畅通。要求畦面呈平垄状，宽 180 ～ 200 厘米；灌（排）水沟宽 20 厘米、深 15 厘米。沟外起埂，栽瓜苗的部位较宽，覆盖地膜后既防旱又防涝，受光面又大，热量分布均匀。

2. 地膜的选择

目前市售地膜有多种规格。厚度有 0.02 毫米、0.015 毫米、0.008 毫米；幅宽有 60 ～ 70 厘米的，有 80 ～ 90 厘米的，有 100 ～ 110 厘米的。面宽的比较好，但地膜用量增加一些。如果覆盖宽幅的，最好采用双行栽植（播种）。由于西瓜行距较大，幼苗前期生长又慢，所以一般不选用过宽的地膜。地膜的颜色有白、银灰、黑、黑白条带等。此外，还有降解地膜和无滴地膜。各地可根据西瓜的种植方式、栽培季节和使用目的（保温、透光、避蚜、防草）等选择地膜。

3. 覆盖方式与方法

西瓜覆盖地膜的方式有多种，可因地制宜地选用。

（1）平畦单行种植和双行种植覆膜方式　畦宽 180 ～ 200 厘米，灌排水沟宽 20 厘米、深 15 厘米，在沟边起垄种植西瓜。单行种植的，西瓜苗呈直线排列，可选用 60 ～ 70 厘米宽的地膜，或用 50 ～ 55 厘米宽的地膜（即 100 ～ 110 厘米宽地膜的半幅）。双行种植的，西瓜苗呈三角形排列，可选用 80 ～ 90 厘米宽的地膜。地膜沿灌排水沟顺垄覆盖。

（2）小高垄单行种植和双行种植覆膜方式　单行种植的，可选用 60 ～ 70 厘米宽的地膜。双行种植，可选用 100 ～ 110 厘米的地膜。地膜以垄顶为中心线顺垄覆盖。

（3）地膜覆盖时间　可与栽苗或播种同时进行，也可早覆盖 4 ～ 5 天，以利提高地温和保墒防旱。

（4）覆盖方法　覆盖地膜时，先沿种植行两边，在各小于地膜 10 厘米处开挖一条小沟，然后将地膜在种植行的一头放正，将地膜展平、拉直，使地膜紧贴地面或垄面，并将地膜用土压入挖好的小沟中踏实，防止地膜移动。为防止地膜被风吹动，可每隔 2 ～ 3 米压一锹土。地膜一定要拉紧、铺平、封严，尽量做到无皱褶、无裂口。万一出现裂口，要用土封严压实。地膜周边要用土压 10 厘米左右，要压紧压严。

直播的西瓜，当子叶出土时，应及时在出苗部位开割出苗孔。育苗移栽的西瓜，在定植时按株距随时开割定植孔。为了尽量使孔口小些，直播出苗孔可割成"一"字形，育苗移栽的定植孔可割成"十"字形，并于出苗或栽植后随时将孔用土封严。

4. 地膜覆盖的要点

地膜覆盖栽培西瓜，有许多优点，是西瓜生产上早熟丰产、增加经济收入的一项有效措施。根据各地生产单位在应用和管理中发现的一些问题，提出以下几个要点。

（1）施足基肥，灌足底水 为了保持地膜覆盖的作用，尽量减少地膜破孔，苗期追肥和灌水次数应减少。在播种或定植前要一次施足基肥，灌足底水，使苗期肥料供应充足，保持良好的墒情。

（2）整畦要精细 整畦质量与地膜平整及保温保湿效果关系很大。如果畦面有土块、碎石、草根等，铺膜就不易平整，而且容易造成破损。要求西瓜畦耙细整平，凡铺地膜部位土面上所有的土块、碎石、草根等一律清除干净。

（3）注意防风 春季风沙大的地区，应采取防风措施，以免风吹翻地膜影响瓜苗生长。除将地膜四周用泥土严密封压住以外，覆盖地膜后还应沿西瓜沟方向每隔 3～5 米压一道"镇膜泥"（压住地膜的条状泥土）。有条件的地区也可在瓜沟北侧迎风架设风障或挡风墙。这样不但可以防风，还有防寒的作用。

（4）改变栽植和整枝方式 为了经济有效地利用地膜，除西瓜应适当密植外，栽植和整枝方式也应改变。密度可加大到每亩 800～900 株。在栽植方式上，如果覆盖整幅（80～100 厘米）地膜，以双行三角形栽植（播种）较好。即第一行靠近排灌水沟沿栽植，株距 60 厘米，第二行离第一行 20 厘米并与第一行平行栽植，株距也是 60 厘米，但两行植株应交错栽植（播种），使株间成为三角形。如果覆盖半幅（40～50 厘米）地膜，可单行种植，株距以 50 厘米为宜。在整枝方式上，双行栽植（播种）的，可采用双蔓整枝、单向两沟对爬，单行栽植（播种）的，可采用三蔓式整枝、单向两沟对爬。

5. 采用综合措施加强管理

地膜覆盖栽培的目的在于提早上市，延长供应期，增加产量和产值。为此，要求采取综合技术措施。

（1）适期播种或移栽 地膜覆盖栽培西瓜，如果采用育苗移栽方式，应尽量早育苗。可于惊蛰后（3月上旬）先在温床或阳畦内育苗，当幼苗长出 4 片真叶时再移栽到大田中，边定植边覆盖地膜，并注意及时将地膜上的定植孔用泥土封严。如果采用直播方式，应推迟播种時间，以当地断霜前 5 ～ 7 天为宜。因为一般都是直播后覆盖地膜，当子叶出土时即需在每株上方的地膜上开出苗孔，如果幼苗在断霜前露出地膜，就容易遭受霜冻。假若播种期掌握不当，在断霜前幼苗已经出土，也不可不开出苗孔，否则由于地膜压力会使幼茎折断，而且子叶顶着地膜，有阳光时很容易造成日烧（烤苗）。因此，当直播西瓜苗在断霜前已出土时，必须再增加出苗后的防霜措施（如用苇毛、泥碗、纸帽等覆盖瓜苗）。

（2）改革瓜畦　目前有些单位西瓜覆盖地膜栽培，仍采用不覆盖地膜栽培时的龟背式瓜畦，结果盖膜效果不够显著，而且覆盖整幅地膜的和覆盖半幅地膜的区别也不大。这是因为，一方面龟背式瓜畦在地面形成一定坡度，距瓜根越远，地势越高，而西瓜根系却是垂直和水平分布的，所以地面位置越高，西瓜根系离地面越深。但地膜的增温效果是地表增温最高，越往下层增温越小。改成平畦后，使西瓜根系特别是水平根系接受地膜增温比较均匀。另一方面，龟背畦，地膜不易铺平；即使铺得很平，由于畦面有一弧度，也会反射掉一部分太阳光。

（3）改进压蔓技术　西瓜地膜覆盖栽培，不可采用开沟压蔓方式，以免地膜破损过大，影响增温保温效果。可用 10 厘米长的细树条折成倒"V"形，在叶柄后方卡住瓜蔓，穿透地膜插入土内。这样既能起到固定瓜蔓的作用，又大大减少了地膜的破损面积。当西瓜蔓每伸长 40 ～ 50 厘米时便固定一次，直到两沟瓜蔓相互交接为止。

（4）增加留瓜数　由于地膜西瓜生长较快，生育期提前，因而每株可先后选留 2 个果实。一般先在主蔓上选留第二个雌花坐瓜，作为第一个果实；当第一个果实退毛后，在追施膨瓜肥、浇膨瓜水时，再在生长比较健壮的一条侧蔓上选留一个雌花坐瓜，作为第二个果实。

6.西瓜地膜覆盖的一膜两用技术

西瓜地膜覆盖栽培技术，是一项早熟、高产，经济效益十分显著的措施。由于方法简单易行，成本低，效益高，所以全国各地发展极为迅速。山东省的瓜农在西瓜地膜覆盖栽培中，创造了一种一膜两用新方法。即播种后至 5 ～ 8 片真叶期间，使地膜相当于育苗时覆盖薄膜用，第 5～8 片真叶展开后，作地膜用。采用这种新方法，不用另设苗床就能提早播种，减去了育苗及移栽程序，节约人力物力，瓜苗不伤根，生长健壮。这种方法的具体做法是：在播种前挖 15 厘米深、底宽 20 厘米的瓜畦，畦北沿垂直向下，畦南沿向外倾斜成 30 度角，以减少遮光面积。播种后，在畦的两侧沿每个播种穴的上方插一根拱形树条（用以支撑地膜），然后在畦上覆盖地膜。当幼苗长到 5～8 片真叶时，在瓜苗上方将地膜开一个"十"字形口，使瓜苗露出地膜，并将拱形树条取出，使地膜接触畦面，再将地膜开口处和其他破损处用土封好压住。

还有一种方法是，在作西瓜畦时，先挖东西走向的丰产沟，深 40～50 厘米，宽 40 厘米。平沟时，结合施用基肥，将翻于沟南侧的土填回沟内，翻于北侧的土留在原处，一方面可以阻挡北风侵袭瓜苗，另一方面可作为支撑地膜的"北墙"。作瓜畦时，将播种行整成宽 20～30 厘米的平底畦，畦底面距北侧地面深度为 15 厘米左右，距南侧地面深度为 6 厘米左右。播种后每穴上插一根拱形树条，拱高 20 厘米左右。然后覆盖地膜。当瓜苗长到 5～8 片真叶时，放苗出膜、去掉拱形树条等的具体做法与上述第一种方法相同。

7. 地膜和小拱棚双覆盖栽培

利用 0.015 毫米厚的塑料薄膜作地膜和 0.1 毫米厚的农用塑料薄膜作小拱棚，对西瓜进行双覆盖栽培，可使西瓜的上市时间更加提前。地膜和小拱棚双覆盖栽培西瓜，比普通露地栽培西瓜可提前 30～40 天成熟，比单纯用地膜覆盖的西瓜可提前 15～20 天成熟。因此，可使我国北方大部分地区西瓜的成熟时间提前到 6 月上旬或中旬，这对填补北方水果淡季供应，解决"南瓜北调"起了一定作用。同时，由于双覆盖栽培的西瓜上市早，产值高，还可采收大量二茬瓜，进一步提高了产量，增加了产值。据山东省淄博市农业部门调查，地膜和小拱棚双覆盖栽培西瓜的产值为露地西瓜的 3 倍，为地膜覆盖西瓜的 1.5 倍，其成本只占纯收入部分的 22%。积极发展地膜和小拱棚双覆盖栽培西瓜，不但可以增加西瓜专业户的经济收入，而且还能活跃市场，使淡季不淡，满足消费者对西瓜的需要。

地膜小拱棚双覆盖西瓜，栽培管理技术除和地膜覆盖西瓜要求相同以外，还需注意下列几点。

（1）早播种，早育苗　地膜小拱棚双覆盖栽培西瓜，比单用地膜覆盖的西瓜，可以提早播种或提早育苗。如果利用阳畦育苗，可在2月中下旬；如果直播，可在3月上旬。育苗或直播的方法与前面介绍的露地栽培相同，只不过播种时间提前了40～50天。

（2）移栽盖膜　移栽前5～7天用0.015毫米厚、0.9米宽的地膜先将西瓜畦盖住，使地面得到预热。当苗龄为30～35天时，选择晴天上午，揭开地膜，在排灌水沟上沿每隔40～50厘米开一个深10厘米、直径12厘米的定植穴，将育成的西瓜大苗栽植于穴内，浇透水，封好埯；将畦面整平，重新盖好地膜。覆盖时，在地膜上对准有西瓜苗的位置开一"十"字小口，使瓜苗露出地膜外，再用细土将定植孔封严。地膜要拉紧拉直铺平，紧贴地面，四周边缘用泥土压牢封好。盖好地膜后再用1.5米跨度的竹片或棉槐条，每隔50～60厘米在瓜畦两侧插一个和瓜畦相垂直的弓子，然后在上边覆盖0.1毫米厚、1.6～2米宽的塑料薄膜，做成小拱棚。薄膜要拉紧，四周边缘用泥土压牢。春季风多风大的地方，可沿着拱棚顶部和两侧拉上3道细铁丝固定防风。为便于通风管理，每个拱棚以长25～30米、高50～60厘米为宜。

（3）拱棚的管理　定植后3～5天，瓜苗开始生长新叶；这时可在晴天上午9点到下午3点钟打开拱棚两端通风换气。前期管理措施主要是预防寒流冻害，夜晚要加盖1～2层草苫子保温，棚内温度不低于16℃为宜。早春寒流多，降温剧烈，风大并且持续时间长，要加厚拱棚迎风面的覆盖物，挡风御寒。覆盖物要用绳固定，防止被风卷走和吹翻。

寒流过后气温回升快，应逐渐揭去覆盖物，白天增加光照，并从两端开通风口通风换气散湿。随外界温度的升高，通风的时间也应逐渐延长，并在背风面增加通风口，白天使温度保持在28～30℃。后期管理要防止高温灼伤幼苗和放风过急"闪苗"，中午棚内温度较高时，切勿突然放大风，以免温度发生剧烈变化。可在向阳面盖草苫子遮阴，防止温度继续升高。立夏后当外界温度已稳定在18℃以上时，可将小拱棚撤除。

（4）整枝留瓜　双覆盖的西瓜宜用早中熟品种，每亩800～1000株，进行双蔓或三蔓式整枝，留主蔓第二雌花坐瓜。双覆盖西瓜于4月下旬或5月上旬进入开花盛期，此时仍有低温天气，地面昆虫活动少，靠自然授粉坐瓜率低，应在早上6～8时大部分雌花开放时进行人工辅助授粉，以提高坐瓜率。

双覆盖西瓜在拱棚内伸蔓，一般无风害，不需要插枝压蔓，只要把瓜蔓引向应伸展的方向或顺垄伸展即可。但要防止因瓜蔓拥挤生长，卷须缠绕损坏瓜叶。幼瓜是在拱棚内坐牢的，撤除拱棚后，再将瓜蔓拉出，压蔓固定，幼瓜也要轻轻拿入坐瓜畦内。此后开始浇水追肥，加强管理，促瓜迅速膨大。

头茬瓜收摘后，要及时选留二茬瓜，作好标记，认真管理，二茬瓜很快就能长大。

8. 西瓜地膜覆盖应注意的问题

近年来，西瓜地膜覆盖栽培技术在全国许多省、直辖市迅速推广应用，且具有明显的经济效益。但是在生产上还存在不少问题。一是基肥不足，追肥不当。在地膜覆盖的条件下，要求有充足的基肥，以防止瓜苗徒长和早衰。但在生产上，部分瓜农对此认识不足，还是依靠追肥调节生产。在追肥中，又偏重氮肥，不注意氮、磷、钾配合使用，虽然也获得较高的产量，但影响瓜的品质：西瓜含水量大，含糖量低，不耐贮运。二是覆膜质量不高，影响地膜作用的充分发挥。表现在整地质量不高，压膜不严，破损处及放苗孔不能及时封严，致使膜下杂草丛生，降低了覆膜生产的经济效益。三是小拱棚温度管理不善和放苗不及时，通风时间掌握不好，容易造成灼苗。四是市场信息不灵，布局不合理；地膜覆盖形式单一，播种期过分集中。因而造成上市集中，供应期短。为了解决上述问题，应注意以下几点。

①　掌握市场信息，合理布局，排开播种。从全国范围看，利用我国各地气候差异大，局部地区垂直气候差异大的特点，根据西瓜主要供应城镇市场的要求情况，应采用多种覆盖形式和早、中、晚熟品种搭配，采收二次瓜等措施。合理安排面积，排开播种，保证均衡上

市，延长供应期，以改变上市时间短和过分集中的局面。

② 充分利用西瓜覆盖栽培的优势，搞好集约化经营，发展间套种和栽培采收二次瓜，增加单位土地面积的经济收入。覆盖西瓜可与多种农作物进行间作套种。这方面，可总结各地的经验，采取一膜多用、一地多种的办法，争取粮、菜、棉、瓜全面丰收，创造更大的经济效益。

③ 抓好几项关键技术措施，争取西瓜早熟、丰产。应主要抓好轮作与选地；精细整地，施足基肥；提高覆膜质量，合理选用薄膜；适期早播，适当稀植；加强拱棚的温度管理；加强苗期管理；适当浇水与防涝；及时防治病虫害等。

第二节　西瓜设施栽培经验

一、小拱棚栽培技术要点

1. 扣棚

小拱棚的拱架一般用竹片、细竹竿、棉槐条等做成。沿畦埂每隔 1～1.2 米插一根，拱高 80～100 厘米，拱宽同畦宽。每个拱棚的拱架要插得上下、左右对齐，为使拱架牢固，还应将拱顶和拱腰用细竹竿或 8# 铁丝串联成一体。搭好拱架后立即盖上棚膜，目前应用较多的是长寿无滴膜。根据畦宽和棚高选择适宜幅宽的棚膜，在无大风的时候覆盖到拱架上，四周用土压紧。较宽较高的拱棚还要在拱顶和拱腰拉好压膜线（绳）。

2. 扣棚后的管理

（1）温度管理　定植后为促进缓苗，一般 5～7 天内不通风，如遇晴天中午高温，棚内气温超过 35℃时可采取遮阴降温。缓苗后要及时通风，特别是中午前后，棚内气温应保持在 25～30℃，最高不要超过 35℃。通风方法是在背风面开小通风口，位置要逐次更换，并且随气温的升高，逐渐增大通风口，延长通风时间，以达到降温、排湿、改善风光气等条件。

（2）整枝理蔓与留瓜　小棚西瓜为增加密度，提高产量，大多采用双蔓整枝法。西瓜伸蔓后，及时理顺棚内瓜蔓，使其布局合理。当夜间也不需覆盖时，即可撤棚。撤棚时，将瓜蔓引出棚外。当蔓长60厘米以上时，进行正式整枝理蔓。一般采用双蔓整枝方式，除主蔓外，每株选留一条长势健壮侧蔓，多余的侧蔓及早去掉。

一般选留主蔓第二或第三雌花坐果，主蔓坐不住时可选留侧蔓雌花坐果。坐果节位以前多余的侧枝及早去掉，而坐果节位以后几节的侧枝可留 3 ～ 6 片叶打顶。

（3）追肥浇水　在施足基肥、浇足底水的情况下，苗期一般不需追肥浇水。坐瓜后，结合压蔓，可进行一次追肥。每亩施用发酵好的饼肥 25 千克、多肽尿素 10 千克或多肽缓控复合肥 15 ～ 20 千克，并浇一次水。瓜农称为坐瓜肥、促蔓水。当果实超过碗口大时，再追一次膨瓜肥，一般每亩施聚能双酶水溶肥或靓果高钾水溶肥 15 ～ 20 千克，或螯合复合肥 20 ～ 30 千克，并浇足膨瓜水。此后，视天气情况，除降雨外，每隔 3 ～ 5 天浇一次膨瓜水，直至采收前 5 天停止浇水。

（4）人工辅助授粉　授粉时间是每天早晨 7 ～ 11 时，将当天开放的雄花花粉轻轻涂抹在拟选留节位刚开花的雌花柱头上。在操作中应注意要周到均匀，以防止出现畸形果。

（5）病虫害防治　早春栽培，很容易发生鼠害以及蝼蛄、蚜虫、红蜘蛛等虫害。病害主要有炭疽病、蔓枯病、白粉病、病毒病。

防治病虫害应坚持预防为主、药剂防治为辅的原则。防鼠害可用商品灭鼠药随发现随防治。杀蝼蛄可用辛硫磷拌炒出香味的麦麸或玉米面，按 1 份药加 5 份水拌成 15 份料的比例混成毒饵。播种后或定植后撒于地表。

二、大棚栽培经验

1. 适宜品种的选择

塑料大棚早熟栽培应选用极早熟、早熟、中早熟或中熟品种的中果型品种，并应具有低温伸长性和低温结果性好、较耐阴湿环境、适宜嫁接栽培的优质、丰产、抗病品种。

适宜大棚栽培的有籽西瓜品种如特小凤、红小玉、特早世纪春蜜、早佳、黑美人、早红玉、麒麟、美抗 9 号、冰晶、小兰等。

适宜大棚栽培的无籽西瓜品种如昌蜜四号、福祺无籽、黑美金无籽、金露无籽、丰乐无籽 3 号、金太阳一号、花露无籽、翠宝无籽、黄露无籽等。

2. 扣棚烤地

为使大棚内土壤提早解冻，及时整地和施肥，保证适时定植，应提前扣棚烤地，提高地温。棚地有前茬作物或准备复种一茬作物时，可提前 30～45 天扣棚；没有前茬的提前 15～20 天扣棚即可。在扣棚前每亩施入底肥 4000～5000 千克土杂肥。扣棚后，随土壤的解冻进行多次翻耕，将粪土混匀，有利于提高地温。翻耕深度应达到 30～40 厘米。待土壤充分深翻整细后，可按 1 米行距作高畦或大垄，有利于西瓜生长发育。

3. 嫁接育苗

在大棚、温室等固定的保护设施内栽培西瓜必须进行嫁接育苗，否则会因枯萎病的发生严重减产或绝产。同时，由于嫁接苗砧木的根系比西瓜自根的根系发达，吸收肥水能力强，能促进接穗（西瓜）的生长发育，增强耐低温、弱光和抗病能力，从而可提高棚室西瓜的产量。

4. 扣棚、闷棚和定植

定植前 3～5 天扣棚（覆盖塑料棚膜），以提高地温。如果是连续栽培多茬的旧棚还需再提前 5～7 天扣棚消毒和高温闷棚。在定植前 1～2 天用塑料袋灌满水，放置于大棚内，提高水温，以作为定植水。定植时，按株行距开好定植穴，施用适量复合肥之类以作为定植肥。定植时，先将嫁接好的瓜苗植于穴内，使土坨表面比畦面略高（用塑料钵育苗者，应先脱去塑料钵），封堰时，先封半穴土，轻轻将瓜苗栽住，然后浇足定植水，待水渗下后封穴。封穴时，不要挤破土坨和碰伤瓜苗，用手轻轻按实土坨周围即可。

瓜苗定植后，沿行向在瓜苗周围喷施除草剂，随即铺放好地膜，并在垄面上插小拱架，覆盖上小拱膜。由于大棚内无风，所以小拱架可采用棉槐条或其他细小树枝简易搭成，小棚膜也不必压牢以便昼揭夜盖。

5. 大棚西瓜的管理要点

塑料大棚内的温度、湿度、光照及空气等环境条件对西瓜生长发育的影响很大，应经常进行调节。但只有掌握棚内各种小气候条件的变化规律，才能及时准确地进行调节。

（1）棚内温度　棚内温度的变化规律，一般是随外界气温的升高而增高，随外界气温的下降而下降。棚内的温度存在着明显的季节温差，尤其是昼夜温差更大。越是低温季节，昼夜温差越大，而且昼夜温差受天气阴晴影响很大。

棚温的管理：西瓜性喜高温强光，在温度高、光照好的条件下同化作用最强。这样的气温条件维持越长，西瓜生长越好，产量也高。但棚温受外界温度影响很大，棚内昼夜温差大，如有时夜间棚温仅14℃，而晴天中午最高可达45℃以上，因此必须注意夜间低温，控制午间高温。一般管理原则是在春季栽培多采用开天窗通风口和设边门膜的办法，放风调温。对延迟栽培的大棚进入9月下旬后，天气渐凉，又正逢西瓜膨大期，要注意补好棚膜，采取晚通风、早闭棚的办法，千方百计提高棚温，以促进晚批瓜及早成熟。

山东省春季棚温约为15～36℃，最高时可达40℃以上。夜间温度的变化规律与外界气温的变化基本一致。通常棚温比露地高3～6℃。根据上述温度的变化规律，在日出前要加强覆盖保温，在12时至下午1时要加强通风，夜间盖好草帘，使棚温维持在白天25～35℃、夜间15～20℃。

（2）棚内湿度　棚内空气相对湿度的变化规律，一般是随棚温的升高而降低；随棚温的降低而升高。晴天和刮风天相对湿度低，阴天和雨雪天相对湿度高。棚内绝对湿度，随着棚温的升高而增加。棚内的水蒸气，因土壤水分大量蒸发和西瓜叶面蒸腾出来的水分而成倍增加。中午水汽含量达到早晨的 2～3 倍。到午后 5～6 时，由于及时通风和气温的下降，棚内水汽大量减少。

在棚内相对湿度 100％的情况下，通过提高棚温可降低相对湿度。如棚温在 5～10℃时，每提高 1℃，可降低相对湿度 3％～4％。西瓜适宜的空气相对湿度白天为 55％～65％、夜间为 75％～85％。棚内空气湿度和土壤湿度是相互影响的。通过浇水、通风和调温等措施，可以调节棚内的湿度。

（3）棚内光照　棚内光照条件因不同部位、不同季节及天气、覆盖情况等不同，差异很大。从不同部位看，光照自上而下逐渐减弱，如棚内上部为自然光照的 61％时，棚内中部距地面 150 厘米处光照为自然光照的 34.7％，近地面的光照为自然光照的 24.5％。棚架越高，棚内光照垂直分布的递减越多。东西走向的拱圆大棚，上午光照东侧强、西侧弱，下午光照西侧强、东侧弱，南北两侧相差不大。

此外，双层薄膜覆盖比单层薄膜覆盖，受光量可减少40％～50％；立柱棚比少立柱、无立柱棚遮光严重；尼龙绳做架材比竹竿做架材遮光少等。棚膜对受光的影响，主要是老化薄膜和受污染的薄膜透光差，无水滴膜（微孔膜）比有水滴膜透光强等。及时清除棚膜上的尘土和污物，是增强透光性的主要措施。

（4）棚内气体调节　二氧化碳浓度的变化通常是夜间高，白天低，特别是在西瓜蔓叶大量生长时期，白天光合作用消耗大量二氧化碳，使棚室内二氧化碳含量大幅度降低。所以，在大棚密闭期间，向棚内补充二氧化碳气体能够提高西瓜光合作用强度，提高产量。

利用化肥碳酸氢铵和工业硫酸起化学反应，生成硫酸铵和二氧化碳的方法，是目前我国采用的最简便、最经济、最适宜大面积推广的一种方法。其具体做法是，在 1 亩面积的塑料大棚内，均匀地设置 35～40 个容器（可用泥盆、瓷盆、瓦罐或塑料盆等，不可使用金属器皿）。先将 98％浓度的工业硫酸和水按 1:3 的比例稀释，并搅拌均匀。稀释时应特别注意的是，一定要把硫酸往水里倒，而绝不能把水往硫酸里倒，以免溅出酸液烧伤衣服或皮肤。再将稀释好的硫酸溶液均匀地分配到棚内各个容器中，一般每个容器内盛入 0.5～0.75

千克溶液。然后再在每个盛有硫酸溶液的容器内，每天加入碳酸氢铵90克（40个容器）或103克（35个容器）。一般加一次硫酸溶液可供3天加碳酸氢铵之用。二氧化碳气肥施用时间最好在西瓜坐瓜前后。在晴天时，日出后30分钟，棚内二氧化碳浓度开始下降，只要光照充足气温在15℃以上时，即可施放二氧化碳气肥。近来二氧化碳发生器已在棚室生产中应用，有条件的可以放心使用。

（5）肥水管理　基本上与露地春西瓜相同，但由于有棚膜覆盖，保湿性能较好，而且水分蒸发后易使棚内空气湿度增大，故不宜多浇水。但遇到连阴雨天气，也要适当浇水，以免出现棚外下雨棚内旱的现象。西瓜在高度密植、一株多瓜的情况下，仅施基肥和一般追肥是不够的，应每采收一次瓜追一次肥，做到连续结瓜采收，连续追肥。一般于每茬瓜膨大前期施用复合肥料每亩20～30千克，每次追肥必须结合浇水冲施，可收到明显的增产效果。

（6）其他管理　大棚西瓜的管理主要在整枝上架、人工授粉、留瓜吊瓜等几个环节与露地西瓜不同。

西瓜抽蔓后要及时整枝上架。整枝可根据密度，特别是株距大小采用单蔓整枝或双蔓整枝。在塑料大棚内可采用塑料绳吊架。其优点是架式简单适合密植，通风透光，作业方便，保护瓜蔓。瓜蔓上架时，如蔓长棚矮可采用"之"字形绑蔓法。即首先引蔓上架绑好第一道蔓，当绑第二道蔓时，应斜着拉向邻近吊绳捆绑；要使吊绳方向一致，水平拉齐。当绑第三道时，再拉回原吊绳上。如此反复进行。每条瓜蔓只选留1个瓜。当瓜蔓长满吊架时，在瓜上留5～7片叶打顶。采用单蔓整枝时，打顶后及时在下部选留两条侧蔓，引蔓上架；每条瓜蔓仍选留1个瓜，当瓜坐住后留5～7片叶打顶。主蔓瓜采收后，要将主蔓适当短截，以利通风透光，促进侧蔓瓜的生长。

由于西瓜是雌雄异花作物，棚内无风，昆虫很少，影响结瓜，必须进行人工授粉。采用人工授粉不仅可以提高坐瓜率，还能调整结瓜部位，使每个瓜都有足够的叶面积，保证瓜个头大，质量好。留瓜部位一般在主蔓上第12～14节较好；侧蔓留瓜位置要求不严格，只要瓜型整齐，第8～10节即可留瓜。当瓜长到0.5千克左右时，用吊带或吊兜把瓜吊起来，防止瓜大坠伤瓜蔓。瓜要吊得及时，吊得牢稳。

6.大棚内多层覆盖栽培

目前，大棚西瓜栽培，已出现 3 ～ 5 层覆盖，山东省昌乐县尧沟甚至出现了 7 层覆盖。

（1）三膜覆盖　就是在大拱棚里套小拱棚，小拱棚里铺地膜。这一模式一般可比双膜覆盖早定植 8 ～ 10 天。

（2）四膜一苫覆盖　就是在大棚膜下 10 ～ 15 厘米处吊一层天幕（一般用 0.015 ～ 0.018 毫米的薄膜），大棚内套小拱棚，小拱棚覆盖薄膜和草苫，小拱棚内覆盖地膜。这一模式比三膜覆盖更增强了保温保湿性能。

（3）五膜一苫覆盖　所谓五膜大棚是全田铺设地膜，在每个栽培畦上扣一个 2 米宽小拱棚。2 米宽拱棚外面再加扣一个 3 米宽拱棚，在大棚顶膜内侧与顶膜隔开 20 厘米吊一层薄膜保温幕，再加上最外面的一层大棚膜，共 5 层膜。大棚横跨 12 米，棚内一行中柱，两行腰柱，两行边柱。5 行柱子自然隔成 4 个横向栽培畦，畦中间稍凹，中间栽一行西瓜，即每棚种 4 行西瓜。

（4）七膜覆盖　大棚用双膜覆盖，大棚内先扣 1.5 米宽的小拱棚，小拱棚上再加套 3 米宽的拱棚，两个小拱棚分别覆盖两层膜，每个小拱棚都铺地膜，简而言之，大棚内套中棚，中棚内再套小棚，大、中、小棚都用双层覆盖就是 6 层再加地膜共 7 层覆盖。这一模式使西瓜上市大大提早，还能留二茬、三茬瓜。

三、温室栽培经验

1.栽培季节

由于温室投资较大，要把采收期安排在本地秋季延迟西瓜供应期之后与春季普通大棚西瓜上市之前。温室西瓜的播种期除考虑上市期外，还应考虑到温度对坐瓜的影响。由于我国幅员辽阔，各地气候各异，无法确定统一栽培时间，只能提出一个框架：10 ～ 12 月份播种，11 月～次年 1 月份定植，3 ～ 4 月份采收上市。

2. 整地作畦

在室内南北走向先挖宽 1 米、深 50 厘米的瓜沟，然后回填瓜沟约 30 厘米。结合平沟每亩施入土杂肥 3000～4000 千克、熟饼肥 80～100 千克或磷酸三铵 20～30 千克，或螯合复合肥 25～30 千克。施肥时将肥料混合，撒入沟内与土充分混合均匀，整平地面。在两行立柱之间作畦，畦向与之前挖的瓜沟方向一致。作成畦面宽 60～100 厘米、高约 15 厘米，灌水沟宽 25 厘米左右的高畦，整平地面。

3. 移栽定植

提早定植二叶一心的嫁接西瓜苗，方法与大棚相同。爬地栽培时采用大小行栽植，即每畦双行栽植，行距 30 厘米（小行），株距 40 厘米。伸蔓后分别爬向东、西两边的瓜畦（大行）。支架（吊蔓）栽培时，行距 1 米，株距 0.3～0.4 米。定植时，选晴天上午，栽苗后立即铺地膜。

4. 栽培管理

（1）温度管理 日光温室内冬季晴天时，最高气温可达 35℃以上，最低气温也在 0℃以上。但春季以后室温迅速升高，一般当外界气温到 10℃时，室内气温可达到 35℃，夜间最低也可维持在 10℃以上。因此，在温度管理上冬季应以保温防寒为主，春季则应注意防高温。日光温室冬季保温增温的方法主要有：扣盖小拱棚，拉二道保温幕，屋面覆盖草苫，在草苫上加盖一层塑料薄膜或纸被、无纺布等。

（2）光照管理 日光温室的东、西、北三面是墙，后屋顶也不透明，唯一采光面只有南屋面，再加上冬春栽培西瓜，室内需保温，上午草苫揭得较晚，下午又得早盖，这就使一日内的光照时间更短。改善光照的办法主要是：保持棚膜清洁无水滴，以增加透光率；建棚时应根据当地纬度设计好前屋面适宜的坡度，尽量减少棚面反射光和棚内遮光量；在权衡温度对瓜苗影响的前提下，尽量延长采光时间。晴天时，一般上午日出后半小时、下午日落后半小时卷、放草苫为宜。

阴天时，只要室温不低于 15℃，也要卷起草苫，让散射光进入室内。此外，在后墙和东、西两侧墙面上张挂反光膜或用白石灰把室内墙面、立柱表面涂白也可改善室内光照。有条件时可在每间日光温室内安装一个 100 瓦以上的日光灯，每天早、晚补光 2 小时左右。阴雪天时，其补光效果尤为显著。

（3）整枝压蔓　日光温室西瓜宜及早整枝，以减少无用瓜蔓对养分的消耗，并有利于通风透光。爬地栽培一般采用双蔓整枝，大果型中熟品种也可采用三蔓整枝。上架栽培一般采用单蔓整枝或改良双蔓整枝。所谓改良双蔓整枝，就是除选留主蔓结果外，还在基部选一条健壮侧蔓，其余侧蔓全部摘除，当所留侧蔓 8 ～ 10 叶时摘心。压蔓、吊蔓上架等管理与普通大棚相同。

（4）其他管理（包括二氧化碳气肥）与普通大棚相同。

四、棚室栽培中关键技术的探讨

1. 我国目前棚室西瓜生产中存在的主要问题

大棚西瓜与露地西瓜、地膜西瓜及小拱棚西瓜等，其栽培特点和所处的环境条件都不相同。因此，照搬露地西瓜栽培技术或地膜栽培技术，都不能达到应有的生产效果，甚至得不偿失，劳民伤财。当前在大棚西瓜生产中，主要存在着以下几个问题。

（1）品种不配套　适宜大棚栽培的西瓜应具有早熟、耐低温、耐弱光、易坐瓜等特点。但前几年在生产中还有选用庆农 5 号、郑杂 5 号的，有些地方长期采用金钟冠龙这个中熟品种，有的甚至采用生育期更长的品种。建议用生育期短、熟期早、耐低温、耐弱光、极易坐果的新品种。

（2）发展不平衡　一方面是技术上的不平衡，除了目前保护地栽培发展较快的山东、河北、河南、辽宁、东北等地和某些城市近郊，对西瓜保护地的栽培积累了较丰富的经验外，很多地方的瓜农仍处于摸索状态，迫切需要找出适合不同地区的保护地栽培模式。另一方面是面积发展不平衡，目前我国西瓜的保护地栽培面积主要集中在山东、河北等省份和东北一带以及一些大城市郊区，其他地区尚未形成规模。

（3）配套技术问题 许多配套技术，如种植密度和栽培方式问题、棚室栽培的水肥管理问题、适合不同地区的双膜覆盖栽培技术规程，塑料中棚、塑料大棚栽培技术规程，大棚、温室栽培中的连作障碍，嫁接技术，棚室栽培中温、光、水、气、肥的调节等，都有待于进行更深入的研究。

① 种植密度和栽培方式问题 不同品种、不同地区西瓜种植密度和栽培方式也不同。例如我国北方各省市，每亩大棚栽植中熟品种800～900株，而在长江流域以南每亩栽植仅为500～700株。

近年来，地膜覆盖和小拱棚栽培西瓜发展最快，栽植密度和栽植方式较之前有很大改进。大棚栽培系集约化生产，应更合理地利用保护设施，尽量压低生产成本。为了增加密度而又不影响通风透光，在适当加密的同时，要相应地改进栽植方式。例如改单行栽植为双行大小垄栽植以及采用科学整枝方式等。在日光温室中栽培西瓜，则要尽量采用上架栽培，单、双蔓整枝吊蔓生长或用网袋吊瓜，直立生长。

② 水肥管理问题 大棚栽培比露地栽培肥水流失较少，特别在西瓜生长前期（坐瓜前），西瓜自身吸收和消耗水分皆少，而此时棚内地下和空气中的水分都高于棚外。这时若不注意控制肥水，很易造成西瓜蔓叶徒长。这就要求做到"前控"。怎样做到前控呢？一是基肥，特别是穴肥不可过多，二是浇水要晚，三是追肥要适当推迟，四是要及时通风调温调湿，五是推广西瓜专用缓效肥，一次性施足基肥，用浇水量来分次发挥缓释西瓜专用肥的肥效，不必再追肥。在买不到西瓜专用缓效肥的地方，也可在施用基肥时，将复合肥用化肥耧或条耧器按4～6行，条施于畦面移栽定植行的两侧。

（4）嫁接栽培问题 棚室栽培，嫁接是必由之路。但目前存在的问题一是嫁接技术，二是砧木选择。

① 嫁接技术问题 嫁接方法很多，但需要采用成活率高又省工易学的方法。现在插接法的成活率还仍然低于靠接法。但确实很省工，也易学好推广。这里值得注意的是砧木和西瓜播种的错期问题。不同砧木错期时间不同，葫芦错期6～8天（还要根据品种正确计算），南瓜砧错期4～6天。一般当砧木第一片真叶开展期嫁接为宜。

最晚一叶一心，即可嫁接。如砧木苗过小，下胚轴过细，插竹针时，胚轴易开裂；苗过大，因胚轴髓腔扩大中空而影响成活。采用舌靠接法，应适时断根（成活后及时切断西瓜下胚轴近根处）。还有，无论采用插接法还是靠接法，在移栽定植嫁接苗前后都要及时"除萌"（就是摘除砧木上已萌发的不定芽）。否则将会严重影响嫁接西瓜的抗病性和品质。砧木蔓叶对西瓜的品质影响极大。

②砧木选择问题　通过多年的试验，以长瓠瓜（即瓠子）、长颈葫芦作西瓜砧木，亲和性好，植株生长健壮，抗枯萎病，坐瓜稳定，果实大产量高，对品质无不良影响。用南瓜作砧木嫁接西瓜，抗枯蔓病最强，但与西瓜接穗的亲和力，特别是共生亲和力不如葫芦和瓠子。日本采用印度南瓜×中国南瓜，育成新土佐南瓜，也可使用。但用黑籽南瓜作西瓜砧木，这是不可取的。因为根据多年的试验观察，用黑籽南瓜作砧木嫁接西瓜，其果实含糖量可降低1.5%～2.1%，而且风味清淡，像过去吃的含糖量低的地方品种，有的像吃甜梢瓜一样。同时，白粉病和病毒病较葫芦砧、瓠子砧严重。据试验和各地报道，我国培育及引进适宜西瓜嫁接的优良砧木有：中国农科院郑州果树研究所选育的超丰F1、北京市农林科学院蔬菜中心培育的京欣砧1号（葫芦×瓠瓜）、合肥华夏西甜瓜科学研究所选育的华砧1号（适合大中型西瓜）和华砧2号（适合小型西瓜）、山东淄博市农业科学研究所选育的砧王（南瓜×南瓜）、青岛市农业科学研究所选育的青研砧1号、大庆市庆农西瓜研究所选育的庆发西瓜砧1号、山东潍坊市农业科学研究所选育的抗重1号瓠夸、皖砧1号（葫芦×葫芦）、皖砧2号（中国南瓜×印度南瓜）、台湾农友种苗公司育成的勇士以及由日本引进的相生（葫芦×葫芦）、新土佐（印度南瓜×中国南瓜）；由美国引进的圣砧2号（葫芦×葫芦）、圣奥力克（野生西瓜）等。

（5）留瓜促果问题　露地栽培西瓜一般选留主蔓第二、三瓜胎。但在大棚西瓜生产中，以尽量选留第二瓜胎为宜。对某些生长势强的品种或坐果率较低的品种，也可先留第一瓜胎作为缓冲营养生长势力的"阀门"，当植株转向以生殖生长为中心时，第二瓜胎必然会迅速出现，而且其生长发育速度也会大大超过第一瓜胎。此时，第一瓜胎往往就会自行化瓜。如果当第二瓜胎开始迅速膨大时，第二瓜胎仍在继续生长，那就应该立即将第一瓜胎摘掉，否则会影响第二瓜胎的继续加速膨大。为了促进果实的迅速发育，人工授粉并坐瓜 8～10 天后，应开始浇水，清洁棚面，提高棚温，改善光照，必要时，也可施用某些生长调节剂，如高效增产灵、丰产素、植保素、西瓜灵等。还要加强对二茬瓜的管理。第一茬瓜采收后，土壤中养分和水分减少很多，植株因脱肥开始衰老，如不增肥浇水等，就不能保证二茬瓜正常成熟和有较好品质。所以，当第一茬瓜采收后，应立即追一次速效化肥（例如每亩多肽尿素 15～25 千克或磷酸三铵 20～30 千克），浇大水 1 次。并且在头茬瓜采摘后立即进行整枝疏叶，将原来的坐瓜蔓和功能性较差的病叶老叶，连同出现的多余幼瓜一齐疏去并带出田间。这样既增加了通风透光，又减少了养分消耗。

留二茬瓜必须维持植株较强的生长势，防止蔓叶早衰。维持植株生长势，防止早衰的主要措施是及时追肥、浇水、清除杂草、翻瓜整瓜和加强病虫防治等。

（6）采收及果实处理问题　大棚西瓜普遍采收过早，上市生瓜较多，损害了消费者的利益，有时也使经营者蒙受损失。近年来，生产者都采用标记法采收西瓜，所以出现生瓜上市并非技术原因，实属为谋取季节（时间）差价和重量差（熟瓜较轻）。某些生长激素能够加速果实成熟。例如乙烯利可以催熟西瓜，但由于副作用较大，而且影响品质。如果施用时间、浓度、方法等掌握不当，往往事与愿违，出现软皮瓜、劣质瓜和烂瓜，所以一般不提倡使用。

2. 提高棚室西瓜甜度

决定西瓜品质风味的关键时间是瓜成熟前 15 天左右至采收前 2～3 天。为了提高西瓜的品质，这一阶段的管理总的要求是要保持叶片较高的光合强度，减少氮素比例，提高昼夜温差，采收前 3～5 天停止浇水等。

（1）提高光合强度　西瓜甜度的高低主要是由蔗糖、果糖、葡萄糖等糖类的多少所决定的，而这些糖类的形成，都离不开光合作用。因此，提高西瓜植株的光合作用强度，通过一系列复杂的生理转化过程，输送到瓜里的蔗糖、葡萄糖、果糖等糖类的含量就会大大增加，因而西瓜的甜度也会相应提高。为保持较高的光合作用强度，可以通过三方面实现，一是提高光照强度，二是延长光照时间，三是增加空气中二氧化碳含量。后两种措施在塑料大棚内是能够做到的，但提高光照强度则比较困难。延长光照时间可以通过人工补光（增加300瓦或500瓦的日光灯）实现。

（2）减少氮素的供应比例　西瓜膨大后应减少氮素肥料的供应，适当增加钾肥用量，具体做法是：在追膨瓜肥时，每株增施硫酸钾15～20克。特别要控制西瓜生长后期植株对氮素的吸收。一般应使氮、磷、钾的比例由抽蔓期的3.59∶1∶1.74改变为3.48∶1∶4.6。这时如果西瓜吸收氮素过多，就会降低品质，因为瓜不再生长，多余的氮素在瓜内积聚，反而使西瓜甜度和风味变坏。在此期间侧蔓增多就是氮素过多的特征。

（3）提高昼夜温差　白天温度较高可以提高光合作用，但日落后要降低棚室的温度，以便降低呼吸强度，减少被消耗的糖分，使更多的糖分贮存到瓜中。因此，加大白天与夜间的温差，有利于糖类物质的积累，能提高西瓜甜度。新疆吐鲁番地区的瓜果之所以特别甜，就是这个道理。利用塑料大棚栽培西瓜，比露地栽培易于调节昼夜温差（例如可以通过棚室的覆盖物和通风口调节棚内温度），因而可以人为地加大棚室内的昼夜温差。

（4）采收前控制浇水　在许多西瓜产区流传着"旱瓜甜"的说法，这种说法是有一定道理的。当西瓜采收前天旱无雨，西瓜确实较甜；当西瓜采收前遇到大雨，西瓜确实味淡不甜。即使用仪器测量也有相同的结果。西瓜的甜度，目前国内外采用的测量方法，都是用手持折光仪糖量计，测定瓜瓤汁液中可溶性固形物含量（浓度）。因此，含水量越高，浓度越低，可溶性固形物的相对含量也就越少，所测出的数值也越小。同时，用口品尝也因含水量的多少所感觉的甜度不同，一般含水量多的西瓜，吃起来甜味较淡；含水量少的西瓜，吃起来甜味较浓。所以，当西瓜采收前3～5天停止浇水，就会使西瓜甜度相对提高。

3. 棚室西瓜优质高产的关键技术

要使棚室西瓜优质高产，必须掌握以下栽培要点。

（1）选用优良品种　选用早熟丰产的品种，是获得棚室西瓜丰产的前提。塑料大棚内的小气候不同于露地，应选用早熟性强、早期比较耐低温、耐湿、耐弱光、抗病、丰产、品质好的品种。经各地试种比较试验，认为以特小凤、红小玉、世纪春蜜、早佳、黑美人、早红玉、燕都大地雷为上选品种。

（2）培育适龄壮苗　培育适龄壮苗是棚室西瓜高产的基础。可利用加温温室或电热温床，提前育苗。如用温室育苗要防止高温徒长，实践经验是：在出土前保持30℃的高温，当70％的芽拱土时就逐渐降温，苗出齐后白天温度控制在25℃左右，夜间保持在18℃左右。如用电热温床育苗，因早春外界温度低，需注意提高床温，控制水分，以免发生烂芽、猝倒病及徒长现象。关于苗龄的问题，经几年的试验观察，以30～40天（秧苗具有3～4片真叶）时定植成活率高，坐瓜也早。

（3）扣棚整地，适时定植　为使大棚内土壤提早解冻，及时整地和施肥，保证适时定植，应提前扣棚烤地，提高地温。棚地有前茬作物或准备复种一茬作物时，可提前30～45天扣棚；没有前茬的提前15～20天扣棚即可。在扣棚前每亩施土杂肥3000～4000千克。扣棚后，随土壤的解冻进行多次翻耕，将粪土混匀，有利于提高地温。翻耕深度应达到30～40厘米。待土壤充分深翻整细后，可按1米行距作高畦或大垄。

定植时期应根据外界温度与扣棚后棚内地温、气温状况，秧苗大小，防寒设备等条件确定。但主要是依据棚内地温和气温来确定。根据西瓜对温度的要求，当棚内10厘米深土壤温度稳定在12℃以上，最低气温稳定在8℃以上，即可进行定植。定植后如棚内再扣小棚或利用其他防寒保温措施，可提高棚内温度，加速西瓜生长，促进早熟。

（4）西瓜管理　详见第四章第二节中"大棚西瓜的管理要点"。

五、棚室西瓜栽培的改进

1. 改善光照

大棚温室内的水泥横梁、竹竿等，能用 8 号铁丝代替的，尽量用 8 号铁丝代替，可减少遮光，增加光照和提高棚室温度。对覆盖膜除选用透光性能好的以外，还要经常清洁棚面，早揭晚盖、墙面涂白或后墙挂银色反光膜等。

2. 用压膜线代替压杆

棚室覆盖塑料薄膜后为防风吹，一般都用压杆加以固定。但膜上的压杆需用铁丝穿过塑料薄膜固定在拱杆上，这样薄膜上面就会形成很多孔眼，透气进风，势必影响室内的温度。而且压杆在棚面遮光较多。所以用压膜线代替压杆，不仅减少遮光，而且膜面无孔眼，有利于密闭保温。

3. 起垄覆膜栽培

整地施足基肥后，一般先起垄作畦，畦高 10 ~ 20 厘米，宽 50 厘米，覆盖地膜升温。定植时，按株距和瓜苗大小在地膜上打孔栽植。畦间开灌、排水沟。

4. 地下全覆膜

为了增加地面反光和提高地温，降低棚内空气湿度，棚室内地膜全覆盖，使地面全部让专用塑料薄膜（地膜）盖住。

5. 膜下暗灌

西瓜是需水量较大的作物，大量浇水往往会使棚室内湿度过大。但浇水时，让水从地膜下的灌、排水沟流动（暗灌）就不会使棚室内的湿度增加。

6. 吊绳引蔓

棚室栽培西瓜为增加密度充分利用空间，一般多采用支架栽培。

无论采用何种架式，均需一定架材。架材不仅价格较高，而且遮光较多。可用铁丝和塑料绳代替支架，即沿定植西瓜的行向在棚室上方横拉细铁丝，在每株西瓜苗的上方垂直拉下一根塑料细条（包装绳），当西瓜蔓长 30 ～ 50 厘米时，用扎绳将瓜蔓沿每株各自的垂直塑料细条由下而上逐渐引蔓。

7. 人工授粉

采摘刚刚开放的雄花，露出雄蕊，往雌花柱头上轻轻涂抹，须使整个柱头上都蘸上花粉。如果用几朵雄花给一朵雌花混合授粉，效果更好。为防止阴雨天雄花散粉晚而少，可在头一天下午将次日能开放的雄花用塑料袋取回放在室内温暖干燥处，使其次日上午能按时开药散粉，即可给开放的雌花授粉。

8. 增加棚室内二氧化碳浓度

二氧化碳又称植物气肥，能提高西瓜植株的光合产物从而提高产量和改善品质。在西瓜结果期，棚室内二氧化碳浓度严重不足。室内增加二氧化碳的方法简便易行。具体做法是：将浓硫酸缓缓注入盛有 3 倍水的塑料桶内；称取 300 克碳酸氢铵放入塑料袋内，袋上扎 3 ～ 5 个小孔，并将该袋放入上述盛有稀硫酸的塑料桶内进行化学反应，二氧化碳气体便缓缓从桶内释放出来。棚室内每 40 平方米左右放置 1 个上述的二氧化碳气体发生桶。有条件的也可用二氧化碳发生器来增加二氧化碳。

9. 节水灌溉

近年来，随着节水灌溉技术的大力发展，西瓜栽培也逐渐采用了滴灌技术，此技术不仅节水 50% 以上，而且还可减少田间作业量，降低植株发病率，提高西瓜质量，增加经济效益。我们通过西瓜滴灌栽培技术研究，总结出一套实践经验，供种植户参考。

（1）管道的布置、安装及铺膜方式　输水管道是把供水装置的水引向滴灌区的通道。对于西瓜滴灌来说，一般是三级式，即干管、支管和滴灌毛管。其中毛管滴头流量选用每小时 2.8 升，滴头间距为 30

厘米，使用 90 厘米宽的地膜，每条膜内铺设 1 条滴灌毛管，相邻两条毛管间距 2.6 米，用量为 260 米/亩。对于水分横向扩散能力弱、垂直下渗能力强的沙性土壤地块，采用一膜两管布管方式，灌溉效果较好。安装时毛管直接安装在支管上，支管接干管或直接与水源系统相接。要使用干净的水源，水中不能有悬浮物，否则要加上网式过滤器以防铁锈和泥沙堵塞。过滤器采用 8 ～ 10 目的纱网过滤，有条件的同时要安装压力表阀门和肥料混合箱（容积 0.5 ～ 1 米³）。毛管一般与种植行平行布置，支管垂直于种植行。有干管的与支管垂直，与毛管平行，干管应埋入地下 80 厘米深。滴灌毛管与支管的连接采用三通连接。用三通连接时，在支管上部打孔，将按扣三通压入，两端连接毛管即可。在使用普通三通时须调好出水孔大小或使用阀门三通，以保证各滴灌毛管出水均匀。滴灌毛管尾部封堵采用打三角结，或将毛管尾部向回折，然后剪一小段毛管套住即可。主管带尾部封堵采用接一小段主管带打三角结，或将主管尾部 30 厘米处折三折，再剪 2 ～ 5 厘米主管套上即可。如果种植面积较大，可以安装球阀实行分组灌溉。

（2）确定供水面积　在铺设前要充分考虑每根主管的控水面积，如果控制面积过大会导致压力不足，在额定的时间内所供的水量达不到规定的水方；面积过小会使压力过大，滴灌毛管容易胀破。

（3）提供压力的形式　进入滴灌管道的水必须具有一定压力，才能保证灌溉水的输送和滴出。要获得具有一定压力的水可采取以下方法：①动力加压。在地头挖蓄水池或打小水窖，有电力条件的用微型水泵直接供水，无电力设施的用汽油泵或柴油机泵进行供水；②其他加压。在机井旁设置压力罐。压力罐容量 2 ～ 8 米³，机井水抽入以后加压至 0.1 ～ 0.3 兆帕，压力罐应装有自动补水装置，以保证不间断地均匀供水。

（4）适时调整输水压力　西瓜滴灌属于低压灌溉，正常滴水要求压力为 0.01 ～ 0.2 兆帕，压力过大易造成软管破裂，压力过小易造成滴水不匀。没有压力表时，可从滴水毛管的运行上加以判断。若毛管近似圆形，水声不大，可认为压力合适。若毛管绷得太紧，水声太大，说明压力太大，应予调整，以免毛管破裂。若毛管呈扁形，说明压力偏小，应加压。

（5）提高水源质量　以河水、渠水为水源的滴灌系统，水在进入过滤器之前应很好地沉淀，不要一直依靠过滤器，否则会引起各级管道尤其是毛管被泥沙堵塞而减少滴水量，滴灌的过滤系统应定时进行反冲洗，同时在蓄水池的进水口处设置拦护的过滤网。一旦发现毛管堵塞，逐一放开毛管的尾部，加大流量冲洗。

六、棚室的维护

大棚温室的维护主要涉及自然灾害的防护和棚室设施的维护两个方面。

1. 自然灾害的防护

在西瓜棚室生产中常遇到的自然灾害主要有风灾、冰雹和雨雪等。

（1）风灾　由于栽培季节的关系，大风是我国北方各地西瓜棚室生产中经常遇到的且破坏性较强的自然灾害。如棚室所处地势不当，或当初设施、施工或防护出现失误，一旦遇到大风，就可能在几分钟之内将本来完整的棚室吹得乱七八糟。

防护的根本在于当初的选地设计和施工。一般应选背风向阳之地；设施抗风能力应达到8～9级；施工时应使骨架牢固、棚膜绷紧，四周深埋入土并压紧。除此，应经常检查骨架和棚膜，特别要注意观察棚膜的各部位有无破裂或孔洞，即使是很小的孔眼也不可放过。

经常注意天气预报，当预报的风力大于棚室的原设计抗风能力时，要及时设置防风屏障，以减小风力；或在棚室周边每隔一定距离拴绳索压紧棚膜，两端固定于地下。此外，还要经常检查所有压膜线，看是否都紧贴棚面，发现松弛或断缺者应及时紧固或补加压膜线。

（2）冰雹　俗语说"冰下有定数，雹打一根线"，根据这一俗语可理解为冰雹只在一定的季节和局部地区形成灾害。然而，一旦发生其危害性都十分严重。当冰雹从高空垂直降落，由于其加速度和重力的作用，不但可将棚室覆盖物击成千疮百孔，而且还能将覆盖物之下的西瓜植株打个稀巴烂。

防护方法主要靠历年气象资料和注意天气预报。根据历史资料或天气预报，可在冰雹到来之前，在棚室顶部覆盖草苫、麻袋片或篷布等。对冰雹多发地有条件时，可购买防雹网帘，其防冰雹效果较好。

（3）雨雪 在西瓜棚室栽培中，南方防暴雨，北方防暴雪。在暴雨之前，应将通风门窗关好，并检查棚面是否有破损或凹陷兜水之处，发现后及时修补或整理平滑以利顺水。棚室之间要疏通排水沟，勿使雨水流入棚室内。

大雪使棚室覆盖物和骨架受力加大，对旧棚膜和竹木结构的骨架尤易造成损伤。特别是当大雪加上大风，亦即暴风雪的天气时，在棚室内应留有值班人员，经常观察棚顶和棚室周边，当积雪较厚时，要及时清除，以免压塌棚室。清扫棚室顶部的积雪，要用特制的长柄拖把，不可使用竹扫帚或带有铁丝、锐利物的清扫工具。

2. 棚室设施的维护

西瓜棚室的维护可分日常维护和季节维修两方面。日常维护主要指对一些比较次要的、较小的毛病或设施进行简单护理和小修小补。如对棚膜的清洁或修补，对压膜线、拱杆、拉杆的检查与紧固等，这些简易维修不会影响棚室内的正常生产。例如在晴天中午前后进行棚膜清洗可用自制长把软毛刷，用软管将有一定压力的清水喷到棚顶，一段一段地清洗。如棚膜有破损或孔洞时，应使用热合机或专用塑料胶及时粘补。而季节维修则一般是在西瓜生产周期结束后，下一季生产尚未开始或已开始生产但尚不需完整棚室的空闲时间进行的较大维修。如对骨架、管件、覆盖材料等进行的定期维护和修理；对棚室结构的改进或对设施设备的更新等，这些重大的维修，费工费力，一旦施工势必会影响西瓜的正常生产，所以必须在西瓜生产周期结束后方能进行。

对于竹木骨架，由于棚室高温高湿，入土部分甚易腐烂、折断，除建棚时进行防腐处理外，还要定期检查维修，一旦发现险情应采取加固措施或在大修时予以更换。

对于钢材骨架及零部件，最好采用热浸镀锌构件，螺栓、螺钉等零件也要选用镀锌处理的。如发现零件表面出现锈蚀，应及时修整或更换。对一些未经镀锌处理的铁件、黑铁管、钢筋等，可定期涂抹防锈漆或防锈剂。

对螺栓连接的装配式骨架，要定期检查螺栓的坚固程度；焊接骨架要检查焊点是否有虚焊或断裂现象，一旦发现应立即补焊。

铝制骨架构件也存在腐蚀问题，主要由于阴极与阳极区域之间电子的流动而产生。当铝制构件与空气或土壤中某种化学物质相接触时，也易发生化学腐蚀现象，最常发生的是点状腐蚀，特别是埋在土中的铝制构件，常出现麻点状锈斑甚至腐烂成筛孔状，严重降低其支撑和承载力，故必须及时维修或更换。

第五章
西瓜的间种套作经验

第一节　西瓜间种套作的主要方式

　　间种套作，是农作物高产栽培的重要措施，西瓜又是最适宜进行间种套作的作物之一。西瓜的间种套作方式有以下几种。

一、早春间种春菜类蔬菜

　　春白菜、菠菜、油菜、红萝卜或甘蓝、莴苣、春菜花等，耐寒性较强，生长期又短，适宜早春种植，可充分利用瓜田休闲期多收一茬。西瓜还可以与春马铃薯、芋头等间作。瓜田一般作东西向整畦，在坐瓜畦远离西瓜植株基部的一侧，种植这些蔬菜。这些蔬菜对不耐寒冷和易受风害的西瓜幼苗还有一定的保护作用，能为西瓜苗挡风御寒，促进西瓜早发棵、早伸蔓。另外，在西瓜田内适当种植这些蔬菜，还有利于调节市场余缺，增加经济收入，并为西瓜生产提供资金。

二、西瓜地初夏套作夏菜

当春菜收获以后，可紧接着在坐瓜畦内点种豆角或定植甜椒、茄子等夏菜。这些蔬菜苗期生长较慢，植株较小，到西瓜收获后才能进入旺盛生长阶段，一般不会影响西瓜生长，可为西瓜的接茬作物，使地面始终在作物的覆盖下，充分利用农时季节和土地、阳光等自然条件，而且豆角、甜椒、茄子等蔬菜在 7 月下旬才进入采收盛期，可调节市场供应。

三、西瓜与粮、棉、油料作物间种套作

西瓜可以与夏玉米、夏高粱、冬小麦、棉花及花生等农作物间种套作。西瓜与冬小麦套作，在种小麦时，如人工畦播，应先计算好西瓜的行距，然后根据西瓜行距确定小麦的畦宽和播种行；如果采用机播，可在播幅留好西瓜行，以免挖瓜沟时损伤麦苗。西瓜与夏玉米、夏高粱、棉花和花生等作物套种时，关键要掌握好套种时间、品种和方法。

第二节　西瓜与蔬菜间种套作

西瓜和蔬菜都是经济效益较高的经济作物，同时在栽培技术和生产设备方面有许多共同之处。因此，西瓜与蔬菜间种套作不仅可以充分利用地力、空间和时间，增加作物种类和产量，提高经济效益，而且还可以因地制宜地充分利用综合栽培技术（包括人才）、各种生产设备（如育苗设备、排灌设备等），使人力、物力、地力和技术等各种生产因素都得到更加充分的发挥。西瓜与蔬菜的间种套作方式主要有以下几种。

一、西瓜间种春白菜

在坐瓜畦内整 20 ～ 25 厘米宽的畦面。于 3 月中旬浇水灌畦，撒播春白菜。白菜于 3 叶期间苗，5 叶期定棵，株距 7 ～ 9 厘米。4 月

下旬（即断霜后）移栽或直播西瓜，5 月中旬西瓜伸蔓后收获春白菜。也可以在坐瓜畦内直播春菠菜、小油菜和红萝卜等。

二、西瓜地移栽春甘蓝

1 月中旬用棚室温床育春甘蓝苗，当苗龄达 60 天时，于 3 月中旬在坐瓜畦内按 20 厘米的行距开沟移栽 1 行春甘蓝，每亩 1800 株。西瓜于 3 月下旬育苗，4 月下旬定植在春甘蓝行间，5 月中旬西瓜伸蔓后可收获甘蓝。此外，也可以在坐瓜畦内移栽定植 1～2 行春莴苣、春油菜或春菜花等。

三、瓜地点种矮生豆角

西瓜于 3 月下旬阳畦育苗，4 月底移栽定植大田。当西瓜开花坐瓜前后，于 5 月中、下旬按株行距为 35 厘米 ×40 厘米的规格，在西瓜行间点播矮生豆角，每墩 2～3 株，每亩 2000 墩，不需支架，短蔓丛生半直立生长。当西瓜采收后，豆角即进入结荚盛期，7 月下旬可大量采摘上市。

四、西瓜与甜椒或茄子套作

西瓜比甜椒、茄子提前 15 天左右育苗，由于甜椒、茄子苗龄较长，可以使西瓜与甜椒或茄子的共生期更加缩短。西瓜于 3 月中旬育苗，4 月中旬移栽定植，甜椒或茄子于 3 月下旬育苗，苗龄 60～70 天（即显蕾期），于 5 月下旬或 6 月上旬（当西瓜开花坐瓜后）在坐瓜畦内移栽定植 2 行甜椒或茄子，株行距为 20 厘米 ×30 厘米，每亩 3700 株。6 月下旬到 7 月上旬，地膜西瓜头茬瓜采收后，紧接着采收甜椒或茄子。7 月下旬西瓜拉秧后，甜椒或茄子即进入采收盛期。

五、西瓜与马铃薯间种套作

西瓜与马铃薯间种套作方法如下。

1. 选种催芽

马铃薯品种最好选用克新 3 号、东农 303 和脱毒品种。栽前 20

天切种催芽，方法是先把整薯和切好的种薯块用沙培在阳畦或暖炕上，畦（炕）温保持在 20～25℃。当幼芽刚萌动时（如米粒大）即可播种。用整薯催芽后，小的种薯可直接播种，大的种薯每千克应切成 50～60 块，每块保持有 1～2 个健壮芽，切后马上播种。西瓜品种应选用早佳、京欣等早熟品种。

2. 马铃薯播种和管理

土地应在立冬前后冬耕，耕前每亩施 4000～5000 千克优质圈肥、20～30 千克磷酸三铵或 25～30 千克新型硝酸钾复合肥。翌年 3 月上中旬播种马铃薯。可采用大垄双行种植，垄宽 90 厘米，每垄栽 2 行马铃薯，行距 33 厘米，株距 30 厘米，对角栽植，每亩 4500 株。栽后覆盖地膜。每隔两个垄（4 行马铃薯）留出 1 米宽的大垄，为西瓜种植行。马铃薯幼苗出土后，及时破膜放苗，以免灼伤幼苗；其他水肥等的管理与不间种套作的相同。

3. 西瓜套种和管理

西瓜苗移栽于马铃薯留出的大垄上，按 40～50 厘米的株距栽植 1 行西瓜。西瓜应在移栽定植前 30 天以营养钵育苗；栽后浇水，以促使早缓苗。西瓜栽植后最好用拱棚覆盖，以促进其生长。到西瓜甩蔓时收获马铃薯。马铃薯收获后立即推垄平地，对西瓜加强肥水管理和整枝。西瓜采收结束，倒茬整地播种小麦。

六、西瓜与蔬菜间种套作应注意的问题

1. 应以西瓜为主栽作物

在瓜田内搞间种套作种植，应以西瓜为主栽作物，蔬菜为搭配作物，搭配作物不应与主栽作物争水争肥。

2. 选适宜品种

西瓜与蔬菜作物都要选用早熟品种，并尽量缩短其共生期。

3. 茬口安排要紧凑

西瓜应注意生育期和生长势，蔬菜除要注意生育期、生长势外，还须注意蔬菜种类和品种特性，尽量减少共生期的各种矛盾。在茬口安排上除了要考虑到西瓜与蔬菜（尤其是黄瓜等瓜类蔬菜）、蔬菜与蔬菜之间的轮作换茬问题外，还要最大限度地发挥田间套作的优势和最佳经济效益。

4. 田间管理要精细

西瓜与蔬菜作物间种套作后，在共生期间必然存在着程度不同的争水、争肥、争光、争气等矛盾，这些矛盾除了通过选择适宜的品种和调整播期外，加强田间管理也可以使其缓和到最低限度。对间种套作的蔬菜主要管理工作是中耕除草、间苗、追肥、浇水及病虫害防治等。对西瓜要特别注意加强整枝、摘心和病虫害防治等。

第三节　西瓜与粮棉油作物间种套作

一、西瓜与夏玉米、夏高粱间种套作

西瓜与夏玉米、夏高粱、冬小麦、水稻间种套作，是瓜粮间种套作的主要方式。瓜粮间种套作的关键是选择适宜的品种、及时间种套作和管理好间套作物等。

1. 选择适宜的品种

间种套作品种的选择必须尽力避免种间竞争，而利用互补关系，使其均能生长良好，方可获得瓜粮双丰收。因此，应尽量选择生长期短、适宜于密植的品种。

2. 间种套作时间

间种套作时间是直接影响瓜粮产量的重要因素之一。玉米、高粱播种过早，对西瓜的生长发育不利；玉米、高粱播种过晚则其适宜的生长期缩短，玉米或高粱的产量将大大降低。根据各地经验，在西瓜成熟前 20 天播种玉米或高粱，对瓜粮生长发育及产量互不影响，并可及时倒茬播种小麦。

3. 种植密度和间套方法

试验证明：西瓜间作套种夏玉米，西瓜行距 1.8 米，株距 0.6 米，夏玉米每亩 4000 株时，西瓜产量接近最高水平，夏玉米产量较高。

间套方法是在西瓜的行间距西瓜根部 0.3 米和 0.5 米处分别各播 1 行夏玉米或夏高粱，其行距为 0.2 米，株距为 0.3 米。瓜畦中间为 0～8 米宽的行间。这样拔掉瓜蔓时，夏玉米或夏高粱成为宽窄行相同的大小垄，不但可以充分发挥"边行优势"作用，还可以在夏玉米的宽行中再套种短蔓绿豆。

夏玉米可于播种前浸种催芽，夏高粱通常干播。套种时，均可采用点播法，使植株呈菱形分布。

4. 田间管理

西瓜按常规管理。夏玉米或夏高粱播后 20 天内要防止踩伤、倒伏。西瓜收获后，要抓紧对夏玉米或夏高粱进行管理。

（1）中耕　瓜蔓拉秧后要进行深中耕，除掉杂草，疏松土壤，增大通气蓄水能力。

（2）疏苗　夏玉米每穴定苗 1 株；夏高粱每穴定苗 1～2 株。缺苗应移栽补苗。

（3）追肥　通常应追施 2 次速效肥，第一次是提苗肥，第二次是孕穗肥。提苗肥应于西瓜拉蔓后及时追肥，以加速幼苗生长，可结合第一次中耕于疏苗后每亩追施螯合复合肥 25～30 千克或多肽双脲铵 20～25 千克。孕穗肥可于玉米抽穗前（点种后约 35 天），高粱伸喇叭口时追施，以加速抽穗和促进籽粒成熟，一般每亩追多肽尿素 20～30 千克。

（4）病虫防治　夏玉米和夏高粱的主要病虫害有黑穗病、黑粉病和黏虫、钻心虫及蚜虫等，防治方法同大田作物。

二、冬小麦套种西瓜

在冬小麦的麦田套种西瓜是一种成功的套种方式，北方有许多省市推广后均获得了粮瓜双丰收。麦田套种西瓜，秋种前就应选择好地块，并将麦田畦面做成宽 1.5～1.7 米，畦埂宽 0.5 米，畦长 25～30 米的规格。畦面平整，流水畅通，畦面规格与此相一致的麦田，也可以在畦埂上套种西瓜。为施好西瓜基肥，小麦比较稀的地块，于小麦拔节期可在畦埂上开沟预施部分优质圈肥，每亩施 2500 千克即可。地下虫害较重的地块，每亩可在基肥内兑施 3～5 千克辛硫磷颗粒剂，以便防治地下虫害。

麦田套种西瓜，西瓜幼苗处在温度较高、空气不够流畅的套种行内，瓜苗生长瘦弱，伸蔓早，无明显的团棵期。因此，瓜苗与小麦的共生期不宜过长，一般以在麦收前 15～20 天播种西瓜为宜。北方地区夏播西瓜在 5 月中旬播种即可。西瓜要选用生育期在 100～120 天的中熟品种，种子要精选，并用烫种方法消毒后播种。为保证西瓜适墒下种，出苗齐全，可雨后抢墒播种或结合浇小麦灌浆水播种。播种时，先在畦埂上按 40 厘米的穴距，开 7～10 厘米长、3～4 厘米深的穴。每穴撒播 2～3 粒西瓜种子。覆 2 厘米厚的细土盖种，6～8 天后即可出齐苗。为防止鼠害，可顺垄撒施毒饵诱杀。

西瓜苗期管理要以促为主，使雨季到来前就能坐好瓜。第一片真叶展开后间苗。伸蔓后，先将瓜蔓引向顺垄方向伸展。为早倒茬便于西瓜幼苗生长，小麦蜡熟期就应抓紧时间收割。并防止踩伤瓜苗或扯断瓜蔓。小麦收后及时灭茬。小麦的根茬要留在坐瓜畦内，将原来畦埂两边的土向外翻，使畦埂形成 50 厘米宽的垄，垄两边为深、宽各15 厘米的排灌水沟；原来的畦面也要整成两边低、中间高的坐瓜畦。没有施基肥的，可在排灌水沟内侧撒施优质圈肥，每亩 2000～2500 千克，施后浇水。对瓜苗瘦弱、生长明显缓慢的植株，每株穴施速效肥提苗。浇水后要划锄保墒，除去瓜垄上的杂草。这时可将瓜苗间成单株，去弱留强，多余的苗和近株杂草最好从基部除掉，但要避免拔苗（草）时损伤保留瓜苗的根系。其他管理与夏播西瓜相同。

三、西瓜与花生间种套作

间种套作方法：早春整地时每亩施 3000～4000 千克圈肥、30～40 千克硝酸磷钾或 200～300 千克水解油渣有机肥作基肥。为使花生早熟高产，要选用早熟品种（如莱农 10、花 11 和 321 等），于 4 月上、中旬催芽播种，一般行距 33 厘米，墩距 17～20 厘米，每墩播种 2 粒，每亩 7000 墩左右。花生最好起垄播种每垄种植 2 行。花生播种后，接着喷除草剂盖地膜。每播 6 行花生，留出 130 厘米宽的套种带，套种 2 行西瓜。种西瓜前，在套种带中间开 50 厘米深的沟，每亩集中施 3000～4000 千克优质圈肥和 15～20 千克复合肥料，于 4 月下旬前后栽定植（提前 1 个月用营养钵育苗）。西瓜行距 33 厘米，株距 66 厘米，每亩套种 600 株左右。采用双蔓整枝，单向理蔓，坐瓜后留 5～7 叶摘心，每株只留 1 个瓜。为使西瓜早熟、高产、早收，减少对花生的影响，要选用极早熟品种或早熟品种，栽植后用拱棚覆盖保温。西瓜和花生的管理技术与一般不间作套种的相同。

西瓜自 6 月下旬陆续采收上市，到 7 月上、中旬结束。花生在 8 月 20 日前后收获，收后整地种早茬小麦；也可在西瓜、花生收获后，栽种一季花椰菜（花椰菜提前 1 个月育苗），花椰菜收后，播种小麦，这样可每亩增产 1500 千克花椰菜。

四、西瓜与棉花间种套作

广大棉区通过多年的实践，已形成一套棉花套种西瓜的栽培体系。瓜棉套种，西瓜产量接近单作，棉花产量略低于单作，但西瓜棉花套种能够充分利用光热资源、空间和有限的生长季节，高矮搭配，充分利用边行优势，棉花密度与单作变化不大的情况下，充分利用肥力，提高肥料的利用率。同时做到一膜两用，节省人工和成本，投入产出比高。西瓜棉花套种技术要点如下。

1. 选用适宜的品种

西瓜以早熟品种如极早熟蜜龙、早佳、特早红、世纪春蜜、春光、早红玉等；棉花则宜选择株型高大、松散、单株产量高的中棉

10、中棉 13 等品种。

2. 掌握适宜播种期

为促进棉花的生长，缩短共生期，根据山东的气候条件和栽培经验，育苗移栽的早熟西瓜，播种期以 2 月 20 日至 3 月初为宜，而小棚双膜覆盖直播，可于 3 月中下旬催芽播种。棉花的播种期以 4 月 15 日至 4 月 20 日为宜。

3. 西瓜、棉花植株配置

常用的西瓜行距 1.4 ～ 1.5 米，株距 0.4 ～ 0.5 米，每亩 1000 株左右。在距西瓜 20 厘米处种一行棉花，单行双株的穴距 0.3 米，每穴留 2 株；单行单株的，穴距 0.18 米，每亩留棉苗 3000 株左右为宜。

4. 西瓜提早育苗

用电热温床培育苗龄 35 ～ 40 天具有 4 叶 1 心的大苗，提前定植于双膜覆盖小拱棚，这是缩短瓜棉共生期的关键措施，以利提早采收，减少对棉花生长的影响。

5. 加强田间管理

前期西瓜生长迅速，匍匐于地面无序生长而棉苗小，应对西瓜采取整枝、理藤、压蔓等措施，以保证棉苗生长的空间。可采用人工辅助授粉，促进坐果，避免徒长，其他管理同单作西瓜。

6. 防止农药污染

在防治棉花害虫时必须坚持做到四点：一是作好预测预报，掌握防治适期，减少用药次数；二是选用高效低毒农药；三是采取涂茎用药技术；四是用药时对西瓜采取覆盖措施，即在坐瓜后用药时将西瓜用塑料薄膜盖好，确保安全。

7. 其他措施

要针对西瓜和棉花作物不同生育特点，采取必要的其他措施。如棉花要及时整枝、抹芽和打老叶，减轻对西瓜遮阴。西瓜与棉花相比，根系细弱，抗旱能力较差，若土壤含水量下降到18%时，应及时浇水；同时要防止过早坐瓜，一般以12～18叶结的瓜产量高，质量好。

五、麦－瓜－稻的间种套作

我国南方许多地区大力推广"麦－瓜－稻"三熟栽培模式。例如湖北省荆州地区已在全区推广，江苏省南京市该栽培模式20世纪90年代曾一度占西瓜栽培总面积的80%以上。

1. 麦－瓜－稻间种套作的好处

（1）提高了温光条件利用率 麦株为西瓜御寒防风，有利于促进西瓜的前期生长，而西瓜则为麦类作物改善光照条件，促进了后期生长，这样充分利用了不同层次的光温条件与土壤肥力。麦类作物收获灭茬后，气温高、日照强，有利于西瓜的生长和结果。

（2）改良土壤 麦、瓜、稻实行水旱轮作，由于耕作和施肥的关系，耕作层质地疏松，有利于土壤熟化。

2. 麦－瓜－稻间种套作方法

前一年水稻收割后按4～5米距离开沟，在沟两侧各留0.6～0.7米作为栽植西瓜的预留行。畦中间播种大（小）麦，长江中下游地区的播种期为10月下旬至11月上旬。预留行冬季深翻晒垡熟化土壤，早春施肥起垄，4月中下旬栽植西瓜大苗，大麦5月底收割，小麦6月上中旬收割，大（小）麦收割后加强西瓜管理，西瓜7月上旬开始采收，7月底收完及时栽插晚熟稻。

3. 麦－瓜－稻间套技术要点

（1）加强农田排水 选土质疏松的田块，开好排水沟，以便及时排出积水。

（2）选用适宜良种 麦种选用早熟品种，西瓜选用耐湿抗病品种，水稻选用晚熟高产品种。为了尽量缩短共生期，西瓜采用育大苗移栽方式。如前作为大麦时，西瓜可采用拱棚覆盖早熟栽培；前作为小麦时，西瓜则应露地栽培。

（3）强化共生期管理，重视麦后管理　共生期间加强综合管理，麦收后对西瓜及时追肥浇水，并进行整枝理蔓，如难坐瓜时，还需人工授粉。

（4）及时采收西瓜　根据坐瓜早晚分批及时采收，及时清理瓜畦，确保及时栽插晚稻。

六、瓜粮间种套作应注意的问题

1. 连片种植

连片种植，实行规模化生产。大面积连片种植有利于农田水利建设，降低地下水位，便于农田区划轮作，实行机械化作业，提高劳动生产力。瓜粮、瓜棉间作套种应统一规划和部署，采用不同的间套种模式进行轮作，改善农业生态环境。

2. 简化西瓜栽培技术

与粮食作物相比，西瓜是一种娇柔的作物，栽培技术环节多，要求高，时间性强，特别在南方多雨地区用工多，成本高。露地栽培应采用抗病、高产、优质品种，栽培技术则应抓住要点，尽量简化栽培环节。

3. 选择适宜茬口

选择适宜茬口，优化品种组合。可根据当地条件因地制宜地选择适宜的茬口，在此基础上确定前后茬的品种，优化组合。如西瓜早熟栽培应以耐低温弱光、易结果的早熟品种为宜，前茬则以生育期较短、耐肥、抗倒伏的粮食品种为宜。

4. 合理安排季节

采用提前播种、育苗移栽、推迟播种等措施，尽量利用主作物和副作物时间差，以缩短共生期，缓解作物生育之间的争光、争肥等矛盾。

5. 充分利用空间

合理配置两种作物的种植方式，充分利用空间。如麦行套种西瓜，从西瓜光照条件考虑，以东西向为宜，预留瓜行以 50 厘米以上为宜。

6. 科学施肥

麦瓜套种一般按各自的要求在播种、定植时施肥，在小麦生长中后期，适当控制追肥，防止倒伏影响西瓜生长。

第四节　幼龄果园种植西瓜应注意的问题

幼龄果园地间种西瓜，可以充分利用土地和光能资源。如果种植方法得当，不仅能增加经济收入，而且能够促进幼树生长。幼龄果园地种植西瓜要注意以下几点。

一、合理作畦

目前乔砧、普通型品种的苹果、山楂、梨等果园，一般密度为株行距 4 米 ×4 米。这样的幼龄果园种植西瓜时，可在 2 行幼树之间种植 2 行西瓜。即在幼树的两侧，距树 1 米处各挖一条宽、深均 50 厘米的西瓜沟，施足基肥，浇足底水，作成瓜畦（图 5-1）。生产实践证明，按照这种方式作畦，不但可使幼树和西瓜获得充足的光照，同时对幼树能起到开穴施肥的作用。因此，能在取得西瓜高产的同时，促进幼树的生长。

二、正确引蔓

西瓜伸蔓后要及时引蔓，避免瓜蔓纵横交叉缠绕幼树。一般可将侧蔓引向幼树一侧，主蔓引向另一侧。这样 2 行西瓜可坐瓜于一垄，而幼树所在的垄不坐瓜。这对追肥、浇水及树上、树下的管理十分方便。

图 5-1　幼龄果树间种西瓜示意图

三、合理施用农药

　　幼龄果园地种植西瓜后，应当注意合理施用农药。如进入 5 月中旬以后，气温逐渐上升到 20℃，如果此期间空气湿度较大，特别是连续数天阴雨时，西瓜常易发生炭疽病、疫病等，而果树则常发生褐斑病、灰斑病等引起叶片早落、树势衰退的病害。在此期间合理而及时地在田间喷施 200～240 倍石灰倍量式波尔多液（硫酸铜 1 份、生石灰 2 份、水 200～240 份），或喷施 800～1000 倍 50％多菌灵等农药，可以兼治西瓜和果树的病害。另外，对于果树红蜘蛛、卷叶蛾、蚜虫等，也可以与西瓜的蚜虫、黄守瓜等害虫同时防治。值得特别注意的是：西瓜生育期较短，而且食用部分又是地上部的瓜，所以对农药的应用要有选择性，例如在防治西瓜病虫害时严禁使用国家明令禁止使用的农药和限制使用的农药。

第六章
无籽西瓜和小型西瓜栽培技术

第一节　无籽西瓜的分类和特性

一、无籽西瓜的分类和栽培价值

　　无籽西瓜是指果实内没有正常发育种子的西瓜。根据无籽西瓜形成方法的不同，可分为三倍体无籽西瓜、激素无籽西瓜、二倍体 × 四倍体无籽西瓜、染色体易位无籽西瓜四类。目前生产中大量栽培的是三倍体无籽西瓜。

　　无籽西瓜之所以越来越受到消费者和生产者的普遍欢迎，其原因主要有以下几点。

1. 品质优良，风味独特

　　三倍体无籽西瓜比相应的二倍体有籽西瓜含糖量高 1%～2%，而且果糖在总含糖量中所占的比例高 5%～10%；糖分在整个果实内分布均匀，糖含量梯度小；瓜瓤质脆多汁，并具有特殊风味。品质优良，无种子，食用方便。

2. 长势旺，抗性强

无籽西瓜抽蔓后，生长势旺盛，对各种病害有较强的抵抗力。据田间调查，无籽西瓜植株枯萎病和疫病的发病率比有籽西瓜分别低12.5％和23.8％（采用抗病性接种鉴定法）。此外，对蔓枯病、炭疽病、叶枯病及白粉病等，无籽西瓜均比普通有籽西瓜具有较强的抵抗力（发病率和病情指数均低于对照有籽西瓜）。

3. 丰产、稳产性好

无籽西瓜由于不形成种子，减少了营养物质和能量的消耗，且在坐瓜期果实营养中心不突出，因而能够一株多瓜、多次结果和结大果。由于无籽西瓜生长势旺，不早衰，有后劲，一般可结两茬瓜，栽培管理得当时能结三茬瓜，增产效益十分明显。

长期生产实践证明，无籽西瓜比有籽西瓜稳产性强，越是在不良的环境条件下，其稳产性越显著。我国南方某些多雨地区种植有籽西瓜常常减产甚至绝产，而栽培无籽西瓜产量比较稳定，经济效益也比有籽西瓜高。

4. 抗热耐温能力强

有籽西瓜在塑料大棚内，当棚内气温达到38～40℃时，叶片上的气孔即行关闭。细胞内许多生理活动基本停止，呈所谓"高温休眠"状态。而此时无籽西瓜植株尚能维持一定的物质代谢和生长能力。有籽西瓜对土壤含水量十分敏感，在浇水后接着下雨和连续降雨造成土壤湿度过大时，植株容易萎蔫，轻者延缓生长或推迟结果，重者造成减产减收。但无籽西瓜因耐湿能力强，在上述同样情况下（浇水后连续降雨）也能获得较好收成。这也是南方诸省无籽西瓜发展快于北方各省的原因之一。

5. 耐贮运能力强

由于无籽西瓜不含种子，大大减少了果实贮藏期间种子后熟及呼吸作用所需消耗的营养物质，贮运性远优于有籽西瓜。所以采收后贮藏时间也较后者长。在一定的贮藏期内，因后熟作用，果实中的多糖类物质继续转化为甜度较高的单糖和双糖，品质和风味进一步提高；瓜皮变薄，可食率增加。

二、三倍体无籽西瓜的特征特性

1. 种子的特征特性

三倍体西瓜的种子比二倍体西瓜种子大，种皮较厚，但种胚发育不完全。三倍体西瓜种子的种皮厚度约为二倍体西瓜的 1.5 倍，其中外层和中层种皮的增厚尤为显著。较厚的种皮对胚的水分代谢、呼吸作用和温度感应等影响较大。种脐越厚，对胚根发芽时的阻力越大，亦即发芽越困难。三倍体西瓜的种脐厚度约为二倍体同类型品种的 2 倍以上。此外，三倍体西瓜种子的形态和结构与二倍体及四倍体均有较大差异（表 6-1）。

表 6-1　不同倍数体西瓜种子结构

项目		二倍体	三倍体	四倍体	说明
种子重量 / 克		0.5	0.65	0.83	10 粒总重
种子厚度 / 毫米		1.81	2.18	2.76	10 粒平均
种皮厚度 / 毫米	胴部	0.23	0.34	0.38	10 粒平均
	脐部	0.34	0.66	0.68	10 粒平均
种皮重量 / 克		0.22	0.43	0.44	10 粒总重
胚鞘厚度 / 毫米		0.33	0.056	0.045	10 粒平均
种胚情况	重量 / 克	0.28	0.22	0.39	10 粒总重
	厚度 / 毫米	1.28	1.01	1.41	10 粒平均
	胚芽与胚轴大小 /（毫米 × 毫米）	2.13×1.06	1.97×1.12	2.35×1.15	（胚芽 + 胚轴的纵径）× 横径，10 粒平均
	胚叶情况与纵径 × 横径（毫米 × 毫米）	充满种壳 6.18×4.7	纵折	较充实 5.88×5.06	以胚肩为界，胚肩以上为胚芽、胚轴；胚肩以下为胚叶，10 粒平均
总重比值		56%	34%	47%	10 粒总重之比值

三倍体西瓜的种胚发育不完全，具体表现是缺损胚、折叠胚和无胚（仅有种皮和胚鞘）。胚重仅占种子重量的34%～38%，而发育正常的二倍体普通西瓜种子，胚重占种子重量的56%（表6-2）。

表6-2　不同倍体西瓜种胚调查及对发芽率的影响

样品	调查数/粒	正常胚/粒	缺损胚/粒	折叠胚/粒	空壳	胚重占种子重比例/%	发芽率/%
二倍体	50	50	0	0	0	55.97	98
三倍体	50	21	5	18	6	35.94	76
四倍体	50	45	1	4	0	47.21	92

注：每份样品100粒种子，调查胚50粒，检验发芽率50粒。浸种8小时，25℃室温催芽，40小时后记录发芽率。

2. 幼苗的特征特性

三倍体西瓜的幼苗，胚轴较粗，子叶肥厚，真叶较宽，缺刻较浅，裂片较宽，叶尖圆钝，叶色浓绿，幼苗生长缓慢，对温度要求高于二倍体西瓜，而且适应的温度范围较宽。真叶的展出相当慢，在相同的生长环境（温、光、气、土、肥、水等）条件下，三倍体西瓜从第一片真叶展出至团棵第五片真叶展出所需时间，比二倍体西瓜多5～6天。至幼苗期结束，植株共展出5～6枚真叶，它们顺次排列成盘状，每片真叶的面积顺次增大，但其叶面积不大，仅为结果期最大叶面积的2.3%左右。茎轴的生长极为缓慢，至幼苗期结束时仅为2.5厘米左右，整个植株呈直立状态。

3. 抽蔓期的特征特性

团棵后节间开始伸长，植株地上部由直立状态变为匍匐状态。从此，地上部茎叶等营养器官进入一个新的快速生长阶段。这一时期是奠定无籽西瓜营养体系的主要阶段。无籽西瓜最大功能叶片的出现节位较普通二倍体西瓜高，出现的时间也晚。据试验观察，普通西瓜主蔓上最大功能叶出现在第20节前后，侧蔓上最大功能叶出现在15节前后；而无籽西瓜主蔓上最大功能叶出现在第30节前后，侧蔓上最大功能叶出现在25节前后。生产实践也证明，无籽西瓜生长势较强，生育期较长，结果时间也较二倍体西瓜晚。

苗期生长缓慢，抽蔓期以后生长量和生长速度明显加大，这是无籽西瓜生长规律的一大特点。瓜农说的"无籽西瓜生长有后劲"就是针对这一特点而言。无籽西瓜主蔓和侧蔓的长度较普通西瓜为长，功能叶片较多，单叶面积较大，下胚轴较粗。这是一种生长优势，这种生长优势一直维持到结果期。

无籽西瓜最大功能叶片单叶面积为 230～240 平方厘米，较二倍体普通西瓜大 24% 左右。由于无籽西瓜具有数量较多、面积较大的功能叶片，加之叶片气孔较大，气体交换量增加，其同化功能也相应增强，所制造的光合产物也相应增加。

4. 结果期的特征特性

从雌花开放至果实成熟为结果期。单株结果期，则是从留瓜节位的雌花开放至该果实成熟。在气温 25~30℃ 的条件下，各品种无籽西瓜需历时 35~45 天。坐果率低是无籽西瓜生产中存在的一个问题。在相同的栽培条件下无籽西瓜的自然坐果率仅为 33.5%，而普通西瓜为 69.7%，如果说自然坐果率低是无籽西瓜生理特点的内因所决定的，那么本阶段的环境条件和栽培措施则是影响坐果率的外部因素。

坐果阶段不仅是果实能否坐住的关键时段，而且也是正确选留坐瓜节位、关系无籽西瓜产量及品质的关键阶段。坐果节位低，果实小、皮厚、空心、着色秕子较多，含糖量低，产量不高；但坐瓜节位过高，如主蔓上超过 30 节，果形又显著变小，产量和品质下降。以主蔓上 15～25 节坐果最为理想（表 6-3）。

表 6-3　坐果节位对无籽西瓜商品性及单瓜重的影响

坐果节位	瓜皮厚度/毫米	剖面情况	着色秕子/粒	中心含糖量/%	单瓜重/千克	
					最大	平均
8～10	18.5	空心	5.3	10.86	4.85	3.76
15～20	16.2	良好	2.1	11.88	6.92	5.25
21～25	15.9	良好	0	12.37	7.28	5.33
26～30	14.7	有黄块	0	10.54	5.13	4.11

　　果实膨大阶段肥水施用不当，不仅影响产量，而且对果形和品质影响也很大。一些畸形果中的扁平瓜、偏头瓜、"葫芦"瓜（大头瓜）及部分空心和裂果等与浇水不当有很大关系；氮肥过多则可使西瓜皮厚、瓤色变淡、含糖量降低、纤维加粗，甚至使瓜瓤中产生黄色硬块。所以，这一阶段要满足植株对肥水的最大需要，特别要满足对钾肥的需要。

　　到果实成熟时果实体积停止膨大，内部则以水解过程占优势，以物质的转化为主，随之发生瓜皮硬度、果实密度、含糖量、色素、糖酸比及瓜瓤硬度等一系列物理生物化学变化。无籽西瓜变瓤期的各种物理与生物化学变化速度及变量均比普通西瓜大。这一阶段蔓叶中有部分营养转入果实中去。随着养分向果实中大量转移和累积，叶片的光合、呼吸、蒸腾三大作用也都大大降低，而果实内部的生物化学变化成为植株生长代谢中心，故该阶段成为果实迅速发生变化的时期。栽培上首先应积极地使叶面积及其同化能力始终保持在较高的水平上，避免损伤叶片，防止蔓叶早衰。为了增加甜度，提高品质，此阶段应停止浇水，并注意及时排水，还应采取垫瓜、翻瓜、荫瓜等措施，以提高无籽西瓜果实的商品性。

第二节　无籽西瓜栽培技术

　　无籽西瓜栽培技术与普通西瓜有许多共同之处，如整地、施肥、浇水、整枝、选留瓜、人工辅助授粉及病虫害防治等。但也存在着许多不同之处，如播前种子处理、解决"三低"（采种量低、发芽率低、成苗率低）问题、提高坐果率及果实品质问题（皮厚、空心、着色秕籽）等。

　　从总体上讲，无籽西瓜的栽培技术比普通西瓜要求更高更严，也更复杂一些。但只要掌握了无籽西瓜的特征特性，就完全能够栽培好无籽西瓜。这就是我们为什么在前一节以较大篇幅介绍无籽西瓜特征特性的原因。

　　无籽西瓜的发芽率、成苗率、坐果率、产量及品质除栽培技术外，与品种选择有很大关系。

一、育苗技术

1. 播种前的种子处理

　　（1）种子挑选　种子在播种前最好还要粒选，将混入的二倍体、四倍体西瓜种子及其他杂质全部挑出，然后进行晒种、消毒、浸种和催芽。

　　（2）消毒灭菌　同有籽西瓜。

　　（3）浸种　由于三倍体西瓜种子的种皮硬而厚，吸水量很大，吸水速度相对较慢，所以浸种时间应比有籽西瓜长些。据中国农业科学院郑州果树研究所试验，无籽西瓜种子的吸水率比普通西瓜种子的吸水率高约 1 倍，其中种皮的吸水率为 110%，而普通西瓜种皮吸水率为 72.7%；种胚的吸水率为 33.3%，为普通西瓜种胚吸水率的 4 倍（表 6-4）。浸种时间因水温、种子大小、种皮厚度而异。水温较高，种子小或种皮薄时，浸种时间较短，反之则浸种时间较长。

表 6-4　不同倍体染色体西瓜种子吸水特性的比较

（中国农业科学院郑州果树研究所）

品种名称	种子干重 / 毫克			浸种后重量 / 毫克			吸水率 /%			除去种皮后胚吸水 /%
	种胚	种皮	总重	种胚	种皮	总重	种胚	种皮	总重	
四倍体 1 号	32.0	40.0	72.0	34.0	80.0	114.0	6.3	100.0	58.3	16.4
蜜宝无籽	27.3	43.6	70.9	36.0	92.0	128.0	33.3	110.0	80.5	50.0
蜜宝	24.0	22.0	46.0	26.0	38.0	64.0	8.3	72.7	39.1	11.1

　　浸种时应注意以下几点：

　　① 在浸种前已进行破壳处理的种子，其浸种时间应适当缩短。对先浸种后破壳处理的种子，在浸种后将种子用清水冲洗并反复揉搓，以洗去种皮上的黏附物，以利嗑籽破壳。

　　② 浸种时间要适当。浸种时间过短，种子吸水不足，发芽迟缓；

浸种时间过长，吸水过多，易造成种子开口或浆种。

③利用不同消毒方法处理的种子，浸种时间应有所区别。高温烫种的，种皮软化较快，吸水速度也快，浸种时间可大大缩短，一般4～6小时即可；若用25～30℃的恒温浸种，所需时间则更短，一般3～4小时即可。药剂处理种子时间较长者，其浸种时间也应适当缩短。

（4）破壳处理　由于三倍体无籽西瓜种皮厚而坚硬，不仅吸水缓慢，而且胚根突出种壳时会受到很大阻力，既影响发芽速度，又消耗了大量能量；加之种胚发育不完全，生活力较弱，若任其自然，则发芽更为困难。因此，必须采用破壳的方法进行处理。试验和实践均证明，破壳可以有效地提高三倍体无籽西瓜种子的发芽势和发芽率。尤其在较低的温度条件下催芽，更应进行破壳处理（表6-5）。破壳处理既可在浸种前进行，也可在浸种后进行。但若在浸种前破壳，浸种时间应适当缩短2～3小时。先浸种后破壳时，在破壳前要先用干毛巾或干净布将种子擦干，以免破壳时种子打滑不便操作。

表6-5　破壳对不同倍体西瓜种子发芽率的影响

品种	25℃条件下的发芽率 /%		32℃条件下的发芽率 /%	
	嗑籽破壳	不破壳	嗑籽破壳	不破壳
蜜宝四倍体	78	69	91	82
78366 无籽	69	22	84	38
乐蜜 1 号	72	93	96	94

破壳的方法有口嗑破壳法和机械破壳法两种。

①口嗑破壳法　就是用牙齿将种子喙部（俗称种子嘴）嗑开一个小口。像平时嗑瓜子一样，手拿1粒种子将其喙部放在上下两牙齿之间，轻轻一咬，听到响声为止，不要咬破种胚。

②机械破壳法　用钳子将种子喙部沿窄面两边轻轻夹一下即可。为了确保安全，可在钳子后部垫上一块小塑料或小木块，以防用力大时损伤种胚。

（5）催芽　由于三倍体无籽西瓜种胚的发育不完全，种皮较厚，发芽困难，所以要采取破壳处理，解除种子"嘴"上的发芽孔对胚根的束缚，有利于发芽，以提高种子的发芽率。

无籽西瓜种子的发芽适温为 32℃左右，较普通西瓜催芽温度略高。但为了避免下胚轴过长，可采用变温催芽法，即在催芽前期的 10～12 小时使温度升至 36～38℃，以促进种子加快萌发，此后使温度降至 30℃，直至胚芽露出。

2. 无籽西瓜的育苗

无籽西瓜的育苗方法与二倍体普通西瓜相同。但要求床温较高，所以采用温床或在棚室内育苗较好。

苗期管理与普通西瓜基本相同。

二、定植

定植前 5～7 天，根据瓜苗长势和天气情况适当锻炼秧苗，以备定植。定植时选晴天上午按株行距开深 12 厘米、直径 12 厘米的定植穴，然后将育成的西瓜苗连同营养纸袋或营养土块栽植于穴内（塑料钵需脱去），封土按实，并随栽随浇透水。如果有条件，可在植株根处铺一层厚 2 厘米左右的沙子或铺放地膜。定植无籽西瓜时，还必须间植一部分二倍体普通西瓜。因为西瓜无单性结实能力，如果单纯种植无籽西瓜，由于缺乏正常发育的花粉的刺激作用，不能使无籽西瓜子房膨大形成果实，因而坐不住瓜，故必须借助二倍体普通西瓜花粉的刺激作用，才能长成无籽西瓜。无籽西瓜田间配植二倍体普通西瓜的比例一般为 1/4～1/3，可每隔 2～3 行无籽西瓜种 1 行二倍体普通西瓜。所种二倍体普通西瓜，应在瓜皮颜色或花纹上面与无籽西瓜有明显的区别，以防止采收时混淆不清。二倍体普通西瓜的具体配植比数与无籽西瓜种植面积的大小及蜜蜂多少有关系。如无籽西瓜种植面积大、蜜蜂较多时，可适当减少二倍体普通西瓜比例。

定植时应注意轻拿轻放，勿使破钵散坨。定植深度以营养纸袋或营养土块的土面与瓜沟地面相平为宜。如果采用地膜覆盖栽培时，可随定植随铺地膜。

三、无籽西瓜的追肥浇水

无籽西瓜在定植后可追肥 2～3 次。第一次追肥在开始伸蔓时，称为催蔓肥。每亩施磷酸三铵 20 ～ 30 千克或 60 ～ 80 千克饼肥。施用化肥时，应氮、磷、钾配合好。例如在追施纯氮肥（含硫氮肥、尿素）、多肽双脲铵等时，可配合加用硝基磷酸铵、新型硝酸钾等磷钾肥料。也可追施控释复合肥、海藻复合肥、螯合复合肥等任何一种，每亩 20 ～ 30 千克。追施方法是在株间开 6 ～ 8 厘米深、20 厘米长的追肥沟，将肥料撒入沟中，与土掺匀后封沟。第二次追肥在植株开始坐瓜时，称为坐瓜肥。每亩施多肽缓控复合肥或多元素水溶肥 20 ～ 30 千克。施用方法与第一次相同。第三次追肥应当在西瓜果实迅速膨大时（约坐瓜后 12 天），称为膨瓜肥。每亩施双酶水溶肥 20 ～ 30 千克或腐植酸水溶复合肥、靓果高钾复合肥 15 ～ 20 千克。施用方法是离西瓜根部 30 厘米左右沿瓜沟方向开 6 ～ 8 厘米深、20 厘米长的追肥沟，将肥料均匀撒入沟内，与土混匀，然后封沟。也可结合浇水冲施。

无籽西瓜从定植到果实成熟，一般须浇水 5 ～ 8 次。根据浇水时期和作用，分别称为定植水、抽蔓水、坐瓜水和膨瓜水（3 ～ 4 次）等。定植水不可过大，以免降低地温，浇时以湿透营养纸袋（杯）及定植穴土壤或基质即可。在每次追肥后应适当浇水，以便充分发挥肥效。果实膨大后，浇水量要逐次增大，直到果实采收前 3 ～ 5 天停止浇水。

四、无籽西瓜栽培管理特点

1. 种子"破壳"

由于无籽西瓜种子的种皮较厚，尤其种脐部分更厚，再加上种胚（即种仁）又不饱满，所以出芽很困难，必须"破壳"才能顺利发芽。

2. 催芽和育苗温度要高

无籽西瓜的催芽温度比二倍体普通西瓜要高，高 2 ～ 3℃，即以 30 ～ 32℃为宜。育苗温度也要高于二倍体普通西瓜 3 ～ 4℃，所以无籽西瓜苗床的防寒保温设备应该比二倍体普通西瓜增加一些，如架设风障、加厚草苫等。此外，在苗床管理时，还应适当减少通风量，以防止苗床降温太大。

3. 早育苗

无籽西瓜幼苗期生长缓慢，应比普通西瓜早播种早育苗。而且由于无籽西瓜耐热性比普通西瓜强，所以多采用温室或电热温床育苗。

4. 加强肥水管理

无籽西瓜生长势较强，根系发达，蔓叶粗壮，因而需肥数量比二倍体普通西瓜多。除增加基肥用量外，还要增加 1 次膨瓜肥或 2 次根外追肥。但无籽西瓜苗期生长缓慢，伸蔓以后生长加快，到开花前后生长势更加旺盛，这时肥水供应不当，很容易疯长跑蔓，坐不住瓜。因此，从伸蔓后到选留的果实开花前应适当控制肥水，开始浇中水和放大水的时间都应比普通西瓜晚 4～5 天。

5. 间种二倍体普通西瓜

由于无籽西瓜的花粉没有生殖能力，不能起授粉作用，单独种植坐不住瓜，所以无籽西瓜田必须间种二倍体普通西瓜。应每隔 2～3 行种植 1 行二倍体普通西瓜，作为授粉株，这不是杂交，仅是借助授粉株花粉的刺激作用使无籽西瓜的子房膨大。授粉株所用品种的果皮，应与无籽西瓜果皮有明显的不同特征，以便在采收时与无籽西瓜区别开来。

6. 高节位留瓜

坐瓜节位对于无籽西瓜产量和品质的影响比二倍体普通西瓜更明显。无籽西瓜坐瓜节位低时，不仅果实小，果形不正，瓜皮厚，而且种壳多，并有着色的硬种壳（无籽西瓜的种壳很软、白色），易空心，易裂果。坐瓜节位高的果实则个头较大，形状美观，瓜皮较薄，秕籽少，不空心，不易裂果。

7. 适当早采收

无籽西瓜的收获适期比二倍体普通西瓜更为严格。生产中一般比二倍体普通西瓜适当早采收。如果采收较晚，则果实品质明显下降，主要表现是：果实易空心或倒瓤，果肉易发绵变软，汁液减少，风味降低。一般以九成至九成半熟采收品质最好。

8. 改善栽培条件

无籽西瓜的生长发育，需要充足的营养物质和良好的环境条件。播种前一定要浸种催芽，如果直接播种干籽，90％以上不出苗。因此，要精细播种和管理，如浅播，分期覆土，营养钵或穴盘育苗，适宜的苗床温、湿度等。如在苗床管理中应掌握比二倍体普通西瓜温度高些，发芽期最适宜的温度为 $30 \sim 32℃$，幼苗期为 $25 \sim 28℃$。无籽西瓜在苗床内浇化肥溶液，对幼苗生长具有明显的促进作用。化肥水溶液是由 0.1％尿素加 0.2％的硫酸钾或 0.2％新型硝酸钾组成。也可用 0.3％磷酸二氢钾液，在出苗后 20 天左右时，用喷壶洒于西瓜苗床内。8 ～ 10 天，再用同样浓度的化肥水溶液喷洒一次即可定植。也可用上述肥液在果实膨大期进行根外追肥。

五、无籽西瓜生产新途径

1. 用天然激素生产无籽西瓜

天然激素无籽西瓜是利用植物"单性结实"的特性，用四倍体西瓜花粉中的天然激素，刺激二倍体有籽西瓜子房，不发生受精过程，而通过内在的生理作用，促使二倍体西瓜坐瓜并长成成熟的无籽西瓜。方法是将四倍体植株的雄花和选作二倍体植株的雌花，都在开花前一天进行套袋或束花，防止昆虫传粉，次日早晨花开时，摘下雄花，除去花瓣，以雄花的花药和雌花的柱头轻轻摩擦授粉，再将雌花花瓣束住或套袋即可生成没有种仁的无籽西瓜，无老化空壳，只有和三倍体无籽西瓜相似的白嫩可食的白色秕子，无空心，可溶性固形物 9％~10％，果皮厚及风味与二倍体西瓜相同。几种西瓜的试验结果以兴城红的白秕子较少而小，蜜宝、都 3 号白秕子较大而多。多年来的试验证明，以兴城红激素无籽西瓜品种较好，皮薄，肉质脆沙，含糖量高，风味好。

实践证明，天然激素无籽西瓜，是一种快速发展无籽西瓜的新途径。它的主要优点是：取材方便，方法简便，当年即获无籽西瓜。果形端正，皮薄，不空心，西瓜质地及风味与原一倍体西瓜品种相同，从生长到成熟，不需特殊栽培，可避免培育三倍体无籽西瓜出现发芽率低、成苗率低、坐果率低等问题。

为了提高天然激素无籽西瓜的产量和品质，栽培中应注意以下几个问题。

（1）选好父本　父本四倍体西瓜要选种子多、花粉质量和数量都较高的品种；母本二倍体西瓜要选种子少而小、皮薄、品质优良的品种。都要选用生长强健的父本和母本植株。

（2）要严格保纯　开花前后要采取严格保纯措施，防止二倍体西瓜花粉落到柱头上，否则会出现有籽情况。

（3）授粉要适时　要适时授粉，同时授粉时不可损伤柱头，花粉要均匀地撒于柱头表面，授给的花粉尽可能多些。

（4）及时除掉同株异型瓜　应及时摘除未经人工授粉的雌花，防止产生异型瓜（即有籽西瓜）。否则由于激素无籽西瓜竞争力弱，瓜很难长大，甚至会夭折。

（5）加强肥水管理及整蔓工作　由于天然激素无籽西瓜是没有受精的胚，因此，它的生长发育机制是脆弱的，必须加强肥水管理和整蔓工作，促进无籽西瓜的正常生长发育。

（6）及时采收　采收过早，糖分不高，采收过晚白秕子增大。中熟品种一般以开花后 30 天左右为采收适期。采收后不宜久贮，否则白秕子变硬，影响品质。

2. 用合成激素生产无籽西瓜

西瓜的子房不经过受精是不能正常发育成瓜的。但是，试验证明，如果利用某些激素类物质进行人工诱导，也能结瓜。这种瓜里也同样只含无胚的种皮，吃起来就如同无籽西瓜一样。利用激素生产无籽西瓜应采取以下几项措施。

（1）选用品质优良、无籽成瓜率高的品种　试验证明，早花是当前生产激素无籽西瓜的优良品种，在其他措施得当时，成瓜率可达

90% 左右，与该品种人工授粉产生的有籽西瓜的成瓜率基本相同。

（2）正确配制和施用激素　用蒸馏水分别配成 100 毫克 / 千克萘乙酸钠、25 毫克 / 千克赤霉素和 25 毫克 / 千克 2，4-D 三种溶液。处理雌花时，使用这 3 种溶液的混合液，混合比例为等量（即上述 3 种溶液的比例为 1∶1∶1）。混合液要现用现混，混合后当日用完。具体处理方法是：在雌花未开放之前，先用人工授粉用的铁卡夹住花冠，严防花粉落入柱头（如为两性花时应严格去雄）。药液配好后，逐朵打开铁卡，用新毛笔蘸混合液涂在雌花柱头和子房基部上，每朵花一次用药量约 1 毫升，涂药后仍将花冠夹住。涂药后第四天再重涂混合液 1 次，或涂用细胞激动素 6- 苄基腺嘌呤 20 毫克 / 千克溶液，对提高成瓜率都有明显效果。试验证明，以对主蔓（双蔓整枝）第二雌花进行处理最为理想。涂药应选择晴天进行，如涂药后遇雨，雨后应重涂 1 次。

（3）精细的田间管理　开花前要求达到植株健壮。涂药处理后，要随即掐去主蔓各叶腋处的侧蔓和生长点，并压好瓜蔓，促使营养物质向瓜内输送。涂第一次药后，如发现幼瓜皮色发暗，要补涂 1 次，可有效地防止化瓜。第一次涂药处理后 10 天左右，可掐去第二条瓜蔓的生长点。同一株的两条瓜蔓上不要保留未经药液处理的幼瓜，因为有籽瓜与无籽瓜同时在一株上，营养物质易被有籽瓜夺去，而引起无籽瓜化瓜。要及时摘除其他雌花，防止坐有籽瓜。第一次涂药处理后 12 天左右，达到安全期，应进行浇水和追肥。但浇水量不可过大，以小水勤浇为宜，一般每次每公顷浇 45 ～ 60 吨即可，每隔 2 ～ 3 天浇 1 次。追肥一般在植株一侧开沟追施，每公顷施复合肥 450 ～ 600 千克。

第三节　小型西瓜栽培技术

小型西瓜又称袖珍西瓜、迷你西瓜，瓜农叫小西瓜。由于其果形美观小巧，便于携带，属于高档礼品瓜，深受市民的欢迎。随着家庭的小型化和旅游业的兴起，小型西瓜已被广大消费者接受，市场销售前景见好。其价格较普通西瓜高，生产者经济效益相当可观，发展甚为迅速。

一、小西瓜生育特性

1. 幼苗弱，前期长势较差

小西瓜种子贮藏养分较少，出土力弱，子叶小，下胚轴细，长势较弱，尤其在早春播种时幼苗处于低温、寡照的环境条件下，更易影响幼苗生长。幼苗定植后若处于不利气候条件下，则幼苗期与伸蔓期的植株生长仍表现细弱。一旦气候好转，植株生长就恢复正常，小西瓜的分枝性强，雌花出现较早，着生密度高，易坐果。

2. 果形小，果实发育周期短

小西瓜的果形小，果实发育周期较短，在适温条件下，雌花开放至果实成熟只需 22 ~ 26 天，较普通西瓜早熟品种提早 4 ~ 8 天。

3. 易裂果

小西瓜果皮薄，在肥水较多、植株生长过旺，或水分和养分供应不匀时，容易发生裂果。

4. 对氮肥反应敏感

小西瓜的生长发育对氮肥的反应尤为敏感，氮肥量过多更易引起植株营养生长过旺而影响坐果。因此，基肥的施肥量应较普通西瓜减少。由于果形小，养分输入的容量小，故多采用多蔓多果栽培。

5. 结果的周期性不明显

小西瓜前期生长差，如过早自然坐果，果个很小，而且易发生坠秧，严重影响植株的营养生长。生长前期一方面要防止营养生长弱，另一方面又要及时坐果、防止徒长。植株正常坐果后，因果小，果实发育周期短，对植株自身营养生长影响不大，故持续结果能力强，可以多蔓结果，同时果实的生长对植株的营养生长影响也不大。所以，小西瓜的结果周期性不像普通西瓜那样显著。

二、栽培方式与栽培季节

栽培方式与栽培季节见表6-6。

表6-6　栽培方式与栽培季节示意表

栽培方式	栽培季节（月份）		
	播种	定植	果实成熟
冬春温室（荐）	12月中旬至1月下旬	1月下旬至2月	4月中旬采收，5月上旬二茬瓜采收
春大棚或拱圆棚	1月下旬至2月上旬	2月下旬至3月上旬	5月上旬采收
夏大棚或拱圆棚	5月下旬	6月中旬	8月中下旬
早秋大棚或拱圆棚	7月上中旬	7月下旬至8月初	9月下旬至10月初
秋温室或大棚	8月中下旬	9月上中旬	元旦前后

三、栽培要点

1. 播后分次覆土

小型西瓜种子小，出土力弱，不可一次覆土（基质工厂化育苗除外），最好分2次覆土，并且要保持一定温湿度。

2. 培育壮苗

由于小型西瓜子叶苗细弱，生长较缓慢，所以需给予较好的生长发育环境。如：较高的温度、充分的湿度、易吸收的养分及足够的光照等。"拉十字"至团棵或定植前，最好进行1～2次根外追肥（叶面喷施1000倍0.3%～0.5%的磷酸二氢钾）。

3. 合理密植

小型西瓜分枝较强，而且侧蔓坐果产量较高，故生产中多采用三蔓或四蔓（匍匐栽培）式整枝。因此，栽植不可过密。当然，栽植密度还要考虑到整枝方式和单株坐果数（表6-7）。

表6-7　不同栽培方式、整枝方式的定植密度表

项目	立架栽培		匍匐栽培	
	双蔓整枝	三蔓整枝	三蔓整枝	四蔓整枝
定植密度/（株/亩）	1100～1300	800～1000	400～700	300～600
坐果数	2果	2～3果	2～3果	3～5果

4. 田间管理

定植后，应浇一次充足的缓苗水，直到第一雌花出现前不再浇水。灌水应少次多量，这样可使根系的分布深而广。小型西瓜一般西瓜植株后期长势强。氮肥应施用硝态氮肥，且施用量应比常规西瓜少25%～30%。在理想状态下，第一雌花节位出现在主蔓第6～8节，下一个雌花节位出现在第11～13节。小型西瓜坐果能力强，在爬地栽培时单株坐果可达4～6个，在良好的生长发育条件下应多授粉，不必人工疏瓜。

5. 及时采收，防止裂果

小型西瓜适熟期较短，而且当气温忽冷忽热，水分供应忽多忽少，暴雨过后或氮肥过多时，极易裂果。所以，除及时采收，还应利用保护设施，避免温度和水分波动过大；果实膨大后期减少氮肥增加钾肥；采收前7～10天停止浇水。

第七章
西瓜的特殊栽培

第一节 西瓜支架栽培

一、支架栽培的意义

西瓜支架栽培就是让瓜蔓沿竹竿或其他支撑、吊挂物构成的支架或吊架生长和结瓜的一种栽培方法。西瓜采用支架栽培，可以充分利用空间，提高土地利用率，增加密度，提高单位面积产量，减少某些病虫对瓜的危害，改善品质，增加经济收入。目前，支架栽培西瓜主要用于塑料大棚和温室的保护栽培中，随着西瓜栽培面积的扩大和耕地面积的减少，支架栽培西瓜在露地栽培中也将会越来越引起重视。支架栽培有以下好处。

1. 增加密度

支架栽培由于西瓜蔓可以均匀分布在立架上，所以可以高度密植。一般畦宽 1～1.2 米，双行三角形交错种植，株距 0.4～0.5 米，用大架（高架）栽培时，每亩 1500～1800 株，采用小架（低架）栽培时，每亩 1200～1400 株。比普通栽培每亩增加株数 1 倍以上，所以可节约耕地 1/2 左右。

2. 提高坐瓜率

据广西柳沙园艺场试验，西瓜支架栽培比不支架栽培提高坐瓜率 31.2%。淄博市临淄区及陕西省岐山园艺公司等单位的试验，也都有类似的结果，一般可提高坐瓜率 12%～33%。这是因为瓜蔓直立生长后，改善了通风透光条件，从而提高了坐瓜率。

3. 提高产量

由于支架栽培可以高度密植，且植株能够向空间立体发展，这与原来在地面匍匐生长相比，大大改善了植株所处的温度、湿度（空气湿度）、光照、通风等小气候状况，所以能够大幅度地提高西瓜产量。据中国农业科学院果树研究所的多年试验观察，支架栽培增产效果十分显著，小架栽培一般可增产 50% 以上，大架栽培可增产 70%～80% 以上。另外，河北省石家庄郊区塔冢村采用小架栽培增产 1 倍以上，河南省郑州果树研究所进行小架栽培，折合每亩产量高达 6000 千克。

4. 减轻病害

支架栽培的西瓜植株由匍地生长变为直立生长后，蔓叶不与地面直接接触，不仅改善了通风透光条件，而且远离了土壤病原。因此，发病率降低，且感病程度较轻（病情指数较小）。据广西柳沙园艺场调查，支架栽培西瓜的炭疽病发病率仅为对照栽培的 26.4%。此外，据中国农业科学院果树研究所、陕西省岐山县园艺公司等单位试验，也同样发现了减轻病害发生的明显效果。

5. 改善西瓜品质

据多地调查，支架栽培的西瓜，其商品性状较好，一般均表现瓜形周正，皮色鲜艳一致，外形美观，品质优良。

二、整地作畦

搭架西瓜主要在有保护设施的棚室内栽培。但在有天然防风屏障的山坡地、丘陵地也可选择背风向阳、土层较厚、排灌方便的地块栽培。也可与非瓜类蔬菜作物间种套作。但进行早熟栽培，最好选用冬闲地。

冬前应深耕 25 ～ 30 厘米深，晒垡增温。春季复耕耙平，最好结合春耕普施一次有机肥。定植前 10 天左右，按预定的行距进行开沟施肥和作畦。开沟施肥的方法与一般瓜田开丰产沟施肥法相同。但由于这种搭架栽培的底肥施用量较大，地力较强，故对集中开沟施肥也不过于强调。底肥施用量为每亩施腐熟有机肥 4000 ～ 5000 千克，腐熟饼肥或油渣 75 ～ 80 千克或磷酸三铵 35 ～ 50 千克，或硝基磷酸铵 30 ～ 40 千克，或螯合复合肥 40 ～ 50 千克。

西瓜搭架栽培的作畦有平畦和高垄等不同方式。平畦可作成畦宽 1 ～ 1.3 米，畦面覆盖地膜；也可在畦北侧再加一道高 50 厘米的风障，以挡风增温。在栽苗后再扣拱棚，昼揭夜盖，成为双覆盖形式；采用垄栽的，可按 66 厘米垄宽与 66 厘米垄沟（人行道兼灌水沟）相间排列。在垄上覆盖地膜，西瓜生长期再在沟内铺草。

三、品种选择和栽植密度

搭架栽培由于采用密植上架方式，故应选用极早熟或早熟，蔓叶不很旺盛的小果或中果型品种。

国内各地搭架栽培均趋向密植，但实际采用的密度相差很大，从每亩 1000 ～ 1300 株到 2000 ～ 2400 株。试验证明，在高度密植情况下，在一定范围内虽然提高单产，但单瓜重却明显下降。过高度密植严重地影响单瓜的发育。因此，搭架栽培也不可过密。一般可参照大棚支架栽培的密度，或适当再密些。如小果型品种，棚架栽培者，可每亩栽 1300 ～ 1600 株；中果型、中早熟品种，三脚架栽培的，可每亩栽 1000 ～ 1300 株。定植时，在畦宽 1 米情况下，每畦栽 1 行；畦宽 1.3 米时，每畦栽 2 行。株距一般为 0.4 ～ 0.5 米。

四、移栽定植

搭架栽培的西瓜，应采用育大苗移栽的办法，苗龄为 4 叶 1 心。最好用嫁接苗。定植时采取与地膜覆盖栽培相似的定植方法。但均采用开膜挖穴栽植，栽后浇水覆土，再重新盖好地膜。双行栽植时，可采用成对栽植，或呈三角形错开栽植。

五、搭设支架

搭架西瓜采用的架式，目前有篱壁架、人字架、塑料绳吊架、棚架和三脚架等多种。露地条件下的搭架栽培所采用的架式，一般均比大棚内的支架矮小，但要求搭的架更为牢固稳定，以适应露地风大的条件。所采用材料为竹竿、树枝条等。棚架用的竿长为 2 米左右，架高 1.5 米左右；三脚架用的竿长为 1.2 米左右，架高 0.8 ～ 1 米，由于这种三脚架栽培的西瓜果实是坐地生长，故也可采用玉米秸秆和高粱秸秆作架材。搭架工作一般在西瓜伸蔓初期，蔓长 15 ～ 20 厘米时进行。

西瓜是喜光性作物，支架方式、支架高度、架材选用及整枝等都应以减少遮阴、改善通风透光条件为前提。

1. 支架方式的选择

支架方式由栽培场地（温室、大棚、中棚或露地等）、密度及架材等决定。棚室内栽培通常可采用篱壁架（图 7-1）、人字架（图 7-2）或塑料绳吊架。篱壁架就是将竹竿或树条等按株距和整枝方式绑成稀疏篱笆状直立架，让瓜蔓沿直立架生长、结瓜。这种架式通风透光良好，便于单行操作管理，但牢固性较差，不太抗风。人字架就是将竹竿或树条等按株、行距交叉绑成人字形，让瓜蔓沿人字斜架生长、结瓜。这种架式结构简单、牢固抗风，适于双行定植的西瓜，但通风透光不如篱壁架，人字架下的西瓜行间操作管理也不如篱壁架方便。塑料绳吊架就是在温室或塑料棚内的骨架（如横梁、拱杆、立柱等）上拴挂塑料绳，让瓜蔓沿塑料绳生长、结瓜。这种架式通风透光条件比篱壁架和人字架都好，且不需竹竿树条等，成本较低，但瓜蔓和西瓜易在空中晃动，而且这种架式只适于在温室或有骨架的大棚内采用，不像篱壁架和人字架在露地也能适用。

图 7-1　篱壁架　　　　　　图 7-2　人字架

2. 架材的选择

架材可选用竹竿、细木棍、树枝等。立杆可选用较直立的1.2～1.5米长、2～3厘米粗的竹竿或木棍，插地的一端要削尖。辅助材料可选用细铁丝、尼龙绳、塑料绳等。吊架的主要架材就是塑料绳。

在选材时，粗而直立的可用作立杆，细长的可用作横杆、腰杆。

3. 搭支架

当西瓜蔓长到20～30厘米长时，即应搭支架。插立杆时，立杆要离开瓜苗根部25厘米左右插入土内，深度一般为15～25厘米。如为篱壁架，立杆要垂直插入，深度为20～25厘米；如为人字架，立杆要按交叉角度倾斜插入土内，深度可适当浅些（15～20厘米）。但无论哪种支架方式，架材都要插牢稳。

搭篱壁架时，要先插立杆。立杆要沿着西瓜行等距离地垂直插入土内。为了节约架材，可每隔2～3棵瓜苗插1根立杆。每个瓜畦的2行立杆都要平行排齐，使其横成对、纵成行，高低一致。在每行立杆的上、中、下部位各绑1道横杆，这样就构成了篱壁架。在整个篱壁架的纵横杆交叉处均应用绳绑紧。为了增加篱壁架的抗风能力和牢固程度，可在每个瓜畦的两头和中间用横杆将2个篱壁架连接起来。

搭人字架时，可用1.5米左右的竹竿，在每个瓜畦的2行瓜苗中，每隔2～3株相对斜插两根，使上端交叉呈"人"字形，两根竹竿的基脚相距65～75厘米，再用较粗的竹竿绑紧做上端横梁，在人字架两侧，沿瓜苗行向，距地面50厘米左右处各绑一道横杆（也叫腰杆），各交叉点均用绳绑紧，这样每两行瓜苗需搭一个人字架。为了提高人字架的牢固性，可在每个人字架的两端各绑一根斜桩。

塑料绳吊架的搭法比较容易，主要是在每株瓜苗的上方，将塑料绳吊挂在骨架上，让每条瓜蔓沿着塑料绳生长。

露地支架栽培则多采用棚架和三脚架。

（1）棚架 包括"1"字形立棚架和"人"字形的人字架或花架。插架时先插立杆，立杆距瓜秧根部15～30厘米，插入土中15～20厘米。每一株或每隔2～3株插1根杆，顺瓜行插一排立杆（每行1排）。插杆后，在立杆上绑上、中、下三道横杆。每株1杆的，可在距地面50厘米处绑一道横杆；搭成人字形架的，应将畦内两排立杆顶部绑在一起，其上再绑一道横杆。总之，应使整个棚架牢固坚挺。

（2）三脚架 为每株西瓜搭一个三脚架，用3根立杆斜插在瓜秧周围，杆顶端都向中央聚拢，将3根立杆顶端绑在一起，如同稳固的三角支架，瓜秧就在架下正中央部位，杆间距离40～50厘米。单行栽植情况下，可将其中2根杆插在瓜秧北侧畦埂上，另一根插在瓜秧南侧。杆插入土中15厘米左右，视土壤情况而定，以插牢为准。

六、整枝绑蔓

搭架西瓜目前普遍采用双蔓整枝，选留1主1侧蔓，其余侧蔓去掉。在主蔓上第二、第三雌花节位选留1瓜。

整枝与上架绑蔓是支架栽培西瓜的重要管理工作。当瓜蔓长到60～70厘米时，就应陆续上架绑蔓。上架过晚瓜蔓生长过长相互缠绕，易拉伤蔓叶和花蕾。

上架的同时进行整枝。单蔓整枝时，将主蔓上架，其余侧蔓全部剪除。双蔓整枝时，每株选留两条健壮的瓜蔓（通常为主蔓和基部1条健壮侧蔓）上架，将其余侧蔓全部剪除。无论单蔓整枝或双蔓整枝，所留瓜蔓上的侧枝都要随时剪除。

随着瓜蔓的生长要及时将瓜蔓引缚上架。可用湿稻草或塑料纸条将瓜蔓均匀地绑在架的立杆和横杆上。绑时要一条蔓一条蔓引缚，切不可将两条蔓绑为一体。同时不要将瓜蔓绑得太紧，以免影响植株生长。绑蔓方式可根据支架高低、瓜蔓多少及长短等，分别采用"S"形、"之"字形、"A"字形或"U"形。当支架较高瓜蔓较少时，可采用"S"形，即将瓜蔓沿着架材呈"S"形曲线上升，每隔30～50厘米绑一道，并将坐瓜部位的瓜蔓绑在横杆上，以便于将来吊瓜。当支架较低瓜蔓较少时，可采用"之"字形绑蔓法。当支架较高瓜蔓较多时，可采用"A"字形绑蔓法，即将每条瓜蔓先沿着架材直立伸展，每隔30～50厘米绑一道，当绑到架顶后再向下折回，沿着右下方斜向绑蔓，仍每隔30～50厘米绑一道，使瓜蔓在架上呈"A"字形排列。当支架较矮瓜蔓较多时，可采用"U"形绑蔓法，即先将每条瓜蔓引上架向上直立绑蔓，当第二雌花开放坐瓜时，则将坐瓜部位前后数节瓜蔓弯曲成"U"形，使其离地面30厘米左右，当幼瓜退毛后，将瓜把（柄）连同瓜蔓固定绑牢，然后随着瓜蔓的生长再直立向上继续绑蔓，这样就使每条瓜蔓在架上呈"U"形排列。绑蔓时注意留置好叶片，不要使叶片相互重叠或交叉。当坐住瓜后，可不再绑蔓。对于坐瓜节位的绑蔓要求，因护瓜方法不同而异。当采用吊瓜方式时，要求在坐瓜节位上下都把瓜蔓绑牢。当幼瓜直径10厘米左右时将瓜蔓打顶。每株留叶50余片。当幼瓜长到0.5千克左右重时，用吊兜或吊带或吊瓜草绳圈（直径10厘米左右）托住瓜，并用绳吊挂在棚架上。采用吊瓜法必须使支架坚挺抗风。若采用使瓜落地生长方法时，可在第一雌花开放坐果期间，重新将瓜蔓曲成倒"Ω"字形，使瓜蔓底部距地30厘米左右，坐瓜节位也刚好在倒"Ω"形底部。当西瓜长至鸡蛋大小时进行定瓜，并将上方的蔓绑牢固。以后随着果实长大，瓜表面逐渐接触地面（落瓜）。为防止瓜皮受伤，可在瓜大如碗口时，在预计落瓜接触地面处铺些稻草或谷草，使西瓜坐落其上，以防西瓜受损伤和减轻病虫危害。

三脚架栽培的绑蔓方法是，侧蔓都不上架，而将其理顺依次压在地面上匍匐生长，只将主蔓引绑上架。将主蔓先引向瓜行南边的一根杆上绑住，然后环绕三脚架呈螺旋上升式引蔓和绑蔓，直到架顶。此种方法与三脚矮架相适应，都采取"落瓜"的护瓜方法。坐瓜后，幼瓜随长大而逐渐下落到地面上生长。为此，应将坐瓜节位前后两道蔓松绑，将瓜放在预先垫草的地面上，或在瓜落地前，在瓜下垫一草圈，将瓜托住。

此外，还应及时剪除多余侧蔓，适时进行人工辅助授粉，选瓜留瓜，除草打药防病虫，去掉多余的瓜胎和清除病叶，改善田间通风透光条件，由于上述矮架栽培都实行大弯曲引蔓绑蔓，应选在中午前后、瓜蔓软韧时进行绑蔓工作，以防折断西瓜蔓叶。

七、留瓜吊瓜

经整枝后每条瓜蔓上只选留 1 个雌花坐瓜，通常选留第二雌花人工授粉，使其坐瓜。多余的小侧蔓和幼瓜要及时摘除，以便节约养分向所留西瓜内集中，促瓜迅速膨大。支架栽培中的整瓜主要是吊瓜和放瓜。当幼瓜长到 0.5 千克左右时，就要开始吊瓜。吊瓜前，应预先做好吊瓜用的草圈和带（通常每个草圈 3 根）。吊瓜时，先将幼瓜轻轻放在草圈上，然后再将 3 根吊带均匀地吊挂在支架上。当支架较矮时，一般不进行吊瓜，可先在坐瓜节位上方用塑料条将瓜蔓绑在支架上，当幼瓜长到 0.5 千克以上时，再将坐瓜节位的瓜蔓松绑，将瓜小心轻放于地面，并在瓜下垫一麦秸或沙土，以减轻病虫危害并有利于西瓜发育。

八、其他管理

支架西瓜由于密度大，坐瓜多，所以对肥水的需要量也比爬地栽培多。由于支架对田间操作有一定影响，因而在中耕除草、病虫防治等方面也比爬地栽培较为费工。

1. 加强肥水管理

支架栽培西瓜除在整畦时重施基肥、浇足底水外，在西瓜膨大期间仍需补充大量肥水。在具体管理上，应注意坐瓜前适当控水、控肥、防止徒长坐不住瓜。坐瓜后要以水促肥，肥水并用，促瓜迅速膨大。支架西瓜生长中后期单株穴施肥料虽不方便，但可在排灌水沟内随水冲施腐熟粪稀新型水溶肥、冲施肥、液肥等。腐熟粪稀用量按每30米长的瓜畦每次冲施 15～25 千克原液，膨瓜期可冲施 2 次。施用其他新型水溶肥时，应认真按照各自使用说明书施肥。浇水次数也要比一般瓜田增加。除每次结合追肥浇水外，每隔 2～3 天浇一次膨瓜水，直到采收前 3～5 天停止浇水。

2. 中耕除草

在支架前应进行一次浅中耕，除掉地面杂草，疏松表层土壤。瓜蔓上架后，要经常拔除支架内外的杂草，以减少养分消耗和有利于架内通风透光。特别要注意排灌水沟两侧的杂草，应及时拔除。当畦面板结时，可用铁钩划锄。

3. 打顶

瓜蔓打顶也是一项重要管理工作。无论单蔓整枝或双蔓整枝，每株西瓜应保留 50～60 片叶（约 1 平方米的叶面积），将每条瓜蔓的顶端剪去。打顶时间一般掌握在当幼瓜长到直径 10 厘米左右时进行。

4. 病虫害防治

支架西瓜密度大，又因绑蔓次数较多，所以应加强病虫害防治。各种病虫害的防治方法请参阅第九章有关内容。

5. 采收

搭架西瓜的收获可参照双覆盖栽培。但由于采用支架栽培，西瓜外观鲜艳，果形端正，收获时要细心采收，轻拿轻放，妥善包装，以保持优良的商品品质，这有利于提高售价。

第二节　西瓜再生栽培

再生栽培就是在第一茬西瓜采收后，割去老蔓，通过增施肥水，促使植株基部潜伏芽再萌发出新的秧蔓，培养其重新结瓜的一种栽培方式，也称为"割蔓再生栽培"法。主要是利用西瓜基部的潜伏芽具有萌发再生的能力，减少栽培环节，延长西瓜供应期。

一、割蔓时间和割蔓方法

1. 割蔓时间

割蔓时间宜早不宜迟。一般育苗移栽或地膜覆盖栽培的西瓜多在6月份成熟、采收，此期外界气温较高，日照充足，雨量适中，比较适于西瓜的生长发育，此时割蔓新枝萌发快、生长良好，容易获得高产。若栽培或割蔓时间较晚，往往进入高温多雨季节，或遇高温干旱天气，新发秧蔓易受病虫危害，生长势弱，空秧率高，产量较低。一般要求割蔓时间不能晚于7月上旬，以保证二次西瓜的成熟。

2. 割蔓方法

在第一次瓜全部采收以后，就应及时将全园的老瓜蔓剪除。方法是：在主蔓和2条侧蔓的基部保留10厘米左右的老蔓，其含有3～5个潜伏芽，其余部分全部剪掉。将剪下的秧蔓连同杂草一起清出园外。3～5天后，基部的潜伏芽就可萌生出新蔓。

二、再生西瓜的管理

1. 促发新蔓

割蔓以后，露地栽培和小拱棚栽培的，清除西瓜植株根际附近的杂草，并用瓜铲刨松表层土壤，然后整平并覆盖50平方厘米的地膜，以提高地温，促进新蔓的萌发和生长；地膜覆盖栽培的，应将地膜上的泥土清扫干净，提高地膜的透光率，也可将地膜揭起用清水冲洗干净，再重新铺好。土壤墒情较差时，可在地膜前侧开一条宽、深各20厘米左右的沟，顺沟浇水，浸润膜下土壤。结合浇水每亩可施用尿素15～20千克、新型硫酸钾5～10千克，或磷酸三铵复合肥20～30千克。以促进新蔓早发、旺长。

2. 防治病虫危害

再生西瓜一般生长势较弱，加之新蔓的发生和生长期已进入高温多雨季节，各种病虫害极易发生和蔓延。容易发生的病害有枯萎病、炭疽病、病毒病、疫病等，害虫主要有蚜虫、金龟子、黄守瓜等。因此，除在割蔓前注意适时喷药防病治虫，保持植株旺盛生长外，自割蔓起更应加强对病虫害的防治工作，提前预防和及时用药，把病虫消灭在初发阶段。

3. 留瓜节位

再生新蔓的管理，与早熟栽培相似。蔓长 30 厘米左右时，选留 2～3 条长势良好、较长的瓜蔓，实行三蔓紧靠式整枝法，剪除其他多余侧蔓。

再生栽培因植株长势较弱，叶片较小，故留瓜节位不宜过低，一般不选用第一雌花留瓜，否则因营养面积过小，而导致瓜个小、产量低、商品价值不高。但留瓜节位也不能太高，开花坐果期若进入高温多雨季节，则病虫害多，坐果困难。适宜的留瓜节位为第二雌花。

4. 人工授粉

为保证坐果，在新生的每条长蔓上见到第二雌花后，均进行人工授粉，最后在适宜的节位上选留一个子房周正、发育良好的幼瓜，其余的及时摘除。

5. 追肥浇水

根据再生新蔓的生长情况，开花坐果前追施一定量的腐熟有机肥和氮磷钾三元复合肥，每亩用量为腐熟饼肥 40～50 千克或双膜控释肥 15～20 千克。幼瓜坐稳后，每亩施硝酸磷钾肥 10 千克，或尿素 150～225 千克。追肥可距瓜根 30 厘米处开沟或挖穴施用，追肥后浇 1 次水。结果期干旱时应及时浇水。雨后注意排水。结果后还可采用 0.2% 的尿素溶液进行叶面喷肥。

三、再生西瓜的收获

再生西瓜的生育期一般比同品种原生西瓜的生育期短些，特别是春播西瓜的再生栽培，其发育期正值高温季节，由于有效积温很高，因而果实成熟很快。所以，再生西瓜的适宜采收期一般可比春播原生西瓜提早 3 ～ 5 天。

第三节　西瓜扦插栽培

一、扦插栽培的意义

连续 5 年试验证明，利用西瓜茎蔓切段扦插繁殖所结的西瓜，与利用同一品种种子繁殖所结的西瓜进行比较，除单瓜重量较小外，其品质和含糖量均无明显差异。并且具有以下优点。

1. 节约种子

用种子生产无籽西瓜，由于发芽率低，成苗率低，一般需 5 ～ 7 粒种子保 1 棵苗。采用插蔓繁殖，只要开始有 1 棵苗，切取茎蔓扦插就可以大量繁殖无籽西瓜苗。如果利用田间无籽西瓜整枝时剪下的多余分枝进行扦插，则可以完全不用种子而大量地繁殖无籽西瓜苗。同时，对新引进的珍贵品种的加速繁殖也有很大意义。

2. 繁殖系数高

西瓜的分枝性很强，在生长过程中能够不断地发生分枝，而每一分枝又可产生许多节，因为扦插时每根插蔓只需 2 ～ 3 节即可，所以每株西瓜一生中能提供插条 1200 根左右。

3. 方法简便易行，成本低

西瓜插蔓繁殖方法比较简单，只要预先培养好扦插所用瓜蔓（如果延迟栽培可用整枝时剪下的瓜蔓进行截段扦插），整好畦灌水后即可扦插。无籽西瓜利用插蔓繁殖，成本很低，如果利用田间无籽西瓜整枝剪下的瓜蔓扦插时，则可节省种子和育苗费用；如果先利用采蔓圃培养瓜苗，然后再用采蔓圃的瓜蔓进行扦插时，可省种子费用。

4. 保存种质资源

通过插蔓繁殖的西瓜，具有原母体品种相对稳定的植物学特征和生物学特性，而且这种稳定性在以后的继代插蔓繁殖后代中仍能保存下来，使来自同一株瓜蔓的各世后代形成了无性繁殖系，并能使历代都相对稳定地保持其原祖代品种的特征和特性。因此，西瓜插蔓繁殖可作为保存种质资源的一种特殊方法，用于某些珍贵稀有品种种质资源的保存。

二、扦插繁殖方法

西瓜插蔓繁殖，可根据瓜蔓来源考虑设采蔓圃或不设采蔓圃。设采蔓圃时，可利用温室、大棚或电热温床提前育苗，培养出健壮母株。但如果是采用保护地栽培（如温室、塑料大棚或中型拱棚等），可不单设采苗圃，利用整枝时剪下的分枝截段扦插即可。扦插方法如下。

1. 扦插畦的准备

扦插畦一般设在棚室内，以便保温、保湿和防风遮阴等。畦宽 1.2～1.5 米，长 10～15 米，深 0.20～0.25 米。畦内放入高 10 厘米、直径 8～10 厘米的塑料钵或营养纸袋，钵（袋）内装满营养土。也可将畦内填入营养土，踩实整平，使厚度达 10 厘米，灌透水，当水刚渗下时，立即用刀等切割成 10 厘米 ×10 厘米 ×10 厘米的营养土块。营养土是先用沙质壤土 6 份、厩肥 4 份掺和好，然后每立方米掺和土内再加入 1 千克螯合复合肥或控释复合肥，充分混合均匀配成。土和厩肥要过筛后使用。

2. 采蔓

先将采蔓用的刀或剪子用 75％酒精消毒，然后从田间或采蔓圃内采取瓜蔓，立即放入塑料袋里，防止失水萎蔫。

3. 扦插

插前先将扦插畦内的营养土浇透水，再将采集的西瓜蔓用保险刀片（用 75% 酒精消毒）切成每根带有 3 ～ 5 片叶的小段，并将每段基部的一个叶连同叶柄切去（如有苞叶、卷须、花蕾等也应切去），但要保留茎节，以利产生不定根，下切口削成马蹄形，在生根液内浸泡半分钟，即可进行扦插。扦插时瓜蔓与畦面呈 45 度倾角，深度为 3.5 厘米左右。也可以先插蔓后浇水，但扦插深度要控制适宜，并应防止因浇水而倒蔓。采蔓、浸泡、扦插操作应连续进行，插完后立即盖膜。

4. 盖膜

盖膜前先用小竹竿扎好覆盖塑料膜的拱形骨架，方法与建小拱棚育苗苗床相同。每畦扦插完毕立即覆盖塑料薄膜，以保温、保湿和防风。棚下可于一侧固定封死，另一侧暂时封住，留为进出管理的活口。

三、扦插栽培管理要点

提高扦插成活率是扦插栽培管理的基本出发点。西瓜扦插苗的成活率与所采取的瓜蔓节位高低、分枝级次和叶片多少等有一定关系。根据多年试验发现扦插苗成活率的规律是：同一条分枝不同节位的瓜蔓，基部切段的成活率大于中部切段，中部切段的成活率大于顶部切段。不同分枝相同节位的瓜蔓，母蔓切段的成活率大于子蔓，子蔓切段的成活率大于孙蔓。同一条瓜蔓上，顶部切段以具有 5 片叶，中部切段以具有 2 片叶，基部切段以具有 1 片叶，其扦插成活率最高。

生根液对提高无籽西瓜蔓扦插成活率有显著作用，比对照一般可提高成活率 1.9 ～ 2.7 倍。同时生根液对幼龄分枝或同一分枝较高节位的作用更大些。

除生根液外，无籽西瓜茎蔓中的营养物质及内源生长激素可能对瓜蔓切段的成活率也有一定影响。

为了提高西瓜扦插苗的成活率，除了尽量选择基部蔓切段外，还应注意下列几项管理要点。

1. 遮阳

插后 3 天以内要在塑料拱棚上加盖草帘或遮阳网，防止阳光直射。第四天至第六天，只在中午前后进行遮阳。7 天以后则不需再遮阳。

2. 保温调温

插蔓后畦内表土下 2 厘米处地温最好保持在白天 28 ～ 32℃、夜间 20 ～ 22℃，以利生根。当畦内表土下 2 厘米地温在 14℃ 以下时，不能插蔓，插后也不会生根。保温调温可通过电热温床的控温仪或塑料薄膜和草帘揭盖时间的长短进行调节。

3. 湿度的调节

插蔓后 1 ～ 3 天，畦内相对湿度应保持在 95% ～ 98%，4 ～ 6 天降为 80% ～ 85%，7 ～ 10 天降为 75% ～ 80%，10 天以后再降为 70% ～ 75%，直至移栽定植。

4. 叶面喷肥

插蔓后 3 天内，在叶面上每天上午和下午各喷 1 次 0.3% 尿素及磷酸二氢钾。以供给叶面光合作用所需的水分及矿物质。

5. 浇生根液

插蔓后 1 ～ 7 天内，每隔 1 ～ 2 天在插蔓基部喷洒 1 次生根液（主要成分有 98% 生根粉、聚糖多肽生物钾等），每次每株浇 10 毫升左右。如果株数较少可用滴管，每天上午和下午各滴 1 次，每次 2 ～ 3 毫升。生根液对西瓜蔓截段扦插生根作用很大，试验证明滴 3 次比滴 1 次者发根量多约 2 倍（图 7-3）。

图7-3　生根液对西瓜蔓截段扦插生根的影响（左滴3次，右滴1次）

6. 移栽定植

插蔓后15～20天，插条基部就能发生许多不定根，这时即可进行大田的移栽定植，大田的移栽定植及栽培管理措施与普通栽培相同。栽培中一般均采用三蔓式整枝，选留主蔓坐瓜，每株只留1个瓜。

7. 田间管理

同露地西瓜田间管理。

第四节　西瓜无土栽培技术

无土栽培是不用天然土壤，而将作物栽植于固定基质中的栽培方法。由于无土栽培具有节肥、节水、省工、省药、高产、优质、卫生等许多优点，目前已成为设施园艺的重要栽培方法。据山东农业大学园艺系及中国农业科学院蔬菜花卉研究所等试验表明，无土栽培西瓜具有节省肥料、病虫害少、提早成熟、西瓜产量高、西瓜品质好等优点。而且通过更换基质或基质消毒可以在保护设施内连续种植西瓜，没有土壤栽培中重茬易感枯萎病之忧。

一、无土栽培的类型

无土栽培一般可分为基质栽培和无基质栽培（水培或雾培）两大类。基质栽培又因基质种类的不同分为许多不同栽培方法。具体内容见第二章第六节"西瓜无土育苗"。

二、无土栽培的方法

无土栽培的关键在无土育苗，而无土育苗的方法也基本代表了无土栽培的方法。所以各种无土栽培的苗期部分也就是无土育苗的部分。现仅介绍苗期以后的无土栽培技术。

1. 槽式无土栽培

（1）主要栽培设施（PVC 槽式 NFT 配套装置）

① 供液池：用砖头及水泥砌成。180 平方米标准大棚，供液池的容积为 2.5 ～ 3.0 立方米即可。一般置于大棚的中央部分。

② 供液水泵：可选用 WB 型 180 瓦离心水泵或潜水泵。使用离心泵时，进水口应装落水阀，安装位置略低于供液池的水面，以利打水。

③ 栽培床：用 2 毫米厚 PVC 硬板加工而成，宽 25 厘米，高 8 厘米，长 12 米。每套由 6 张床组成。供液管道和回流管均用硬塑料管配套，供液主管可埋地下，接以支管分流向各栽培床供液，回流管由各栽培床汇至供液池。

（2）简易 NFT 装置

① 栽培床：用宽 70 厘米，长 12 ～ 15 米，厚度为 0.05 毫米的黑色或黑白双面聚乙烯塑料薄膜做成。先在具 1/（75 ～ 100）坡降的平整地面挖一深 5 厘米、宽 15 ～ 20 厘米的浅平沟，整平压实后铺上薄膜使其成槽状。上接进液管，下通供液池，即成栽培床。有条件的可在床底里面放一层宽 15 ～ 20 厘米的无纺布，以蓄积少量营养液，利于根系的生长。定植时将带岩棉方块或塑料钵的幼苗放在其中，然后用木夹或钉书钉将薄膜封紧，植株用塑料绳固定。

② 供液装置：大面积的可砌水泥供液池，甩水泵及塑料管供液，小面积的可利用水位差的原理供液。

2. 营养液的配方

配制西瓜无土栽培所用的营养液是根据西瓜生长最适宜的土壤溶液浓度、西瓜植株中各种营养元素的含量范围、西瓜健壮生长所吸收的营养成分等方面的材料，通过大量的测定分析，并在此基础上确定营养液的配方，使其满足西瓜正常生长发育对各种营养成分的需要。下边介绍几例适于西瓜无土栽培的配方，供参考（表 7-1 ～表 7-5）。

（1）配方一　此配方为斯泰耐配制的适合一般作物的营养液，在国际上使用较为广泛，其营养液组成见表 7-1。

（2）配方二　此配方为山东农业大学园艺系研究出的温室西瓜无土栽培的营养液配方。按每升水计算：硝酸钙 $[Ca(NO_3)_2]$ 1.0 克，磷酸二氢钾（KH_2PO_4）0.25 克，硫酸镁（$MgSO_4 \cdot 7H_2O$）0.25 克，硫酸钾（K_2SO_4）0.12 克，硝酸钾（KNO_3）0.25 克，三氯化铁（$FeCl_3$）0.025 克，配方中除大量元素之外，还包括微量元素，如铁、硼、锰、锌、铜等，其化合物为硼砂、硫酸锰、硫酸锌、硫酸铜等。硼砂每升营养液中加入 0.25 毫克，硫酸锌、硫酸铜、硫酸锰等每升营养液中加入 0.1 毫克即可。

表 7-1　斯泰耐营养液的配方

化合物	符号	每 1000 升水中的加入量 / 克
磷酸二氢钾	KH_2PO_4	135
硫酸钾	K_2SO_4	251
硫酸镁	$MgSO_4 \cdot 7H_2O$	497
硝酸钙	$Ca(NO_3) \cdot 4H_2O$	1059
硝酸钾	KNO_3	292
氢氧化钾	KOH	22.9
硫酸	H_2SO_4	5 毫升
EDTA 铁钠钾	FeNaKEDTA（5 毫克 Fe/ 毫升）	400 毫升
硫酸锰	$MnSO_4 \cdot H_2O$	2
硼酸	H_3BO_3	2.7
硫酸锌	$ZnSO_4 \cdot 7H_2O$	0.5

化合物	符号	每1000升水中的加入量/克
硫酸铜	$CuSO_4 \cdot 4H_2O$	0.08
钼酸钠	$NaMoO_4 \cdot 2H_2O$	0.13

（3）配方三　各国科学家先后研制出数百种营养液配方,其中,荷格伦特（Hoagland）营养液和日本的山崎配方营养液是应用比较广泛的营养液（表7-2）。

表7-2　（配方三）荷格伦特营养液的配方

大量元素	每升培养液中加入的量/毫升	微量元素	每升培养液中加入的量/克
磷酸钾 1mol	1	硼酸	2.86
硝酸钾 1mol	5	氯化锰	1.81
硝酸钙 1mol	5	硫酸锌	0.22
硫酸根 1mol	2	硫酸铜	0.08
		钼酸	0.02

表7-3　（配方四）微量元素,各配方通用

肥料名称	用量（毫克/升）	肥料名称	用量（毫克/升）
EDTA 铁钠盐	20～40	硫酸锰	2.13
硫酸亚铁	15	硫酸铜	0.05
硼　酸	2.86	硫酸锌	0.22
硼　砂	4.5	钼酸铵	0.02

表7-4　（配方五）日本园艺配方均衡营养液

肥料名称	用量/(毫克/升)	肥料名称	用量/(毫克/升)
硝酸钙	950	硼　酸	3
硝酸钾	810	硫酸锰	2
硫酸镁	500	硫酸锌	0.22
磷酸二氢铵	155	硫酸铜	0.05
EDTA 铁钠盐	15～25	钼酸钠或钼酸铵	0.02

表 7-5 （配方六）西瓜营养液的大量元素（山东农业大学）

肥料名称	用量/（毫克／升）	肥料名称	用量/（毫克／升）
硝酸钙	1000	过磷酸钙	250
硝酸钾	300	硫酸钾	120
硫酸镁	250	硼砂	0.25

3. 雾栽法

雾栽法，又称喷雾培或气培，就是西瓜根系悬挂于栽培槽的空气中，用喷雾的方法供应根系营养液，使根系连续或不连续地浸在营养液细滴（雾或气溶胶）的饱和环境中。此法对根系供氧效果较好，便于控制根系发育，节约用水。在西瓜栽培槽内部装有自动喷雾装置，每隔一定时间将营养液从喷头中以雾状形式喷洒到西瓜根系表面，营养液循环利用，这种方法可同时解决根系对养分、水分和氧气的需求。但因设备投资大，管理技术高，根际温度受气温影响较大，不易控制。日本已将喷雾法进一步改进，形成多种形式的喷雾水栽装置，已大面积应用于生产，取得良好效果。

喷雾栽培法水培装置是将作物根系置于雾化营养液的黑暗密闭环境条件下。具体做法是，用长 2.4 米、宽 1.2 米的聚苯乙烯发泡板，按"人"字形斜立搭设到一起，两顶端封闭，在斜立的板上按 80 厘米 ×40 厘米的行株距打孔，孔径 6 ～ 8 厘米，栽入西瓜苗，在"人"字形泡沫板的内部设置喷雾管及喷头，喷头由定时器控制，可根据实际需要每隔一定时间喷一定的营养液。因为是立体栽培，单位面积效率可提高 2 ～ 3 倍，作物可通过根系直接吸收营养和氧气。

4. 基质栽培法

（1）袋式基质栽培　采用将固体基质装入塑料袋中的方式进行栽培，称为袋式栽培，简称袋培。袋子通常由抗紫外线的聚乙烯薄膜制成，厚度 0.15 ～ 0.2 毫米，至少可使用 2 年。在高温季节或南方地区，塑料袋表面以白色为好，以便反射阳光防止基质升温；在低温季节或寒冷地区，袋表面应以黑色为好，以利于吸收热量，保持袋中的基质温度。袋培分为筒式栽培和枕头式栽培两种形式。筒式栽培是将基质装入直径 30 ～ 35 厘米，高 35 厘米的塑料袋内，栽植 1 行西瓜，每袋基质为 10 ～ 15 升。枕头式栽培是在长 70 厘米，直径 30 ～ 35 厘米的塑料袋内装入 20 ～ 30 升基质，两端封严，依次按行距要求摆放到栽培温室中，在袋上开 2 个直径为 10 厘米的栽植孔，两孔中心距离为 40 厘米，种植 2 株西瓜。在温室中排放栽培之前，整个地面要铺上乳白色或白色朝外的黑白双色塑料薄膜，将栽培袋与土壤隔离，防止土壤中的病虫侵袭，同时有助于增加室内的光照强度。定植结束后立即布设滴灌管，每株设 1 个滴头。无论是筒式栽培或枕头式栽培，袋的底部或两侧都应开 2 ～ 3 个直径为 0.5 ～ 1.0 厘米的小孔，以便多余的营养液从孔中流出，防止积液沤根。

① 基质袋培的特点

a. 袋培是基质栽培的一种，基质本身具有很好的通气性和保持养分及水分的能力，能为作物根系的生长创造很好的根际环境，确保养分、水分和空气的供应。

b. 袋培基质有较大的缓冲能力，根际环境特别是根际温度，受外界的影响较小。

c. 袋培的装置比较简单，只需一定大小的塑料袋和适宜的固体基质，配上供液装置，营养液亦无需循环，如就地取材，成本可大大降低。

d. 可以不连续供应营养液，不受停电停水的限制，管理比较方便。

e. 由于袋培床彼此分开，营养液又不循环，即使发生土传病害，也可以及时将发病的栽培袋取走防止蔓延。

② 袋培基质的种类及其性能　用作袋培的基质很多，一般用作无土栽培的固体基质都可用于袋培。基质的选用，应考虑到应用效果、价格大小和取材难易。常用的固体基质有蛭石、珍珠岩、稻壳熏炭和泥炭等，也可将它们按照不同比例混合，做成混合基质使用。还可用一些人工制成基质，如岩棉块，粒状岩棉，合成泡沫塑料如脲醛树脂、聚甲基甲酸酯、聚苯乙烯等。

③ 袋培的基本装置

a. 袋型栽培床。袋型栽培床的基本形式或标准形式，是用定型的聚乙烯塑料袋装入固体基质，封口后平放地面，一个个连接起来排成一个长的栽培床，袋与袋之间间隔一定的距离，袋内的营养液分别由滴头（管）供给，营养液不循环。每个栽培袋的大小一般长70～100厘米，宽30～40厘米，每袋盛基质15～20升，每袋栽培西瓜2～3株。

在无定型聚乙烯塑料袋的情况下，可以用筒状的聚乙烯塑料薄膜袋裁成一定长度，装入适量基质，两头封口，用作袋培床，或者延长成枕状（筒状）的长栽培床，或在浅种植沟中铺上聚乙烯塑料薄膜，填入适当基质做成沟状栽培床。

b. 供液装置。袋培的营养液供应一般无需循环，可采用滴灌装置，分别供应各个栽培袋的营养液。经济的供液装置，可采用水位差式自流灌水系统，其设施简单，成本低，不用电，使用亦较方便。其装置如下：

储液箱用耐腐蚀的金属板箱、桶、塑料箱（桶）、水泥池、大水缸均可。其容积视供液面积大小而定，一般都在1平方米以上。选适当方位架在离地面1～2米高处，以保持足够的水头压力，便于自流供液。出口处安一控制水阀或龙头。箱顶最好靠近自来水管或水源，以保证水分的不断供应。箱的外壁装一水位显示标记，以目测箱内存放的营养液多少，便于补充。

供液管可用硬塑料管或软壁管，滴头选用定型滴头、新型滴头，亦可直接打孔，无需安装滴头。用软壁管成本低，效果亦很好。

④ 袋培技术要点

a. 袋培形式的确定。最好采用定型规范化的、黑白双面或乳白色聚乙烯塑料薄膜栽培袋，每袋装入20升左右基质，种植2～4株。若采用长条状袋培或沟状袋培，其栽培床不能过长。

b. 袋培基质的选择，既要就地取材，降低成本，更应注意使用效果。基质要有好的保水性能和排水性能，本身不能含有自由水。其孔隙中应充满空气，过细的材料通气性不好，不能用作无土栽培基质。基质中不能含有任何有害物质，还应有一定的强度。其化学稳定性要好，pH接近中性或经调整后能保持稳定。一般以比例适当的混合基质效果较好，混合要力求均匀，使用前进行消毒，调节好 pH。

c. 选用适宜的营养液配方。袋培的实质仍是基质培，由于营养液是通过适当方式浇灌到基质中去的，因此，营养液要受到基质的影响。不少基质本身都含有丰富的大量营养元素和微量元素，因此，在进行基质袋培时，营养液配方要根据所选用的基质及其所含养分状况加以调整。当基质中含有一定比例的草炭时，营养液中的微量元素可以不加或少加。在袋培为主的基质栽培中，营养液配方可以使用铵态氮或酰铵态氮（尿素），这样能大大降低成本。基质在装袋之前应混合一些肥料，即每立方米基质中加入硝酸钾 1000 克，硫酸锰 14.2 克，过磷酸钙 600 克，硫酸锌 14.2 克，白云石粉 3000 克，钼酸钠 2.4 克，硫酸铜 14.2 克，螯合铁 23.4 克，硼砂 9.4 克，硫酸亚铁 42.5 克。

d. 及时均匀地供应营养液。每天应供液 1 次，高温季节和西瓜生长盛期，每天可供液 2 次。要经常检查，防止滴头堵塞，造成供液不匀。

e. 栽培袋下部要留切口，以排出废液，防止盐基的积累。

f. 要经常检查与调整营养液和栽培袋中基质的 pH，并注意观察和防治缺素症。

（2）槽式基质栽培 所需设施和基质等与槽式无土育苗完全相同。

5. 深液流无土栽培（水培）

（1）深液流水培设施 由种植槽、定植网框和定植板、地下贮液池、营养液循环系统等部分组成。

① 种植槽 一般宽度为 60～90 厘米，槽内深度为 12～15 厘米，槽长度为 10～20 米。种植槽有用水泥预制板块加塑料薄膜构成的半固定式和水泥砖结构构成的永久式等形式。半固定式种植槽要先制好水泥预制板块，高 25～30 厘米，厚度以能挡住营养液的横向压力而定，长以施工方便为度。按设计规定的长度用板块筑成水泥板块的槽框，要将板块的 1/2 高度填入土中，槽底平整压实，槽内铺垫两层聚乙烯薄膜。这种槽可以拆卸搬迁，但薄膜易损，中途漏液给管理上造成许多困难。固定式种植槽的槽底用 5 厘米厚的水泥混凝土制成，槽框用水泥砂浆和砖制成，并用高标号耐酸抗腐蚀的水泥砂浆抹面，直

接盛载营养液进行栽培。这种种植槽的管理方便，耐用性好，但为永久性建筑，不能拆卸搬迁，槽体重量大，要求较坚实的地基，一经建成就难以更改。

② 定植网框和定植板　定植网框是最早开发的水培设施的植株定植方法。用木料或硬质塑料板制成框围，宽度与槽宽相同，长度视方便而定，深 5～10 厘米，用金属丝或塑料丝织成的网作底，网上铺河沙、泥炭煤渣或植物残体等固体基质。整个网框架设于种植槽壁的顶部，网底与液面之间保持约 5 厘米的空隙，植株定植于网框中的固体基质中，根系穿过网孔进入槽内的营养液中。网框定植有一层固体基质，因而其优点在于植株早期生长比较稳定。但缺点在于细碎的固体基质易掉入营养液中搅浑营养液，且网孔底部向下弯曲，形成大小苗等，故现在很少使用网框定植。定植板由硬泡沫聚苯烯板块制成，板厚 2～3 厘米，板面按株行距要求开孔径 5～6 厘米的定植孔。定植孔内嵌一只塑料定植杯，高 7.5～8.0 厘米；杯口直径与定植孔相同，杯口外沿有一宽约 5 毫米的唇，以卡在定植孔上，不使掉进槽内；杯的下半部及底开有许多孔，孔径约 3 毫米。定植板一块接一块地将整条种植槽盖住，使营养液处于黑暗之中。悬杯定植板定植方式，植株的重量为定植板和槽壁所承担，槽内液面与定植底面之间应形成一定的空间，为空气中的氧向营养液中扩散创造条件。若槽宽80～100 厘米，定植板中部向下弯曲时，则需在槽的中间位置架设水泥墩等制成的支撑物以支持植株、定植杯和定植板的重量。

③ 地下贮液池　可以增大每株植株营养液的占有量而又不加大种植槽的深度，使营养液的浓度、pH 值、溶存氧、温度等保持稳定。营养液的浓度、pH 值、温度等也便于调节。地下贮液池的容积，可按每个植株适宜的占液量来计算，西瓜每株需 15～20 升。一般1000 平方米的温室需设 30 立方米左右的地下贮液池。建筑材料应选用耐酸抗腐蚀型号的水泥为原料，水泥砖结构，池面应有盖，保持池内黑暗以防藻类孳生。

④ 营养液循环系统　包括供液管道、回流管道、水泵和定时控制器。所有管道均用硬质塑料管。供液管道是向种植槽内提供营养液的管道，由水泵从贮液池中将营养液抽起后，分成两条支管，一条转

回贮液池上方，将一部分营养液喷回池中起增氧作用，在清洗整个种植系统时，此管也作排水之用；另一条支管和总供液管相接，总供液管再分出许多支管通到每条种植槽边，再接上槽内供液管。槽内供液管为一条贯通全槽的长塑料管，其上每隔一定距离开有喷液小孔，使营养液均匀分到全槽；回流管道是种植槽内的多余营养液返回到地下贮液池内的管道，在种植槽的一端底部设一回流管，管口与槽底面持平，管下段埋于地下，外接到总回流管上。为使槽内保持一定深度的营养液，可调节液面的高度，同时使营养液的回流从槽底部进行，保持供液管喷射出来的营养液驱赶槽底原有的比较缺氧的营养液回流，一般在回流管口装设一定的排液装置。营养液循环流动用的水泵应具有抗腐蚀性，并配以定时控制器，以按需控制水泵的工作时间。

（2）深液流技术特点

① 营养液的液层较深，根系伸展在较深的液层中，吸收营养和氧气。每株占有的液量较多，因此，营养液浓度、溶解氧、酸碱度、温度以及水分存量都不易发生急剧变动，根际的缓冲作用大，根际环境受外界环境的影响小，稳定性好，不怕中途停水停电，有利于作物的生长和管理。

② 营养液循环流动，可以增加营养液的溶存氧以及消除根表小局域微环境有害代谢产物的积累和养分亏缺现象，促进沉淀物的重新溶解，消除根表与根外营养液和养分浓度差，使养分能及时送到根表，更充分地满足植物的需要。

③ 能较好地解决 NFT 装置在停电和水泵出现故障时造成的被动困难局面，营养液层较深可维持水耕栽培正常进行。

④ 由于营养液量大，流动性强，导致深液流水培（DFT）设施需要较大的贮液池、坚固较深的栽培槽和较大功率的水泵，投资和运行成本相对较高。

⑤ 对设施装置的要求高，根际氧气的补充十分重要，一旦染上土传病害，蔓延快，危害大。

（3）浮板毛管水培技术 浮板毛管水培技术（FCH）采用栽培床内设浮板湿毡的分根技术，为培养湿气根创造丰氧环境，有效解决了水培中供液与供氧的矛盾；采用较长的水平栽培床贮存大量的营养液，确保停电时肥水供应充足和稳定；冬天可用电热线在栽培床内加温，夏季用深井水降温，确保根际温湿度的稳定。根系环境条件相对较稳定，液温、浓度、pH 等变化较小，根际供氧较好，使根系生长发育环境得到改善。设备投资省，耗电少，安装操作管理方便。栽培上有良好应用效果。

浮板毛管栽培设施包括种植槽、定植板、地下贮液池、循环管道和控制系统 4 部分。除种植槽以外，其他 3 部分设施基本与 NFT 相同。种植槽由聚苯乙烯板连接成长槽，长 15 ~ 20 米，宽 40 ~ 50 厘米，高 10 厘米；槽内铺 0.8 毫米厚的防渗聚乙烯薄膜；营养液深度为 3 ~ 6 厘米，液面漂浮厚 1.25 厘米、宽度 10 ~ 20 厘米的聚苯乙烯泡沫板；板上覆盖亲水性无纺布（50 克 / 米^2），两侧向下垂延至营养液槽中，通过毛细管作用，使浮板始终保持湿润。秧苗栽入定植杯内，然后悬挂在定植板的定植孔中，正好把槽内的浮板夹在中间，根系从定植杯的孔中伸出后，一部分根爬伸生长到浮板上，产生根毛吸收氧，一部分根伸到营养液内吸收水分和营养。种植槽坡降为 1：100 ~ 1：75，上端安装进水管，下端安装排液装置，进水管处同时安装空气混入器，增加营养液的容氧量。排液管道与贮液池相通，种植槽内营养液的深度通过垫板或液层控制装置来调节。秧苗刚定植时，种植槽内营养液的深度保持 6 厘米，定植杯的下半部进入营养液内；以后随着植株生长，逐渐下降到 3 厘米，使根系吸收营养和吸收氧气的矛盾得到解决。这种设施造价较低，简单易行，且栽培效果较好。

（4）动态浮根法（DRF） 水耕栽培装置主要包括营养液池、栽培槽（床）、空气混入器、排液器、定时器以及水泵等。该水培装置营养液灌溉时，根系可在槽内随营养液的流动而波动或摆动，营养液槽内的营养液深度达到 8 厘米时，自动排液器可启动，使槽内营养液排出；当营养液层深度降至 4 厘米时，会有部分根系外露，可直接自空气中吸收氧气；在夏季高温炎热营养液中缺氧的情况下，也能保证作物对氧气的需求。

（5）鲁 SC 水培系统 由山东农业大学研制开发，又称"基质水培法"。主要结构是由贮水池、栽培槽、供液和排液管、供液时间控制器及水泵等组成。栽培槽体可用土或水泥建造，长 2 ~ 3 米，呈倒三角形，高与上宽为 20 厘米，土槽内铺垫厚度为 0.1 毫米的薄膜防渗，中间加层，其上加一层棕皮衬垫，其上再加约 10 厘米厚的基质，下部为置营养液和根系生长的空间，栽培槽的两端为供液槽头和排液槽头，每日定时供液 3 ～ 4 次，1 立方米贮液池的容量可供 80 ～ 100 平方米栽培面积贮液用。

三、无土栽培管理要点

目前，西瓜无土栽培主要是在温室或塑料大棚等保护设施中进行，所以，其优质丰产栽培技术除应分别与温室、塑料大棚栽培基本相同外，还应抓好以下几点。

1. 调整营养液

营养液配方在使用过程中，要根据西瓜的不同生育期、季节、因营养不当而发生的异常表现等，酌情进行配方成分的调整。西瓜苗期以营养生长为中心，对氮素的需要量较大，而且比较严格。因此，应适当增加营养液中的氮量（氮:磷:钾 =3.8:1:2.76）。结果期以生殖生长为中心，氮量应适当减少，磷钾成分应适当增加（氮:磷:钾 =3.48:1:4.6）。冬季日照较短，太阳光质也较弱，温室无土栽培西瓜易发生徒长，营养液中应适当增加钾素用量；在氮素使用方面，应以硝态氮为主，少用或不用铵态氮。而在日照较长的春季栽培时，可适当增加铵态氮用量。西瓜缺氮、缺铁等元素，都会发生叶色失绿变黄现象。缺氮时往往是叶黄而形小，全株发育不良；如果缺铁，则表现叶脉间失绿比较明显。在西瓜无土栽培中，由于缺铁而造成叶片变黄等，较为多见。其原因往往是营养液的 pH 较高，而使铁化物发生沉淀，不能为植株吸收而发生铁素缺乏。可通过加入硫酸等使 pH 降低，并适量补铁。

2. 提高供液温度

无土栽培中无论哪一种形式，营养液温度都直接影响西瓜根系的生长和对水分、矿质营养的吸收。西瓜根系的生长适温为 18 ～ 23℃，如果营养液温度长期高于 28℃或低于 13℃，均对根系生长不利。温室西瓜无土栽培极易发生温度过低的问题，可采取营养液加温措施（如用电热水器加温等），以使液温符合根系要求。如果为沙砾盆栽或槽栽方法，可尽量把栽培容器设置在地面以上，温室内保持适宜的温度，以提高根系的温度。

3. 补充二氧化碳

二氧化碳是西瓜进行光合作用、制造营养物质的重要原料，也是决定产量及品质的重要因素。在温室内进行西瓜无土栽培，西瓜吸收二氧化碳速度很快，由于土壤中不施用有机肥料，因而二氧化碳含量较少。因此，二氧化碳不足是可限制西瓜生产。据试验，施用二氧化碳可以促进西瓜坐果和果实膨大，具有明显的增产作用。现在在国外二氧化碳追肥已成为无土栽培中必不可缺少的一项措施。温室内补充二氧化碳的具体方法有：第一，开窗通气，上午10时以后，在不影响室温的前提下，开窗通气，以大气中的二氧化碳补充温室内的不足；第二，碳酸铵加硫酸产生；第三，施用干冰或压缩二氧化碳。近年来我国已用二氧化碳发生机来产生二氧化碳。

4. 其他管理

西瓜无土栽培如采用沙砾盆栽法，一般每天供液2～3次，上午和下午各1次，晴朗、高温的中午增加一次，每次单株用液量0.5～1千克，苗期量小一些，后期量大一些。营养膜法和雾栽法两次供液间隔时间一般不超过半小时。

西瓜伸蔓后，及时上架或吊蔓。采用双蔓整枝法，即只保留主蔓和一个健壮侧蔓，余者随时打去，选择发育良好的第三或第四雌花留果，开花后及时进行人工授粉。

四、小型西瓜的无土栽培

小型西瓜因其品质优，果型小（果重一般为1～3千克），产品备受人们青睐。但由于露地栽培容易遭受早春低温阴雨、夏季台风暴雨、秋季寒潮等不良气候影响，而低产低效。有些地区利用塑料大棚春、秋两季进行沙培小型西瓜，取得了良好效果，现将该技术介绍如下。

1. 设施与设备

（1）大棚或温室　普通大棚或温室均可利用。

（2）种植槽　大棚内横向设 4 条 8 个种植槽，大棚两头及正中纵向设 50 厘米工作通道，每个种植槽长 × 宽为 14.25 米 ×1 米，槽间工作通道宽 50 厘米，种植槽采用 3 块砖头平叠放置的形式建成，高约 18 厘米。叠好的种植槽（非水泥地需将槽内表土压平），再铺 1～2 层塑料薄膜，厚度 0.2 毫米，可防营养液渗漏；然后填入栽培沙至满，可用不受污染的河沙，以粒径 1.5～4 毫米的占 80% 以上的粗沙栽培效果较好。

（3）供液系统

① 蓄水贮液池　每个大棚需建 1 个容积为 2 米 ×1.5 米 ×1 米的水泥蓄水贮液池，用于配制营养液和蓄水，供滴灌使用。

② 滴灌装置　沙培通常采用开放式滴灌，不回收营养液，为准确掌握供液量，可在每条种植槽内设 3 个观察口（塑料管或竹筒）。滴灌装置由毛管、滴管和滴头组成，1 株配 1 个滴头。为保证供液均匀，在大棚中部设分支主管道，由分支主管道向两侧伸延毛管。

③ 供液系统　供液系统由自吸泵、过滤器（为防止杂质堵塞滴头，在自吸泵与主管道之间安装 1 个有 100 目纱网的过滤器）、主管道（PEϕ25 毫米）、分支主管道（PEϕ25 毫米）、毛管（PEϕ15 毫米）、滴管（PEϕ2.5 毫米）和滴头组成。配好的营养液在贮液池由自吸泵吸入流经过滤器，经主管道、分支管道，再分配到滴灌系统，再由滴头滴入植株周围的栽培沙供其吸收利用。

2. 栽培管理技术

（1）品种的选择　适于大棚栽培的小型西瓜品种应具备早熟、耐湿、抗病、易坐果、品质优、适于密植等特点。

（2）茬口安排　根据市场供需情况及人们的消费特点，早春栽培宜在 1～2 月初播种，4～5 月初收获；秋季栽培宜在 8～9 月初播种，11～12 月初收获。为充分利用大棚，夏季可安排生产一茬叶菜。

（3）培育壮苗　请参阅第六章第三节相关部分。

（4）适时移栽定植　西瓜苗长至 2～3 片真叶时即可移栽定植，每条种植槽种 2 行，株距 50 厘米，全棚种 448 株。移栽时须轻拿轻放，用手挖个沙穴，取西瓜苗（注意防止散兜）放入穴内，回填好沙，可不必压实。定植时注意深浅，子叶露出沙面即可，定植后浇透定根水，然后开启供液系统滴灌供液。

（5）营养液的配制　见第二章第六节"西瓜无土育苗"相关部分。

（6）栽培管理　见第二章第六节"西瓜无土育苗"相关部分。

第五节　籽用西瓜栽培

一、籽用西瓜栽培要点

1. 选用良种

籽用西瓜也叫打瓜，品种有红、黑、大、小片之分。目前黑大片有新籽瓜一号、新籽瓜二号、兰州大片等。红大片有吉祥红、普通红、台湾红等。

2. 选择土地

种植籽瓜应选择地势平坦的壤土或沙壤土地块，盐碱含量不高于2.5%。前茬以大麦、小麦、豆类、油料作物为宜切忌重茬，要 3 年以上轮作防止病害的大发生。

3. 播前准备

（1）土壤消毒、封闭除草　播前用 96% 精异丙甲草胺 70 密耳/亩（1 密耳 =$25.4×10^{-6}$ 米）或地乐胺 250 密耳/亩兑水 30 千克，机械喷雾器喷于地表，然后耙 3～4 厘米深混土后 24 小时播种。

（2）种子消毒杀菌　进行温烫浸种、晒种、药剂拌种。播种前一天用三开一凉的温烫水浸种 2 小时，沥水后晒 5 小时左右，晒成九成干时拌种。

（3）施好底肥　中等肥力的地沿开沟浅施二铵 10 ～ 15 千克 / 亩或复合肥 10 ～ 15 千克 / 亩，硫酸钾 3 ～ 5 千克 / 亩。

（4）开沟铺膜　开沟深度 25 ～ 35 厘米，沟距大片为 1.0 米，小片为 1.6 米。用 80 厘米宽地膜开沟铺膜一次完成。

（5）灌好底墒水　灌底墒水要小水轻灌，均匀渗透瓜沟适墒播种。

4. 播种

地表 4 厘米土壤温度稳定在 15℃以上进行播种。一般在五月上中旬，人工点播。株距 15 ～ 20 厘米，每穴 2 ～ 3 粒种子，播深 3 ～ 4 厘米。种植密度也可采用宽畦栽培，幅宽 1.8 米，株距 25 ～ 30 厘米，每亩栽 2000 ～ 3000 株，以密植多瓜来提高种子产量。由于种植密度高，每亩用种量提高至 2 千克。

5. 田间管理

（1）查苗　幼苗开始陆续出土时，要经常到田间检查，对没有出苗的地方要及时补种。

（2）人工辅助放苗　地膜覆盖栽培时，子叶展开即可放苗，穴播和人工点播只需将幼苗拨出膜孔外。膜内点播和条播需破膜放苗，以免幼苗被膜下高温烧死。

（3）定苗　2 片真叶平展后，及时间苗，去弱留强；4 片真叶展平时定苗，每穴留 1 株健苗，缺苗处留双株。沟植籽瓜每亩保苗 3500 株；平播籽瓜每亩可保苗 4500 株。

（4）中耕除草　出苗后，要将沟底和垄背上的杂草拔除。平播籽瓜显行后要及时进行中耕。

（5）整枝顺蔓　抽蔓前、中期及时理顺瓜蔓，主蔓向垄延伸。瓜沟无瓜秧。

（6）灌水　根据气温、降水和土壤墒情而定。苗期为培育壮苗，不宜早浇，引导根系向深层伸长，至团棵期浇促蔓水；花期适当控水，以免旺长，促使坐瓜；当瓜坐稳后应浇足膨瓜水，种瓜采摘前

10 日停止浇水。

（7）追肥　一般分 2 次进行，第一次于幼苗团棵时（5 叶期）进行，结合中耕除草，每亩施尿素 8 ～ 10 千克，或用油饼、腐熟人粪尿等代替；第二次当幼瓜鸡蛋大小时，结合浇膨瓜水进行施肥，这次施肥主要是防止植株早衰，促瓜快长。如果采用地膜覆盖栽培，在坐果期、果实膨大期每灌一水追尿素 75 千克 / 公顷，连追 2 ～ 3 次，灌水时每隔 50 厘米破膜冲施尿素 5 克左右。

（8）叶面追肥　果实膨大期、灌浆期每次灌水后喷一次叶面肥。每公顷用磷酸二氢钾 3 千克兑水 750 千克，充分溶化后叶面喷施。

6. 籽瓜病虫害防治

① 苗期 4 片真叶时用 70% 的甲基硫菌灵 450 ～ 600 克 / 公顷，兑水 225 ～ 450 千克叶面喷雾，预防苗期炭疽病和枯萎病。

② 炭疽病用 40% 多·福·溴菌腈可湿性粉剂 800 倍液全田喷雾。

③ 白粉病在初发时用三唑酮乳油 750 ～ 1050 克 / 公顷，进行喷雾。

④ 叶枯病、枯萎病用枯萎立克 750 克 / 公顷，兑水 225 ～ 450 千克叶面喷雾。

7. 收获

① 采收　成熟了的籽瓜，外皮白霜减退，瓜皮发软，用手击扣，声音不脆。果实成熟期与品种、气温有关。采收籽瓜要求在室内堆放 1 ～ 2 天再取籽为好。

② 取籽和晒籽　取籽最好是晴天的上午。晒籽要求最好用芦席垫晒，籽粒散开均匀，粒粒不黏，防止籽粒重叠，晒干后瓜子变形。如果在水泥晒场上晒籽，晒籽时间不宜过长，以免影响瓜子色泽和发芽率。收籽时，严禁用任何铁制工具收、装，避免西瓜籽变色。

③ 回收　回收的西瓜籽，要求不能有变形籽，商品西瓜籽的色泽与整齐度，要求一致，不能有杂籽，黑籽中心露白，红籽色泽

深红。

④ 有些气候干燥地区，籽瓜成熟时，让瓜在田间晒到籽与瓜瓤分离后脱籽，晒场要通风、透光且大而平，脱粒后 48 小时防止雨淋，晾晒籽粒要薄，晒到 8 成干时方可翻动。

二、西瓜籽的深加工

详见第八章第四节"西瓜籽深加工"。

第八章
西瓜采收、销售、储藏与加工

第一节　西瓜的采收

一、采收适期

　　采收过早过晚，都会直接影响西瓜的产量和质量，特别是对含糖量以及各种糖分的含量比例影响更大。用折光仪只能测定出可溶性固形物的浓度，一般称为全糖量。但是西瓜所含的糖，有葡萄糖、果糖和蔗糖等，其甜度各不相同，若以蔗糖甜度为100%，则葡萄糖甜度为74%，而果糖甜度则为173%，麦芽糖甜度仅为33%。成熟度不同的西瓜，各种糖类的含量不同，最初葡萄糖含量较高，以后葡萄糖含量相对降低，果糖含量逐渐增加，至西瓜十成熟时，果糖含量最高，蔗糖含量最低。但是西瓜十分成熟之后，葡萄糖和果糖的含量相继减少，而蔗糖的含量则显著增加。因此，不熟的西瓜固然不甜，过熟的西瓜甜度也会降低。所以正确判定西瓜的成熟度，在其果糖含量最高时采收是保持西瓜优良品质的重要一环。

二、西瓜的成熟度

根据用途和产销运程，西瓜的成熟度可分为远运成熟度、食用成熟度、生理成熟度。

远运成熟度可根据运输工具和运程确定。如用普通货车运程在5～7天者，可采收八成半至九成熟的瓜；运程在5天以下者，可于九成时采收。当地销售者可于九成半至十成熟时采收。

食用成熟度要求果实完全成熟，充分表现出本品种应有的形状、皮色、瓤质和风味，含糖量和营养价值达到最高点，也就是所说的达到十分成熟。

生理成熟度就是瓜的发育达到最后阶段，种子充分成熟，种胚干物质含量高，胎座组织解离，种子周围形成较大空隙。由于大量营养物质由瓜瓤流入种子，而使瓜瓤的含糖量和营养价值大大降低。所以，只有供采种用的西瓜才在达到生理成熟度时采收。

三、判断西瓜成熟度的方法

西瓜生熟的程度叫作成熟度。判断西瓜成熟度的方法有以下几种，可灵活掌握，综合运用。

1. 目测法

目测法是根据西瓜或植株形态特征，树标对比。首先是看瓜皮颜色的变化，由鲜变浑，由暗变亮，显出老化状态。这是因为当西瓜成熟时，叶绿素渐渐分解，原来被它遮盖的色素如胡萝卜素、叶黄素等渐渐显现出来。不同品种在成熟时，都会显出其品种固有的皮色、网纹或条纹。有些品种（如黑蜜二号、蜜宝、核桃纹、大青皮等）成熟时的果皮变得粗糙，有的还会出现棱起、挑筋、花痕处不凹陷、瓜把处略有收缩、坐瓜节卷须枯萎 1/2 以上等。此外，瓜面茸毛消失，出现较强光泽，以及瓜底部不见阳光处变成橘黄色等均可作为成熟度的参考。

2. 计日定熟法

计日定熟法也叫标记法。西瓜自开花至成熟，相同的品种在同一环境条件下大致都有一定的天数。如庆农 5 号 32 天，京欣八号 35 天，庆农 6 号 33 天，京欣七号 32 天，京欣二号 28 天。一般极早熟品种从开花到成熟（果实发育期，下同）需 24 ~ 28 天，早熟品种需 28 ~ 30 天，中熟品种需 30 ~ 35 天，晚熟品种需 35 ~ 40 天。同一品种，早春西瓜头茬瓜较二茬瓜晚熟 3 ~ 5 天。对同一时期内坐的瓜立一标记，可参照上述品种所列时间计日收瓜，漏立标记者可参考坐瓜节位和瓜的形态采收。这种方法对生产单位收瓜十分可靠。但由于不同年份气候有差异，使瓜的生长期略有不同，如果按积温计算更为可靠，如蜜宝的发育积温约为 1000℃。

3. 物理法

物理法主要通过音感和细胞密度鉴定西瓜成熟度。当西瓜达到成熟时，由于营养物质的转化，细胞中胶层开始解离，细胞间隔隙增大，接近种子处胎座组织的空隙更大。所以当用手拍击西瓜外部时，便发出浊音，细胞空隙大小不同，发出的浊音程度也不同，借此可判定其成熟度。或者一手托瓜，一手拍瓜，托瓜之手感到颤动时，其颤动程度可判定成熟度。一般说来，当敲瓜时，声音沉实清脆多表示瓜尚未成熟；当声音低浊时则多表示接近成熟，当声音发出闷哑或"嗡嗡"声时，多表示瓜已熟过。但只限于同一品种间相对比较，不同品种常因含水量、瓜皮厚度及皮"紧"、皮"软"等不同，其声差别很大。

当西瓜成熟后，细胞密度通常下降。因此，同品种同体积的西瓜，不熟者比成熟者重，熟过（倒瓤）者比成熟者轻。应用本法时，可先选好"标"（对照），同体积的瓜以手托瓜衡量其轻重。

四、西瓜的采收与运输

1. 采收

准备贮藏保鲜的西瓜，宜从瓜形圆整，色泽鲜亮，瓜蔓和果皮上均无病虫害的果实中挑选。采收最好在无雨的上午进行。因为西瓜经过夜间的冷凉之后，散发出了大部分的田间热，瓜体温度较低，采收后不致因瓜温过高而加速呼吸强度。如果采收不能集中在上午进行，也应尽量避开中午的烈日，到傍晚时再进行采收。准备贮藏的西瓜达到成熟度要求时，若遇连阴雨而来不及采收时，可将整个植株从土中拔起，放在田间，待天晴时再将西瓜割下，否则西瓜因含水量过大而引起崩裂。用于贮藏的西瓜至少应在采摘前1周停止灌水。采摘时应连同一段瓜蔓用剪刀或镰刀割下，瓜梗保留长度往往影响贮藏寿命（表8-1）。这可能是与瓜蔓中存在着抑制西瓜衰老的物质及伤口感染距离有关。另外，采收后应防止日晒、雨淋，而且要及时运送到冷凉的地方进行预冷。采下的西瓜应轻拿轻放，用铺有稻草或木屑的筐搬运，并尽量避免摩擦。

表 8-1　瓜梗保留长度与贮藏的关系

处理	10 天后发病率 /%	20 天后发病率 /%	30 天后发病率 /%
基部撕下	16	36	82
保留 3 厘米	0	4	18
保留 8 厘米	0	6	14
两端各带半节瓜蔓	0	0	8
两端各带一节瓜蔓	0	0	12

2. 包装及运输

采收后的西瓜在运往贮藏场所时，应进行包装。西瓜的包装最好用木箱和纸箱，木箱用板条钉成，体积为 60 厘米 ×25 厘米，箱的容量为 20 ～ 25 千克，每箱装瓜 4 个。近年来，为了节省木材，已逐步发展成采用硬纸箱包装。西瓜装箱时，每个瓜用一张包装纸包好，然后在箱底放一层木屑或纸屑，把包好纸的西瓜放入箱内。若采用西瓜不包纸而直接放入箱内的方法，每个瓜之间应用瓦楞纸隔开，并在瓜上再放少许纸屑或木屑衬好，防止磨损，盖上盖子，用钉子钉好，或用打包机捆扎结实，以备装运。贮藏用瓜运输时要特别注意避免任何机械损伤。异地贮藏时，必须用上述包装方法，轻装、轻卸，及时运往贮藏地点。途中尽量避免剧烈振荡。近距离运输时可以采用直接装车的方法，但车厢内先铺上20厘米厚的软麦草或纸屑，再分层装瓜。装车时大瓜装在下面，小瓜装在上面，减少压伤，每层瓜之间再用麦草隔开，这样可装 6～8 层。

第二节　西瓜销售与经营

一、对商品西瓜的要求

1. 品质优良

主要指瓜瓤含糖量高，纤维少，风味好等。具体要求可溶性固形物在 10% 以上，中糖边糖梯度小，味甜爽口，种子数量少，果肉色泽均匀，无白筋硬块，瓜皮较薄，可食率高。

2. 商品性好

西瓜的商品性是指果实的外观性状、果形、皮色等，应具有品种的典型性，不允许有杂瓜出现，果形圆整，大小均匀，无畸形瓜、裂果和病果等。

3. 耐贮运

耐贮运是指耐贮藏和运输的能力。西瓜商品性生产均为大面积栽培，一般均需长途运销，因此要求果实外皮坚硬、在运输过程中不易破损的品种，果皮薄的品种在运输中破损率高，只能就近栽培，当地供应。

4. 成熟度适当

作为商品瓜成熟度要适当，采收充分成熟的西瓜在运输过程中瓜瓤易变坏，影响品质。应根据销售地点距离的远近确定采收成熟度，如在采收后 1～2 天到达销售地点的可摘九成熟以上的瓜，而远途运输的则采摘八成熟的瓜，使其在运输途中继续成熟。作为需要长途运输的商品瓜不能使用激素处理催熟。

5. 品种多样

品种多样性是指果实的大小、果皮色泽、果肉颜色等商品多样化。如果实的形状有圆球形、近圆形、椭圆形、长椭圆形及大型果和小型果；果皮色泽有黑色、绿色、黄色及花皮；果皮特征主要有光皮、麻皮（麻点小突起）之分；果肉颜色有乳黄、黄、桃红、红色、紫、白等，以体现西瓜品种丰富多样，便于消费者的选择，由于不同品种熟性不同，多品种可达到延长供应期的目的。

二、商品西瓜的经营管理

西瓜生产，多以商品生产为目的，尤其是一些西瓜主产区，西瓜果实已成为当地季节性较强的大宗商品。因此，搞好商品西瓜的经营管理，对西瓜产区，特别是西瓜主产区，非常重要。

西瓜属鲜活商品，容易腐烂，且不耐贮存。为适应当前开放、搞活、多渠道经营的新形势，保证商品西瓜在激烈的市场竞争中立于不败之地，在购销业务中应抓好几个环节。

1. 订立产销合同

合同的签订，以法律形式监督产、销双方执行有关条款，为经营单位有计划、按规格进行购销业务提供保证；同时也解除了生产者卖瓜难的后顾之忧，有利于瓜农安心生产，提高产量和品质，增加收入。

合同的内容主要有品种、上市时间、数量、规格、质量以及双方职责等。

2. 预报上市计划

西瓜经营具有时间短、上市集中、工作量大的特点。有计划地安排购销业务，以利调拨、运输计划的实施，同时也能避免因上市量的大起大落，影响市场价格。故在实际工作中，应建立预约登记、分批上市的制度。在具体收购中，应根据不同品种、运输时间、消费习惯、天气变化等情况，制定西瓜成熟标准。验收西瓜，要求个个过手，杜绝生瓜上市，以利提高商品西瓜信誉，扩大销售。

3. 制定合理的购销价格

价格实行随行就市，根据经济杠杆原则调节市场供求关系。根据上市时间、品种、规格、质量以及供求关系等因素合理定价，对优质西瓜可适当地拉大价格差，以利优良品种的推广。

4. 实行贴标签销售

有条件的生产单位或个人，可采取商标瓜和印子瓜，实行"三保"销售（保熟、保甜、保产地），以利扩大销路，增加消费，促进生产。

5. 充分发挥各地瓜协的作用

目前全国许多重点西瓜产区相继成立了瓜类协会（有些地区叫瓜类研究会、专业合作社），它是由瓜农、县（市）乡、村科技人员参加的社区性服务型的群众组织，具有专业协会的性质。其主要任务是：积极引进和推广新技术、新品种，组织重点课题协作攻关，开展技术交流活动，发展瓜类科学技术；举办各种讲座、培训班，利用广播、幻灯片、编印科技刊物、印发技术资料等多种形式普及种瓜技术；开展咨询服务，向广大瓜农和消费者提供各方面的服务。

三、商品西瓜的收购及调运

1. 收购单位的组织形式

根据货源和调运数量的不同，收购的组织形式也不同。当收购数量很大时，一般应设立多个西瓜收购站。各收购站（点）的任务是组织好西瓜产地货源，按收购规格验质验级，把好质量标准，及时收购，随时调运。当收购数量较大时，可根据产地分布、收购量、调运去向等情况设 1 ～ 2 个收购站（点）。当收购调运数量小时，通常直接到西瓜产地收购，边收边运边结算。

2. 收购计划的制订与实施

当收购调运数量很大时，应在正式收购之前召开有关人员会议，对西瓜产地的货源情况及上市时间进行分析和现场考察，根据货源分布和现场考察结果以及客户的需求数量，制订出切实可行的收购计划。收购计划一般应尽早制订，收购之前再落实 1～2 次。

最初的收购计划可结合落实西瓜栽培面积，与生产单位签订收购合同，一般每亩瓜田可收购商品瓜 3000～4000 千克。在西瓜生长后期再进一步落实具体收购时间和收购数量。将各生产点的落实情况进行汇总，即可制定出本地区或可控范围的收购计划。

在具体实施收购计划时，应留有余地。一般可先按计划总收购量与客户的总需求量进行平衡，再按一定比例分配到各家各户。各收购站（点）在西瓜收购期间，要及时编报收购进度，一般每 5 天向西瓜收购办公室报 1 次。

3. 运输的方式方法

西瓜系鲜嫩易腐商品，要求边收购边调运，不要在货场积压。运输方式可根据产地运输。例如靠近港口码头的产地，可在码头附近设收购货场，组织货源由产地直送码头进行"水运"；如果靠近火车站的产地，可在火车站内的货场站台设收购站（点）进行"铁运"；产地附近、既无港口又无火车站时，可组织车辆进行"汽运"。对急需的少量特供品种，有条件时也可进行"空运"。总之，为了及时调运和减少损伤，应尽量减少运输环节。能做到由产地直接运的就直运到客户，实在无法直运时，也要尽可能减少中转次数。

4. 包装及衬垫物

包装衬垫物可根据运输工具而定。汽车运输时一般散装；火车运输时多数散装加设木条挡门（敞篷车厢，其上再封盖苇席），少数采用包装（如纸箱、木板条箱、柳条筐、集装箱等）；轮船、飞机运输时，一般都采用各种包装（同上）进行运输。

5. 调拨及结算方法

原则上应按收购计划与客户签订的合同书进行调拨，但如果因收购量减少或增多或因其他情况，需调整调拨计划时，可会同客户协商进行。调拨时，一般应由客户当面验收数量和质量，并在发运单上签字，以示负责。

结算方法可采用现金、划拨、信汇、限额支票以及电汇等。原则上发运一批结算一批，发运后即行结算。

第三节　西瓜贮藏经验

一、影响西瓜贮藏的因素

影响西瓜耐贮运性的因素分内因和外因两类。内因方面主要是成熟度、瓜皮厚度与硬度、贮运期间瓜内部的生理变化等。外因方面主要是有无机械损伤，以及湿度、温度、病虫危害等。

1. 成熟度及瓜皮特性

作为贮藏的西瓜宜选择八成熟左右的瓜，九成熟以上者不宜作长期贮藏。瓜皮较厚、硬度较大且具有弹性的西瓜耐贮运性也较强。

2. 贮藏期间瓜内的生理变化

主要是含糖量和瓜瓤硬度的变化。在贮藏期间测定西瓜含糖量的变化，发现在最初 20 天内，可溶性固形物含量大大减少，由 10.4% 减少到 7.3%，减少了 3.1%，以后则缓慢减少。在贮藏期间瓜瓤的硬度逐渐下降，总的趋势也是前期下降快，后期下降慢。

3. 机械损伤

西瓜采收后，在搬运过程中常常造成碰压挤伤。由于西瓜大小和品种间的差异，这些损伤的程度可能不同。这些损伤在当时一般从外表都难以看出来，但经短时间的贮藏即可逐渐表现出来，如伤处瓜皮变软，瓜瓤颜色变深变暗，胎座组织破裂，汁液溢出，风味变劣等。

4. 温、湿度的影响

西瓜贮藏期间，在不受冻害的前提下，尽量要求较低的温度，最好维持在 5 ~ 8℃。温度越高，呼吸消耗越大，后熟过程也越强烈，糖分和瓜瓤硬度的下降也就越大。而且温度高，有利于某些真菌的孳生，会造成西瓜的腐烂。对湿度的要求，据试验，以 80% 的相对湿度为宜。

二、提高西瓜耐贮运性的主要措施

1. 选择耐贮运的品种

凡是耐贮运的西瓜品种，大都瓜皮硬，而且具有弹性，含糖量和瓜瓤硬度的变化比较缓慢。

2. 适宜的成熟度

西瓜的产销运程在 5 天以上者，八成至八成半熟采收；运程在 3 ~ 5 天者，可于八成至八成半熟采收；运程在 2 天以内者，可于九成至九成半熟时采收；当地销售者，可九成半至十成熟采收。

3. 减少机械损伤

从采收到运销过程中，要始终轻拿轻放。尽量减少一切碰、压、刺、挤等机械损伤。

4. 适宜的温、湿度

在贮藏运输过程中，应避免温度和湿度过高或过低，作为长期贮藏的环境，以 5 ~ 8℃ 的温度和 80% 的相对湿度最为适宜，可以有效地延长贮藏时间。

5. 较好的运输条件

省际应选择火车运输，省内汽车运输时，也要适当衬垫或包装。

三、贮藏前的准备

1. 预冷

所谓预冷是指运输或入库前，使西瓜瓜体温度尽快冷却到所规定的温度范围，才能较好地保持原有的品质。西瓜采后距离冷却的时间越长，品质下降愈明显。如果西瓜在贮运前不经预冷，品温较高，则在车中或库房中呼吸加强，引起环境温度继续升高，很快就会进入恶性循环，很容易造成贮藏失败。

预冷最简单的方法是在田间进行，利用夜间较低的气温预冷一夜，在清晨气温回升之前装车或入库。有条件的地方可采用机械风冷法预冷，采用风机循环冷空气，借助热传导与蒸发潜热来冷却西瓜。一般是将西瓜用传送带通过有冷风吹过的隧道。风冷的冷却速度取决于西瓜的品温、冷风的温度、空气的流速、西瓜的表面积等。

2. 贮藏场所及西瓜表面的消毒

西瓜贮藏场所及西瓜表面的消毒可选用福尔马林 150～200 倍液，或 6% 的硫酸铜溶液，或倍量式波尔多液 240 倍液或 70% 甲基硫菌灵可湿性粉剂 800 倍溶液，或 15%～20% 食盐水溶液，或 0.5%～1% 漂白粉溶液，或 250 毫克 / 千克抑霉唑，或 1% 葡萄糖衍生物等选择喷洒。

库房消毒可用喷雾器均匀喷洒，对其包装箱、筐、用具、贮藏架等也要进行消毒。

四、贮藏方法

1. 简易贮藏方法

（1）普通室内贮藏 选择阴凉通风、无人居住的空闲房屋作贮藏室。清扫干净，严格消毒，房屋内先铺放一层麦秸、高粱或玉米秸，然后摆放西瓜。西瓜按其在田里生长的阴阳面进行摆放，高度以2～3层为宜。房屋中留出1米左右的人行道，以便管理检查。白天气温高时，封闭门窗，减少人员进入。夜晚气温低开窗通风，温度最好控制在15℃以下，相对湿度保持在80%左右。

（2）用沙藏法保鲜　选择通风透光的房屋，打扫干净，用干净细河沙垫底15～20厘米，抢晴天的傍晚或阴天采收七成半熟的西瓜，要求瓜形正、无损伤、无病虫害，每个西瓜留三个蔓节，在蔓节两端离节33厘米处切断，切口立即蘸上干草木灰，以防细菌侵入。每个蔓节留一片绿叶，西瓜排放于沙床上，再加盖细河沙，盖过西瓜5厘米厚，三片瓜叶露于沙外，保瓜后熟。应注意几个问题：①搬运西瓜时轻拿、轻装、轻放，防止损伤西瓜皮。②沙床只贮藏一层西瓜，防止压伤。③每10天用磷酸二氢钾50克兑水50千克进行叶面追肥，保持叶片青绿。④表面的沙子干燥现白时适当喷水，以提高湿度。⑤当天做沙床，当天采收、运输、贮藏。

（3）涂抹法　用鲜西瓜茎蔓研磨成浆喷涂西瓜，然后在普通房中进行贮藏，可藏85天，好瓜率可达80%。具体做法：处理的"药剂"是鲜的西瓜茎蔓，研磨成浆，经过滤后稀释为300～500倍液，喷湿西瓜表面，稍经晾干，即用包装纸（牛皮纸、旧报纸）包好，放到凉爽通风、不过分潮湿处存放。贮存过程中，每隔10天左右翻拣一次，把瓜顶变软、有霉烂个体处理掉。

（4）地窖贮藏　选择地势高燥、土层结构较坚实的地方，挖一个上口小、下口大、形似葫芦的地窖，深约3米，底部整平垫上1厘米厚的细沙，用200倍的福尔马林溶液进行消毒，然后趁凉将瓜入贮。沿窖四周分层摆放，中间留出空间以便检查和装卸。窖口留1平方米并略高出地面，用支架撑起遮阴物遮阴、防雨。窖温最好保持在8～10℃，二氧化碳浓度在2%～4%之间。用此法贮存，保鲜可达3个月。

（5）臭氧保鲜法　选择瓜秧健壮、瓜形端正、无病斑、七成半左右熟的西瓜，剪掉秧蔓，尽量避免振动或磕碰，运到贮窖内。窖内先进行消毒，西瓜分级存放，用柔软的草垫垫起，不要直接接触地面或塑料薄膜，上面覆盖松软的草袋，防止灰尘及水珠落到瓜上。贮藏期间最好保持在 5～8℃，高于 10℃ 呼吸加强；湿度保持在 85% 左右。定期施放臭氧，可以起到封闭和杀菌作用。150 千克西瓜一昼夜需要 20 克臭氧，每隔 12 小时施放一次，每次 15 分钟。每隔 5～7 天戴干净手套轻轻将瓜翻动一次，发现病瓜及时挑出。贮藏西瓜的窖内不能同时存放其他水果或蔬菜。

（6）硅橡胶薄膜集装袋贮藏　它是由 0.15～0.18 毫米厚的聚乙烯塑料薄膜做成的封闭袋，上有一定面积的硅橡胶气体交换窗，对二氧化碳、氧气等有较高的选择通透能力，使集装袋内保持一定的氧气和二氧化碳浓度，并起到自动调节的作用。对不同品种和熟性的西瓜，只要调节硅窗，即可达到安全贮藏的目的。用这种方法保存西瓜，既简化管理又可提高贮藏效果，而且成本低。

（7）盐水保鲜　选取八成熟的中等大的西瓜，放入 15% 的盐水中浸泡，然后捞起晾干，再密封在聚乙烯口袋里，藏入地窖，也可在窖里设置木板做成集装箱，将西瓜放入箱内。采用这种方法贮藏保鲜西瓜，经数月取出时西瓜表皮仍然鲜嫩如初，香甜可口，味道不变。此法还可用于葡萄、黄瓜、苹果等的保鲜贮藏。

（8）简易窖藏法

① 挖窖：挖 1 米深，长和宽根据贮量多少自定。挖出的土不能乱扔，应放在窖边，并用砖或土坯将两侧挡上，土宽度以五十厘米为宜，将土铺平，这样可增加贮存量（相当于窖加深了）。

② 上盖：用木杆横在窖上，杆上铺一层高粱秆、玉米秆，上边盖一层塑料布，白天打开通风，夜间盖上防雨防冻。

③ 贮存：九月上旬把八成熟西瓜摘下，逐个摆在窖中，可摆 5～6 层。注意过熟西瓜不能放窖，易压坏，造成腐烂。从窖北面留个小门，便于运送西瓜。采取这种方法，一般的西瓜都能贮存 30～40 天。

④ 销售：在十月中下旬，把贮存西瓜投入市场销售，可以大大提高经济效益。

2. 窑窖贮藏

窑窖是一种结构简单、建造方便、管理容易、贮藏效果良好的贮藏"平台"。窑窖的种类很多，如陕西的土窑洞（包括砖砌、石砌），河北、山东的棚窖，山西的窑窖，四川的吊金窖等。

（1）窑窖的建造　选择地势高燥、土质较好的地方（立土）建窑。为了充分利用窑外冷空气降温，特别注意选用偏北的阴坡。窑形根据地形而定，可以打平窑、直窑，也可打带有拐窑的子母窑。窑的结构要牢固安全，便于降温和保温。以平窑为例，窑内长度不低于 30 米，高 2.5 ～ 3 米，宽 3 米左右。门道深 3 米，宽 1.5 米左右，设三道门，门上留小通风窗。头道门为棚栏门；二道门紧靠一道门，要能关严；三道门位于门道的末端，加设棉被门帘。窑顶呈"人"字形，窑掌正中设排气孔，底部直径 1.5 米，顶部 1 米左右，排气孔高度不少于窑长的 1/3，顶部高出地面。为了能迅速降低后部窑温，也可在窑内加设地下通风道。这种窑，门道长，窑身长，便于保持比较稳定的窑温。排气孔高而大，比一般土窑洞容易通风降温。因此，贮藏效果较好。

棚窖建造时，先在地面挖一长方形的窖身，用木料、作物秸秆、土壤做棚盖，根据窖的深浅可分为半地下式和地下式两种类型。较温暖的地区或地下水位较高处，多采用半地下式，一般入土深 1.0 ～ 1.5 米，地上堆土墙高 1.0 ～ 1.5 米。寒窖的长度不限，视贮藏量而定，也不宜太长，为便于操作管理，一般以 20 ～ 50 米为宜。窖顶上开设若干个窖口（天窗），供出入和通风换气之用。窖口的数量和大小应根据当地气候特点而定，一般每隔 8 ～ 10 米，设一个 50 厘米 × 50 厘米的天窗。大型的棚窖常在两端或一侧开设窖门，以便于西瓜入窖，并加强贮藏初期的通风降温作用，天冷时再堵死。

（2）窑窖的贮藏方法与管理

① 消毒　窑窖，特别是已贮藏过西瓜的旧窑，入库前一定要进行打扫和消毒，以减少病菌传播的机会。一般消毒可采用硫黄熏蒸（10 克 / 米³）或采用 150 倍的福尔马林溶液均匀喷布，然后密闭 2 天，再通风使用。地面可撒一层石灰。

② 码垛　西瓜一般先包纸箱或装筐后再在窖内码垛。筐装最好

立垛，筐沿压筐沿，"品"字形码垛，箱装最好采取横直交错的花垛，箱间留 3 ～ 5 厘米宽的缝隙。垛高离窖顶 1 米左右，下面用枕木或石条垫起，离地 5 ～ 10 厘米，以利通风，窖内层靠两侧码垛，中间留 50 厘米的走道。也有在窖内散装的，一般排 2 ～ 3 层。

③ 温度调节　温度调节是窑窖贮藏西瓜成败的关键。窖温一般是上部高，下部低；靠门外受外界影响大，后部比较稳定。一般在窖身中间部位设置温度计，固定时间观察窖温并记录，西瓜入窖后，窖内温度就会迅速上升，当高于贮藏的适宜温度，而窖外气温又较低时，应打开窖门及通风孔通风降温，特别要注意利用每天凌晨 4 ～ 6 时的低温或寒流通风降温。

④ 湿度调节　用干湿球温度计观察窖内空气相对湿度，当相对湿度过高时，可通风换气予以降低，过低可采用喷水等方法提高湿度。

⑤ 质量检查　每隔 10 天左右进行一次倒架，将不宜继续存放的瓜挑出，尽先投放市场。采用这种方法，如果管理得当，一般贮藏期可达 30 ～ 50 天。

西瓜出窖后，要立即将窑窖打扫干净，封闭窖门，以保持窖内低温，为下季贮藏创造条件。

3. 通风库贮藏

通风库贮藏是在良好的绝热建筑和灵活的通风设备条件下，利用库外昼夜气温变化的差异进行通风换气，使库内保持比较稳定而又适宜的贮藏温度。目前，凡生产水果的地方都建有许多通风库，可充分利用空间存储西瓜，不必单独建西瓜通风库。

（1）贮藏准备　在西瓜贮藏前及贮藏后，应进行清扫、通风、设备检修和消毒工作，消毒方法同窑窖贮藏。入库码垛也同窑窖贮藏。

（2）温湿度控制　通风库的管理工作，主要是根据库内外温差和西瓜要求的适宜温度，灵活掌握通风的时间和通风量，以调节库内的温、湿度条件。为了加速库内空气对流，可在库内设电风扇和抽气机。

（3）其他管理　与窑窖储藏基本相同。

五、西瓜贮藏应注意的问题

西瓜的长期贮藏，关键在于控制其后熟过程和避免机械损伤。后熟过程不仅与品种特性有关，而且还与播种期有关。凡春播夏收的西瓜，一般均比夏播秋收的西瓜后熟过程短，所以一般夏播西瓜比春播西瓜耐贮藏。机械损伤则除与品种，特别是瓜皮特性有关外，更主要的还与包装和运输工具等有关。因此，对拟贮藏的西瓜，应尽量做到以下几点。

① 选种瓜皮较硬而且具有弹性的品种，或者选种晚熟品种或进行延迟栽培。

② 尽量避免一切机械损伤。

③ 在低温（5～8℃）和较适宜的空气湿度（例如80%）条件下贮藏。

④ 贮藏场所和瓜应进行严格消毒，例如用1%的高锰酸钾溶液或100～150倍的福尔马林溶液喷洒贮藏场所。

⑤ 每隔10天左右进行一次倒垛，将不宜继续存放的西瓜挑出，尽量先投放市场。

第四节　西瓜的深加工

一、西瓜皮深加工

1. 西瓜皮果条

（1）选料　选择新鲜、组织细密、中等厚、含水量少的西瓜皮。

（2）原料处理　及时清洗，削去表皮，刮净瓜瓤，切成长约5厘米、宽约1.5厘米、厚约0.5厘米的小瓜条。

（3）硬化处理　将洗净切好后的小瓜条放入0.6%氯化钙溶液中浸泡4～8小时，待瓜条变硬后取出，用清水漂洗2～3次除去氯化钙残液，这样可以增强瓜条的脆性，并加速对糖液的吸收。

（4）烫漂　将硬化处理后的小瓜条投入沸水中烫 5～7 分钟，至瓜条肉质透明并可弯曲而不折断为止，然后取出置于 0.1% 白矾水中冷却 2 小时，捞出后再漂洗沥干水分。

（5）糖渍　将瓜条放入 25%～30% 白砂糖溶液中，再加糖使浓度增加至 40%，浸渍 20～24 小时。

（6）初烘　将瓜条捞出，沥去糖液，放在烘房中，烘至边缘卷缩、表面呈小皱纹状即可。

（7）煮制　将初烘后的瓜条连同糖液一并倒入夹层锅中，加糖使浓度达到 50%，然后煮沸浓缩，当糖液浓度提高至 73% 时，即可出锅沥干糖液。

（8）烘烤整形　冷却后用手或机械将瓜条握成长条形后放入烘房再次烘烤，温度保持在 60℃ 左右，直至把瓜条烘干至不黏手时为宜。然后把烘干的瓜条按每 50 千克加白糖粉 10 千克拌匀，使瓜条表面均匀附着一层白糖粉后把多余的糖粉用筛子筛去，即成味甜酥脆、晶莹剔透的西瓜皮果条。密封包装后即可出售。

2.西瓜皮果酱

（1）原料　西瓜皮 10 千克，蔗糖 6 千克，柠檬酸 5 克，琼脂 100 克。

（2）制作方法

① 原料预处理　将西瓜皮洗净，削去表层青皮和内层瓜瓤，切成碎块，置于绞肉机中绞碎，然后进行糖煮。第一次糖煮：将蔗糖配成浓度为 70% 的糖液，取一半倒入锅中，将绞碎的瓜皮肉加入拌匀，煮沸 15～20 分钟后加入柠檬酸，将 pH 值调至 2～2.5。第二次糖煮：将剩余的糖液和适量淀粉糖浆（淀粉经不完全水解的产品，市场有售）一起加入，煮沸浓缩至瓜皮浆中可溶性固形物达到 65% 时，加入预先溶化好的琼脂液，继续煮沸 10～15 分钟。待可溶性固形物达到 70% 时即可出锅。

② 装瓶　酱体出锅后趁热装入回旋口玻璃瓶中，并旋紧瓶盖。

③ 杀菌　将瓶装酱放入 90℃ 热水中浸泡 15 分钟，然后依次置于 60℃、40℃ 的热水中分级冷却，即得到瓶装的西瓜皮果酱成品。

3. 西瓜皮糖条

（1）原料　西瓜皮 10 千克，蔗糖 9 千克，食用石灰 1 千克。

（2）制作方法

① 原料预处理　将西瓜皮洗净，削去表层青皮和内层瓜瓤，切成长约 5 厘米、宽约 1 厘米的条。硬化：将食用石灰置于 10 升凉水中化开，将瓜条倒入，并用木板把瓜条压住，淹没于石灰水中，持续浸泡 6～8 小时。漂洗：将已硬化的瓜条置于水槽中，用流动清水将石灰洗净，沥干水分。

② 糖腌　将沥干水分的瓜条铺在缸内，一层瓜条加一层蔗糖，腌至第二天再加入 2 千克蔗糖，至第三天再加入 2 千克蔗糖，继续腌制 1 天即可。糖煮和糖渍：将腌制的糖液放入锅内煮沸后倒入瓜条，煮 20 分钟后倒入盆内，使糖液淹没瓜条，浸渍 2～3 天。将瓜条从糖液中捞出，把糖液倒入锅内煮沸后加入瓜条，不断翻动煮沸 30 分钟，使糖液温度达到 115～120℃，当糖液呈黏稠状时即可出锅。

③ 糖液返霜　瓜条出锅后用锅铲继续翻动，使糖浆全部蘸在瓜条上，瓜条表面稍干时即停止翻动。将瓜条铺在案板上冷却，待瓜条表面的蔗糖结晶、出现白霜时即为成品。

4. 西瓜皮制果胶

（1）蒸煮压榨　选用新鲜无病无腐的西瓜皮，清洗除去泥土后放在蒸笼中，上汽后再蒸 30～40 分钟，以西瓜皮蒸透变软、有水析出并滴下为宜（以杀灭活细胞中的果胶酶）。然后将其放于包装袋内压榨，以除去细胞组织中的水分。

（2）水解过滤　将榨干的原料放入耐腐蚀的容器中，加水 3～4 倍，加酸调至 pH 值为 2 左右，加热煮沸，保持一定时间后用布袋压榨过滤，收集其滤液。再将滤渣加水 2 倍，重复水解过滤 1 次，合并 2 次的滤液。初次水解时，要准确掌握酸度、温度和时间的关系，酸度大、温度高则时间短些；酸度小、温度低则时间长些。

（3）脱色浓缩　在滤液中加 0.3%～0.5% 活性炭，温度保持

55～60℃，脱色 30 分钟后将其浓缩至原体积的 3% 左右。

（4）醇制加工　先在浓缩液中加入 90% 乙醇溶液，加入量为浓缩体积的 1 倍或稍多些。加入后便可看到有果胶絮凝出，片刻后将絮凝果胶装入细布袋，压榨液体并回收液体中的乙醇。将榨出的果胶用 95% 乙醇溶液洗涤（用量为果胶的 1 倍），片刻后榨去乙醇液。

（5）粉碎包装　将固体果胶置于搪瓷盘中，在 65～75℃ 条件下烘烤，烤至水分为 8% 左右，干燥后研磨粉碎并过 60 目筛。分批次化验后，按规定将不同等次的产品合理调配，然后用聚乙烯塑料袋定量密封包装。

5. 西瓜皮面膜

西瓜皮面膜可以镇静晒后皮肤和祛痘印。

制作方法：①把西瓜皮完全去掉红色瓤。②取白色部分数片，尽量薄一点，1 毫米左右为佳，太薄量不够；太厚不贴皮肤容易掉下来。③敷在脸上，尤其是有痘痘和痘疤的地方。

6. 西瓜皮菜肴

西瓜皮可以烹调 30 多种美味佳肴，如凉拌西瓜皮、西瓜皮炒虾球、西瓜皮排骨汤、脆爽西瓜皮、爆炒西瓜皮、西瓜皮炒鸡蛋、橙汁莲藕西瓜皮、西瓜皮里脊、瓜条蛋花汤及西瓜皮鸡肉饼、西瓜皮炒米饭等。

7. 西瓜皮饲料

利用西瓜皮作饲料，扩大了饲料来源，可降低生产成本 15%～20%，同时还可减少环境污染，无论从营养成分还是从经济效益上看，都是畜禽的好饲料。鲜喂：将收集的西瓜皮用打浆机打成浆后，掺入其他饲料投喂。干喂：把西瓜皮刨成薄片晒干后碾成粉，每天每头家畜用西瓜皮粉 2～3 千克，结合其他饲料投喂效果更佳。

二、西瓜瓤深加工

1. 西瓜原汁饮料

选用新采摘的八成熟红瓤西瓜，洗净表皮后，切开去皮、去籽，然后将瓜瓤置于干净的布袋中，用压榨机压汁并经双层纱布过滤，将滤汁用白砂糖调至含糖量12%，再用柠檬酸调至酸度0.3%～0.5%，加热至70℃后用板框滤机过滤，再加热至沸腾，取占原汁总量0.2%～0.5%的琼脂或黄原胶（作增稠剂，以防沉淀），再用热水溶解后倒入原汁中，趁热装入洗净且经消毒的饮料瓶中。封口后置于100℃的沸水中杀菌10分钟，再分别置于80℃、60℃和40℃的热水中依次冷却各10分钟，取出即为外观均匀浑厚、色泽鲜亮、风味可口的西瓜原汁饮料。

2. 西瓜汽水

用西瓜瓤压汁，加等量的白糖后倒入不锈钢的夹层锅中，加热煮沸即成原液。随后可按一般生产汽水的方法加工，注意原液量占汽水总量的10%，即250毫升汽水瓶应加25毫升原液。

3. 西瓜晶

将瓜瓤压汁后，注入薄膜蒸发器或其他浓缩罐中，浓缩至可溶性固形物占30%左右（可用糖度计测定），将白砂糖粉碎至100目筛，将浓缩的西瓜原汁与白糖按1：10混合，再加入少量的柠檬酸拌成面坯状，然后放入烘箱，在50～60℃条件下烘干20～30分钟，最后过筛密封包装即可。

4. 西瓜罐头

选用籽少肉红、含糖量高的西瓜，洗净去皮、去籽，将瓜瓤切成长方条状，放入5%碳酸氢钙溶液中浸泡15分钟，使其硬化后，再将50升水和12.5千克的白砂糖放入夹层锅内煮沸使其溶解，用8层纱布过滤后，再加入0.1%氯化钙和0.15%柠檬酸。然后将硬化处理后的瓜瓤条用清水洗净、沥干，装入经消毒的罐中，最后注入80℃以上的糖果液，排气 5 ～ 10 分钟，冷却后即成西瓜罐头。

5. 西瓜冷饮

（1）西瓜雪糕

① 用料　糯米粉 30 克、西瓜瓤 300 克、黄油 30 克、白糖适量、水适量。

② 做法　a. 将西瓜去皮，放入榨汁机榨出西瓜汁。b. 将榨出的纯西瓜汁用滤网过滤一遍。c. 在西瓜汁中加入白糖，放至一边备用。d. 在小锅中放入适量糯米粉，加入适量清水拌成稀糊状，中火加热，其间不停搅拌至浓稠。e. 将糯米糊倒入西瓜汁中并用料理机混合均匀。f. 将混合好的液体倒入冰糕模具中，盖上盖子，放冰箱冷冻室速冻 5 小时以上即可。g. 吃的时候将冰棒连着模具用水冲一下，或在室温里放 1 ～ 2 分钟，就很容易取出了。

（2）西瓜柠檬冷饮或沙冰

① 用料　西瓜汁、柠檬汁、薄荷、白糖、水适量。

② 做法　西瓜去皮和籽，放入搅拌机，搅拌后倒入干净的碗里，再倒入泡好的薄荷水，根据自己的口味加入适量白糖，然后加入 1 小勺柠檬汁搅拌均匀即成为西瓜柠檬汁。将西瓜柠檬汁放进冰箱冷藏备饮或冷冻成冰块，在吃之前把冻好的冰块在搅拌机里可打成冰沙。

三、西瓜籽深加工

1. 五香瓜子

（1）原料　西瓜籽 1000 克、食盐 200 克、大茴香 5 克、肉桂皮 5 克、花椒 2.5 克、小茴香 2.5 克。

（2）做法　先用 10% 生石灰水（滤除灰渣）浸泡西瓜籽 5 小时，捞出用清水冲洗，除去西瓜籽表面黏质，洗净后放入锅内加水 2 升左右煮沸，把肉桂皮、大茴香等调料用纱布包好也放入锅内，再煮 30 分钟。取出几粒瓜子，用手指压一下，如瓜子口出水珠，即放入食盐并改小火，再煮 2 小时停火，在原汤内继续浸泡入味。然后捞出晾晒或烘烤干燥、包装。原汤可连续使用 4 ～ 5 次。

2. 奶油瓜子

（1）原料　西瓜籽 10 千克、五香料 20 克。

（2）做法　将瓜子洗净放入锅内，加水、五香料共煮，熟后捞入容器并摊开，待瓜子沥干后加入稀释饴糖与少量奶粉的混合液，搅拌均匀，搓至瓜子表面光亮即可。风干后滴少许香油拌匀、包装。

3. 沙司瓜子

（1）原料　瓜子 1000 克、番茄沙司酱 200 克、白砂糖 120 克、奶粉 70 克、食用香精 3 克。

（2）做法　先将瓜子用 10% 生石灰水（清净）浸泡 1 ～ 2 天，除去黏附物，捞出洗净，在强光下暴晒 20 ～ 30 分钟或风干。把沙司、白糖、奶粉、香精混合加水搅拌，稀释为原体积的 3 倍，作为瓜子的配浆。瓜子放入炒锅内爆炒 10 分钟左右，注意火要大、翻炒要快要匀，用合适的筛子滤净瓜子中的炒货用沙。将瓜子放入配好的沙司奶粉浆中浸泡 2 小时，把瓜子连同浸泡液一起倒入高压锅中蒸焖 10 分钟，然后烘干，冷却包装。

4. 盐霜瓜子

（1）原料　瓜子 1000 克、食盐 70 克、白糖 50 克、香精适量。

（2）做法　将白糖溶解于食盐水中制成糖盐水，然后将洗净、晒干的瓜子倒入炒锅内，并加入糖盐水，用慢火炒熟，出锅后喷上适量香精即可。

第九章
西瓜病虫草害的防治经验

第一节　西瓜主要真菌病害的防治

一、西瓜叶枯病

西瓜叶枯病，多在西瓜生长中后期发生，一旦发生，如不及时防治，常造成叶片大量枯死，严重影响西瓜产量和品质。近几年有蔓延发展的趋势，在全国各西瓜产区均有发生。

1. 危害症状

初期叶片上出现褐色小斑点，周围有黄色晕，开始多在叶脉之间或叶缘发生，病斑近圆形，直径 0.1 ～ 0.5 厘米，略呈轮纹状，很快形成大片病斑，叶片枯死。瓜蔓无病斑，不枯萎（图9-1）。

2. 发病规律

以菌丝体和分生孢子在土壤中或病株残体上、种子上越冬，成为次年（季）初侵染来源。分生孢子借气流传播，形成再侵染，病害会很快进行传染。病菌在 10 ～ 35℃条件下均能生长发育。一般多发生在西瓜生长中期。西瓜果实膨大期，若遇到连阴天最易发病。

图 9-1　西瓜叶枯病

3. 防治方法

清理瓜田，减少病原；除种子消毒外，生长期间，在发病初期，选用 70% 丙森锌 600 倍液，或 20% 噻唑锌 500 倍液，或 40% 嘧霉胺 600 ～ 800 倍液，或 50% 异菌脲 1500 倍液喷雾防治，10 天喷 1 次，连喷 2 ～ 3 次。此外，还有 25% 腈菌唑乳油、10% 苯醚甲环唑乳剂、20% 丙环唑乳剂等。施用剂量因不同厂家、不同规格与含量而有所不同，请参阅包装上的"使用说明"进行施用。

二、西瓜蔓枯病

西瓜蔓枯病又叫腐病、斑点病。西瓜的蔓、叶和果实都能受其危害，而以蔓、叶受害最重。

1. 危害症状

叶子受害时，最初出现黑褐色小斑点，以后成为直径 1 ～ 2 厘米的病斑。病斑圆或不正圆形，黑褐色或有同心轮纹。发生在叶缘上的病斑，一般呈弧形。老病斑出现小黑点，病叶干枯时病斑呈星状破裂。

连续阴雨天气，病斑迅速发展可遍及全叶，叶片变黑而枯死。

蔓受害时，最初产生水浸状病斑，中央变为褐色枯死，以后褐色部分呈星状干裂，内部呈木栓状干腐（图9-2、图9-3）。

图9-2　西瓜蔓枯病瓜蔓

图9-3　西瓜蔓枯病病叶

蔓枯病与炭疽病在症状上的主要区别是，蔓枯病病斑上不产生粉红色黏物质，而是生有黑色小点状物。

2. 发病规律

西瓜蔓枯病是由一种子囊菌侵染而成的。病菌以分生孢子器及子囊壳附着于被害部混入土中越冬。来年温湿度适合时，散出孢子，经风吹、雨溅传播为害。种子表面也可以带菌。病菌主要经伤口侵入西瓜植株内部引起发病。病菌在5～35℃的温度范围内都可侵染为害，20～30℃为发育适宜温度，在55℃温度条件下，10分钟即死亡。高温多湿，通风透光不良，施肥不足而植株生长衰弱时，容易发病。

3. 防治方法

（1）播种前用60%吡虫啉0.5～1倍拌种　阴干后播种，防止种子传病。

（2）加强栽培管理　创造比较干燥、通风良好的环境条件，并注意合理施肥，使西瓜植株生长健壮，提高抗病能力。要选地势较高、排水良好、肥沃的沙质壤土地种植。防止大水漫灌，雨后要注意排水防涝。及时进行植株调整，使之通风透光良好。施足基肥，增施有机肥料，注意氮、磷、钾肥的配合施用，防止偏施氮肥。发现病株要立即拔掉烧毁，并喷药防治，防止继续蔓延危害。

（3）药剂防治　瓜苗定植后，及时穴浇 20% 噻唑锌 500 倍液，或 72% 农用链霉素等药液，每株 50 ～ 100 毫升，每 10 ～ 15 天 1 次，连续浇灌 2 ～ 3 次。西瓜坐瓜以后，在发病初期选用 20% 噻唑锌 500 倍 +43% 戊唑醇 3000 ～ 4000 倍喷雾根部，可停止发病，恢复植株健壮，保证西瓜生长。还可使用农药 10% 苯醚甲环唑乳剂。施用剂量详见该药包装。

三、西瓜炭疽病

西瓜炭疽病俗称黑斑病、洒墨水。炭疽病是瓜类作物的常见病，主要危害西瓜和甜瓜，也危害黄瓜、冬瓜等。此病除在生长季节发生外，在贮藏运输中也可发病，使西瓜大量腐烂。

1. 危害症状

炭疽病主要危害西瓜叶片及果实，也危害幼苗及瓜蔓；主要在西瓜生长的中、后期发生。

幼苗期发病，茎基部病斑黑褐色，缢缩，以致幼苗突然倒伏死亡。子叶受害时，多在边缘出现圆形或半圆形病斑，呈褐色，上边长出黑色小点及淡红色黏稠物。这是病菌的分生孢子盘及黏孢子团。

叶片发病，最初呈水浸状圆形淡黄色斑点，很快变为黑色或紫黑色的圆斑，外围有一紫黑色晕圈，有的出现同心轮纹。病斑干燥时容易破碎。严重时病斑汇合成大斑，叶片干枯死亡（图 9-4）。

蔓和叶柄发病，病斑圆形或纺锤形，黑色，稍凹陷。病斑上着生许多小黑点，呈环状排列。潮湿时，病斑上生出粉红色的黏物质。果实受害后，发育不正常，多呈畸形（图 9-5）。

图 9-4　西瓜炭疽病叶

图 9-5　西瓜炭疽病果实

2. 发病规律

西瓜炭疽病是由半知菌黑盘孢目炭疽菌属真菌侵害引起的。病菌在土壤中的病残体上或在种子上越冬。种子带菌可侵入子叶。病菌的分生孢子，主要靠风吹、雨溅、水冲及整枝压蔓等农事活动传播。湿度大是诱发此病的主要因素，在温度适宜、空气相对湿度 87% ～ 95% 时，病菌的潜育期只有 3 天，相对湿度低于 54%时，此病不能发生，温度在 10 ～ 30℃ 范围都可以发病，最适温度为20 ～ 24℃。湿度越大，发病越重，高温低湿发病轻或不发病，另外，酸性土壤（pH 5 ～ 6），偏施氮肥、排水不良、通风不佳、西瓜植株生长衰弱，以及重茬地发病均严重。

西瓜果实贮藏运输中亦可发病，并随果实成熟度而发展，果实越老熟，越易感染发病，果皮上的病菌是从田间带来的，雨后或浇水后马上收获，再放在潮湿的地方，发病更甚。

3. 防治方法

（1）选用无病种子或种子消毒　要从无病植株、健康瓜内采种。如种子可能带有病菌，应进行浸种消毒。

（2）加强栽培管理　曾发生过西瓜炭疽病的地，要隔3～4年再种西瓜，也不要种其他瓜类作物。西瓜要适当密植和及时进行植株调整，使之通风透光良好。不要用瓜类蔓叶沤肥，要施用不带菌的净肥，注意增施磷、钾肥，使西瓜生长健壮，不要大水漫灌，雨后注意排水防涝，果实下部要铺草垫高。随时清除病株、病叶，并烧毁。

（3）防止运输和贮藏中发病　要适时采摘，严格挑选，剔除病伤瓜，用40%福尔马林水剂100倍液喷布瓜面消毒。贮运中要保持阴凉，并注意通风除湿。

（4）药剂防治　在发病初期可选用80%炭疽福美可湿性粉剂800倍液，70%代森锰锌可湿性粉剂500倍液，40%多·福·溴菌腈可湿性粉剂800倍液，50%咪鲜胺锰络合物可湿性粉剂1000倍液，50%福美双可湿性粉剂500倍液，10%苯醚甲环唑水分散粒剂800倍液等中的任何一种药液喷雾，每隔7～10天一次，连喷3～4次。为防产生抗药性，以上药剂应交替使用。

四、西瓜枯萎病

枯萎病俗称蔓割病、萎凋病，是瓜类作物的主要病害之一。全国各地都有发生，以黄瓜、西瓜受害最重。

1. 危害症状

西瓜整个生长期都能发病，但以抽蔓期到结瓜期发病最重。苗期发病，幼茎基部缢缩，子叶、幼叶萎蔫下垂，突然倒伏。成株发病，病株生长缓慢，下部叶片发黄，逐渐向上发展。发病初期，白天萎蔫，早晚恢复，数天后，全株萎蔫枯死，枯萎植株的茎基部的表皮粗糙，根茎部纵裂。潮湿时，茎部呈水浸状腐烂，出现白色至粉红色霉物，即病菌的分生孢子座和分生孢子。病部常流出胶质物，茎部维管束变成褐色。病株的根部分或全部变成暗褐色并腐烂，很容易拔起来（图9-6～图9-8）。

图9-6 西瓜枯萎病幼苗

图9-7 西瓜枯萎病果实

图9-8 西瓜枯萎病根茎

2. 发病规律

西瓜枯萎病菌为半知菌丛梗孢目镰刀菌属中的真菌。病菌在土或粪肥中的病残体上越冬，也可附着在种子表面越冬。病菌的生活能力很强，可在土中存活5～6年，通过牲畜的消化道后依然可以存活。种子、粪肥和水流等都能带菌传播。病菌从根部伤口侵入，也可直接从根毛顶端侵入。病菌在导管内发育，分泌毒素，堵塞导管，影响水分运输，引起植株萎蔫死亡。病菌在 8 ～ 34℃均能繁殖。在 pH 4.6 ～ 6.0 的土壤中，发病较重。另外，地势低洼、排水不良、磷钾肥不足、氮肥过量、大水漫灌和连作地，都会引起或加重枯萎病的发生。

3. 防治方法

（1）实行轮作，及时拔除病株 病菌在土壤中存活时间长，连作地发病重，在生茬地发病轻或不发病。因此，发生过西瓜枯萎病的地，最好隔 8 ～ 10 年再种西瓜。发现病株应立即拔掉烧毁，并在病株穴中灌入 20% 的新鲜石灰乳，每平方米灌药液 3 ～ 5 千克。

（2）选用抗病品种和培育无病幼苗 注意选用高抗病品种。育苗时，苗床应选用未种过瓜类作物的无菌土作为床土。如床土可能带有病菌，可用 50% 代森铵水剂 400 倍液浇灌消毒，每平方米床土用配好的上述药液 3 ～ 5 千克。也可用 50% 多菌灵可湿性粉剂或 70% 甲基硫菌灵可湿性粉剂或 70% 敌磺钠原粉，每平方米用药 10 克，与床土充分混匀后播种。

要从健康无病的植株上留种，要用无病种子播种。如种子可能带有病菌，应浸种消毒。

（3）加强栽培管理 瓜地要选地势较高、排水良好、肥沃的沙质壤土地。雨后要注意排水，防止积水成涝。浇水最好沟浇，要防止大水漫灌。施足底肥，注意氮、磷、钾肥配合施用，防止偏施氮肥，特别是结瓜期更要控制氮肥的用量，以免引起蔓叶徒长，诱发枯萎病。不要用瓜类作物的蔓叶沤肥，避免施用带菌的堆肥和厩肥。新鲜的有机肥，必须充分发酵腐熟后才可施用。酸性土壤应施入适量石灰进行改良后才可种西瓜。

（4）嫁接换根 用葫芦、瓠瓜、新土佐等西瓜砧木，进行嫁接，可有效地防止枯萎病的发生。

（5）药剂防治

① 种子消毒 如种子可能带有病菌，应进行种子消毒。

② 土壤消毒 播种或定植前，用 40% 五氯硝基苯或 50% 多菌灵可湿性粉剂 1 份加细干土 200 份充分拌匀，结合施用沟肥或穴肥时掺

入沟、穴内，每亩使用原药 1.3 ～ 1.5 千克。

③ 零星灌根　发病初期对首先发病的零星植株用 70% 敌磺钠可湿性粉剂 500 ～ 700 倍液灌根或 10% 双效灵水剂 200 倍液，或 50% 苯菌灵可湿性粉剂 800 ～ 1000 倍液，或 36% 甲基硫菌灵悬浮剂 400 ～ 500 倍液，或 50% 多菌灵可湿性粉剂 600 倍液加 15% 三唑酮可湿性粉剂 4000 倍液灌根，每株病苗灌兑好的药液 200 ～ 250 毫升，隔 4 ～ 6 天灌 1 次，连灌 2 ～ 3 次。每次灌药应在晴天下午。

④ 全面防治　对轮作年限短或往年发病较重的地块，除采用以上措施外，还需进行全面防治。从西瓜伸蔓开始，特别当坐瓜后，可用 50% 多菌灵可湿性粉剂 500 倍液、50% 立枯净可湿性粉剂 800 倍液、20% 甲基立枯磷 1000 倍液、36% 甲基硫菌灵悬浮剂 500 倍液等交替喷施，5 ～ 7 天 1 次，连续 4 ～ 5 次。此外，还可结合根外追肥喷施 0.3% 聚能双酶水溶肥或 0.3% 磷酸二氢钾或 0.3% 黄腐酸钾水溶肥。对出现典型症状的单株，可用 20% 三唑酮乳油 500 倍液灌根，每株每次 250 毫升，连续 3 ～ 4 次。

⑤ 以水冲菌　对沙质土或透水性好的地块，可采用以水冲菌的方法防治枯萎病。老瓜区采用"水旱轮作"栽培西瓜和防止"水重茬"的做法，就充分证明了水对枯萎病菌的冲洗作用和菌随水走的真实性。山东省昌乐县的老瓜农当发现有枯萎病植株时，就立刻将这一病株根部周围用土围起一圈，随即浇满水，等水刚渗下去接着再灌。每天反复灌 3 ～ 4 次，非常有效。但仅限于沙土或透水性好的土地，黏性土效果差。

五、西瓜疫病

西瓜疫病又叫疫霉病，除危害西瓜外，甜瓜、南瓜、西葫芦、冬瓜等也能感病。

1. 危害症状

疫病主要侵害西瓜茎叶及果实。苗期发病，子叶上出现圆形水浸状暗绿色病斑，然后中部变成红褐色，近地面缢缩倒伏枯死。叶片被侵害时，初期生暗绿色水浸状圆形或不正形病斑。湿度大时，软腐似水煮，干时易破碎。茎基部被侵害产生纺锤形凹陷暗绿色水浸状病斑，扩展到全果软腐，表面密生棉毛状白色菌丝（图10-9、图10-10）。

图9-9　西瓜疫病叶

图9-10　西瓜疫病果实

2. 发病规律

西瓜疫病的病原菌是藻状菌。病菌以卵孢子等在土中的病残组织内越冬。次年条件适宜时，病菌借风吹、雨溅、水冲等由西瓜植株伤口侵入引起发病。发病适宜温度为28～32℃，最高温度为37℃，最低温度为5℃。排水不良或通风不佳的过湿地块发病重。降雨时病菌随飞溅的水滴附于果实上蔓延危害。

3. 防治方法

（1）种子消毒　同前。

（2）注意雨后及时排水　勿使瓜田积水，可防止或减轻此病。

（3）药剂防治　发病初期喷50%甲霜铜可湿性粉剂700～800倍液，或35%甲霜·唑铜可湿性粉剂800倍液，或70%乙膦·锰锌可湿性粉剂500倍液。每隔7～10天一次，连续2～3次。

六、西瓜霜霉病

霜霉病俗名烘叶、火烘、跑马干，除危害西瓜外，也危害黄瓜。

1. 危害症状

西瓜霜霉病仅危害西瓜叶片，一般是先从基部叶片开始发病，逐步向前端叶片上发展。发病初期，叶片上呈现水浸状淡黄绿色小斑点，随着病斑的扩大，逐渐变为黄绿色至褐色。因叶脉的限制，病斑扩大后呈多角形，而且变为淡褐色。空气潮湿时，叶背面长出灰褐色至紫黑色霉层，即病菌的孢囊梗及孢子囊。严重时，病斑连成片，全叶像被火烧烤过一样枯黄、脆裂、死亡。连阴雨天气，病叶会腐烂（图9-11）。

图9-11 西瓜霜霉病叶

2. 发病规律

西瓜霜霉病菌为真菌中的藻状菌。病菌以卵孢子在土壤中的病叶残体上越冬，来年温湿度合适时，经风吹传播危害。病菌的卵孢子在气温 5～30℃、湿度适宜时（80%～90%）都可萌发侵染危害，而以 15～25℃、湿度又大时发病最快。

另外，地势低洼、排水不良、种植过密、生长衰弱时都易发病。病菌还可在温室黄瓜上越冬，以后从黄瓜传播到西瓜上，所以靠近黄瓜的西瓜往往容易发病。

3. 防治方法

（1）农业防治措施　培育选栽壮苗。要选择地势高、排水良好的肥沃沙质壤土地种植,而且要远离黄瓜地。要施足基肥,增施有机肥和磷钾肥。栽植密度适宜,注意植株调整使之通风透光良好。苗期浇水要选晴暖天气,并注意中耕松土,提高地温,促使幼苗生长健壮,增加抗病能力。

在温室或大棚等保护地栽培,应严格控制温湿度,注意通风透光,适当控制浇水,切忌阴天灌水。

（2）药剂防治

① 农业防治 拉秧清洁田园和高温烤棚灭菌。在拉秧拔园时,要把棚内的残枝、落叶、杂草等上茬残留物,都清扫干净,运到棚外烧毁。然后选择连续晴朗的天气,严封大棚 6 ～ 7 天,使晴日中午棚内气温升高到 60 ～ 70℃,以这样的高温杀灭病菌,以减少下茬侵染病害的菌源。

② 熏烟 在苗期或在发病初期,每亩用 45% 百菌清安全型烟剂 200 ～ 250 克熏烟。傍晚闭棚后,将烟剂分 4 ～ 5 份,均匀置于棚室中间,用暗火点燃,从棚室一头点起,着烟后关闭棚室,熏 1 夜,次日早晨通风,隔 7 日熏 1 次,视病情决定熏烟次数,一般熏 3 ～ 6 次。

③ 药剂喷施 发现中心病株立即喷洒雾剂,用 58% 甲霜·锰锌可湿性粉剂 700 倍液、70% 乙磷·锰锌可湿性粉剂 700 倍液,或用 72.2% 霜霉威（普力克）水剂 800 倍液、75% 百菌清可湿性粉剂 600 倍液、72% 霜脲·锰锌（克露）可湿性粉剂 700 倍液、64% 噁霜·锰锌（杀毒矾）可湿性粉剂 500 倍液交替喷施,每 6 ～ 7 天喷一次,连续喷雾 3 ～ 4 次。若霜霉病和细菌性角斑病混合发生,为兼防两病,可用铜制剂配药防治,用 50% 琥胶肥酸铜可湿性粉剂 500 倍液加 40% 三乙膦酸铝可湿性粉剂 250 倍液,或 60% 琥·乙膦铝可湿性粉剂 600 倍液,或用 50% 琥胶肥酸铜可湿性粉剂 500 倍液加 25% 甲霜灵可湿性粉剂 1000 倍液,或用 100 万单位硫酸链霉素 150 毫克/千克加 40% 三乙膦酸铝可湿性粉剂 250 倍液等喷施。若霜霉病与炭疽病混发时,可选用 40% 三乙膦酸铝可湿性粉剂 200 倍液加 25% 多菌灵可湿性粉剂 500 倍液喷施。若霜霉病与白粉病混发时,可选用 40% 三乙膦铝可湿性粉剂 200 倍加 15% 三唑酮（粉锈宁）可湿性粉

剂 2000 倍液喷施。

七、西瓜白粉病

白粉病俗称白毛，是瓜类作物的严重病害之一。除危害西瓜外，还能危害甜瓜、黄瓜、西葫芦、南瓜、冬瓜等。

1. 危害症状

西瓜白粉病可发生在西瓜的蔓、叶、果等部分，但以叶片上为最多。发病初期，叶正面或叶背面出现白色近圆形小粉斑，以叶正面最多。以后病斑扩大，成为边缘不明显的大片白粉区。严重时，叶片枯黄停止生长。以后，白粉状物（病菌的分子孢子梗和分生孢子）逐渐变成灰白色或黄褐色，叶片枯黄变脆，一般不脱落（图9-12）。

图9-12 西瓜白粉病

2. 发病规律

西瓜白粉病为子囊菌侵染发病。病菌附于植株残体上在土表越冬，也可在温室西瓜上越冬。病菌主要由空气和流水传播。白粉病菌发育要求较高的湿度和温度，但病菌分生孢子在大气相对湿度低至 25% 时也能萌发，叶片上有水滴时，反而萌发不利。分生孢子在

10 ～ 30℃内都能萌发，而以 20 ～ 25℃为最适宜。田间湿度较大；温度在 16 ～ 24℃时，发病严重。植株徒长，蔓叶过密，通风不良，光照不足，均有利于发病。

3. 防治方法

（1）农业防治措施　选用抗病品种。加强栽培管理，注意氮、磷、钾肥的配合施用，防止偏施氮肥。培养健壮植株。注意及时进行植株调整，防止叶蔓过密，影响通风透光。及时剪掉病叶烧毁，防止蔓延。

（2）药土防治　定植时在栽植穴内撒施药土，还可兼治枯萎病。药土配方：每公顷用 50% 多菌灵可湿性粉剂 1250 ～ 1500 克，按 1 份药、50 份细干土的比例，将药土混合均匀就可使用。

（3）喷药防治　用 15% 三唑酮可湿性粉剂 2000 倍液、50% 苯醚甲环唑水分散粒剂 600 倍液、70% 甲基硫菌灵可湿性粉剂 1000 倍液、40% 氟硅唑乳油 600 倍液交替喷施，7 天 1 次，连续 3 ～ 4 次。

发病重时，用 50% 可湿性硫黄粉与 80% 代森锌可湿性粉剂等量混匀，然后兑水 700 倍液喷雾；还可兼治炭疽病、霜霉病。

八、西瓜猝倒病

猝倒病为西瓜苗期的一种主要病害。

1. 危害症状

发病后先在瓜苗茎部出现水渍状，维管束缢缩似线，而后倒折，病部表皮极易脱落，病株在短期内仍呈绿色（图 9-13）。

2. 发病规律

猝倒病菌活动要求较低的温度和较高的湿度，在 15 ～ 16℃、土壤相对湿度 85% 以上时发育、繁殖最快。苗床温度低、湿度高，夜间冷凉、白天阴雨时发病严重。

3. 防治方法

以防为主。要加强苗床管理，培育壮苗，增强幼苗抗病力。苗床及时通风，控制适宜的温、湿度，可防猝倒病发生。对已发病的幼苗，应及时拔除烧掉。

图 9-13　西瓜猝倒病

土壤消毒方法注意如下几点。

① 苗床土药剂处理：每 100 千克床土加入 70% 敌磺钠可湿性粉剂 50 克充分混合均匀装钵（育苗盘）或作育苗土。

② 药土覆盖种子：直播时，用 50% 多菌灵可湿性粉剂 50 克或 40% 五氯硝基苯粉剂 200 克，加细干土 100 千克配成药土，当播种后作覆盖种子用土（厚度一般为 1 厘米）。

③ 苗期喷药：出苗后发病可用 25% 甲霜灵可湿性粉剂 600 倍液或 64% 噁霜·锰锌可湿性粉剂 500 倍液喷施根茎部。幼苗发病可用 58% 甲霜·锰锌可湿性粉剂 800 倍液，72% 霜脲·锰锌可湿性粉剂 800 倍液，70% 敌磺钠可湿性粉剂 500 倍液，69% 烯酰·锰锌可湿性粉剂 1000 倍液交替喷施，6～7 天 1 次，连续 2～3 次。

④ 兼治用药：如果有立枯病同时发生，可用 75% 百菌清可湿性粉剂加绿亨 3 号 800 倍液或 72% 霜霉威加 50% 福美双可湿性粉剂 800 倍液喷雾。7～10 天 1 次，连续 3～4 次。

九、西瓜立枯病

1. 危害症状

多发生于床温较高或育苗后期。幼苗自出土至移栽定植都可以受害。早期病苗白天萎蔫，晚上可恢复。主要被害部位是幼苗茎基部或地下根部，初在茎基部出现暗褐色椭圆形病斑，并逐渐向里凹陷，边缘较明显，扩展后绕茎一周，致茎部萎缩干枯后，瓜苗死亡，但不折倒，潮湿时病斑处长有灰褐色菌丝。根部染病多在近地表根茎处，皮层变褐色或腐烂。开始发病时苗床内仅个别苗在白天萎蔫，夜间恢复，经数日反复后，病株不猝倒，死亡的植株立枯不倒伏，故称为立枯病。另外，病部具轮纹或不十分明显的淡褐色蛛丝状霉，即病菌的菌丝体或菌核，且病程进展较缓慢，这也有别于猝倒病（图9-14）。

图9-14　西瓜立枯病幼苗

2. 发病规律

立枯病由半知菌丝核菌属侵染所致。该菌生育适温为 17 ～ 28℃，湿度大有利于菌丝生长蔓延。病菌腐生性强，以菌核和菌丝在土壤中可存活 4 ～ 5 年。湿度大是诱发立枯病的重要条件。苗床保温差、湿度过大、幼苗过密、通风不良等均可加重病害。

3. 防治方法

宜采取栽培技术防治与药剂防治相配合的方法。

（1）种子消毒 用种子重量 0.2% 的 40% 拌种双拌种，即每 1 千克种子用 40% 拌种双 5 克拌种。

（2）土壤消毒 播种前、后分别铺、盖药土，可用 40% 五氯硝基苯与福美霜 1∶1 混合，也可单用 40% 拌种双粉剂，或 40% 根腐灵粉剂，按每平方米苗床用药 8 克兑细土部分，施法同防治猝倒病。

（3）加强管理 直播后加强田间管理；育苗时，加强苗床管理，注意科学放风调节温、湿度，防止苗床温度和湿度过高。

（4）药剂防治 发病初期喷淋 20% 甲基立枯磷（利克菌）乳油 1200 倍液，或 36% 甲基硫菌灵悬浮剂 600 倍液，或 15% 噁霉灵水剂 450 倍液，或 5% 井冈霉素水剂 1500 倍液。立枯病与猝倒病混发时，可用 72.2% 霜霉威水剂 1000 倍液加 50% 福美双可湿性粉剂 1000 倍液喷淋。每平方米苗床喷药水 2～3 升，7～10 天喷 1 次，连续 2 次。

十、西瓜白绢病

西瓜白绢病在长江以南地区发生较多，除西瓜外，甜瓜、黄瓜等作物也常发生。

1. 症状

病菌主要侵害近地部的瓜蔓和果实。发病初期，病部呈水渍状小斑，病斑扩大后由浅褐色变黑褐色，其上生出白色丝状菌丝体，多数呈辐射状，边缘特别明显。后期在病斑部可产生许多茶褐色油菜籽状的小菌核。病情进一步发展，可造成近地部瓜蔓基部腐烂，叶片萎蔫，直至枯死（图 9-15、图 9-16）。

2. 发病规律

病菌以菌核在土壤中越冬，次年萌发生出菌丝而侵染西瓜基部茎蔓。病菌借流水、压蔓整枝等传播引起侵染，菌核在土壤中可存活 5～6 年。病菌发育最适温度为 32～33℃，适温范围为 8～40℃，但在高湿高温条件下发病较重。酸性土壤和棚室连作发病严重。

图9-15　西瓜白绢病茎

图9-16　西瓜白绢病果实

3. 防治方法

（1）农业防治

① 轮作　在南方可进行水旱轮作。

② 施用腐熟有机肥。

③ 酸性土壤施用石灰。

④ 早期发病株及时拔除并深埋。

⑤ 西瓜采收后，彻底清理田间残株，集中深埋或烧毁。

（2）药剂防治

① 喷药防治　50%腐霉利可湿性粉剂1000倍液，或50%代森铵可湿性粉剂1000倍液，或50%异菌脲可湿性粉剂1000倍液，或50%甲基硫菌灵可湿性粉剂500倍液在西瓜茎蔓基部浇灌，每株每次250毫升，5～7天1次，交替用药，连续2～3次。

② 药剂灌根　可用以下药剂之一灌根：72%霜脲·锰锌（克露）可湿性粉剂700倍液，50%多菌灵可湿性粉剂500倍液，58%甲霜·锰锌可湿性粉剂500倍液，64%噁霜·锰锌可湿性粉剂500倍液浇灌西瓜茎基部，隔7～10天再灌1次，每株灌药液250毫升。

十一、西瓜灰霉病

西瓜灰霉病是西瓜常见多发病，全国各地均有发生。

1. 危害症状

苗期发病幼叶易受害，造成"龙头"（瓜蔓顶端）枯萎，进一步发展，全株枯死，病部出现灰色霉层。幼果发病，多发生在花蒂部，初为水浸状软腐，以后变为黄褐色并腐烂、脱落。受害部位表面，均密生灰色霉层（图9-17、图9-18）。

图9-17 西瓜灰霉病叶

图9-18 西瓜灰霉病果实

2. 发病规律

病菌以菌丝体和菌核随病残体在土壤中越冬，次年春天菌丝体产生分生孢子，菌核萌发产生分生孢子盘，并散布分生孢子，借气流和雨水传播，危害西瓜幼苗、花及幼果，引起初侵染，并在病部产生霉层，进一步产生大量分生孢子。再次侵染西瓜扩大蔓延。入秋气温低时，又产生菌核潜入土壤越冬。病菌生长适宜温度为 22～25℃，存活温度为 2～33℃，分生孢子形成的相对湿度为95%。所以在高温高湿条件下，病害发生较重。

3. 防治方法

（1）农业防治
① 轮作 实行 3 年以上的轮作换茬。
② 苗土消毒 育苗床或定植穴用 70% 敌磺钠原粉 1000 倍液，每平方米育苗床或定植处浇灌药液 3～4 千克。

③ 施用充分腐熟的有机肥。

④ 棚室消毒　用百菌清烟剂或异菌脲烟剂熏棚，每棚用药 0.25 千克，8 ～ 10 天熏 1 次，连熏 2 ～ 3 次。

（2）药剂防治

① 生物制剂　可选用 1% 武夷菌素 200 倍液，每亩喷洒 20 ～ 30 升，每隔 7 天左右喷 1 次，连续喷 2 ～ 3 次。

② 化学农药　可用 25% 三唑酮可湿性粉剂 3000 倍液，或 50% 腐霉利可湿性粉剂 1000 倍液，或 3% 多抗霉素可湿性粉剂 800 倍液，或 25% 嘧菌酯悬浮剂 1500 ～ 2000 倍液，或 50% 多菌灵可湿性粉剂 500 倍液，或 70% 甲基硫菌灵可湿性粉剂 800 倍液，交替喷施，7 ～ 10 天 1 次，连续 2 ～ 3 次。

第二节　西瓜细菌性病害的防治

一、细菌性果腐病

西瓜果腐病是一种毁灭性细菌病害，主要侵染西瓜果实，有时也侵染叶片和幼苗。该病菌由国外传入，近年来，我国东北、西北等地时有发生。

1. 症状

发病初期，果实表皮出现水渍状斑点，后逐渐发展扩大为边缘不规则的深绿色水浸状大斑。果面病斑连片后可致使西瓜表皮溃烂变黄而开裂，最后造成果实腐烂。叶片感病后，瓜叶背面初为水浸状小斑点，后变成黄色晕圈斑点。西瓜幼苗一旦感病，整株出现水浸状圆斑，迅速扩大后使全株溃烂死苗（图 9-19）。

2. 发病规律

潮湿多雨或高温是本病发生有利条件。该菌在土壤中存活时间很短，只有 8 ～ 12 天，其传染途径主要为种子带菌。

图 9-19 西瓜果腐病

3. 防治方法

以防为主，加强综合防治。

（1）加强种子检疫与消毒　要特别防治进口种子带菌。注意种子消毒。

（2）拔除病株　发现病株应及时拔掉带出瓜田深埋。

（3）药剂防治　发病初期可用 72% 农用链霉素可湿性粉剂 4000 倍液，50% 琥胶肥酸铜可湿性粉剂 500 倍液，14% 络氨铜水剂 300 倍液，20% 噻唑锌悬浮剂 600 倍液，47% 春·氧氯化铜可湿性粉剂 700 倍液交替喷施，7 ～ 10 天 1 次，连续 2 ～ 3 次。

二、细菌性角斑病

细菌性角斑病，是西瓜大田生产中后期和棚室生产前期多发、常见的细菌病害，控制不好，危害较大。

1. 症状

主要侵染叶片、叶柄、茎蔓，卷须和果实上也可发病，但不常见。在子叶上病斑呈水浸状圆形或近圆形凹陷小斑，后期病斑变为淡黄褐色，并逐渐干枯。在真叶上，病斑初为透明水浸状小斑点，以后发展成沿叶脉走向的多角形黄褐斑。潮湿时，叶背病斑处可见白色菌液，后变为淡黄色，形成黄色晕圈。干燥时，病斑中央呈灰白色，严重时呈褐色，质脆易破成多孔状。茎蔓、叶柄、果实发病时，初为水浸状圆斑，以后逐渐变成灰白色。潮湿时，病斑处有白色菌液溢出。干燥时，病斑变为灰色而干裂（图9-20、图9-21）。

图 9-20　西瓜角斑病叶　　　　图 9-21　西瓜角斑病果实

2. 发病规律

种子带菌，发芽后细菌侵入子叶；土壤带菌，细菌随雨水或浇水溅到蔓叶上均可造成初次侵染。病斑所产生的菌液，可通过风雨、昆虫、整枝打杈等进行传播。细菌通过叶片上的气孔或伤口侵入植株。开始先在细胞间繁殖，后侵入组织细胞内扩大繁殖，直至侵入蔓叶的维管束中。果实发病时，细菌沿导管进入种子表皮。在高温高湿的条件下，有利于病菌的繁殖，所以发病较重。

3. 防治方法

（1）农业防治　控制苗床或棚室中温湿度，使其适宜西瓜生长，特别应适当降低湿度，提高地温，整枝打杈时，遇到病株，在摘除病叶、病蔓后，要远离瓜田深埋，并用肥皂充分洗手后或用 75% 酒精擦手后再到瓜田继续进行整枝打杈等管理工作。

（2）农药防治

① 种子消毒：首先避免从疫区引种或从病株上采种。种子消毒的方法是：可用 55℃ 温水浸种 15 分钟或用 50% 代森铵 600 倍液浸种 1 小时，或用 40% 甲醛 150 倍液浸种 90 分钟，清水洗净后催芽，或用 100 万单位硫酸链霉素 500 倍液浸种 2 小时后催芽，或用氯霉素 500 倍液浸种 2 小时后催芽播种。

② 做好栽培防病：清除病残叶和病瓜；避免重茬，与非瓜类蔬菜 2～3 年轮作；轻浇水和及时放风排湿，控制和降低棚室内土壤和空气湿度。

③ 药剂防治：发病初期用 50% 琥胶肥酸铜可湿性粉剂 600 倍液、50% 甲霜铜可湿性粉剂 600 倍液、72% 硫酸链霉素可溶粉剂 3000 倍液、72% 氢氧化铜水分散粒剂 400 倍液交替喷施，6～7 天 1 次，连续 2～3 次。

三、细菌性叶斑病

1. 症状

该病害可为害西瓜的叶片、叶柄和瓜蔓。初期病斑呈水渍状针头大小斑，后病斑扩大，呈圆形或多角形，病斑周边有黄晕，背面不易见到菌脓，对光可见病斑呈透明状。病害一般从西瓜下部向上发展，几天后造成整株西瓜干枯，严重时连片西瓜死亡。病原：*Xanthomonas campestris* pv. *cucurbitae*（Bryan）Dye，又称油菜黄单胞菌黄瓜叶斑病致病种（图 9-22）。

2. 发病规律

该病菌主要通过种子、流水、灌溉水以及劳动工具进行传播。当气候条件高温、高湿和通风条件不良时，病害容易发生流行。

3. 防治方法

① 及时做好种子消毒，播种前使用 40% 福尔马林 150 倍液浸 1 小时或 72% 硫酸链霉素可溶粉剂 500 倍液浸种 2 小时。

图 9-22　　细菌性叶斑病

② 发病初期使用 77％硫酸铜钙可湿性粉剂 600 倍液或 2％中生菌素可湿性粉剂 1000 倍液 +20％叶枯唑 600 倍液或 2％春雷霉素 1000 倍液 +20％叶枯唑可湿性粉剂 600 倍液进行叶面喷施 1 ～ 2 次。

四、细菌性青枯病

西瓜细菌性青枯病又称西瓜凋萎病。过去只发生在我国南方局部地区，近年来，随着棚室等保护地栽培的发展，北方如河北、山东、河南等西瓜老产区也不断发现细菌性青枯病，且发病面积有逐年扩大、发病程度有逐年严重的趋势。

1. 症状

西瓜茎蔓发病时，受害处初为水浸状不规则病斑，后蔓延扩展，可环绕茎蔓一周，病部变细，两端仍呈水浸状，茎蔓前端叶片出现萎蔫，自上而下萎蔫程度逐渐加重（图 9-23）。

剖视病蔓，维管束不变色，但用手挤压病斑严重处，可见有乳白色黏液自维管束断面溢出。此病不侵染根系，故根部不变色、不腐烂。以上特点也是与西瓜枯萎病相区别的特征。

2. 发病规律

细菌从伤口侵入植株，引起初次侵染。细菌在 25 ～ 30℃条件下，迅速繁殖，其浓度可阻塞、破坏西瓜蔓叶的维管束，从而引起蔓叶萎蔫甚至凋枯而死。只要温度适宜细菌繁殖，西瓜整个生育季节均可发病。病菌传播主要为某些食叶甲虫类害虫，如黄跳甲象甲（象鼻虫）等。当瓜田甲虫发生越严重或管理越粗放时，青枯病发生就越严重。当气温适宜时该病发生严重，然而，当温度在 18℃ 以下或 33℃ 以上时，很少发生青枯病。

图9-23　细菌性青枯病

3. 防治方法

（1）农业防治　结合虫害防治，检查田间或棚室内食叶甲虫类害虫的发生发展情况，一旦发现及时扑杀或喷药专防。发现有萎蔫病株，要立即拔除，并将其带出棚室深埋。

（2）土壤消毒　育苗土用 2% 福尔马林液喷施消毒。

（3）药剂灌根　发病植株可用 20% 噻菌铜悬浮剂 1000 倍液或 72% 硫酸链霉素可湿性粉剂 3000 倍液灌根，每次每株 0.25 ～ 0.5 升，5 ～ 7 天 1 次，连续 2 ～ 3 次。

（4）叶面喷施　发病前后用 78% 波尔·锰锌可湿性粉剂 500 倍液或 25% 琥胶肥酸铜可湿性粉剂 600 倍液，或 47% 春·氧氯化铜可湿性粉剂 700 倍液交替喷施，7 ～ 10 天 1 次，连续 2 ～ 3 次。

第三节　西瓜病毒病害的防治

西瓜病毒病也叫毒素病、花叶病，俗称疯秧子、青花。近年来，西瓜病毒病有逐渐发展趋势，已成为西瓜生产中的一种主要病害。

1. 危害症状

西瓜病毒病分花叶和蕨叶两种类型。花叶型的症状，主要是叶子上有黄绿相间的花斑，叶面凹凸不平，新生出的叶子畸形，蔓的顶端节间缩短。蕨叶型（即矮化型）的症状，主要表现为新生出的叶子狭长、皱缩、扭曲。病株的花发育不良，难于坐瓜，即使坐瓜也发育不良，而成为畸形瓜（图9-24、图9-25）。

图9-24　花叶型病毒病

图9-25　病毒病果实

2. 发病规律

西瓜病毒病主要是由甜瓜花叶病毒侵染引起。本病毒还可侵染西葫芦。西瓜种子可以带病毒传播。春季在甜瓜上最先发病，可由蚜虫带毒传染给西瓜。春西瓜多在中后期发病。天气干热，干旱无雨，阳光强烈，是主要的发病条件。西瓜植株缺肥，生长势弱，容易感病。在西瓜生长期间，病毒主要靠蚜虫带毒传播。另外，进行整枝、打杈等田间管理工作时，也可将病毒从病株传至健康株，病毒从伤口侵入而发病。

3. 防治方法

（1）农业防治措施　选用抗病品种，建立无病留种田。如种子可能带有病毒，应进行浸种消毒。

种植西瓜的地块要远离菜园，也不要靠近甜瓜地；有西瓜地里带种甜瓜习惯的应改掉，防止甜瓜、西葫芦上的病毒经蚜虫传给西瓜，发现病株要立即拔除烧掉。在进行整枝、授粉等田间管理工作时，要注意减少损伤，打杈时要在晴天阳光下进行，使伤口迅速干缩，而且要对健康植株和可疑病株（如病株附近的植株）分别进行打杈，防止接触传病。

加强田间管理，施足基肥，注意追肥，增施钾肥，及时浇水防止干旱，并做好植株调整工作，使西瓜植株生长健壮，提高抗病能力。

（2）及时消灭蚜虫　防治方法详见第九章第五节虫害防治部分。

（3）药剂防治

① 种子消毒　10% 磷酸三钠液浸种 20 ～ 30 分钟，冲洗净药液后催芽播种。

② 土壤消毒　育苗土可用福尔马林消毒。每立方米育苗土用 40% 福尔马林液 400 毫升充分拌匀堆积覆膜，经 2 ～ 3 天堆闷后再装钵（育苗盘）。棚室栽培西瓜，可用闷棚熏蒸土壤消毒。每平方米用溴甲烷 50 克，放药后密闭棚室 48 ～ 72 小时。

③ 喷施药剂　可用 20% 病毒 A 可湿性粉剂 500 倍液，40% 病毒灵可溶粉剂 1000 倍液，2% 宁南霉素水剂 200 倍液，22% 烯·羟·硫酸铜可湿性粉剂 1500 倍液，7.5% 菌毒·吗啉胍水剂 500 倍液，3.85% 三氮唑·铜·锌水乳剂 600 倍液，1.5% 植病灵水剂 1000 倍液交替喷施，发生花叶病毒病时，可用 45% 吡虫啉微乳剂 3000 倍液 +6% 乙基多杀菌素悬浮液 800 倍 +10% 盐酸吗啉胍可湿性粉剂 1000 倍液喷施，5 ～ 7 天 1 次，连续 3 ～ 4 次。

第四节　西瓜生理性病害的防治

一、锈根病

锈根病也叫沤根、烂根病。在苗床或移栽定植后，遇到低温、阴雨天时易发生这种病。

1. 危害症状

幼苗生长极慢，以致叶片萎蔫。根部最初呈黄锈色，以后变黏腐烂，而且迟迟生不出新根来（图9-26、图9-27）。

图 9-26　西瓜锈根病幼苗　　　图 9-27　西瓜锈根病主根

2. 发病规律

西瓜锈根病是一种生理病害。如苗床管理不当，或阴雨天，气温下降，苗床无法通风晒床，土壤低温高湿，根系生长发育受到抑制或根毛死亡等原因，均可发生锈根病。

土壤温度过低、湿度过大是发生锈银病的根本原因。在土壤低温高湿条件下，根系发育受阻，根部的再生能力、吸收机能和呼吸作用受到严重抑制，根毛大批死亡，进而使地上部萎蔫。

3. 防治方法

以综合措施为主，如多施有机肥料作基肥，选择晴朗天气定植，定植不要过深，灌水量不要过大，勤中耕松土以及培育大苗，移栽多带土（营养钵、营养纸袋或割大土坨）等，可避免或减少锈根病的发生。

二、烧根

烧根也是一种生理病害。发生烧根时，根系发黄，不发新根，但不烂根，地上部生长缓慢，植株矮小脆硬，形成小老苗。烧根主要是施肥过多及土壤干燥造成的。苗床土中施用没有充分腐熟的有机肥，或者有机肥、化肥不与床土充分混合，都易发生烧根。因此，配制苗床土时，用肥量要适当，特别是不要施用化肥过多，一定要用充分腐熟的有机肥；各种肥料要与床土充分拌匀。苗床浇水要适宜，注意保持土壤湿润，勿使苗子因床土缺水而烧根。已经发生烧根时要适当增加浇水量，降低土壤溶液浓度。浇水后应十分重视苗床的温度变化，晴天白天尽量加大通风量，以降低苗床内湿度；夜间则应当以保温为主，适当提高床温有利于根系恢复生长，促发新根。浇水以湿透床土为宜，防止浇水过多和床土长期过湿。因这时苗根已十分衰弱，如果浇水过多或床土长期过湿，有可能导致幼苗发生沤根而无法救治。

三、僵苗

1. 症状

植株生长处于停滞状态，生长量小，展叶慢，子叶、真叶变黄，根变褐，新生根少。这是西瓜苗期和定植前期的主要生理病害。

2. 病因

① 土壤温度偏低，不能满足根系生长的温度要求。

② 土壤含水量高、湿度大、通气差，发根困难。

③ 定植时苗龄过大，损伤根系较多，或整地、定植时操作粗放，根部架空，影响发根。

④ 施用未充分腐熟的农家肥，造成发热烧根，或施用化肥较多，土壤中的化肥溶液浓度过高而伤根。

⑤ 地下害虫危害根部。

3. 防治措施

① 改善育苗环境，保证育苗适温，可采用地膜覆盖增温、保湿、防雨，改善根系生长条件。

② 加强中耕松土，定植时高畦深沟，加强排水，改善根系的呼吸环境。

③ 适时定植，尽量避免对根系造成伤害。

④ 适当增施腐熟农家肥，施用化肥时应勤施薄施。

⑤ 及时防治蚂蚁等虫的危害。

四、疯秧

1. 症状

植株生长过于旺盛，出现徒长，表现为节间伸长，叶柄和叶身变长，叶色淡绿，叶质较薄，不易坐果。

2. 病因

① 氮素营养过高，促进了茎叶的过快生长，造成坐果困难，空棵率增加，即使坐果，也常是果型小、产量低、成熟迟。

② 苗床或大棚的温度过高，光照不足，土壤和空气湿度过大。

3. 防治措施

① 控制基肥的施用量，前期少施氮肥，注意磷、钾肥的配合，是防治疯秧的最根本措施。

② 苗床或大棚要适时通风，增加光照，避免温度过高、湿度过大。

③ 对于疯长植株，可采取整枝、打顶、人工辅助授粉促进坐果等措施抑制营养生长，促进生殖生长。

五、急性凋萎

1. 症状

初期中午地上部萎蔫，傍晚时尚能恢复，经 3 ～ 4 天反复以后枯死，根颈部略膨大。与枯萎病的区别在于根颈维管束不发生褐变。这是西瓜嫁接栽培中经常发生的一种生理性凋萎，发生时期大多在坐果前后。

2. 病因

直接原因尚不清楚，可能有以下几方面的原因：
① 与砧木种类有关，葫芦砧木发生较多，南瓜砧木很少发生。
② 砧木根系吸收的水分不能及时补充叶面的蒸腾失水。
③ 整枝过度，抑制了根系的生长，加剧了吸水与蒸腾的矛盾，导致凋萎。
④ 光照弱会加剧急性凋萎病的发生。

3. 防治措施

目前主要是选择适宜的砧木，加强栽培管理，增强根系的吸收能力。

六、叶片白化

1. 症状

子叶、真叶的边缘失绿，幼苗停止生长，严重时子叶、真叶、生长点全部受冻致死。

2. 病因

西瓜苗期通风不当或急剧降温所致。

3. 防治措施

适时播种，改进苗床的保温措施，白天温度为 20℃，夜间不低于 15℃，早晨通风不宜过早，通风量应逐步增加，避免苗床温度急剧降低。

七、西瓜叶白枯病

西瓜叶白枯病是一种生理性病害，多在西瓜生长中后期发生。

1. 症状

发病初期由基部叶片、叶柄表皮老化，粗糙开始，且叶色变淡，逆光透视叶片，可见叶脉间有淡黄色斑点。发展后，病斑叶肉由黄变褐，数日后叶面形成一层像盐斑似的凹凸不平的白斑。

2. 发病规律

此病发生与根冠比失调有关，特别与强整枝、晚整枝有关。侧蔓摘除越多，且摘除越晚或节位越高时，发病越重。

3. 防治方法

① 及时整枝，低节位打杈。
② 叶面喷施光合微肥，或 0.3% ～ 0.4% 磷酸二氢钾水液，每亩每次 60 升水液，3 ～ 5 天 1 次，连续 2 ～ 3 次。

八、西瓜卷叶病

西瓜卷叶病为生理性病害。当土壤中缺镁或植株坐瓜过多、生长势过弱时，坐果节及附近节位的叶片易发生该病。

1. 症状

发病时叶脉间出现黑褐色斑点，发展后扩大遍及全叶，最后叶片上卷而枯死。坐果节位及相邻高节位叶片易发病，严重时基部节位叶片也会发病。

2. 发病规律

不坐瓜或徒长植株不发病。土壤缺镁易发病。嫁接栽培者，葫芦砧比南瓜砧易发病。土壤水分波动过大（忽涝忽旱）时易发病。整枝不当（过早、过重、摘心不当），使植株内的磷酸在局部叶片累积，从而使其老化、卷曲。

3. 防治方法

① 培育壮苗，适时、适当整枝。合理灌水，勿使土壤忽干忽湿，波动剧烈。

② 增施有机肥料，特别注意适当增施磷、钾和微量元素肥。改善植株长势，合理留瓜（勿使坐果过多）。

③ 叶面喷施 0.5% 硫酸镁或复合微肥，5 ～ 7 天 1 次，连续 2 ～ 3 次。

第五节　西瓜主要虫害的防治

一、瓜地蛆

瓜地蛆又叫根蛆，是种蝇的幼虫。

1. 形态和习性

瓜地蛆的成虫，是一种淡灰黑色的小苍蝇，体长 4 ～ 6 毫米（雄成虫较小，雌成虫较大），复眼、赤褐色，腹背面中央有一条灰黑色纵线，第三、四节腹背板中央有较明显的长三角形黑色条纹，全身生有黑色刚毛，而以胸背部的刚毛最明显。幼虫即瓜地蛆，蛆状，体长 6 ～ 7 毫米，白色，头咽骨黑色，体末臀节斜切状，周缘有 5 对三角形小突起，各突起的末端都不分叉。蛹为纺锤形，尾端略细，长 4.5 ～ 4.8 毫米，淡黄褐色，尾端灰黑色，外壳很薄，半透明（图9-28）。

种蝇一年发生 3 ～ 4 代，以蛹在粪土内越冬，4 月份开始在田间活动。成虫喜在潮湿的土面产卵，每只雌蝇可产卵 150 粒左右。卵期在 10℃ 以上 7 ～ 8 天，老熟幼虫在土内化蛹。

图 9-28　瓜地蛆

1—成虫；2—幼虫；3—蛹；4—西瓜子叶苗被害状

2. 危害状况

瓜地蛆除危害西瓜外，还危害甜瓜、黄瓜等其他瓜类、豆类等及玉米、棉花等作物，是一种主要的地下害虫。瓜地蛆常常三五成群地危害瓜苗表土下的幼茎（即下胚轴），使已发芽的种子不能正常出土，或从幼苗根部钻入，顺着幼茎向上危害，使下胚轴中空、腐烂，地上部凋萎死亡，引起严重缺苗。

3. 防治方法

（1）农业防治措施　要施用充分腐熟的有机肥。人粪尿、圈肥在堆积发酵期间要用泥封严，防止成虫聚集产卵。种植西瓜时最好不用大田直播法，而采用大田移栽法，以防止种蝇聚集在播种穴上产卵。

（2）药剂防治

① 种子消毒　方法见第二章第二节相关内容。

② 苗床灌根　用 1.8% 阿维菌素乳油 2000 倍液、5% 除虫菊素乳油 1500 倍液、90% 敌百虫晶体 800 倍液交替灌根，每次每穴 200 ～ 250 毫升。

③ 苗期喷药　可用 21% 灭杀毙乳油 6000 倍液，2.5% 溴氰菊酯乳油 3000 倍液，90% 敌百虫晶体 800 倍液交替喷施，5 ～ 7 天 1 次，连续 2 ～ 3 次。

二、地老虎

地老虎俗称土蚕、地蚕、切根虫。地老虎分小地老虎、黄地老虎、大地老虎和八字地老虎等多种。在山东省危害西瓜的主要是小地老虎和黄地老虎，其中以小地老虎危害最严重。

1. 形态和习性

（1）小地老虎　成虫体长 19 ～ 23 毫米，翅展开 40 ～ 50 毫米，灰黑色以至棕褐色，所以又叫黑地老虎。小地老虎成虫的主要特征在前翅，翅窄长，呈船桨形，有内外横线、楔形纹、环形纹及肾形纹；肾形纹外侧有一条黑色的"一"字纹。幼虫体长可达 50 毫米。幼虫背部淡灰褐色，两侧颜色较深，体表有明显的大小颗粒状突起，臀板上有"］［"形褐色斑纹。卵半球形，橘子状。蛹体长 26 ～ 30 毫米，淡红褐色（图 9-29）。

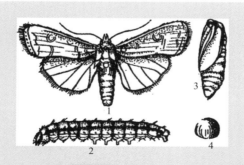

图 9-29　小地老虎

1—成虫；2—幼虫；3—蛹；4—卵

小地老虎每年可发生 3 ～ 5 代，在山东省和华北地区通常只发生 3 代。大部分地区第 1 代幼虫于 5 月下旬至 6 月上旬危害西瓜主蔓或侧蔓，特别在阴雨天危害较重。1只雌蛾可产卵千粒左右，卵散产在地面或西瓜蔓叶上。第1代卵期5～6天，孵出的幼虫先在嫩叶上啃食，3龄后转入土内，昼伏夜出危害。幼虫有伪死习性。幼虫共6龄，4龄以后危害最重，以蛹越冬。

（2）黄地老虎　成虫体长14～20毫米，翅展32～44毫米，土褐色或暗黄色。前翅略窄而短，表面斑纹变化较大，有的内外横线、环形纹、肾形纹、楔形纹都比较明显（多为雄成虫），有的前翅为灰黑色，只是肾形纹较清楚（多为雌成虫）（图9-30、图9-31）。

图 9-30　黄地老虎幼虫及蛾

图 9-31　黄地老虎蛹

黄地老虎每年可发生3代。第1代幼虫5～6月发生危害，第2代幼虫8～9月发生危害。

2. 危害状况

小地老虎和黄地老虎对西瓜的危害状况基本相同。在3龄以前，多聚集在嫩叶或嫩茎上咬食，3龄以后转入土中，昼伏夜出，常将幼苗咬断并拖入土穴内咬食，造成缺苗断垄，或咬断蔓尖及叶柄，使植株不能生长。

3. 防治方法

防治地老虎一类害虫，要以防治成虫为重点。

（1）用黑光灯诱杀　这个办法，如能大面积联防效果最好。

（2）清除瓜地杂草　田间杂草，特别是双子叶杂草，如小旋花、刺儿草等，是地老虎产卵的场所。因此，清除地头田边及瓜地内的杂草，是防治地老虎的重要措施。

（3）人工捕杀　发现小地老虎危害时，可于每天早晨扒土捕杀。一般地老虎危害后并不远离，仍在附近表土层隐藏。亦可在灌水后及时捕杀，因为当地老虎遇水后，即很快从土内爬出，极易捕杀。

（4）药剂防治

① 毒饵诱杀　90%敌百虫晶体100克加200毫升水充分溶化，拌入炒香的麦麸3千克，傍晚投放在西瓜幼苗周围，特别是与麦田、路边草地临近处，更要多投放些。每亩投放2～2.5千克毒饵。

② 药土毒杀　用0.04%二氯苯醚菊酯粉或2.5%敌百虫粉1千克，加细干土8～10千克，充分拌匀，撒覆在被害处及其周围。用量根据被害面积酌情使用。

③ 植株喷施　可用50%辛硫磷可湿性粉剂1000倍液或90%敌百虫晶体1000倍液，也可用2.5%高效氯氟氰菊酯（功夫）乳油5000倍液、40%菊·杀乳油3000倍液、20%灭多威乳油2000倍液、10%溴氟菊酯乳油1000倍液交替喷施，6～7天1次，连续2～3次。

三、金龟子和蛴螬

金龟子又名金龟甲，俗称瞎撞子，是蛴螬的成虫。蛴螬俗称地漏、地黄，是金龟子的幼虫。金龟子的种类很多，危害西瓜的主要是大黑金龟子、暗黑金龟子和它们的幼虫——蛴螬（图9-32）。

1. 形态和习性

（1）大黑金龟子　又名华北大黑金龟甲、朝鲜金龟甲，各地发生比较普遍。成虫长椭圆形，体长16～21毫米，体宽8.1～11毫米，黑褐色，有光泽，胸部腹面有黑色长毛，鞘翅上散生小黑点，并各有3条隆起线。幼虫体长40毫米，头部黄褐色，胴部黄白色，头宽4.9～5.3毫米；头部顶毛每侧3条，后顶毛各1条，额中毛各1条（少数2条）；臀节覆毛区散生钩状刚毛，肛门三裂。

图9-32　金龟子的幼虫——蛴螬

　　大黑金龟子2年发生1代，以成虫和幼虫隔年交替在土中越冬。越冬成虫4月上、中旬开始出土。越冬幼虫4～5月开始危害，5～6月间陆续化蛹，6月下旬至7月下旬羽化，在土中越冬。成虫寿命很长，白天潜伏土内，早晚活动危害，有伪死习性，趋光性不强。

　　（2）暗黑金龟子　又名黑金龟子，各地发生比较普遍。成虫长椭圆形，体长18.3～19.5毫米，初羽化为红棕色，以后逐渐变为红黑色，被有灰蓝色粉，无光泽；前胸背板前缘密生黄褐色毛，鞘翅上散生较大的黑点，并有4条隆起线。幼虫体长可达4.5毫米，头部黄褐色，胴部黄白色，头宽5.6～6.1毫米；头部前顶毛每侧1条，后顶毛各1条，额中毛各1条，臀节覆毛区形态与大黑金龟子基本相同（图9-33、图9-34）。

1　　　　　　　2　　　　　　　3

图9-33　大黑金龟子

1—成虫；2—幼虫；3—蛹

图 9-34 暗黑金龟子成虫

暗黑金龟子每年发生一代，以幼虫和少数成虫在土中越冬。越冬幼虫在第二年 5 月化蛹，6 月中旬至 7 月中旬羽化，7 月间发生小幼虫，一直危害到 9 月，以后潜入深土层越冬。成虫有伪死性和趋光性。

2. 危害状况

金龟子昼伏夜出，从傍晚一直危害到黎明，主要咬食叶片。蛴螬是西瓜的一种主要地下害虫。它咬断幼苗根茎，造成缺苗断垄。在西瓜生长期，蛴螬继续危害，使根受损伤，吸收水、肥的能力大大降低，植株生长瘦弱，严重时会使全株枯死。

3. 防治方法

（1）杀死成虫　金龟子多有假死性，可震动瓜蔓趁其落地装死时捕捉杀死，也可用毒饵诱杀。毒饵的做法：4% 二嗪磷颗粒剂兑水 1.5 千克，拌于 2.5 千克切碎的鲜草或菜叶内。在早晨或傍晚，将毒饵撒在西瓜苗周围（特别是靠近麦田的西瓜苗周围），可引诱金龟子取食而被毒死。

（2）药杀幼虫　蛴螬多在瓜苗根部附近危害，或在鸡粪、圈粪等有机肥料内生活，可在西瓜根际灌药或在粪肥内洒药将其杀死。根际灌药，可用 90% 晶体敌百虫原药 800 倍液，或 4% 二嗪磷颗粒剂等。上述药液喷洒后拌匀，经堆闷后即可施用。

四、黄守瓜

黄守瓜全名叫黄守瓜虫，俗称黄莹子、瓜莹子。

1. 形态及习性

成虫长 8～9 毫米，身体除复眼、胸部及腹面为黑色外，其他部分皆呈橙黄色。体形前窄后宽，腹部末端较尖，露出于翅鞘之外，雌虫露出较多，雄虫露出较少。幼虫长筒形，体长可达 14 毫米，头灰褐色，身体黄白色，前胸背板黄色，臀板为长椭圆形，有褐色斑纹，并有纵凹纹四条。蛹呈纺锤形，乳白色（图 9-35）。

图 9-35　黄守瓜
1—成虫；2—危害西瓜苗状

2. 危害状况

黄守瓜的成虫和幼虫都能危害西瓜，成虫多危害瓜叶，以身体为半径旋转咬食一周，然后取食叶肉，使叶片残留若干环形食痕或圆形孔洞。幼虫半土生，常常群集于瓜根及果实贴地面部分，蛀食危害，初期多蛀食表层，随着虫体长大，便蛀入幼嫩皮内危害。瓜根受害后，轻者植株生长不良，重者整株枯死。果实受害后，轻者果面残留疤痕，重者形成蛀孔，深入瓜瓤，常因由蛀孔灌入污水或侵入菌类而引起西瓜腐烂。黄守瓜幼虫危害重于成虫。

黄守瓜在山东省每年发生 1 代，以蛹在表土下越冬，少数成虫亦能在草丛、土隙中越冬。4 月份开始出蛰活动，先在蔬菜田间危害，以后转移到瓜田危害。成虫白天危害，并在西瓜主根部和瓜的下面潮湿土壤中产卵，在瓜的垫草下面和土块上产卵最多。幼虫孵出后，在土中取食瓜根及近地面的茎蔓和幼果，老熟后在表土下 10 ～ 15 厘米处化蛹。成虫在晴天的午间活动最盛，夜晚、雨天和清晨露水未干时都不活动，有假死性，对声音和影子都很敏感。

3. 防治方法

（1）防止成虫产卵　在瓜根周围 30 厘米内铺沙，成虫便不去产卵。也可用米糠或锯末 10 份，拌入煤油或废机油 1 份，撒在瓜苗周围（不要接触瓜苗），防止成虫产卵。

（2）捕捉成虫　趁早晨露水未干前，根据被害症状在瓜叶下捕捉成虫。

（3）药剂防治成虫　可用 90% 敌百虫晶体 1000 倍液，3.5% 氟腈·溴乳油 1500 倍液，7.5% 鱼藤酮乳油 800 倍液，10% 氯氰菊酯乳油 2500 倍液，2.5% 溴氰菊酯（敌杀死）乳油 3000 ～ 4000 倍液交替喷施，7 ～ 10 天 1 次，连续 2 ～ 3 次。此外，结合防治炭疽病，在波尔多液中加入 90% 敌百虫晶体 800 倍液，每 7 ～ 8 天喷 1 次，连续 2 ～ 3 次。

（4）防治幼虫　可用 2.5% 溴氰菊酯乳油 2500 倍液，或 10% 氯氰菊酯 3000 倍液喷雾。

五、蓟马

蓟马，属缨翅目蓟马科。危害西瓜的蓟马主要为烟蓟马和黄蓟马。

1. 形态和习性

（1）烟蓟马　雌虫体长 1.2 毫米，淡棕色，触角第四、第五节末端色较浓。前胸后角有 2 对长鬃。前翅前脉基鬃 7 或 8 根，端鬃 4 ～ 6 根，后脉鬃 15 或 16 根。

（2）黄蓟马　黄蓟马的雌虫体长 1 ～ 1.1 毫米，黄色。头宽大于头长，短于前胸。前胸背板有弱横交线纹，前角 1 对短鬃，后角 2 对长鬃间夹有 2 对短鬃。前缘鬃约 26 根，后脉鬃 15 根（图 9-36）。

图 9-36　蓟马

1—成虫；2—头部及前胸背面；3—成虫触角；4—成虫前翅；5—雌成虫腹部背面；6—雌成虫腹部侧面；7—卵；8—二龄若虫；9—二龄若虫触角；10—蛹

2. 危害状况

成虫和若虫均能锉吸西瓜心叶、幼芽和幼果汁液，使心叶不能舒展，顶芽生长点萎缩而侧芽丛生。幼果受害后表皮呈锈色，幼果畸形，发育迟缓，严重时化瓜。

3. 防治方法

① 清除田园杂草，减少虫源。

② 营养钵苗床育苗，小拱棚覆盖保护，阻挡蓟马迁入苗床，培育"无虫"壮苗。覆盖苗床和棚室内可用杀蚜烟剂，每平方米苗床用烟剂 0.6 ~ 0.8 克，每平方米棚室地面用烟剂 0.8 ~ 1.0 克，进行烟熏。

③ 秋冬茬西瓜育苗期适当推迟，早春茬和春茬育苗适当提前，避开蓟马为害高峰期。

④ 育苗前清洁棚室田园，喷药杀灭蓟马虫源。育苗后覆盖地膜，而且要全田地膜覆盖。使若虫不能入土化蛹，不能在表土中羽化。

⑤ 药剂防治：当单株虫口达 2 ~ 5 头时，即应及时喷药防治，可用 5% 氟虫腈乳油 1500 倍液、22% 吡虫·毒死蜱乳油 1500 倍液、2.5% 多杀霉素悬浮剂 1000 ~ 1500 倍液、25% 噻嗪酮可湿性粉剂 1500 倍液交替喷施，7 ~ 8 天 1 次，连续 2 ~ 3 次。对拟除虫菊酯类农药已产生抗性的蓟马发生区，要以沙蚕毒系农药防治，如用 25% 杀虫双水剂 400 倍液喷雾，具有高效、低毒、低成本和对天敌较安全，及增产效果。但在高温条件下施用此药时，为防止发生药害，稀释倍数不可低于 400 倍。

六、潜叶蝇

1. 形态特征

潜叶蝇也叫斑潜蝇，又称夹叶虫，常见危害西瓜的是豌豆潜叶蝇。是变态性害虫，每个生育周期要历经卵、幼虫、蛹、成虫这四个形态发育阶段。

卵：椭圆形或梨形，大小（0.2～0.3）毫米×（0.1～0.15）毫米，乳白色，多产于植物叶片的上、下表皮以内的叶肉组织，因此在田间不易发现。但卵在孵化幼虫时变成长圆形棕色，仔细观察可发现，若用放大镜观察可见明显口沟。

幼虫：在接近孵化时，幼虫在卵壳内做180度旋转后，从前面突破或咬破卵壳而出。1龄幼虫几乎是透明的，2～3龄变成鲜黄或浅橙黄色。四龄在预蛹期。幼虫蛆状，身体两侧紧缩，老熟幼虫体长达3毫米，腹末端具后气门，气门顶端有数量不等的后气门孔，可作为区别种的主要依据。

蛹：圆形，腹部稍扁平，浅橙黄色，有时变暗至金黄色，大小（1.3～2.3）毫米×（0.5～0.75）毫米。

成虫：一种灰色至灰黄色的小苍蝇，体长5～6毫米，全身密生刺毛，雌雄成虫均为灰黑色（图9-37）。

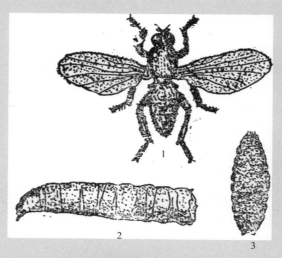

图9-37　潜叶蝇

1—成虫；2—幼虫；3—蛹

2. 防治方法

对潜叶蝇的防治，应坚持综合防治策略，化学防治的适期在产卵至 1 龄期。因此虫严重世代重叠，打药间隔时间要短，要连续用药次数较多。具体防治方法如下。

（1）摘除虫害叶片 此虫寄生范围广泛，品种间抗性差异不明显，至今未发现有效的抗病品种。但在棚室保护地内或露地西瓜田发生次数少虫量少的情况下，定期摘除有虫叶片（株），有一定的控制效果。

（2）使用防虫网 棚室栽培和育苗畦用防虫网封闭。可选 20 ～ 25 目、丝径 0.18 毫米、幅宽 12 ～ 36 米（白、黑、银灰各色任选一种）的防虫网，将棚室出入口和通风口封闭起来。

（3）诱杀成虫 在成虫活动盛期，用"灭蝇纸"诱杀成虫。每亩设 10 ～ 15 个诱杀点，每个点放 1 张"灭蝇纸"，3 ～ 4 天更换一次。

（4）药剂喷洒 可用 40% 灭蝇胺可湿性粉剂 4000 倍液、1.8% 阿维菌素乳油 3000 ～ 4000 倍液、10% 溴虫腈悬浮剂 1000 倍液、50% 环丙氨嗪（蝇蛆净）可湿性粉剂 2000 倍液、5% 氟虫脲乳油 2000 倍液、70% 吡虫啉水分散粒剂 1000 倍液、25% 噻虫嗪水分散粒剂 3000 倍液交替喷施，6 ～ 7 天 1 次，连续 3 ～ 4 次。

此虫在 14.7 ～ 35.4℃的温度范围内，随着温度的升高而生育速度加快，生育周期缩短，世代重叠加重。因此，越是在高温季节，喷药的间隔时间越短。棚室内，冬春季节 7 ～ 8 天喷 1 次药；夏季棚室和露地瓜田，4 ～ 5 天喷 1 次药，连续喷药 4 ～ 5 次。并且注意选用低毒、低残留农药，交替轮换用药，以防产生抗药性。

七、白粉虱

白粉虱属同翅目，粉虱科。俗称小白虫、小白蛾。原产于北美西南部，20 世纪 70 年代传入我国。近年来，随着温室大棚的发展，迅速传遍大江南北。目前，在一些西瓜主产区，已严重威胁棚室西瓜的生产。

1. 形态和习性

成虫：体长 1.5 毫米左右，淡黄色。翅面覆盖白色蜡粉（图 9-38）。

图 9-38　白粉虱成虫

白粉虱不耐寒冷。成虫繁殖适温为 18 ～ 21℃，卵的发育适温为 20 ～ 28℃，在棚室生产条件下，白粉虱每 24 ～ 30 天可繁殖 1 代。其中，卵期 6 ～ 8 天，1 龄若虫 5 ～ 6 天，2 龄若虫 2 ～ 3 天，3 龄若虫 3 ～ 4 天，伪蛹 8 ～ 9 天。成虫寿命 12 ～ 60 天，随温度升高而减少。

白粉虱的繁殖方式除雌雄交配产卵外，也能进行孤雌生殖。成虫喜食西瓜幼嫩叶片，故卵多产于瓜蔓顶部嫩叶背面。

2. 危害症状

白粉虱主要以成虫和若虫刺吸西瓜的幼叶汁液，使叶片生长受阻变黄或萎缩不展。此外，因成虫和若虫分泌蜜露而污染叶片，常引起煤污病的发生，影响西瓜叶片的光合作用和呼吸作用，造成叶片或瓜苗萎蔫。还能传播病毒病，降低产量和果实品质。植株上各虫态分布形成一定规律：最上部幼叶以成虫和淡黄色的卵为主，稍下部叶面多为低龄若虫和黑卵，再下多为中、老龄若虫。基部叶片蛹最多。

3. 防治方法

（1）农业防治　定植前棚室内应清除杂草，密闭消毒。

（2）黄板诱杀　棚室内设黄板诱杀成虫。黄板的制作可用废旧硬纸板裁成长条，表面染成橙黄色并涂上一层由 10 号机油加少许黄油调成的黏着剂。将黄板置于与西瓜植株同高的行间，每亩棚室内可放置 20 ～ 30 条。

（3）棚室熏蒸　西瓜定植前，用 25% 灭螨猛乳油 1000 倍液全棚喷施并连续 3 ～ 5 天密闭棚室。也可用 10% 异丙威烟雾剂烟熏（方法与防治蚜虫同）。

（4）喷施药剂　可用 25% 噻虫嗪水分散粒剂 6000 倍液，25% 灭螨猛乳油 1000 倍液，25% 噻嗪酮（扑虱灵）乳油 1000 倍液，2.5% 高效氯氟氰菊酯（功夫）乳油 5000 倍液，20% 啶虫脒乳油 2500 倍，36% 苦参碱水剂 500 倍液，2.5% 联苯菊酯（天王星）乳油 3000 倍液交替喷施，每 5 ～ 7 天 1 次，连续 3 ～ 4 次。

药物防治白粉虱，最好在点片发生阶段用药，且在 1 ～ 2 龄若虫阶段用药效果更好。喷药时应注意叶片背面虫口密度大的地方。

八、叶螨

叶螨危害西瓜幼苗的生长点、嫩茎和叶片。主要有茶黄叶螨、截形叶螨、朱砂叶螨和二斑叶螨。

茶黄叶螨，又名侧多食跗线螨、茶半跗线螨，俗名茶嫩叶螨。杂食性强，可为害茶、果树、瓜类蔬菜等 30 个科的 70 多种植物。近年来，随着大棚、温室栽培面积的增加，茶黄叶螨在我国南北各地均有不断扩大为害的趋势。据安徽、湖南、浙江、山东、河北、北京、黑龙江等省市的调查，茶黄叶螨在大棚和日光温室内，以成螨和若螨为害西瓜、甜瓜的叶片花蕾和幼果。

1. 形态和习性

成螨：身体卵形，长 0.19 ～ 0.21 毫米，淡黄至橙黄色，半透明有光泽，足 4 对，背部有 1 条白色纵带。雌螨腹部末端平截，雄螨腹部末端呈圆锥形。

卵：椭圆形，长约 0.1 毫米，灰白色而透明，卵面具有 5 ～ 6 行纵向排的瘤状突起。

幼螨：椭圆形，乳白色，足 3 对，体背有 1 条白色纵带，腹部末端有 1 根刚毛。

若螨：菱形，半透明，是发育的一个暂时静止阶段，被幼螨的表皮所包围（图9-39）。

图9-39 茶黄叶螨

1—雌成螨；2—雄成螨；3—卵；4—幼螨

茶黄叶螨一年能繁殖20多代，可在棚室中全年生活。茶黄叶螨以两性生殖为主，也能进行孤雌生殖，但卵孵化率低。雌成螨将卵散产于西瓜叶背面、幼果或幼芽上。雌成螨寿命最长17天，最短4天，平均10.7天。在不同温度下，其发育历期不同。温暖高湿的环境有利于茶黄叶螨的发生为害，所以在棚室栽培西瓜时发生较重。茶黄叶螨主要靠爬行和风进行扩散蔓延，也可通过田间管理、衣物、农具等在棚室内传播。

截形叶螨雌螨体长0.44毫米，包括喙0.53毫米，体宽0.31毫米；椭圆形，深红色，足及颚体白色，体侧有黑斑。雄螨体长（包括喙）0.37毫米；阳具柄部宽阔，末端1/3处有一凹陷，端锤内角圆钝，外角尖利。

朱砂叶螨和二斑叶螨的雌螨体长均为0.48毫米，包括喙总长0.55毫米，体宽0.33毫米。雄螨体长（包括喙）0.36毫米，体宽0.2毫米。红叶螨的体色为锈红色或深红色；而二斑叶螨的体色为淡黄或黄绿色。红叶螨体形为椭圆形，肤纹突三角形至半圆形。二者阳具端锤较小，背缘突起，两角皆尖，长度约相等。截形叶螨的卵圆球形，直径0.13毫米，有光泽，无色至深黄色带红点。红叶螨的卵大小、色泽与截形叶螨的卵相似；但二斑叶螨的卵初产时为白色，微大于截形叶螨的卵。

以上各种叶螨的幼螨，体长 0.14 ～ 0.16 毫米。近圆形，足 3 对。若螨足 3 对，体形及体色似各自的成螨但个体小。

2. 为害状况

叶螨以成螨和若螨刺吸西瓜幼嫩叶片、花蕾和幼果汁液致使幼叶变小，叶片变厚而僵直，叶背呈油渍状，叶缘向背面卷曲。嫩茎表面变成茶褐色。花蕾受害后，不能正常开花或成畸形花。幼果受害后，子房及果梗表面呈灰白色或灰褐色，无茸毛，无光泽，生长停滞，幼果变硬。

3. 防治方法

（1）农业防治　清除田间残株败叶，铲除田边渠旁杂草，用石灰泥封严大棚内的墙缝，可消灭部分虫源。天气干旱时注意浇水，增加棚室保护地温度，并结合浇水增施速效磷肥，可抑制叶螨发展，减轻危害。

（2）药剂防治　可用 20% 四螨嗪悬浮剂 2000 倍液、1.8% 阿维菌素乳油 3000 倍液、20% 氟螨嗪悬浮剂 3000 倍液、5% 唑螨酯（霸螨灵）悬浮剂 2000 倍液、20% 哒螨酮可湿性粉剂 2000 倍液、10% 溴虫腈乳油 3000 倍液、10% 喹螨醚乳油 3000 倍液、10% 吡虫啉可湿性粉剂 1500 倍液、20% 甲氰菊酯乳油 2000 倍液、2% 氟丙菊酯乳油 2000 倍液交替喷施，7 ～ 10 天 1 次，连续 2 ～ 3 次。

九、瓜蚜

瓜蚜亦是棉蚜。蚜虫俗称蜜虫、腻虫、油汗，是作物的一种主要害虫。

1. 形态和习性

成虫分有翅和无翅两种体型。无翅孤雌胎生蚜（不经交配即胎生小蚜虫）成虫，体长 1.8 毫米，夏季为淡黄绿色，秋季深绿色，复眼红褐色，全身有蜡粉，体末生有 1 对角状管。有翅孤雌胎生蚜成虫，黄色或浅绿色，比无翅蚜稍小，头、胸部均为黑色，有 2 对透明翅

（图 9-40）。

图 9-40 瓜蚜

1—无翅雌蚜；2—有翅雌蚜；3—越冬卵；4—西瓜叶片被害状

瓜蚜在山东省以卵越冬。瓜蚜每年可繁殖 20 ～ 30 代，在适宜的温湿度条件下，每 5 ～ 6 天便完成一世代。成虫寿命 20 多天。一个雌虫一生中能胎生若蚜（小蚜虫）50 余只。瓜蚜 5 月份由越冬寄主（某些野菜等）迁入西瓜田继续繁殖危害，形成点片发生阶段，至 6 月份可出现大量有翅孤雌胎生蚜，开始大面积普遍发生。西瓜收获后，瓜蚜转移到棉花上继续危害。秋季棉株衰老时，产生有翅雌蚜和雄蚜交配，飞回越冬寄主上产卵越冬，高温干旱的天气，瓜蚜发生特别严重。

2. 危害状况

瓜蚜主要危害西瓜叶片或幼苗、嫩茎。瓜蚜以针管状的口器刺吸被害植株的汁液。叶片被害后多皱缩、畸形以致向叶背面卷缩，严重危害时，植株生长发育迟缓，甚至停滞；开花及坐瓜延迟，果实变小，含糖量降低，影响西瓜的产量和质量。瓜蚜还能传播西瓜病毒病，造成更大的危害。

3. 防治方法

（1）清除杂草　在 4 月上旬以前，清除瓜田内外的杂草，可消灭越冬瓜蚜。

（2）喷药防治　用药剂防治瓜蚜，必须及早进行，即在点片发生阶段应及时喷药。喷药后 5 ～ 6 天再检查 1 次叶片背面，若仍有瓜蚜，应再喷一次药。由于瓜蚜繁殖数多，繁殖率高，所以在普遍发生阶段应连续多次喷药。一般应每隔 5 ～ 6 天喷药 1 次，连续喷 3 次即可。但喷药时对叶片背面和幼嫩瓜蔓部分要格外仔细喷洒。对危害较重、叶片向背面卷曲者，应加大喷药量，以药液在叶背面形成药流为度。可用 25% 吡蚜酮可湿性粉剂 3000 倍液、10% 吡虫啉乳油 4000 倍液、25% 噻虫嗪水分散粒剂 5000 倍液、5% 啶虫脒可湿性粉剂 3000 倍液、50% 二嗪磷乳油 1000 倍液、50% 辛硫磷乳油 1500 倍液、1.8% 阿维菌素乳油 2000 倍液、50% 辛硫磷乳油 1000 倍液交替喷施，6 ～ 7 天 1 次，连续 2 ～ 3 次。

（3）烟熏　棚室内密闭烟熏，可用 10% 异丙威烟雾剂，每亩 0.5 千克。使用方法是在傍晚先将棚室密闭好，沿棚室人行道（通常靠北墙）分 5 个燃点，每处点燃 0.1 千克烟熏剂，点燃后立即退出棚室并封好门，熏一夜。

（4）避蚜　铺放银灰色地膜或在棚室内张挂，或喷施 50% 避蚜雾可湿性粉剂 1000 倍液，或覆盖 24 ～ 30 目、0.18 毫米丝径的银灰色防虫网。

十、黄曲条跳甲

黄曲条跳甲俗名地蹦子、土跳蛋。全国各地均有分布，是跳甲虫科的主要种类。此外，因翅条不同又可分为黄直条跳甲、黄宽条跳甲、黄窄条跳甲。

1. 形态和习性

成虫体长约 2 毫米，长椭圆形，黑色，有光泽，前胸背板及鞘翅上有许多的刻点，排成纵行。鞘翅中央有一黄色纵条（图 9-41），或两端大，中部窄而弯曲（图 9-42），足 3 对，后足腿节发达，善跳。

图 9-41　黄宽条跳甲成虫　　　图 9-42　黄曲条跳甲成虫

成虫性喜温暖，多在土缝、杂草或棚室内越冬，夏季半热时，则在阴凉瓜叶下或土块下潜伏。生长繁育适温为 22 ～ 28℃。在我国北方每年可发生 4 ～ 5 代，南方 7 ～ 8 代。成虫趋光性较强，不但对黑光灯敏感，而且还有趋黄光和绿光的习性。

2. 危害状况

跳甲以成虫和幼虫为害，成虫主要咬食幼嫩瓜叶，使西瓜幼苗叶片形成许多小孔。幼虫主要在瓜苗根部剥食表皮，蛀食成许多环状虫道，可引起地上部叶片黄化。

3. 防治方法

（1）安排好茬口　最好选大田作物如玉米、谷子等为前茬作物，避免以十字花科蔬菜为前茬。

（2）加强中耕松土　在蔬菜幼苗期，加强菜田中耕松土，使土壤通气升温，促进根系发育，降低土壤湿度，不利于跳甲卵的孵化，可明显减轻瓜苗受害。

（3）药剂防治　直播或育苗，当幼苗出土至真叶出现期间，喷洒90% 敌百虫晶体 800 倍液，5% 鱼藤酮可湿性粉剂 160 倍液，50% 辛硫磷乳油 1500 倍液，20% 高氯·马乳油 1500 倍液，2.5% 氯氟氰菊酯乳油 4000 倍液。幼苗团棵后，喷洒 20% 高氯·马（瓢甲敌）乳油 2000 倍液或 2.5% 溴氰菊酯乳油 3000 倍液。以上药剂交替喷施，6 ～ 7 天 1 次，连续 2 ～ 3 次。

十一、棉铃虫和菜青虫

1. 形态特征

棉铃虫、菜青虫二者是近缘种，在成虫、卵、幼虫、蛹的形态上均相似，但也有较明显的区别之处。

成虫（蛾）：棉铃虫蛾体长 14 ～ 18 毫米，翅展 30 ～ 38 毫米，一般雌蛾红褐色，雄蛾灰绿色或灰褐色。前翅外缘较直，正面具褐色环状纹及肾形纹，但不清晰，肾纹前方的前缘脉上有二褐纹，纹外侧为褐色宽横带，端区各脉间有黑点，中横线由肾形斑纹下面斜伸至后缘，其末端位于环形斑纹的正下方。后翅黄白色或淡褐色，翅脉黑褐色，其外缘有一黑褐色宽带，内侧无内横线。而菜青虫蛾形体较小。雌蛾棕黄色，雄蛾淡灰绿色。前翅正面上的各线纹（花纹）清晰，外缘近弧形。中横线稍倾斜，直达后缘，其末端不到环形斑的正下方。后翅棕黑色宽带中段内侧有一棕黑线，即平行的内横线，翅脉黄褐色（图 9-43、图 9-44）。

图 9-43　棉铃虫雌蛾　　图 9-44　棉铃虫雄蛾

卵：棉铃虫的卵半球形，高大于宽，直径约 0.5 毫米。初产卵乳白色，具纵横网络，但卵壳上纵棱达底部，有二叉或三叉。菜青虫的卵半球形稍扁，高小于宽。纵棱不到底部，不分叉，一长一短双序式。

幼虫：棉铃虫幼虫，老熟的体长 32～42 毫米。体色变化很大，有淡绿、绿、黄白、淡红、红褐、黑紫色，但常见为绿色型及红褐色型。体表有许多长而尖的刺，刺尖呈灰色或褐色，体壁较为粗厚。两根前胸毛的连线与前胸气门下端相切或相交。菜青虫幼虫、老熟的体长 31～41 毫米，体色变化与棉铃虫相似。体表的小尖刺比棉铃虫的短。体壁较薄而柔软，且较为光滑。两根前胸侧毛的边线离前胸气门下端较远（图 9-45）。

图 9-45 棉铃虫幼虫

蛹：棉铃虫蛹 5～7 腹节的刻点较大，分布较稀，腹部末端的一对刺在基部分开。而菜青虫蛹 5～7 腹节的刻点较小，分布较密，腹部末端的一对刺在基部是相近的（图 9-46）。

2. 防治方法

要采取以防为主，露地与棚室相结合的综合防治措施。

（1）农业防治　育苗前 10～15 天，深翻地破坏棉铃虫蛹和菜青虫蛹的土巢，然后闭棚高温烤棚，使棚室内温度达 60～70℃，既灭菌，又可高温杀死棉铃虫蛹和菜青虫蛹。或深翻地后灌水、淹杀越冬蛹；在棚室通风窗口处设置防虫网，避免外界的棉铃虫蛾和菜青虫蛾迁飞入棚室内产卵；采用地膜覆盖栽培，可使老熟幼虫不能入土做巢在土壤中化蛹。

图 9-46 菜青虫

1—成虫；2—翅；3—幼虫

（2）诱杀蛾、卵 在露地栽培田，可插杨树枝把诱捕成虫，方法是剪取半米长的带叶杨树枝条，8～10根绑为一把，并绑在小木棍上，插于田间略高于西瓜植株顶部。每亩设10把，5～10天换一次，在成虫产卵盛期内，每天清晨露水未干时，用塑料袋套住枝把，捕杀成虫。或按50亩地面积设黑光灯1盏，可大量诱杀成虫。其中雌蛾约占半数，未产卵和正在产卵的占雌蛾数的80%以上，因此，灯光诱杀区内产卵量明显大降。

（3）生物防治 在主要为害世代产卵高峰后3～4天及6～8天，喷2次Bt乳剂（每克含活孢子100亿）250～300倍液，对3龄前幼虫有较好的防治效果，尤其对棚室西瓜上的3龄以前幼虫防治效果更加明显。

（4）药剂防治 掌握在棉铃虫和菜青虫产卵高峰期至2龄幼虫期喷药，以上午用药为宜，重点喷洒植株中、上部，可选用下列药剂之一。

50%克蚜宁乳油1500倍液，2.5%联苯菊酯（天王星、虫螨灵）乳油或5.7%氟氯氰菊酯（百树菊酯、百树得）乳油2000～3000倍液；

2.5% 高效氟氯氰菊酯（功夫）乳油或 5% 顺式氯氰菊酯（高效灭百可、高效安绿玉、奋斗呐）乳油 2000 ～ 3000 倍液；2.5% 溴氰菊酯（敌杀死、凯素灵、凯安保）乳油 1500 ～ 2000 倍液；20% 甲氰菊酯（灭扫利）乳油或 20% 氟胺氰菊酯（马扑立克）乳油 2000 ～ 3000 倍液喷雾。以上各药每次任选一种，交替使用。

十二、西瓜根结线虫

根结线虫侵入并寄生西瓜根系，引起根部变形膨大，形成许多瘤状结节，对西瓜产量和品质影响很大。

1. 危害症状

根系寄生线虫后，首先在须根和侧根上产生瘤状结节，反复侵染寄生时，则形成根结状肿瘤，或呈串球状，鸡爪状根系。严重时，植株发育不良，瓜蔓细短，不易坐瓜（图 9-47）。

图 9-47　西瓜根结线虫

2. 生活习性

根结线虫主要在土壤中生活，以 2 龄幼虫侵入西瓜根系，刺激根部细胞增生，形成根结或瘤状物。根结线虫在土温 25 ～ 30℃、含水量 40% 左右时发育最快，10℃ 以下幼虫不活动。连作地块严重，前茬为蔬菜、果树苗木时，虫害也严重。

3. 防治方法

（1）轮作 最好与禾本科作物进行 3 年以上轮作。

（2）灌水灭虫 线虫需土壤通气良好，若土壤长期积水时，线虫会因缺氧时间过长而死亡。

（3）土壤消毒 用石灰氮每亩 75 ～ 100 千克原液施入瓜沟内，覆盖地膜熏蒸 7 ～ 10 天。利用此法的最佳时间是高温、休闲季节。也可在定植前每平方米定植沟内用 1.8% 阿维菌素乳油 3000 倍液喷施，并划锄一遍，使药液与土混匀。还可在定植前每亩沟施 10% 噻唑膦 4 ～ 5 千克。

（4）药剂防治

① 结合施肥用阿维噻唑膦颗粒剂在西瓜定植时用于穴施，每亩用量 1000 ～ 1200 克。

② 用 1.8% 阿维菌素乳油 5000 倍液灌根，每株 150 ～ 200 毫升，或用 70% 辛硫磷乳油 1000 ～ 1500 倍液灌根，每株 300 ～ 400 毫升，7 ～ 10 天 1 次，连续 2 ～ 3 次。

第六节 西瓜病虫害的综合防治

一、综合防治方法

1. 选用抗病虫品种

不同品种对病虫害的抵抗力不同。例如蜜宝西瓜甚易感染炭疽病、疫病等，而西农 8 号、美抗 9 号、华西 7 号、西农 10 号、豫星 15、郑抗 1 号、丰乐旭龙等品种，则对炭疽病抵抗力较强。多数品种对枯萎病缺乏抵抗力，而高抗 3 号、墨丰、重茬王、新先锋和四倍体西瓜则对枯萎病抵抗力较强。德州喇嘛瓜对蚜虫有一定抗性（也可能由于产生某种特殊气味，而形成对蚜虫的忌避作用）。在一般情况下，一代杂交种比常规固定品种具有较强的抗逆性；多倍体西瓜比普通二倍体西瓜具有较强的抗病虫能力。

2. 实行轮作

不同作物发生不同的病虫害，实行轮作可以减少土壤中的病虫害；特别是对西瓜枯萎病，轮作是防病的最好方法。

3. 冬季深翻

许多病菌和害虫在土壤中越冬，冬季深翻西瓜沟可以冻死大量病菌和害虫。

4. 清洁田园

瓜田中病株、病叶是继续发病的传染源，应及时清除烧毁。田间杂草则是许多害虫的藏身之所，因而清除杂草是防治虫害的重要措施。

5. 合理施肥

施用腐熟粪肥可减少瓜地蛆、蛴螬等地下害虫；氮、磷、钾肥配合适当，适当控制氮肥和增施磷、钾肥，可以促进植株健壮成长，提高抗病能力。

6. 加强苗期管理

苗期病虫防治十分重要。苗期治虫彻底，可以大大减轻某病害。苗床中常易发生立枯病、猝倒病和沤根等。苗床和苗期管理工作，如合理浇水、松土、铺沙以及通风调温、调湿等，能减轻这些病害的发生。同时，苗子生长健壮，也会提高抗病虫的能力。

7. 人工捕杀害虫

有些害虫，如金龟子、黄守瓜等有假死习性，可以人工捕捉；小地老虎等危害症状明显，可以人工捕杀。

8. 控制病虫传播

在进行田间管理，如理蔓、整枝和摘心等工作时，应避免将病菌、虫体无意间由病虫处带至无病虫处。例如病毒病可因整枝、摘心时不注意手的消毒，而由病株传至健株；蚜虫也可因整枝由甲地传至乙地。

二、药剂防治西瓜病虫害时应注意的问题

用药剂防治西瓜病虫害，应注意以下几个问题。

1. 早发现，早防治

有些病虫害，在普遍发生之前，一般先在田间部分植株上危害，称为发病（虫）中心或中心病株。如西瓜病毒病、白粉病等，往往首先在个别生长衰弱的植株上发生。因此经常检查瓜田，要特别注意弱苗、衰株和老叶，一旦发现中心病（虫）株，要及时用药。这样可以缩小中心病（虫）区，把病虫消灭在初发生阶段，防止扩大蔓延，还可以缩小药剂的污染面积，节约用药和保护害虫天敌等。

2. 连续用药，维持药效

任何药物施用后都有一定的有效时间，称为残效期。西瓜农药的残效期一般为 7 ～ 10 天。果实生长后期施用的多为 5 ～ 7 天。但是病菌和害虫却是在不断地传播和繁殖，所以喷药应根据所用药剂的残效期和病虫危害情况，连续交替使用，就可以避免病虫产生抗药性。

3. 轮换用药，避免抗性

防治同一种病虫害，经常使用一种药剂，防治效果会逐渐降低，这种现象称为病虫害的抗药性。如果不同药剂轮换交替使用，就可以避免病虫产生抗药性。

4. 经济有效地选择农药

选择农药时，应注意性价比和广谱性（兼治性）。根据其有效成

分含量、使用浓度（倍数）和价格可计算出性价比；根据其广谱性可得知兼治性。

5. 发挥药效，减少药害

药剂喷雾应在露水退去后施行，以免药液变稀或流失。喷粉剂应在早晨有露水时进行，有利于黏着药粉，以便充分发挥药效。气温较高的中午或风雨天不可喷药，以便充分发挥药效。用药量和用药浓度一定要严格控制，防止因用药过多过浓而发生药害。

6. 安全用药，防止中毒

由于西瓜的生长期较短，又是生食瓜果，所以禁止使用剧毒农药；结果期禁止使用药效长的农药，以免发生中毒事故。喷药人员应戴口罩、手套、风镜等防护用具，并应顺风喷药。配药、用药等都要严格按照要求去做，防止发生中毒事故。

7. 综合防治，重点用药

防治病虫害的措施有农业防治、生物防治、物理和机械防治、化学防治等，只有各种防治措施综合运用，才能收到最大的防治效果。使用农药防治病虫害是化学防治，它虽然有吸收快、作用大、使用方便、不受地区和季节限制等特点，但是不少农药能污染环境，可能发生药害和中毒事故，病虫还会产生抗性等，应尽量用在发病（虫）中心，用在病虫迅速蔓延之时，一般情况下用其他措施有效时，应尽量少用农药。

第七节　西瓜草害的防治

一、西瓜地除草剂的使用

杂草的种类很多。西瓜地常见的主要杂草有马齿苋、野苋菜、灰菜、马唐、画眉草、狗尾草、旱稗、三棱草、藜、牛筋草、苍耳、田旋花、刺儿菜、苦菜、车前子等。杂草一般都具有繁殖快、传播广、寿命长、根系庞大、适应性强、竞争肥水能力强等特点。杂草同西瓜争夺阳光、水分、肥料和空间，使西瓜的生活条件恶化，得不到正常的营养，生长受到抑制，致使产量降低，而且有些杂草是传播病虫害的媒介，许多杂草都是病原菌、病毒和害虫的中间寄主。所以杂草的孳生有助于病虫的蔓延和传播，对西瓜生产造成很大的危害。

　　杂草对西瓜危害严重，还往往形成"草盛瓜苗稀"的局面。尤其是西瓜膨大阶段，由于气温较高，浇水或降雨增多，常常使瓜田杂草丛生。如果施用化学除草剂，则可以防除杂草，减少除草用工，节约肥水，提高西瓜产量。

　　除草剂种类很多，仅我国生产并在农业生产中使用的就有 20 多种。各种除草剂杀草的特点不同，有的除草剂只杀草不杀苗，称为选择性除草剂，有的除草剂既杀草又杀苗，称为灭生性除草剂。西瓜应用除草剂的目的是除草保苗，因此要选用能杀死杂草且对西瓜无毒害的除草剂。如仲丁灵、扑草净、氟乐灵、氟吡甲禾灵、吡氟禾草灵、甲草胺、喹禾灵、乙草胺等。

　　除草剂的使用方法有直接杀草、处理土壤和顺水冲灌等三种，西瓜地常用的方法是处理土壤。所谓处理土壤，就是把药剂施入土壤，使在土壤表层形成药层，由杂草根系吸收而起杀草作用，或直接触杀杂草根芽。土壤处理的方法，可进行地面喷雾，也可配成毒土或颗粒剂撒施到土壤表面。

　　西瓜对不同除草剂及应用的剂量有不同的反应，如施用量不当，常常发生药害。各种西瓜除草剂的安全用量见表 9-1。

表 9-1　西瓜除草剂的安全用量表

除草剂名称	有效含量 /%	剂型	每亩用量
氟乐灵	48	乳油	75～125 毫升
仲丁灵	48	乳油	150～200 毫升
氟吡甲禾灵	12.5	乳油	65～83 毫升
吡氟禾草灵	15	乳油	75～130 毫升

続表

除草剂名称	有效含量 /%	剂型	每亩用量
甲草胺	48	乳油	130～200 毫升
喹禾灵	10	乳油	65～100 毫升
乙草胺	80	粉剂	180～210 克
扑草净	50	粉剂	150～200 克

注：每亩用药兑水 40～50 升，于西瓜定植前在土壤表层喷施。氟乐灵见光易分解，喷后应划锄土下 5 厘米左右。

喷洒除草剂应先稀释，才能喷洒均匀。稀释浓度可不必计算，但必须严格掌握每公顷地的用药量。药量过大，会引起药害。药害的症状是，西瓜叶片变脆，甚至整个植株死亡。药量不足，除草效果不好。喷洒除草剂时，土壤湿度越大除草效果就越明显。

1. 西瓜地中扑草净的施用方法

扑草净是一种触杀型除草剂，虽然叶面吸收但在植物体内传导性不强，通常只做土壤处理。其除草作用与日光有密切关系，光线越强杀草效果越好，在黑暗中没有除草活性。对西瓜田中各种一年杂草均有杀伤能力，药效一般可维持 20～30 天。

扑草净可杀死西瓜田间的马齿苋、藜、旱稗、马唐、狗尾草、灰菜及莎草等。使用方法是在西瓜播种前或移栽定植前，用 50% 扑草净可湿性粉剂加水兑成水溶液，进行地面喷雾。具体配药方法是，每亩用扑草净 200 克、清水 50 升，先用少量清水将扑草净调成糊状，再逐渐加水稀释，一边加水一边搅拌，最后使总用水量达到 50 升即停止加水。药液配好后，用喷雾器均匀地喷洒在西瓜田地面。

扑草净的使用效果，受土壤温度和湿度的影响很大。为了提高扑草净的除草效果，在喷洒扑草净前后，应使土壤维持适宜的温度和湿度。

2. 西瓜地氟乐灵的施用方法

氟乐灵又叫茄科宁，是一种选择性较强的除草剂，除了用于茄科和瓜类蔬菜外，还可应用于棉花、大豆、花生等作物。氟乐灵对一年生禾本科杂草，如马唐、牛筋草、狗尾草、旱稗、千金子、画眉草等有特效，在喷药后 70 ～ 80 天仍有 90% 左右的防除效果。另外，对马齿苋、婆婆纳、山藜、野苋菜等及小粒种子的阔叶草也有较好的防除效果。但对宿根性的多年生杂草效果很差或无效。

氟乐灵在西瓜地施用，主要用来进行土壤处理。播种前或定植前进行土壤处理的方法是在地面整平后，每亩用 48% 氟乐灵乳油 75 ～ 100 毫升，兑水 40 ～ 50 升，均匀喷雾，并随即耙地，使药剂均匀地混入 5 厘米深的土层中，然后进行播种或定植。播种后或定植后进行土壤处理的方法，是在西瓜播种或定植成活后或雨季到来之前，先进行中耕松土，锄去已长出的杂草，然后每亩再用 48% 氟乐灵乳油 75 ～ 100 毫升，兑水 50 升对地面喷雾（注意避开幼苗）然后立即耙土拌药，使药混入土中。氟乐灵的用量随土质不同而有变化，一般黏土或黏壤土每亩用 48% 乳油 100 ～ 120 毫升，沙土或沙壤土每亩 75 ～ 100 毫升，都是兑水 50 升喷雾。

地膜覆盖西瓜地使用氟乐灵进行土壤处理，药效更好。处理的方法是每亩用 48% 氟乐灵乳油 75 ～ 100 毫升，兑水 40 ～ 50 升均匀喷雾，喷后立即耙地混土，2 天后再播种和覆盖地膜。使用氟乐灵防除杂草应特别注意以下几个问题。

（1）用药量应根据土壤质地确定，但每亩用量不能超过 48% 乳油 150 毫升，否则会对西瓜产生药害。

（2）氯乐灵见光易分解、挥发失效，因此必须随施药随耙土混药，一般施药到耙土的时间不能超过 8 小时，否则就会影响除草效果。耙土要均匀，一般应使氟乐灵药剂混在 5 厘米的土层内。

（3）当西瓜与小麦、玉米或其他禾本科作物间作套种时，不能使用氟乐灵，否则间套作物易发生药害。

二、其他几种除草剂的使用

1. 丁草胺（马歇特、去草胺、灭草特）

（1）作用特点　丁草胺属酰胺类选择性芽前除草剂。是内吸传导型的选择性芽前除草剂，通过幼芽和根部吸收，抑制杂草内部的蛋白质合成，从而使杂草死亡。丁草胺对芽前及二叶期前的杂草有效。原药为浅黄色、具微芳香味油状液体，常温下不挥发，抗光解性能好，在土壤中淋溶深度不超过1～2厘米，在土壤或水中经微生物的降解，经100天左右可降解活性成分90％以上，因此对后茬作物没影响。对人、畜低毒。对人体皮肤和眼睛有轻微刺激。对鱼类和其他水生生物毒性大。

（2）制剂　50％、60％乳油，5％颗粒剂。

（3）防除对象与使用技术　丁草胺用以防除禾本科杂草、某些莎草科杂草及部分阔叶杂草，如稗草、马唐、看麦娘、千金子、碎米莎草、异型莎草、水苋、节节菜、陌上菜。防治瓜地杂草可在苗前或移栽前1～2天施药，每公顷用60％乳油900～1500毫升，加水750千克喷雾，药后覆膜。

（4）注意事项

① 丁草胺对二叶期前的禾本科杂草有效，对牛繁缕防效差。

② 本剂具可燃性，不能在高温或有明火处贮藏。

③ 对眼睛和皮肤有刺激性，应注意防护。

2. 异丙甲草胺

异丙甲草胺又叫都尔、杜尔、甲氧毒草胺、稻乐思。

（1）作用特点　异丙甲草胺属选择性芽前土壤处理剂。为旱地芽前除草剂，当药剂喷于杂草上之后，被芽鞘（单子叶）或幼芽、幼根（双子叶）吸收后向上传导，抑制蛋白质合成，阻碍幼芽和根的生长。原药为棕色油状液体。对人、畜低毒。对皮肤有轻微刺激作用，对鸟类低毒，对蜜蜂有胃毒作用，但无接触毒性。

（2）制剂　72％乳油。

（3）防除对象与使用技术　异丙甲草胺适用于西瓜、花生、大豆、蔬菜、玉米、甘蔗、瓜地等旱地作物除草，主要防除马唐、牛筋草、狗尾草及马齿苋、野苋菜、碎米莎草、油莎草等。可在西瓜、甜瓜移栽前，每公顷用72％乳油1500～2250毫升，加水750千克均匀喷雾地表。如遇土壤表层干旱，最好在喷药后进行浅混土，以保证药效，并可防除深层发芽和深根性杂草。

（4）注意事项

① 异丙甲草胺在土壤湿度良好时能充分发挥药效，因此土壤保湿是高效的先决条件，所以用药后一定要保持土壤湿度。

② 用药量要按实际喷药面积计算，空地和沟畦要去除。

3. 二甲戊乐灵（施田补、除草通、胺硝草）

（1）作用特点　二甲戊乐灵属二硝基苯胺类除草剂。作用机理主要是抑制分生组织细胞分裂，在杂草种子萌发过程中幼芽、茎和根吸收药剂后而起作用。双子叶植物吸收部位为下胚轴。单子叶植物吸收部位为幼芽，其受害症状为幼芽和次生根被抑制。纯品为橙黄色结晶体。对鱼类及水生生物高毒，对蜜蜂和鸟的毒性较低。

（2）制剂　33％乳油。

（3）防除对象与使用技术　二甲戊乐灵适用于西瓜、大豆、玉米、棉花、烟草、花生和多种蔬菜及果园中防除一年生禾本科杂草和某些阔叶杂草，如马唐、狗尾草、牛筋草、早熟禾、稗草、藜、苋和蓼等杂草。防治瓜地杂草，可在西瓜、甜瓜移栽的土壤或移栽缓苗后土壤施药，每公顷用33％乳油1.5～3.0千克。

（4）注意事项

① 本剂防除单子叶杂草效果比双子叶杂草效果好。因此在双子叶杂草发生较多的田块，可同其他除草剂混用。

② 为增加土壤吸附，减轻除草剂对作物的药害，在土壤处理时，应先浇水后施药。

③ 当土壤黏重或有机质含量超过2％时，应使用高剂量。

④ 对鱼有毒，应防止药剂污染水源。

⑤ 本剂为可燃性液体，运输及使用时应避开火源。液体贮存应放在原容器内，并加以封闭，贮放在远离食品、饲料及儿童、家畜接触不到的场地。

4. 精吡氟禾草灵（精稳杀得）

（1）作用特点　精吡氟禾草灵是内吸传导型的选择性茎叶处理剂。原药为褐色液体，在水中的溶解度为1微升／升，几乎不溶于水。可在正常条件下贮藏。制剂为褐色液体。对人、畜低毒。对一年生和多年生禾本科杂草具有良好的防除效果。用作茎、叶处理,药剂可被茎、叶吸收,并被水解成酸的形态,通过韧皮部、木质部的输导组织传导到生长点和分生组织,抑制其节、根茎、芽的生长,受药杂草逐渐枯萎死亡。

(2)制剂 15%精吡氟禾草灵乳油。

(3)防除对象和使用技术 主要用于阔叶作物如西瓜、棉花、大豆、花生、油菜、甜菜、甘薯、马铃薯、阔叶蔬菜、烟草等防除马唐、狗尾草、看麦娘、早熟禾、狗牙根、双穗雀稗、野燕麦、石茅、蟋蟀草等一年生和多年生禾本科杂草。精吡氟禾草灵作用速度慢,一般在施药后 2 ～ 3 天内,禾本科杂草药剂持效期可达 45 天左右。在作物出苗后,而禾本科杂草在 2 ～ 5 叶期时,每公顷用 15%乳油 750 ～ 900 毫升加水 150 ～ 225 千克搅匀喷雾。

(4)注意事项

① 精吡氟禾草灵在土地湿度较高时除草效果好,干旱时较差,所以在干旱时应略加大药量和用水量,并避免高温、干燥情况下施药。

② 万一误食中毒,需饮水催吐,并送医院治疗。

③ 应在阴暗处密封贮存,防火。

5. 高效氟吡甲禾灵(高效吡氟氯禾灵、精盖草能、高效吡氟、高效盖草能)

(1)作用特点 高效氟吡甲禾灵是一种内吸传导型的选择性除草剂,对人、畜低毒,对眼睛和皮肤有轻微刺激。高效氟吡甲禾灵一般作茎叶处理,当药剂喷于杂草上之后,能很快被吸收和传导到整株植物,抑制茎和根的分生组织,使杂草停止生长而死亡,由于高效氟吡甲禾灵残效期长,当药剂落入土壤中之后,易被杂草根部吸收,所以对杂草种子也有一定防除效果。用药后,一般在夏天 1 周见效,冬季 20 天才能见效。

(2)制剂 10.8%乳油。

(3)防除对象和使用技术 主要用于防除阔叶作物田的一年生和

多年生禾本科杂草，适用于西瓜、花生、大豆地防除马唐、狗尾草、旱雀麦、牛筋草、千金子、早熟禾、看麦娘、狗牙根等杂草，它对阔叶杂草和莎草科杂草无效。在杂草 3 ～ 4 叶期，每公顷用高效氟吡甲禾灵 375 ～ 525 毫升，加水 450 千克喷雾，若杂草已长至 4 ～ 6 叶期，用药量应用 600 ～ 900 毫升，如以多年生杂草为主时，每公顷用药量需增加到 1200 ～ 1500 毫升。

（4）注意事项

① 下雨前 1 小时内不要喷药。收获前 60 天停止用药。

② 施药时，若邻地有禾本科作物，应防药雾飘移，引起药害。

6. 喹禾灵（精禾草克、禾草克）

（1）作用特点 喹禾灵是一种内吸传导型选择性除草剂，除草活性高。对人、畜低毒。当药剂喷于杂草上之后，能被杂草吸收，并能上下传导，积累于分生组织中，使杂草枯死，一般施药后 2 天即新叶变黄，3 ～ 4 天新叶基部分生组织产生坏死，10 天枯死。喹禾灵具有较好的耐雨性，处理后 1 ～ 2 小时即使遇雨，也不影响除草效果。

（2）制剂 5% 乳油。

（3）防除对象和使用技术 用于阔叶作物防除一年生和多年生禾本科杂草，如看麦娘、雀麦、野燕麦、狗牙根、马唐、牛筋草、画眉草、早熟禾、双穗雀稗、匍匐冰草等，适用于瓜类、大豆、花生和蔬菜地防除禾本科杂草。在杂草 3 ～ 4 叶期，用 5% 喹禾灵乳油每公顷 375 ～ 525 毫升，加水 750 千克喷雾。若防除多年生杂草，用药量应增加。

（4）注意事项

① 对禾本科作物敏感，喷药时切勿喷到邻近水稻、玉米、大麦、小麦等禾本科作物，以免产生药害。

② 对莎草科杂草和阔叶杂草无效。

③ 喷雾要均匀，杂草全株喷到。喷药后 2 小时内遇雨，对药效影响不大，不必重喷。

④ 土壤干燥时，可适当加大用药量。

⑤ 在天气干燥条件下，作物的叶片有时会出现药害，但对新叶

不会有药害，对产量无影响。

7. 精噁唑禾草灵（骠马、骠灵、高噁唑禾草灵、威霸）

（1）作用特点　精噁唑禾草灵为选择性内吸芽后除草剂，药无色、无臭，为晶体，对人、畜低毒，对眼睛和皮肤有一定刺激作用。当药剂被禾本科杂草的茎、叶吸收后，即在杂草体内上下传导到分蘖、叶、根部生长点，抑制了禾本科杂草分生组织中脂肪酸的合成，因而施药后 2～3 天杂草停止生长，然后分蘖基部坏死，叶片出现褪绿症状，最后杂草死亡。它具有施药时期灵活（杂草一叶期至分蘖末期）、对作物安全、对后茬无残留等优点。

（2）制剂　6.9%、7.5%、12%乳剂。

（3）防除对象和使用技术　可防除看麦娘、野燕麦、自生燕麦、蟋蟀草、大画眉草、李氏禾、狗尾草等多种杂草，适用于瓜类、蔬菜、观赏植物、果园、茶园、药用植物防除禾本科杂草。但它不适于大麦、燕麦、玉米、高粱作物田除草。当田间的禾本科杂草从一叶期到分蘖末期均可施用，每公顷用精噁唑禾草灵 600～900 毫升，加水 750 千克均匀喷施于杂草上，若草量大、杂草又处于生长后期，每公顷用药量应增加到 900～1200 毫升。若施药 3 小时后遇雨不必补喷。

（4）注意事项

① 大麦、燕麦、玉米、高粱对精噁唑禾草灵敏感，不可施用。

② 精噁唑禾草灵不能防除早熟禾，若单、双子叶杂草混发的田块，可与氯氟吡氟乙酸异辛酯或 2 甲 4 氯混用。

8. 禾草丹（灭草丹、稻草完、稻草丹、除田莠）

（1）作用特点　禾草丹为内吸传导型的选择性除草剂，对人、畜低毒。药剂主要通过杂草的幼芽和根吸收，对杂草种子萌发没有作用，只有当杂草种子萌发后吸收药剂才起作用。本品抑制 α- 淀粉酶的生物合成过程，使发芽种子中的淀粉水解减弱或停止，使幼芽死亡。稗草二叶期前使用效果显著，三叶期效果明显下降，持效期 25～30 天，并随温度和土质而变化。禾草丹在土壤中能随水移动，一般淋溶深度 122 厘米。

（2）制剂 50％、90％乳油。

（3）防除对象和使用技术 可防除看麦娘、马唐、狗尾草、稗草、千金子、碎米莎草、异型莎草等多种杂草，适用于西瓜、水稻、蔬菜、大麦、油菜、紫云英地除草。瓜地使用一般在播后苗前，每公顷用 50％乳油 3000～3750 毫升，加水 750 千克作土壤喷雾处理。

（4）注意事项

① 禾草丹对三叶期稗草效果下降，应掌握在稗草二叶一心前使用。

② 不可与 2,4-滴混用，否则会降低禾草丹的除草效果。

三、西瓜地施用除草剂应注意的问题

1. 选择适宜的除草剂

目前市售除草剂有许多种，如果不注意选择，使用后不仅除草效果不好，而且有杀伤瓜苗的危险。西瓜田常用的有效而安全的除草剂及施用剂量见表 9-1。

2. 温度的影响

一般说土壤处理除草剂效果的好坏与温度有密切关系。温度高效果好，温度低效果差。从试验、调查资料分析，气温在 20℃以上杀草效果较好。在早春低温时使用除草剂，用量可适当增加，夏季高温时，用量可适当减少。

3. 土壤湿度的影响

土壤湿度是使用除草剂成败的重要因素之一，施药以后经常保持地表湿润。据调查，每亩使用 48％氟乐灵 100 毫升，施药后经常保持地面湿润的，除草效果一般都在 90％以上，而在土壤干燥的情况下（干土层 5 厘米）使用，除草效果只有 20％～30％。其原因可能是土壤潮湿有利于草籽萌发，使草籽萌发正好和药剂有效高峰相遇，有利于杂草吸收药剂而被杀死。土壤干旱杂草发芽慢而不整齐，药剂不易为杂草吸收，因此不能充分发挥除草剂的作用。

① 土质的影响 据调查，使用除草剂地，沙壤土比黏性土或有机质丰富的土壤杀草效果好。这是因为，黏土或有机质丰富的土壤，对药剂的吸附能力强，杂草根对药剂的吸收就受到影响，所以药效较差。也正因为它吸附能力强，药剂不易淋溶下渗，对西瓜比较安全，而沙壤土虽然杀草效果较好，但药剂容易被淋洗到土壤深层而造成药害，所以在沙性土上不宜使用可溶性大的除草剂。

② 注意施用时期 据各地试验报道，在杂草发芽前或刚发芽时除草剂处理，除草效果都在 80% 以上，而杂草长大以后，除草效果则显著下降。而对西瓜来说，在播种或定植前进行土壤处理，比较安全，而在西瓜生长期处理，则要慎重。

③ 在瓜田喷雾必须加防护罩，喷头距地面要近，防止将药液喷到西瓜蔓叶上。

④ 露地喷洒 4 小时内遇到降雨冲刷，应在雨后补喷。

⑤ 配药时应采用塑料容器，用完后对喷雾器及配药用具要立即用清水彻底洗刷。

第十章 西瓜种植专家和"瓜把式"的经验

第一节　西瓜幼苗期形态异常的诊断技术

一、西瓜幼苗自封顶现象

西瓜育苗或直播出苗后，有时幼苗会出现生长点（俗称顶心）不长，只有2片子叶或1～2片真叶而没有顶心的幼苗，俗称为自封顶苗。出现这种现象的原因有以下几个。

（1）种胚发育不良　胚芽发育不健全或退化。三倍体和四倍体西瓜幼苗出现自封顶苗的频率和比例远远大于普通二倍体西瓜。

（2）种子陈旧　多年陈种且贮藏条件较差，致使部分种子胚芽生活力降低甚至丧失生活力。

（3）低温冻伤　育苗期间，苗床温度过低，或部分幼苗的生长点（2片子叶之间）凝结过冷水珠，造成生长点冻害。

（4）嫁接苗亲和力差　嫁接苗砧木与西瓜接穗之间的亲和力较差，特别是共生亲和力较差时，则接穗西瓜生长不良，迟迟不长新叶。如有些南瓜砧木，易出现自封顶的西瓜嫁接苗。此外，接穗过小时（特别顶插接）也易出现自封顶苗。

（5）某些虫害　当西瓜幼苗出土后遭受烟蓟马（葱蓟马、棉蓟马）等害虫为害可造成自封顶苗。如烟蓟马成虫和若虫在早春即能锉吸西瓜心叶、嫩芽的汁液，造成生长点停止生长。

二、西瓜蔓叶生长异常的诊断

西瓜在生长发育期间，有时会出现矮化缩叶、瓜蔓萎蔫、龙头（瓜蔓顶端）变色等异常现象，根据多年调查研究，现将各种原因介绍如下。

（1）矮化缩叶　当苗期出现矮化缩叶现象，大都为红蜘蛛危害所致。当土壤中含铁盐较多，或钙镁元素缺少时亦可造成西瓜植株矮化缩叶。较长时间土壤过湿或排水不良，使根系发育受阻，也会造成地上部植株矮化缩叶，甚至枯萎而死。

当嫁接苗出现矮化缩叶现象时，往往因接穗与砧木亲和力差或不完全愈合的缘故；当西瓜感染病毒病，特别是感染皱缩型病毒病时，植株出现典型矮化缩叶症状。

（2）瓜蔓萎蔫　西瓜植株有时突然出现叶片萎蔫、瓜蔓发软的现象，这可能是由于下列原因之一造成的。

① 夜间低温高湿，白天高温干燥：昼夜温湿度差异过大对任何植物的适应能力（应变力）都是一个极大的考验。当夜间低温高湿时，叶面几乎没有蒸腾作用，瓜蔓和叶片含水量很高，根系的吸水力也变得很小。当白天突然变成高温干燥环境，叶面蒸腾作用强盛，瓜蔓和叶片急剧大量失水，而此时根系的吸水能力尚未达到高压状态，使水分代谢"入不敷出"，造成瓜蔓萎蔫。

② 暴雨暴晒：当短时大暴雨过后，再经强光暴晒，也易出现瓜蔓萎蔫现象。

③ 某些病害：枯萎病、蔓枯病、细菌性凋萎病等均可造成瓜蔓萎蔫。但这三种病害在瓜蔓与叶片上出现的症状也有明显区别。

枯萎病除造成叶片萎蔫外，瓜蔓基部导管变色（黄褐）是其典型症状；有时在瓜蔓基部或分枝基部还会流出红色胶状物。蔓枯病瓜蔓萎蔫较轻，发病较慢，发病后期瓜蔓和叶片上出现许多黑色病斑。细菌性凋萎病发病迅速，突然全株叶片萎蔫，瓜蔓发软；但瓜蔓基部和分枝处导管不变色，不出现红色胶液；叶片和瓜蔓上也无黑色病斑。此外，青枯病、线虫及嫁接不亲和等也可造成瓜苗萎蔫。

（3）"龙头"变色　在西瓜植株生长期间，有时出现"龙头"（瓜蔓顶端）变黄或变黑，停止生长而成为"瞎顶"。据田间调查，凡瓜蔓顶端变黄者，多为铜绿金龟子危害的结果；凡瓜蔓顶端变黑者，多为冻害或肥害（烧心）。

三、抽蔓期的形态诊断

西瓜抽蔓期正常生长的形态特征叶片按 2/5 的叶序渐次展出（即每 5 片叶子在瓜蔓上排列成 2 周），单叶面积渐次增大。水瓜生态型的西瓜品种生长正常的成龄叶，一般为叶长 18～22 厘米，叶宽 19～23 厘米，叶柄长 8～12 厘米，叶柄粗 0.4～0.5 厘米。旱瓜生态型的西瓜品种生长正常的成龄叶，一般的叶长 20～28 厘米，叶宽 22～30 厘米，叶柄长 10～15 厘米，叶柄粗 0.5～0.8 厘米。植株根系发育不良或肥水不足时，叶片变小，叶柄变短变细。这样的植株虽然坐瓜容易，但往往瓜的发育不正常导致形成畸形瓜或瓜较小，而且进入结瓜期后，植株多发生病害，导致严重减产。因此，对这样的植株，应当加强前期的中耕松土，促使根系发达，同时要加强肥水管理，适当增加施肥量和浇水次数，促进植株健壮生长。植株徒长或肥水过多时，叶片和叶柄均变长，蔓顶端变粗、密生茸毛、向上生长、长势旺盛。这样的植株不易坐瓜，同时进入结瓜期后蔓叶丛生，相互遮阴和缠绕，易发生病虫危害；由于坐瓜率低也将引起减产。因此一旦发现植株有徒长现象，首先应当减少浇水，同时要减少追肥，特别不能过多地施用速效氮肥，另外还要及时进行植株调整，从而协调营养生长与生殖生长的关系，促进植株的正常生长。

四、结果期的形态诊断

1.西瓜结瓜期形态诊断的主要依据（标准）

西瓜进入结瓜期以后，一般植株衰弱的现象较少见，特别是高产栽培的瓜田，要十分注意防止植株徒长。西瓜结瓜期生长健壮的植株形态指标：成龄叶片大而宽，长与宽之比为 0.92～0.95，叶柄较短，叶片长与叶柄长之比为 1.6～2.0，蔓粗 0.5～0.8 厘米，节间长度小于或等于叶片长度。雌花开花节位距该瓜蔓生长点的距离为 30～60 厘米。如果实际数据大于或小于上述指标的植株，多为徒长或衰弱的植株。对于徒长的植株应及早减少追肥，控制浇水，并及时进行植株调整。如果这时不能及时采取上述技术措施，可在开花前压蔓的顶端或在雌花花蕾前第五、六叶处掐去生长点，使养料集中供雌花发育，抑制植株生长势。

西瓜进入结瓜期后，所选择的瓜胎能否坐瓜，除取决于植株生长状态外，还可以根据雌花的发育情况来判断。一般来说，花柄和子房较粗而长，密生茸毛，花瓣和子房大的雌花容易坐瓜，而且这样的瓜胎能够长成很好的瓜。反之，花柄和花瓣小，子房呈现圆形而且较小，茸毛少的雌花，一般不能坐瓜，即使能够坐瓜也长不成很好的瓜。另外，雌花授粉后经过 60 个小时，瓜柄伸展，子房出现鲜亮色泽，这是已经确实坐瓜的表现。如果开花后 2～3 天，果柄仍无明显伸展，子房色泽暗淡，这样的幼瓜多数不能坐瓜，应及时另选适宜的瓜胎坐瓜。

2.西瓜开花坐瓜期间出现蔓叶衰弱或死秧现象的原因

西瓜开花坐瓜期间，正是营养生长的极盛时期，生长中心尚未转移到生殖生长方面，故正常情况下，植株呈现蔓叶翠绿繁茂，花冠金黄怒放。然而，有时会出现令人失望的情景：瓜蔓停止伸长，叶片萎缩不长，花过早凋谢，幼嫩的小叶也皱卷不舒等，有的甚至叶干蔓枯而死。

出现上述现象的原因可有以下几种。

（1）植株营养不良　当植株遇到低温、弱光或过早地结瓜，使体内养分消耗过多，造成入不敷出，植株内部便可发生不同器官、不同部位之间的养分争夺，最终导致全株生长衰弱。

（2）根系生理障碍　由于水、气等条件失常，使土壤中有害物质积累过多，引起植株根系发生生理性障碍（如有害物质的毒害作用，直接损害根毛或导管等）。危害严重时，可使整个根系变褐、腐烂，完全丧失吸收能力，从而造成整株死亡。

（3）肥水严重不足　西瓜开花坐瓜时，也是需要大量营养物质和水分的时候，这时如果遇到天旱、脱肥等情况，植株多表现瘦弱，叶片萎靡而单薄，花冠形小而色淡；子房呈圆球形，瘦小不堪；瓜蔓顶端变为细小的蛇头状，下垂而不伸展；基部叶片开始变黄，新生叶迟迟不出，整个植株未老先衰。

（4）某些病菌危害　当西瓜根系或茎蔓感染某些病菌后，也会出现蔓叶衰弱甚至死亡现象。例如瓜蔓基部发生枯萎病后，由于镰刀菌侵染导管系统，造成输导组织坏死、堵塞，水分和矿物质无法由根部运往地上部的蔓叶处，使地上部分发生萎蔫以致干枯死亡。此外，蔓枯病、急性细菌性凋萎病、病毒病等，也能造成植株急剧衰弱甚至死亡。

要想防止蔓叶衰弱和死秧，必须分别采用相应的措施加以防治。如早期栽培中加强温度、光照等管理，并勿使过早地结瓜；加强肥水管理，及时防治病虫害；改善土壤条件等措施，均能防止蔓叶衰弱和死亡。

3. 西瓜发生"空秧"的原因

西瓜"空秧"就是指植株上没有坐住西瓜。由于目前生产上多数每株西瓜只选留1个商品瓜，而西瓜又是单株产量较高的作物。因此"空秧"对西瓜产量的影响较大。为了防止西瓜"空秧"，要根据发生"空秧"的具体原因采取适当的措施。发生"空秧"的原因主要有肥水管理不当，植株生长衰弱，花期低温或喷药，花期阴雨天也未进行人工授粉，风害和日灼等。

（1）肥水管理不当　西瓜生长期间如果肥水管理不当，会使植株营养失调，茎叶发生徒长，造成落花或化瓜，降低坐瓜率。这样的瓜田，在肥水管理上，要控制氮素化肥使用量，增加磷、钾肥，减少浇水次数，以协调营养生长和生殖生长，提高坐瓜率。对这样的植株，可采用强整枝、深埋蔓的办法，控制营养生长。也可在应选留的雌花出现后，隔 1～2 节捏尖或留 5～7 节打顶，截留养分向子房集中，提高子房素质，达到按要求坐瓜的目的。

（2）植株生长衰弱　因植株生长瘦弱，子房瘦小或发育不全而降低了坐瓜率。这样的西瓜植株，可以在应选留的雌花出现时，即雌花在顶叶下能被识别出时，即适量追施部分氮素肥料，促使弱苗转为壮苗，提高坐瓜率。一般每株西瓜追施 15～20 克多肽尿素或 30～40 克硝酸铵磷，单株穴施，施后浇水覆土。施肥穴应距植株 20～30 厘米。

（3）花期低温或喷药　西瓜开花期间，如果气温较低或瓜田追肥浇水和喷洒农药，引起了田间小气候的变化，影响了昆虫传粉，也会降低坐瓜率。这样的瓜田可进行人工辅助授粉，即在早上 6～10 时当西瓜花开放时，选择健壮植株上的雄花，连同花柄一起摘下，剥去花冠，用左手轻拿已开放的雌花子房基部的花柄，右手拿雄花，把花粉轻轻涂抹在雌花的柱头上。

（4）花期阴雨天　西瓜开花期间遇阴雨，影响正常传粉，或雨水溅起泥滴，将子房包被，茸毛受到沾污而造成落花或化瓜。遇到这种情况，可提前采取防护措施，如雨前在雌花和一部分雄花上套小塑料袋，雨后立即摘下并进行人工授粉，或者在地面上铺草、盖沙等，防止雨水溅起泥滴，对保护正常坐瓜，都具有一定的作用。

（5）风害和日灼　风害和强烈的阳光灼伤，也是影响坐瓜率的因素之一。为了防止风害，可把近瓜前后的茎节，用 10 厘米长的鲜树枝条对折成倒"V"字卡紧插于地面上，或用泥条压牢幼瓜的前后两个茎节，防止风吹茎叶摇动。为了防止阳光灼伤幼瓜，可用整枝时采下的茎蔓或杂草遮盖幼瓜，对保护幼瓜，防止畸形和化瓜都有一定的作用。

4.西瓜出现畸形瓜的原因

正常发育的西瓜，因品种不同可形成圆形、椭圆形、长椭圆形等各种形状的瓜，尽管瓜的形状不同，但都给人们以周正美观的感觉。但是当瓜发育不正常时，就会出现扁平瓜、偏头瓜、葫芦瓜和宽肩厚皮瓜等各种奇形怪状的瓜。

（1）扁平瓜　瓜的横径水平方向大于垂直方向，使瓜面呈现扁平状。据观察，多数扁平瓜的瓜梗部和花痕（瓜脐）部凹陷较深，瓜皮厚，瓜瓤色淡，有空心，种子不饱满，品质差。产生扁平瓜的原因，主要是瓜发育前期遇到不良的环境条件，如低温、干燥、光照不足、叶片数过少或由于营养生长过旺植株徒长而影响瓜的发育，后来因上述有关条件得到改善，西瓜又继续发育，结果就形成了扁平瓜。同时，留瓜节位过低时易出现扁平瓜；主蔓与侧蔓相比，主蔓上易出现扁平瓜。此外，不同品种之间，出现扁平瓜的比例不同。杂种一代比固定品种出现扁平瓜少；有籽西瓜比无籽西瓜出现扁平瓜少。

（2）偏头瓜　就是瓜顶偏向一侧膨大的西瓜。形成偏头瓜的主要原因有以下几种。

① 授粉不良　种子的发育对瓜瓤（果实）的发育有促进作用。凡是授粉不良或花粉量少、花粉在柱头上分布不均匀等都会影响果实内种子的发育。所以，凡是种子发育良好，而且种子较多的部分，瓜瓤的发育也迅速；凡是种子发育不良或种子很少的部分，瓜瓤发育就慢。如果授粉不充分、花粉在柱头上分布不均匀，种子在果实内的形成也就不平衡。因此，在同一瓜中，凡种子多的一侧，瓜面膨大，瓤质松脆，甜度也较高；凡种子少的一侧，瓜面不膨大，瓜瓤坚实，甜度也较低。

② 浇水不及时　当果实进入生长中期以后，需水量显著增加，体积和重量的增加很迅速。这时如果浇水不及时，直接影响果实的膨大。即使以后加倍增大浇水量，已逐渐变硬的瓜皮限制了果面的迅速膨大，于是瓜瓤的膨大生长就自然偏向发育稍晚些的瓜皮部分。无论什么形状的果实，一般都是前部（近果顶）生长发育稍快于后部（近果梗），阳面（向阳面）生长发育稍快于阴面（着地面）。因此，当果实膨大阶段，前期缺水（浇水过晚）则形成果顶扁平的偏头瓜（小头瓜）；后期缺水（过早断水）则形成果顶膨大果肩狭小的"葫芦"瓜（大头瓜）。

③ 果实发育条件不良 果实发育的主要条件除水、肥、光照外，与温度（包括气温和地温）、空气湿度及空气成分等环境条件也有很大关系。当果实生长前期遇到低温、干燥（主要指空气干燥或称"上旱"），后来条件变好时，则可形成果顶扁平的偏头瓜。当果实生长后期遇到低温（如寒流）、干燥时，则往往形成果肩狭小的"葫芦"瓜。

④ 果面局部温差较大 在果实膨大期间，由于每个果实所处的小环境不尽相同，特别当受光面积和受光强度在同一个果实的不同部位形成较大差异时，果面局部的温度也将出现较大差异。不适宜（过高或过低）的温度影响了那部分果面的发育，影响的时间越长，后果越严重（果面不周正越厉害）。例如当瓜下不铺地膜或其他衬垫物又不整瓜翻瓜时，瓜面与土壤直接接触，接触地面的部分发育较差。因此，当果实继续膨大时，横向生长受到较大影响，便形成了偏头瓜。为了防止这种畸形瓜的发生，应及时进行翻瓜整瓜，将瓜放置端正，最好在瓜的底面（着地面）铺上一层麦草或垫上废纸等衬垫物。

⑤ 果面局部伤害 在果实生长发育过程中，由于日烧（灼）、冰雹、虫咬或严重外伤、磨伤等，使受伤局部果面停止发育，而未受伤部分果面发育正常，则形成不同程度的畸形果。在通常情况下，由日烧、冰雹等造成的伤害，多形成阳面扁平瓜；由虫咬、磨伤等造成的伤害，多形成底面或侧面凹陷畸形瓜。

（3）宽肩厚皮瓜 在西瓜栽培中还可出现花痕部深而广，果肩宽，瓜皮厚，瓜面出现棱线的西瓜。因品种不同，宽肩厚皮瓜出现的比例也不同。大瓜型的品种和果形指数小的品种容易产生宽肩厚皮瓜。这些品种，在土层浅、地面向南倾斜的地形条件下更易产生宽肩厚皮瓜。这可能是土壤水分或地温变化大的缘故，但尚需进一步研究。就目前的观察结果证明，越是单株结果数多的瓜、圆形或近圆形瓜、较大的瓜、低节位的瓜，越易出现宽肩厚皮瓜。

5. 西瓜出现空心和裂瓜的原因

西瓜空心，就是在瓜尚未充分成熟之前，瓜瓤就出现空洞或裂缝。西瓜裂瓜，就是在西瓜采收以前，瓜从花痕（也叫瓜脐）处自然开裂。西瓜空心或裂瓜，使产量和品质受到很大影响。造成这种现象的根本原因是水肥供应不当和环境条件不良。但空心和裂瓜的具体原因则各有侧重。

（1）空心的原因　西瓜的膨大主要依靠瓜皮和瓜瓤各部分细胞的充实和不断增大。特别是瓜瓤部分，除了种子和相连的维管束之外，均由薄壁细胞构成。在正常情况下，薄壁细胞的膨大程度比其他组织中的细胞大，但细胞壁膨大后，由于肥水特别是水分供应不足，细胞得不到充实，细胞壁很快就会破裂。相邻的许多薄壁细胞破裂后，便形成了空洞；而许多小空洞相连就形成了较大的空洞或裂缝。此外，当西瓜发育前期遇到低温或干旱、光照不足等不良环境条件时，瓜也会发生空心。这是由于西瓜的发育前期是以纵向生长为主，发育后期则以横向生长为主，在低温或干旱、光照不足时，瓜的纵向生长就会被削弱，使其过早地停止。而当西瓜发育后期，温度较高，雨水增多，光照强烈，瓜的横向发育非常迅速。这样，西瓜内部生长不均衡，也会发生空心。

此外，过早使用催熟剂、采收过晚、果实上部节位叶片数过多或基部叶片过少等都易造成空心。

（2）裂瓜的原因　裂瓜多发生在瓜瓤开始变色的所谓"泛瓤"阶段。这时由于瓜皮的发育缓慢逐渐变硬，而瓜瓤的发育却仍在旺盛阶段，如果再加上久旱遇雨或灌水量忽多忽少，或者在瓜的发育前期肥水不足而瓜的发育后期肥水供应又过多时，都可能发生裂瓜。此外，圆形西瓜比椭圆形西瓜易裂瓜。

6. 西瓜出现瓤色异常的原因

（1）瓜瓤中形成黄块（带）的原因　无论在红瓤、黄瓤、白瓤品种的果实内，都可能出现瓜瓤中局部产生紧密硬块或条带状瓜瓤的现象，尤以红瓤品种出现的频率较大。据多年观察，其成因主要有以下几点。

① 瓜瓤局部水分代谢失调　众所周知，植物细胞在膨大期间需大量水分。由于根系或瓜蔓输导组织的某一部分在其结构或功能方面发生异常，致使瓜瓤中水分供应不平衡。缺水部分细胞得不到充分膨

大，细胞壁变厚，细胞紧密，形成硬块或硬条带。在生产中，嫁接栽培的西瓜尤易发生上述现象。

② 氮肥过多　西瓜的正常生长发育需要氮、磷、钾、钙及其他中微量元素的相互配合。当氮素过多时，使某些离子产生了拮抗作用，影响了对其他一些营养元素的吸收，造成局部代谢失调。当这种失调发生在果实膨大过程中，则可使瓜瓤的某一部分形成硬块或硬条带。

③ 高温干燥　连续高温干燥对西瓜生长发育有很大抑制作用。当瓜瓤迅速膨大阶段遇高温干燥时，由于瓜瓤不同部位发育上的差异，造成某一部分瓜瓤细胞失水而形成硬块或硬条带。生产中晚播或高节位二茬瓜出现较多。

④ 雌花结构异常　在西瓜生产中还发现，雌花特大（俗称鬼花）、柱头特大或雌性两性花以及果梗粗短而垂直、果顶（花蒂）部有大的凹陷或龟裂等都易在瓜瓤中形成黄块或硬条带。

（2）瓜瓤肉质变色的原因　有的红瓤西瓜变成死猪肉色，俗称血印瓜；黄瓤西瓜变成土黄色，俗称水印瓜。究其发生原因，不外以下两方面。

① 生理障碍　当果实发育期间，遇到高温干燥、土壤积水、蔓叶过少、氮素过多、光照不足或因施肥不当引起 pH 波动较大时，都易造成代谢失调，发生生理障碍。代谢过程的中间产物得不到及时有效的转化，则积累在果实中成为有害物质而使瓜瓤变质。

② 病害引起　当果实发育中后期，发生绿斑病毒病时，可使瓜瓤软化，甚至产生异味。此外，绵腐病、疫病、日烧病等亦可致使瓜瓤变色变质，直至失去食用价值。

7. 西瓜早衰及其防治措施

西瓜蔓叶的生长发育，一方面和根系的生长及瓜的发育相关联，另一方面又直接与环境条件密切相关。在正常的情况下，西瓜是生长周期明显的作物，这是因为西瓜的结瓜周期明显的缘故。因此，在西瓜膨大盛期，植株的营养生长变弱，表现出瓜蔓顶端生长缓慢，新生叶较小，基部叶生长衰弱等，这是正常现象。但如果当西瓜尚未达到膨大盛期，而植株就过早地表现出生长缓慢，茎节变短，瓜蔓变细，叶片变小，基部叶显著衰弱等特征时，则不是正常现象，一般称为"早衰"。西瓜发生早衰时，严重影响产量和品质，是高产栽培中应特别注意的问题之一。防治西瓜早衰的措施主要有以下几项。

（1）加强肥水管理　肥水供应不足或不及时，往往是造成植株早衰的主要原因之一。如果立即追肥浇水，就可以使早衰症状得到缓解。肥料应以速效氮肥为主，施用方法采用地下根部追肥和地上叶面喷洒肥料溶液相配合进行，瓜农称为"双管齐下"。但肥料用量要慎重，防止发生肥害。根部追施尿素时每株 25～30 克，叶面喷洒 0.3% 尿素或磷酸二氢钾水溶液，每公顷用量 1050～1200 千克，折合施用尿素或磷酸二氢钾 3.15～3.60 千克。

（2）提高根系的吸收机能　根系的发育状况，对地上部蔓叶生长的影响较大。根系发达，吸收机能良好，地上部分自然也就生长茂盛。根系发育不良或遭受某些病虫害时，也往往造成植株早衰。这必须经过根系检查以后才能进行正确的判断，也只有找到病因之后，才能对症下药。例如发现根部土壤中有线虫或金针虫，根系又有被害症状，那么就应立即用 50% 辛硫磷乳油 2500～3000 倍水溶液灌根，每株灌 200～250 毫升药水。如果发现根系发育不良，细根由白变黄，根毛稀少，甚至整个根系变褐、细根腐烂等，可能是由于根部土壤中水、气、温等条件失常（例如地温过低，土壤积水），引起根系发生生理性病害。这就要加强中耕松土，使根部土壤疏松，通气良好，根系的吸收机能也就很快得到改善。

（3）合理整枝留瓜　整枝过重或单株留瓜较多，也是造成植株早衰的原因之一。西瓜的营养生长和生殖生长是相辅相成的，也就是说，蔓叶的良好生长，是花和瓜生长的基础。要达到高产，就要有一定的叶面积。同一品种在同样的栽培条件下，单株叶面积不同，西瓜产量也不同。如果整枝过重或单株留瓜较多，就会大大削弱营养生长。因此，合理地整枝、留瓜，保持较大的营养面积，是防止植株早衰、获得西瓜高产的关键。

第二节　气候异常对西瓜生长和结果的影响

一、对西瓜生长发育的影响

西瓜生长发育需要良好的气候条件。例如，西瓜生长的适温一般为 16 ~ 35℃，但不同时期和不同器官的生长适温也不同。当夜温降至 15℃ 以下时，细胞停止分化，伸长生长显著滞缓（根系生长量仅为适温条件下的 1/50），瓜蔓生长迟缓，叶片黄化，净光合作用出现负值。再如，西瓜是需光最强的蔬菜作物，其光合作用的饱和点为 80000 勒克斯，补偿点为 4000 勒克斯。如出现低温下的光照不足情况时，将会严重影响植株所需光合产物的生成与供给，造成器官发育不良，如 4 ~ 5 月份阴雨偏多，使西瓜植株出现枝蔓节间及叶柄伸长，叶片变薄变小，叶色暗淡的现象，表明植株的光合作用能力已大大减弱，从而使植株用于雌花发育的营养明显不足，造成保护地栽培的西瓜雌花形成密度和雌花质量均较差，发育不良的黄瘪瓜胎也较多。

二、对坐瓜的影响

有的年份或有的地区早春气候反常，连续低温阴雨天气，严重影响了西瓜的营养生长和生殖生长，不少地方出现了死苗现象，有的雌花出现少，即使有雌花也因为雄花花粉少，气温低造成授粉受精不良而坐不住果。西瓜开花坐果的适温为 25 ~ 35℃，同时需要充足光照。4、5 月份如降雨偏多、湿度过大，温度偏低，西瓜花期时如温度低于 15℃，即会出现花药开裂受阻，开花延迟，花粉变劣等授粉障碍，降低雌花的受精率。花期温度低于 20℃ 时，会造成花粉萌发不良或雄配子异常等问题，形成雌花虽已授粉但未能受精的情况，花期遇阴雨低温产生的这些生理异常，造成了西瓜雌花受精过程障碍，就会降低雌花的授粉受精率，直接影响坐瓜率，4、5 月份降雨偏多时，正遇大棚瓜的结果中后期和小棚瓜的整个开花期，西瓜雌花授粉受精问题成为造成许多地区西瓜坐瓜率极低现象的主要原因之一，此时，营养生长与生殖生长很不协调，因而出现了空秧及徒长现象。

三、对果实发育的影响

由于开花坐果期西瓜的植株营养分配中心仍在瓜蔓顶端生长点部位，这一阶段的低温寡日照使西瓜植株的光合产物产出率低而不足够分配。因此，许多雌花虽然能受精坐瓜，但很快又会因营养不足而脱落，在西瓜的坐瓜和幼果生长期，需要每天有 10 ～ 12 个小时的充足日照和 20000 ～ 45000 勒克斯以上的光照强度，才能较好满足西瓜对生殖生长和营养生长两方面的光合产物的需要。缺少光照，果实生长期营养严重不足，不但坐瓜率大大降低，即使已坐住的西瓜也出现明显果实发育不良和畸形现象，如果实成熟时个头小，果形变扁，许多果实有皮厚空心等现象，品质也较偏低，异常气候对保护地大棚、小棚及露地西瓜的坐果率、果实发育等有多方面的不利影响。

四、对果实品质的影响

1. 易出现瓤色异常

西瓜同一个品种在同一块地上种植，正常情况下瓤色应该是一致的，但在果实发育期如果遇到恶劣气候，会造成瓤色不能正常转红，而出现黄块（带）、黄筋等，失去商品性。因为气候异常可使瓜瓤局部水分代谢失调，细胞得不到充分膨大，细胞壁变厚，细胞紧密，易形成硬块或条带。嫁接栽培的西瓜尤易发生上述现象。

2. 易使西瓜代谢失调，影响矿质元素的吸收

西瓜正常生长发育需要氮、磷、钾、钙及其他微量元素的相互配合。当氮素过多或缺钙时，使某些离子产生拮抗作用，影响了其他营养元素的吸收，造成局部代谢失调，使瓜瓤部分形成硬块或硬条带。

3. 影响果实品质

在果实膨大期遇到连续高温干燥气候，由于瓜瓤不同部位发育上的差异，造成某一部分瓜瓤细胞失水而形成硬块或硬条带。瓜秧早衰或叶片遭受大风、冰雹等伤害的田块，在高温干燥的条件下，更可使瓜瓤不能正常转红，含糖量低、品质差。

五、防止气候异常对西瓜生长和结果不利影响的几项措施

1. 培育壮苗

西瓜播种后，从破土出苗到子叶展平时，如遇 25℃ 以上高温，就容易形成高脚弱苗，会影响正常的雌花花芽分化。如果温度低于 10℃ 会完全停止生长，此期 13～15℃ 的低温炼苗，能促使雌花花芽的正常分化。苗期（第一片叶到四叶一心）时需 15～20℃，伸蔓期需要 20～25℃，如果各生育期达不到适宜的温度时，雌花将不能正常形成，即使形成也不易授粉、受精，若长期低温，生殖生长与营养生长失调，将不利于雌花形成。盖膜起垄栽培，能防旱排涝、通透性好，促根发苗，育成壮苗。

2. 合理施用肥水

伸蔓至开花坐瓜期应控制肥水用量，使瓜蔓节间短而壮，不徒长。此期，如果氮肥施用不当，浇水过多，最容易造成疯秧，营养生长与生殖生长不协调，影响坐瓜率。合理使用氮、磷、钾多元素肥料，是提高坐瓜率的必备条件。在气候不正常的情况下，如果湿度偏大，氮肥施用过多，造成徒长时（营养生长与生殖生长不协调时）同样难以坐瓜，特别是少籽二倍体西瓜品种。生长健壮而旺盛的品种更为明显。因为这类品种是较耐旱型的，对肥水是比较敏感的。因此，在坐瓜前，施用肥水要适度才能提高坐瓜率。伸蔓至膨瓜期则重追施磷钾肥。少施氮肥，可适当喷施多菌灵及多元素微肥，加强田间管理及时防治病虫害，以保证旺盛的叶片系数（不低于 60～90 片健壮真叶）。

膨瓜前期，应适当加大肥水，以满足水分临界期的需要。否则果实膨大受阻，个头小，皮厚，空心。

3. 人工授粉

必须人工授粉，特别是花期遇雨时，雌花套袋、保证正常授粉，如果因低温或其他原因雄花花粉不成熟，可借助于其他耐低温的早熟品种，进行人工辅助授粉及配施坐瓜灵。

4. 科学整枝留瓜

改进整枝技术，多留侧枝（两枝以上），雌花多，有选择授粉坐瓜的余地，强整枝、压蔓、控制徒长。

留瓜节位要合理，主侧蔓第二雌花留瓜均可，离根过远或过近都会影响商品质量和产量。

5. 加强病虫防治

气候异常条件下，西瓜生长发育会受到很大影响，对病虫害的抵抗力将大大降低。因此，要突出以防为主，防患于未然。每当不良天气出现前后就要立即施用保护药剂，尤其要配合施用"丰产素""增产灵"之类的植物生长调节剂。

第三节　西瓜栽培常见问题答读者问

笔者每年都会收到全国各地读者的来信来电，由于信件及咨询问题较多，简繁不一，无法及时逐件回复，深表歉意！近期又陆续收到一些读者的咨询，现归纳如下。回答问题以咨询该问题人数的多少为序。

一、怎样种好礼品西瓜？

近几年，小型西瓜在市场上热销，成为新型礼品西瓜。这种西瓜适应性较强，适合早春保护地栽培和秋延迟栽培。种好礼品西瓜应抓住以下几项措施。

1. 品种选择

应选择早熟、易坐果、品质优、耐低温弱光、抗病性强、适应密植的品种。

2. 栽培季节

我国北方早春保护地栽培，一般于 1 ～ 2 月上中旬播种育苗，苗龄 35～40 天，采用加温方式育苗，3 月中下旬定植，4 月底 5 月初上市。南方地区设施栽培，可于 1 月中下旬育苗，苗龄 35 天左右，2 月底定植，3 月底 4 月上旬采收上市。

3. 播种育苗

（1）营养土配制　把 6 份地表熟土和 4 份腐熟的优质圈肥，捣细过筛，每立方米土加 2 千克过磷酸钙或 2 千克三元素复合肥，充分掺拌混合，用 800 倍多菌灵液消毒。

（2）浸种催芽　用 55℃温水浸种消毒，不断搅拌至水温降至 30℃左右，浸泡 6 小时后，清洗种子。然后用湿毛巾包紧，置于 30℃左右环境下催芽。

（3）播种　播种前一天，应用 800 倍液 70％甲基硫菌灵浇透苗土，待种子胚芽长到 0.5 厘米左右时，播种于育苗盘内。种子应平放，上盖细营养土 1.5 厘米。温度保持在 25～30℃，以保证出苗整齐，出苗后温度保持在 18～28℃，适当放风，降低苗床空气温度。经过 30 天左右，苗长到 3～4 片真叶时移栽。定植前 5～7 天，低温炼苗。

4. 整地施肥

每公顷施充分腐熟的优质厩肥 45000～60000 千克，过磷酸钙 900～1200 千克，饼肥 750～1500 千克，尿素 75 千克，其中 1/3 于耕前铺施，深翻 20 厘米，做成南北畦，瓜畦内开沟施入剩余 2/3 的肥料。

5. 田间管理

（1）定植　定植前 1 天，灌水造墒，选晴天定植，株距 0.6～0.8 米，每公顷栽 8000～10000 株。

（2）放风　栽后 1 周密闭大棚，地温不低于 14℃，气温 28℃促缓苗。缓苗后浇一次缓苗水，棚内温度不能高于 35℃，夜间不低于 12℃，并注意通风换气，以利幼苗生长。

（3）肥水管理

① 施好提苗肥。4～5 片真叶时，进行追肥灌水，以人粪尿为主，

辅之以速效性氮肥。

② 施足伸蔓肥。抽蔓期结合追肥浇大水，可在苗的两侧穴施或南侧沟施。每公顷施用腐熟饼肥 450 ～ 900 千克，或腐熟大粪干 3600 ～ 4500 千克。若施化肥每公顷可施尿素 90 ～ 135 千克，过磷酸钙 12 ～ 18 千克，硫酸钾 6 ～ 9 千克或草木灰 9 ～ 12 千克，施足盖土并浇足水。

③ 施足膨瓜肥。坐瓜期土壤不宜过干，3 ～ 4 天浇一次水。西瓜长到鸡蛋大时，每公顷施粪水 15000 千克，磷酸二氢钾 30 ～ 45 千克；西瓜长到碗口大时，顺水追施粪水 15000 千克，尿素 75 ～ 120 千克，过磷酸钙 45 ～ 60 千克，硫酸钾 60 ～ 75 千克，兑水泼施。坐瓜期间间隔 15 天，喷 0.3% 磷酸二氢钾 2 ～ 3 次。

（4）整蔓留瓜　因西瓜果型较小，要达到较高产量，应采用多蔓多果整蔓方式栽培，一般保留 1 主蔓和 3 ～ 4 个子蔓，或不整蔓；留瓜时摘除主蔓上第一雌花，其余均可保留二茬瓜，坐瓜节以下子蔓宜尽早摘除。

6. 常见多发的病虫害

（1）枯萎病　伸蔓前和坐瓜后采用 500 倍多菌灵液或 1000 倍双效灵液灌根，每株 0.5 千克。

（2）炭疽病　苗期用 65％ 代森锌可湿性粉剂 500 倍液喷雾，7 ～ 10 天后再喷 1 次。

（3）种蝇　盛发期采用 75％ 辛硫磷乳油 1000 倍液喷雾，间隔 7 ～ 10 天再喷 1 次。

（4）蚜虫　初发期用吡虫啉可湿性粉剂进行喷雾防治，间隔 7 ～ 10 天再喷 1 次。彻底防治蚜虫能有效地防止西瓜病毒病的发生。

二、都说西瓜喜欢大肥大水，是不是施肥越多、浇水越大西瓜产量就越高？

1. 关于大肥问题

西瓜植株全生育期较短，果实又很大，因此植株在一生中对肥料需求量相当大。如以每亩产 2500 千克西瓜果实，果实与枝叶的重量比为 4∶1 计，茎叶的重量为 625 千克，生物学总产为 3125 千克。考虑到土壤中原有的营养量、施肥的肥效和流失、植株的吸收利用率等各种因素，一般中等地力土壤的需施用氮 11.5 千克、五氧化二磷 8.5 千克、氧化钾 10 千克才能满足西瓜的营养需要。西瓜不同生育时期对肥料的吸收量差别较大。据研究资料显示，西瓜植株幼苗期的氮、磷、钾吸收量占全生育期吸收量的 0.54%；伸蔓期的氮、磷、钾吸收量占全生育期吸收量的 14.67%；坐果及果实生长盛期对氮、磷、钾的吸收量占全生育期吸收量的 84.78%。可见西瓜植株需肥量最大时期为果实生长期，约为全部肥料消耗量的 85%，这一时期营养供应是否充足，直接影响西瓜的产量。

西瓜植株对氮、磷、钾的需求比例以钾最多，磷最少，氮居中。据广东省农科院测定西瓜植株在全生育期对氮、五氧化二磷和氧化钾的吸收量，一株西瓜全生育期吸收氮 14.5 克，五氧化二磷 4.8 克，氧化钾 20.4 克。氮、磷、钾的吸收比例为 3∶1∶4。在西瓜植株的不同生育时期对氮、磷、钾需求量也有不同，在坐果前的伸蔓、开花期，以氮、磷的吸收量较多，坐果后则以钾的吸收量最大，显示出西瓜为高钾作物的特点。西瓜植株不同器官中氮、磷、钾含量差异也较大。叶片中氮含量占总吸收量的 50% 以上，果实中钾含量也较高。氮、磷、钾是植物生长的三要素，对西瓜的生长发育具有重要作用，均不能缺少。氮是构成叶绿素的主要成分，增施氮肥能提高西瓜叶片中叶绿素含量，加速植株的茎叶生长，提高植株光合作用能力，有利于果实膨大提高产量。植株缺氮时表现生长缓慢，个体偏小，叶色变黄。但氮肥过量则引起植株徒长，坐果困难，果实成熟期延迟，果实含糖量下降。磷在植株体内能参与细胞分裂、能量代谢、糖分转化等多种重要生理活动。增施磷肥可促进西瓜根系发育，提高幼苗抗逆性，增加果实中糖分积累。钾能增强植株的抗性，改善植物的营养输导能力，促使植株生长健壮，改善果实品质。增施钾肥对提高果实含糖量，增加果肉着色，提高植株抗病性有明显效果。在合理施氮范围内，西瓜产量可因氮肥量增加而提高。据研究，当 1 亩施氮量由 23 千克增加到 26.5 千克时，西瓜产量由 2036 千克提高到 2810 千克。同时，若增加钾肥施量，能增加西瓜对氮、磷的吸收利用率。如在施氮量一定情况下，氮与钾的用量比由 1：0.5 变为 1：1 时，每千克氮肥的产瓜量由 90 千克提高至 110 千克。但在施钾量一定条件下，过量增施氮肥会降低产量。表明在生产中增加氮肥用量时，应相应提升钾肥的施量，才能有良好的增产效果。试验还表明，钾肥无论与其他肥料配合施或单独施用，对西瓜果实糖分积累和果实含糖量提高均有明显促进作用，但在植株不同生育时期施钾对果实含糖量的增加幅度则有一定差异。钾肥在定植时做基肥施用时，西瓜果实含糖量较不施钾肥增加 12.7%；在团棵期追施钾肥果实含糖量增加 21.0%；而在坐果期追施钾肥比对照增加 23.0%。植株对钾肥吸收绝对量最大和三要素中钾肥的吸收比值最高的时期均为果实生长盛期。西瓜植株中氮、钾含量的峰值期在果实膨大定个期，植株含磷量的峰值期在果实成熟期。因此，并非施肥越大产量越高，而是要根据西瓜生长发育的不同阶段按需供肥。

2. 关于大水问题

西瓜在整个生育期中耗水量较大，但要求空气干燥，土壤含水量不能过高。对土壤湿度的要求是苗期较低、伸蔓期稍高，而以果实膨大期需水量最大，若此期水分供应不足，会影响果实的产量和品质。同时西瓜根系发育需较多的土壤空气氧含量，不耐涝，灌水多时会降低根系的活力，甚至造成烂根。

所以，西瓜的灌溉应根据气候条件、土壤条件和植株生长状况综合考虑安排。对土质疏松、保水能力弱的沙土地，要用少量多次灌溉，以保证植株生长和果实生育的需要。保水能力强的黏土地，则要增加灌水量、减少灌溉次数。根据植株生长状况确定灌溉与否可参考有经验瓜农的实践经验，一般在中午前后温度高、日照强时观察，苗期植株先端幼叶向内并拢，叶色加深为缺水，幼叶向下反卷或瓜蔓先端上翘为正常，叶缘变黄为浇水过量。成株后可重点观察叶片，叶片的萎蔫程度反映了植株的缺水程度。在采收前和大雨后的 3 ～ 5 天应停止灌溉，以免影响西瓜品质和积水伤根。华北多旱气候栽培区的降水多集中在 7、8 月，春季降水少，土壤蒸发量大，浇水要结合气候和植株生育情况进行。西瓜的苗期需水量少，为促进植株根系向土壤深层伸展，一般在苗期不进行灌溉，采用勤中耕保墒的管理措施。但春旱严重时易造成土壤缺墒影响幼苗生育，对此在移栽或播种前要浇足底水，保证幼苗生长的需要。灌溉的原则：一是全园浇水使瓜沟与行间均浇透，保证充足的底墒，二是不要过量，以免水量过大降低地温影响幼苗生长。西瓜伸蔓期植株的需水量逐渐增加，在降雨少时易缺水，但为继续促进根系生长并适当控制茎蔓伸展，在管理上仍以勤中耕、不浇水为原则。当土壤含水量过低时，可在瓜沟内浇小水补充土壤墒情。植株坐果后由于果实迅速膨大需水量达到生育期的高峰，加之气温高叶面蒸腾量大，在缺少降雨时应全园灌溉 2～3 次。但需注意在大雨之前避免浇水，大雨之后注意瓜沟和畦面的排水。条件允许的地区可采用喷灌和滴灌。西北干燥气候栽培区的空气干燥，降水稀少，农业生产主要依赖水利灌溉设施。如甘肃的河西走廊，宁夏的河套地区，新疆的昌吉、石河子地区等地西瓜栽培利用引黄灌溉和高山雪水灌溉，不仅保证了西瓜正常生长发育的需要，而且具有得天独厚的优良品质。在西北干燥气候区，播种前 3～5 天要全园漫浇一次，浇足底水后进行播种。出苗后要控制浇水，促使幼苗根系深入土层增加抗旱性。当发现土壤缺墒时可适当浇 1～2 次小水，注意避免土壤温度下降，影响幼苗生长。伸蔓至坐果期植株生长旺盛是西瓜需水的高峰期，为避免水分过多引起植株徒长和病害，灌溉以适量、多次为原则，果实迅速膨大期浇 2～3 次水。果实定个后，应控制灌水量和灌水次数，以改进果实品质，防止裂瓜，增强贮运性。南方多湿气候区在西瓜生长季前期、中期降雨多，雨量大，需注意加强田间排水工作，后期高温伏旱要适当补充灌溉。在南方丘陵地区种植西瓜，因土层薄保水力差，加之缺少水利灌溉条件，后期伏旱对果实发育影响较大。应做到冬季深耕增加土壤保水量；通过育苗定植、早熟栽培，减少伏旱对果实发育的影响；进行地面覆草减少水分蒸发，保持畦面疏松，也可蓄留一部分雨水。在伏旱前全园覆草对丘陵地区瓜园抗旱效果明显。南方地区种植西瓜在生长前期结合追肥浇人粪尿，一般不再单独灌溉。5 月中旬出现高温干热天气时，可适当浇小水 1～2 次增加表土湿度。7 月进入伏旱时，为保证果实膨大，以畦面无水的沟灌为宜，同时注意不使水在沟中停留时间过长，灌水时间以夜晚为好，以免昼间水温高伤根。水田种瓜，瓜根在畦背中部，可采用沟水泼浇方法进行灌溉。

三、西瓜进行根外追肥有什么好处？怎样进行根外追肥？

1. 根外追肥的好处

根外追肥，就是把水溶性肥料的低浓度溶液，喷洒在作物茎叶等地上部分的一种追肥方法。西瓜等植物的茎叶上有很多气孔。气孔是植物与外界进行气体交换的孔道和控制蒸腾的结构，如植物在光照条件下通过气孔吸入二氧化碳和呼出氧气；又如，当水分充足时气孔大张，而利水分蒸腾，当水分不足时，气孔缩小，可以防止水分散失。把肥料溶液喷洒在西瓜茎叶上后，主要是通过气孔渗透入细胞内部。另外，当西瓜茎叶表皮外的角质层湿润时，肥料溶液也可通过细胞膜直接渗透入细胞内部。这些渗透入细胞内部的肥料，与从根部吸收进去的肥料一样，都可以参加有机物合成所需要的营养物质。根外追肥与土壤追肥相比较，用工少，用肥料量少，成本低，可直接为西瓜吸收利用，效果明显。西瓜苗期，根的分布面积小，吸收能力差，叶面喷肥可补充根部吸肥的不足，利于瓜苗旺盛生长。当瓜苗的素质较差，根系发育不健壮，连续降雨后突然转晴，气温骤然上升，光照强烈时，瓜苗极易萎蔫。遇到这种情况，可在天气转晴时立即进行根外追肥，可以防止瓜苗萎蔫。如果将农药和肥料混喷，可同时达到防治病虫害和追肥的目的。在多雨地区采用药、肥混喷的方法，还能提高防治病虫害的效果。根外追肥最宜在坐果前进行，这样，喷施后两天就可被吸收利用，既不会引起西瓜徒长，又有利于坐果。西瓜生长的中后期，茎叶繁茂，在根部追肥已很不方便，容易伤根；特别是西瓜生长后期，根部吸收能力降低，根部追肥效果不明显。这时如果采用根外追肥的方法，因为叶面面积大，吸收肥料溶液多，效果特别明显，可以保持健壮，延长寿命，增进品质。但是根外追肥有很多条件限制，只能在一定时间内供给西瓜少量的肥料，所以只能是西瓜根部追肥的一种补助措施，应与根部追肥配合进行，不能代替根部追肥。

2. 怎样进行根外追肥

西瓜根外追肥，一般在傍晚或清晨进行，阴天而无雨时全天都可以进行。西瓜根外追肥的具体做法有两种：一种是从定苗开始，根据西瓜生长的需要，趁防治病虫害或喷洒生长调节剂时，在酸碱性合适的药液中混入少量尿素等肥料，均匀地喷洒在叶子上；另一种是根据西瓜生长的需要，单独喷洒尿素等肥料溶液，如在西瓜生育的中后期，可每隔 7 天喷洒一次磷酸二氢钾或尿素液。所用肥料，必须是能溶解在水中的水溶性肥料。对能全部溶解在水中的肥料，如尿素等，可直接放在药液或水中，待溶解后喷洒。对不能全部溶解在水中的肥料，如过磷酸钙等，可先浸泡一昼夜，经过搅拌后取其上部澄清液喷洒。使用浓度可看表 10-1。

表 10-1　适合用来作叶面喷洒的肥料及其溶液浓度

类别	名称	浓度 /%	性质
氮肥	双尿铵	0.3 ～ 0.4	酸性
磷肥	硝基磷酸铵	0.4 ～ 0.5	酸性
磷钾复合肥	磷酸二氢钾	0.2 ～ 0.3	酸性
钾肥	硝酸磷钾	0.4 ～ 0.5	酸性

在具体施用时，苗期应用低浓度的，坐果前后可用高浓度的。如尿素，在苗期施用浓度以 0.2% ～ 0.3% 为宜，坐果前后可提高到 0.4% ～ 0.5%，浓度不可超过 0.5%。在施用时应注意以下几个问题。

① 必须严格掌握浓度。如果浓度太高，不但不能渗透到细胞内部，反而会把细胞内部的水分吸出来，极易造成肥害灼苗。施用中也应注意使肥液均匀，防止喷雾器底部的肥液浓度过高。

② 施用肥料以尿素和磷酸二氢钾为主。但因各地的产品性能不同，为了稳妥起见，在施用之前应先进行试验，防止发生不良反应。

③ 与农药等混用时，注意其酸碱性要合适。酸性肥料只能与酸性农药相混，不能与碱性农药相混，只有中性肥料才可以与酸性或碱性农药相混。否则会互相影响效力，甚至会全部失效。

④ 不要在中午前后的强烈阳光下施用，以免气温高，蒸发快，

肥液损失大，追肥效果差，或发生肥害。

⑤ 喷洒时以叶面均匀喷到为止，特别要注意喷叶子背面，叶子背面气孔多，更利于吸收利用。

四、怎样诊断并防治西瓜肥害和药害？

1. 肥害的诊断

（1）肥害诊断　主要看植株根系和叶片症状。例如根系呈褐色而无黏稠物、无菌；整株叶片生长发育不良或基部叶片黑绿，顶端叶片黄绿，无叶斑。严重时，根部导管变褐而无菌。如有以上症状，即可诊断为肥害。如果出现叶片僵化、褪绿、变脆、畸形、抑制生长等症状，多为植物生长激素或微量元素肥料毒害所致。

（2）防治方法　棚室栽培西瓜，定植后一定注意棚室的通风换气；施入的基肥一定要腐熟、较深；追肥时，铵态氮肥不可撒施或地面冲施，一定要开穴（沟）施，并与土掺匀、封平穴（沟）。育苗营养土的配制应严格控制化肥用量，不可估计用量。凡能足量使用腐熟有机肥的，就尽量不用化肥作育苗营养土的肥源。严格喷施叶面肥，要做到剂量准确、配方合理、喷施均匀。

2. 药害诊断

（1）药害的种类　近年来，发生药害的种类有所增加，到目前为止已发现有喷药药害、熏蒸药害、飘逸药害、激素药害等。

（2）发生药害的原因

① 农药使用浓度（剂量）不当、多种农药或药肥混配不当：喷药前喷施除草剂的喷雾器未经严格冲洗干净等都会发生"喷药药害"。尤其是苗期喷药和机械化喷药更要严格计算药量和浓度。

在选择农药品种时，尽量使用络合锰锌复配的药品，并要按照农药包装上推荐使用的安全浓度（剂量）和方法使用。否则将会发生喷药药害。

② 密闭高温条件下用药：在密闭的棚室中使用除草剂、粉剂、烟雾剂等，特别是在高温条件下，这些农药蒸发出一些有害气体熏蒸

西瓜蔓叶，发生熏蒸药害。

③ 激素类毒害：在西瓜生产中，有时为了促进（弱苗）或抑制（徒长苗）植株生长或促进果实膨大、早熟等，常使用一些激素类药物。例如在西瓜果实膨大期使用"98％的细胞分裂素"，如果使用时只注意浓度，而忽略了西瓜自身膨大阶段的极限及激素只在某一部位起刺激作用等特点，不能严格掌握使用时间、剂量和方法就易发生激素药害。

④ 瓜田附近喷药：瓜田临近果园、菜园时，当喷药时突遇大风，在下风口的西瓜苗（植株）就很易遭受"飘逸药害"。另外，在瓜田使用除草剂不当也易发生药害。

（3）药害症状

① 剂量过大时，西瓜叶片会发生急性黑褐色烧灼斑；喷施过量杀虫剂、杀菌剂会使西瓜叶片产生白色斑点。西瓜遭受有害气体熏蒸而发生熏蒸药害时，叶片黄化上卷，叶缘尤甚。

② 西瓜遭受激素类毒害时，瓜蔓、叶片，特别是顶端生长点均出现畸形；尚未成熟的果实突然崩裂。

③ 西瓜遭受除草剂毒害时，蔓叶发生失绿烧灼性脱水状，严重时叶片干枯瓜蔓变成黑褐色。

（4）防治方法

① 使用压力大、雾化好的喷雾器，而且使用前要洗刷干净。施除草剂的喷雾器最好专用。

② 谨慎使用多种药剂混配或肥药混配，掌握好激素类生长剂的使用种类、剂量、时间、方法等。

③ 在棚室内喷药应及时通风换气。

④ 配药时严格称量药、水，不可估计用量。喷施中药液应摇匀、喷匀，不漏喷、不重喷。

⑤ 西瓜田要使用选择性除草剂，并且要先喷施除草剂后种植西瓜。育苗移栽西瓜也必须先作畦、喷施除草剂，然后再挖穴定植西瓜。棚室内使用除草剂尽量采用地膜或多层覆盖，即一层地膜一层或多层棚膜。这样地膜可有效地防止除草剂的"熏蒸药害"。对于一膜两用的栽培方式，尽量不使用除草剂。多层覆盖栽培西瓜也可防止

"飘逸性药害"。

⑥ 对已受到药害的植株，如果症状较轻或者还未伤及生长点，则可以加强肥水管理，促进康复生长。小面积药害（除激素药害），可喷施 0.5 毫克/千克赤霉素或 3.4% 碧护可湿性粉剂 7500 倍液调理，以缓解药害。

五、种西瓜怎样施用微量元素肥料？

微量元素肥料是指含有一种或几种西瓜生长发育需要量极少的营养元素的肥料。西瓜对微量元素的需要量虽然很少，但如果缺少了所需要的任何一种，就会产生相应的病症。有些微量元素在西瓜的营养和代谢过程中还起着极为重要的作用。

施用微量元素肥料，首先要摸清土壤情况，只有当土壤中缺少某种微量元素时，施用该种微量元素肥料才会有良好的效果。例如，在山区、丘陵的黄壤土地上种西瓜，喷施 0.03% 的硫酸锌（$ZnSO_4 \cdot 7H_2O$），可增产 5%～7%。此外，硼肥和锌肥还能提高西瓜的品质。种西瓜常用且有效的微量元素肥料主要有锌肥、硼肥和钼肥。

锌肥中有硫酸锌（$ZnSO_4$）、氯化锌（$ZnCl_2$）和氧化锌（ZnO）等，其中常施用的主要是硫酸锌。锌肥可作基肥、种肥和追肥用。作基肥时，每公顷用硫酸锌 15～22.5 千克，锌肥可以和生理酸性肥料（如硫酸铵、氯化铵等）混合，但不能与磷肥混合。硫酸锌作根外追肥时，一般喷施浓度为 0.01%～0.05%。

硼肥有硼酸、硼砂、硼镁肥、含硼过磷酸钙等。一般用硼镁肥、含硼过磷酸钙作基肥，硼砂和硼酸作根外追肥较好。硼镁肥每公顷可施 300～450 千克，含硼过磷酸钙每公顷可施 600～750 千克。根外追肥可用 0.01% 的硼砂或硼酸溶液喷施叶面。

钼肥有钼酸铵、钼酸钠、钼渣等，西瓜常用的是钼酸铵。用肥可以作基肥、种肥和追肥，施用 1 次肥效可达数年之久。

钼酸铵、钼酸钠用于浸种，浓度为 0.05%～0.1%，浸种 12 小时。根外追肥常用浓度为 0.02%～0.05% 的钼酸铵溶液，使用时在西瓜苗期和抽蔓期效果较好。

六、怎样使用高效增产灵？

高效增产灵是一种适用于蔬菜、瓜果等作物叶面喷施的高效营养液。该营养液含有 10 多种植物生长发育所必需的营养元素，对细胞生长、叶面光合作用，以及幼叶、花蕾、果实等的发育，都有良好的促进作用。据上海市农科院土肥所试验，西瓜喷施后，能提高坐瓜率，使单瓜增大，甜度提高，增产 8.2% ～ 12.4%。我们对西瓜喷施试验结果是可使产量增加 7.5% ～ 13.6%。

高效增产灵的使用方法是：在西瓜苗团棵时，用喷雾器在叶面喷洒 0.3% 高效增产灵，隔 2 ～ 3 天再喷 1 次。当西瓜退毛后再用喷雾器在叶面喷洒 0.5% 高效增产灵，每隔 3 天喷 1 次，连续喷 3 次。为了节约用工，也可结合防治病虫害与农药混合喷施，但应随配随用，当天用完。

喷洒高效增产灵时，要求对准叶片正面和背面均匀地喷洒。在西瓜留瓜节位雌花开放时不要喷洒，以免影响授粉，也不要在中午烈日下喷洒，以免发生伤害。

七、夏播西瓜田间管理应注意哪些问题？

夏播西瓜一般营养生长易偏旺，为了控制生长势，及时由营养生长转向生殖生长，必须严格整枝，控制肥水施用，及时排涝和防治病虫草等危害。

1. 严格整枝压蔓

宜采用三蔓整枝法，即除保留主蔓外，再在主蔓基部选留两条健壮的侧蔓，其余各级侧蔓均随时剪除。另据报道，当主蔓长到 6 ～ 8 节时（长度为 20 厘米左右）摘心，促进基部侧蔓生长，选留其第一至三节上的 3 条侧蔓，齐头并进加以培养，植株生长健壮，发育一致，也容易坐果。

在雌花开放阶段，如植株徒长，不易坐果，可在雌花前 3 ～ 5 片叶把瓜蔓扭伤。坐住果后，营养生长过旺时，可把坐瓜的蔓在第十片叶前打顶。

西瓜夏播栽培因雨水多、田间湿度大，采用暗压法压蔓时易造成伤口，感染病害，因此，最好采用明压法压蔓。开花坐果期如果植株生长过旺，为保证坐果，可在雌花前 3～5 节用暗压法重压一刀，或者闷尖（把秧蔓顶端埋起来）。夏播西瓜一般压蔓 4～5 次，幼瓜坐稳后即不再压蔓。

2. 控制施肥

夏播西瓜在高温高湿条件下，植株生长迅速，生育期较短。在施肥上与春播西瓜具有不同之处。

（1）时期掌握　在施足基肥的基础上，前期（主要是开花坐果之前）应控制肥水用量，尽量少施或不施追肥，防止植株徒长。幼瓜坐住之后，根据植株长势及缺肥情况，适时追施速效化肥。结果后期为防止茎叶早衰，可采用叶面喷肥。

（2）用量及方法　幼苗期植株生长不整齐时，可对个别弱苗增施"偏心肥"，每株施用尿素 20～25 克，或磷酸二铵 15～25 克。施肥方法是在幼苗一侧 15 厘米处开穴施入。坐果后，追肥量要适当多一些，并注意增施磷、钾肥，每公顷可施用三元复合肥 375～450 千克，或尿素 150～225 千克、硫酸钾 150 千克。施肥方法，垄栽的在两株间开穴施入，高畦栽培的在离植株 20 厘米处开一条深 5～8 厘米、宽 10 厘米的追肥沟，施入肥料，埋土封沟。结果后期可叶面喷施 0.3% 的尿素水和 0.2%～0.3% 的磷酸二氢钾溶液，每隔 5～7 天喷 1 次。

3. 排涝防旱

（1）排涝　夏播西瓜除应采用高畦或高垄栽培外，适时排除水涝也至关重要。每次大雨后要及时到田间检查，发现积水及时排除，使瓜地积水时间不超过 10 小时。

（2）浇水　如果长时间不下雨，就会造成夏播西瓜干旱，北方部分地区或个别年份易出现伏旱，往往因缺水使西瓜植株生长不良，并易遭受蚜虫和病毒病危害。因此，若遇干旱，需及时浇水，以保证西瓜生长发育所需。浇水可采用沟灌法，即顺西瓜垄沟浇水，洇湿瓜垄瓜根；当浇水洇湿瓜垄后，应及时将垄沟中多余的水排除掉。浇水最好在清晨和夜间土温和水温都较低时进行，切忌在午间高温时浇水。

另外，在夏日中午下过一阵热雨后，除及时排水外，如果有条件最好用清凉的井水浇一遍（俗称"涝浇园"），可以增加土壤氧气，缓和地温。

4. 及时防治病虫草害

夏播西瓜的病虫草害比春播西瓜种类多，发生早，来势猛，危害重。因此，应特别注意以防为主，治早、治小。一般从子叶出土后即应用40%氧乐果1000～1200倍液灌根，以防治瓜地蛆、金针虫等地下害虫。从团棵至伸蔓，结合中耕、间苗等彻底清除田间杂草。伸蔓后结合整枝，还要继续除草。从伸蔓至果实生长后期的30～40天时间内，应每隔7～10天交替喷洒农药，以防治西瓜炭疽病、疫霉病、蔓枯病及叶枯病等病害。

八、怎样确保秋西瓜如期成熟?

1. 掌握好播种期

当计划采收期确定后，要根据所种西瓜品种生育期和当地物候期向前推算播种时间。例如种金甜宝，计划国庆节在莱州上市，那么，最适宜的播种期应为6月28日。如果种郑杂5号或郑杂9号、抗病早冠龙等早熟品种，也计划国庆节在莱州上市，那么，最适宜的播种期应为7月7日。如果种金甜宝，计划10月中旬在莱州上市，那么，最适宜的播种期为7月4日（按生育期计算应为7月8日，但积温不够）。无论早熟品种还是晚熟品种，秋西瓜播种越晚，生育期也相应地延长（平均气温逐旬降低，积温逐旬减少）。这一点在计算播种期时应予考虑。

2. 及时坐瓜

秋西瓜雌花节位较春西瓜高且节间较长，肥水施用不当又极易徒长。因此，秋西瓜比春西瓜难以坐瓜。要想在理想的节位上坐住瓜，必须进行人工授粉。在雌花开放阶段，如果植株徒长而不易坐瓜，可在雌花节前 3～5 叶处将瓜蔓扭伤，即以两手的拇指和食指分别捏住瓜蔓，相对转动 90 度角，也可将前端龙头拧伤埋入土下或摘掉。

3. 促进果实发育

除科学施用肥水、及时防治病虫害等外，可选择某些植物生长调节剂或其他营养制剂，以促进西瓜果实的迅速发育。生产上常用的有高效增产灵、植保素、西瓜灵、乙烯利等。但使用这些制剂时，必须注意施用时间、浓度和方法，按说明书施用。

4. 后期覆盖保温

秋西瓜进入果实生长中后期，气温明显下降，不利于西瓜果实的发育和糖分的积累。如利用农膜覆盖保温，则可确保果实正常生长发育直至成熟。

九、用秋水仙碱处理西瓜种苗应注意什么问题？

1. 掌握处理部位和时机

秋水仙碱只在西瓜体细胞减数分裂时才能发挥作用，使正在分裂的体细胞的染色体加倍，即由二倍体变为四倍体，对于静止状态的体细胞没有作用。因此，除浸种法外，采用其他方法一定要把药液及早置于生长点上。因为西瓜幼苗生长点细胞分裂最活跃，诱变的可能性最大，时间过晚和位置不当都不起作用。

2. 重复处理

单用一种方法处理种苗，得到合乎要求的四倍体西瓜较少。最好在采用浸种法后，再用滴苗法或涂抹法处理，以争取获得更多的合乎要求的四倍体西瓜。

3. 防治药害和注意安全

要严格掌握秋水仙碱的浓度及浸种时间。秋水仙碱的浓度过高或浸种时间过长，都可能发生药害。种子或种芽处理后，一定要用清水充分冲洗，洗净药液后催芽和播种。秋水仙碱有剧毒，操作时一定要注意安全，人体任何部分都不要直接与药液接触。

4. 提前播种

经秋水仙碱处理过的西瓜种、苗、生长点的生长受到抑制，苗期生长缓慢，因此播种期应比一般西瓜提前 10～15 天。否则，开花结果延迟，遇到雨季会影响授粉和坐瓜，就是已诱变成四倍体西瓜，也很难收到种子，前功尽弃。

十、怎样用生长调节剂生产无籽西瓜？

西瓜的子房不经过受精是不能正常发育成瓜的。但是，试验证明，如果利用某些生长调节物质进行人工诱导，也能结瓜。这种瓜里也同样只含无胚的种皮，吃起来就如同无籽西瓜一样。利用生长调节剂生产无籽西瓜应采取以下几项措施。

1. 选用品质优良、无籽成瓜率高的品种

试验证明，庆红宝、绿冠等少籽西瓜是当前利用生长调节剂生产无籽西瓜的优良品种，在其他措施得当时，成瓜率可达 90% 左右，与该品种人工授粉产生的有籽西瓜的成瓜率基本相同。

2. 正确配制和施用生长调节剂

用蒸馏水分别配成 100ppm（1ppm=$1×10^{-6}$）萘乙酸钠、25ppm 赤霉素和 25ppm 2,4-滴 3 种溶液。处理雌花时，使用这 3 种溶液的混合液，混合比例为等量（即上述 3 种溶液的比例为 1:1:1）。混合液要现用现混合，混合后当日用完。具体处理方法是：在雌花未开放之前，先用人工授粉用的铁卡夹住花冠，严防花粉落入柱头（如为两性花时应严格去雄）。药液配好后，逐朵打开铁卡，用新毛笔蘸混合液涂在雌花柱头和子房基部上，每朵花每次用药量约 1 毫升，涂药后仍将花冠夹住。涂药后第四天再重涂混合液 1 次，或涂抹细胞激动素 6-呋喃氨基嘌呤 20ppm 溶液，对提高成瓜率都有明显效果。试验证

明，以对主蔓（双蔓整枝）第二雌花进行处理最为理想。涂药应选择晴天进行，如涂药后遇雨，雨后应重涂 1 次。

3. 精细的田间管理

开花前要求达到植株健壮。涂药处理后，要随即掐去主蔓各叶腋处的侧蔓和生长点，并压好瓜蔓，促使营养物质向瓜内输送。涂第一次药后，如发现幼瓜皮色发暗，要补涂 1 次，可有效地防止化瓜。第一次涂药处理后 10 天左右，可掐去第二条瓜蔓的生长点。同一株的两条瓜蔓上不要保留未经药液处理的幼瓜，以免营养物质易被有籽瓜夺去，而引起无籽瓜化瓜。要及时摘除其他雌花，防止坐有籽瓜。第一次涂药处理后 12 天左右，达到安全期，应进行浇水和追肥。但浇水量不可过大，以小水勤浇为宜，一般每次每公顷浇 45 ～ 60 立方米水即可，每隔 2 ～ 3 天浇 1 次。追肥一般在植株一侧开沟追施，每公顷施复合肥 450 ～ 600 千克。

十一、怎样提高西瓜的耐贮运性？

西瓜成熟比较一致，上市过分集中，使市场供应突出地表现为"淡→旺→淡"的特点。因为淡旺季突出，所以市场上西瓜的季节差价很大，最早上市或最晚上市的价格往往比旺季市场的价格高出 2 ～ 3 倍。因此，搞好西瓜的贮藏保鲜，不仅对调节市场供应，满足消费者的需要具有十分重要的意义，而且还可增加生产、经营单位的经济收入。

1. 影响西瓜耐贮运性的因素

内因主要是成熟度、瓜皮厚度与硬度、贮运期间瓜内部的生理变化等。外因主要是有无机械损伤，以及湿度、温度、病虫危害等。

（1）成熟度及瓜皮特性　作为贮藏的西瓜宜选择八成熟左右的瓜，九成熟以上者不宜作长期贮藏。瓜皮较厚、硬度较大且具有弹性的西瓜耐贮运性也较强。

（2）贮藏期间瓜内的生理变化　主要是含糖量和瓜瓤硬度的变化。在贮藏期间测定西瓜含糖量的变化，发现在最初 20 天内，可溶性固形物含量减少较多，由 10.4% 减少到 7.3%，以后则缓慢减少。在贮藏期间瓜瓤的硬度逐渐下降，总的趋势也是前期下降快，后期下降慢。

（3）机械损伤　西瓜采收后，在搬运过程中常常造成碰压挤伤。由于西瓜大小和品种间的差异，这些损伤的程度可能不同。这些损伤在当时一般从外表难以看出，但经短时间的贮藏即可逐渐表现出来，如伤处瓜皮变软，瓜瓤颜色变深变暗，细胞破裂，汁液溢出，风味变劣等。

（4）温、湿度的影响　西瓜贮藏期间，在不受冻害的前提下，尽量要求较低的温度，最好维持在 5～8℃。温度越高，呼吸消耗越大，后熟过程也越强烈，糖分和瓜瓤硬度的下降也就越大。而且温度高，有利于某些真菌的孳生，会造成西瓜的腐烂。对湿度的要求则不可过低，也不可过高，湿度过低易使西瓜失水多，皮变软；湿度过高易孳生霉菌。据试验，以 80% 的相对湿度为宜。

2. 提高西瓜耐贮运性的主要措施

（1）选择耐贮运的品种　凡是耐贮运的西瓜品种，大都是瓜皮厚或硬，而且具有弹性，含糖量和瓜瓤硬度的变化比较缓慢，例如特大庆红宝西瓜王、庆农二号、特大瓜王、庆农六号、东农一号、东农八号、郑州黑巨冠、极早熟蜜龙、特大庆红宝、庆农五号等。

（2）适宜的成熟度　可根据运输工具和运程确定适宜的成熟度。如汽车运程在 3～5 天者，可采收八成半熟；火车运程在 3 天以下者，可采收九成熟。

（3）减少机械损伤　从采收到运销过程中，要始终轻拿轻放。尽量减少一切碰、压、刺、挤等机械损伤。

（4）适宜的温、湿度　在贮藏运输过程中，应避免温度和湿度过高，作为长期贮藏的环境，以 5～8℃ 的温度和 80% 的相对湿度最为适宜，可以有效地延长贮藏时间。

3. 西瓜贮藏应注意的问题

西瓜的长期贮藏，关键在于控制其后熟过程和避免机械损伤。后熟过程不仅与品种特性有关，而且还与播种期有关。凡春播夏收的西瓜，一般均比夏播秋收的西瓜后熟过程短，所以一般夏播西瓜比春播西瓜耐贮藏。机械损伤则除与品种，特别是瓜皮特性有关外，更主要的还与包装和运输工具等有关。因此，对拟贮藏的西瓜，应尽量做到以下几点：①选种瓜皮较硬而且具有弹性的品种，或者选种晚熟品种或进行延迟栽培。②尽量避免一切机械损伤。③在低温（但不致受冻害）和较适宜的空气湿度（例如80%）条件下贮藏。④贮藏场所和瓜应进行严格消毒，例如用1%的高锰酸钾溶液或100倍的福尔马林溶液喷洒贮藏场所。⑤每隔10天左右倒1次垛，将不宜继续存放的西瓜挑出，率先投放市场。

十二、日光温室西瓜怎样合理安排茬口？

日光温室西瓜的茬口大致为两茬，即秋冬茬和冬春茬。秋冬茬8月中旬～9月初播种育苗，9月中旬～10月初定植，供应元旦、春节市场。此茬口育苗、定植期温度较高，条件好，因此育苗容易、移栽成活好、植株前期生长较好；而后期温度、光照等条件逐渐变劣，一般坐果较困难、果较小。因育苗期处在高温阶段，蚜虫等传病毒病源也多，因此病毒病发生较严重，要特别注意防治。冬春茬12月上中旬至元月初播种育苗，立春前后定植，"五一"节前后上市。此茬口育苗期温度偏低，必须在苗床铺地热线或用其他设施加温，早期生长缓慢，但生育后期温度、光照条件趋优，坐果及果实膨大良好，单果重较高、产量高。

十三、西瓜病虫害防治有什么绝招？

有窍门、有捷径，但不是简单的"绝招"。而是以防为主、防治结合的综合防治方法。

1. 农业防治

以综合农业措施，减少病虫害的发生。

① 集中种植，分区轮作；

② 清洁田园，减少病虫源；

③ 选用抗病品种、种子消毒以杜绝因种子带菌而感染病害；

④ 施用营养成分全面的生物有机肥，增强植株抗性；

⑤ 培养无病健苗：采用无病培养土，床土消毒及苗床防病等措施，避免因幼苗带菌而引起病害的发生；

⑥ 加强田间管理，创造适宜植株生长的良好环境，促进植株健壮生长，提高植株抗病能力。

2. 药剂防治

药剂吸收快，防治效果好，使用方便，不受地区和季节的限制，是综合防治病虫害的重要环节。药剂防治应掌握以下几点。

① 选用的农药要有针对性：对症下药才能发挥药效，最好选用同时能防治几种病害的农药，如多菌灵、硫菌灵等。

② 贯彻防重于治的方针：防病是根据药剂的有效期定期喷药，起到预防的作用。治病则应早发现，早治疗，把病虫消灭在初发阶段，防止扩大蔓延。

③ 正确掌握用药浓度，一般前期浓度低些，而生长的中后期浓度高些。

④ 轮换使用农药，避免病虫产生抗药性。

⑤ 农药、液肥混用：提倡杀菌剂、杀虫剂与叶面肥混用，达到既防治病虫，又增加植株的营养的目的，提高工效。

⑥ 安全用药，减少污染。

十四、怎样"种"出有字西瓜？

有字西瓜是当果实发育到一定阶段通过在果面贴字方法"晒"上去的。具体方法是首先选好贴字材料，这是带字西瓜成功与否的关键，既要考虑到瓜农操作简便，易于接受，又要考虑到剪的字能够防水防潮，防透光和在西瓜表皮上能粘贴住、不脱胶等因素。因此采用"黑色即时贴"是贴字材料的最佳选择，它的好处是自带粘胶、粘字牢固、纸薄、防水、防透光、弹性好、不易拉断、操作简便，也可采用上等品牌防潮香烟盒作剪字材料。材料选好后用电脑将"喜、贺、福、寿、吉、发、万事如意、恭喜发财、生日快乐、祝你平安"等喜庆吉祥字词打印成标准美观的字体提供给农户，农户用复写纸临摹于即时贴或香烟盒上刻（剪）字，以降低电脑刻字的成本，提高经济效益。西瓜从坐果到成熟转色前均处在膨大期，雌花开花后至成熟需30～32天，过早贴字易在西瓜膨大过程中造成字形移位，影响贴瓜的粘胶性能；过迟贴字瓜皮老化，贴后西瓜表皮字迹不明显或显现不出字迹，因此，应当掌握在西瓜未成熟转色之前的半个月进行。选瓜形好、单瓜大的贴，将剪好字的贴字贴于西瓜的侧面，贴后覆盖稀薄草类用于遮阳，以防止夏季高温造成"黑色即时贴"吸热烫伤西瓜表皮。经过15～18天，西瓜成熟采摘时再揭去贴纸，西瓜表皮上就会有明显的黄白字迹，即可上市销售。

十五、怎样延长西瓜市场供应期？

随着人民生活水平的不断提高，西瓜不仅是盛夏消暑解热的佳品，也逐渐成为春秋两季颇受欢迎的一种果品。

按老传统栽培西瓜，一般都是春种夏收，上市时间多集中在7～8月份。近几年来，新的栽培技术不断涌现，不仅提高了西瓜的产量和品质，同时也利用不同栽培方式，调节播种期，可经济有效地延长西瓜上市供应期。

（1）塑料大棚日光温室栽培　这种方式与生产大棚黄瓜基本相似。山东省通常在2月上旬播种，4月上旬陆续坐瓜，5月上中旬开始上市。塑料大棚栽培西瓜，是早春西瓜生产中增产最显著、上市最早、经济效益最高的一种栽培方式。利用塑料大棚生产西瓜，一般可比露地直播提早70～75天上市，每公顷产量可达60吨以上。但由于建造日光温室投资较大，用工较多，发展受一定限制。

（2）双覆盖栽培　这种方式又分为地膜加拱棚双覆盖和双层拱棚双覆盖两种。华北各地通常在2月下旬播种，4月下旬坐瓜，5月底至6月初上市。利用塑料薄膜双覆盖栽培西瓜，一般可比露地直播提早50～60天上市，每公顷产量可达75吨。双覆盖栽培投资较大棚少，上市早，收入高，目前发展较快。

（3）阳畦育苗移栽　就是利用单斜面或拱形苗床，覆盖塑料薄膜进行育苗，当幼苗长出2～3片真叶时再定植到露地中。华北各省通常在 3 月中旬播种，5 月下旬开始坐瓜，6 月下旬至 7 月上旬上市。西瓜用阳畦育苗移栽，一般比露地直播提早 30 天左右上市，每公顷可产 45 ～ 60 吨。由于阳畦育苗移栽设备简单，投资少，成本低，产量高，所以这种方式适宜在许多地区采用。

（4）地膜覆盖直播栽培 即用 0.008 ～ 0.014 毫米厚的超薄塑料薄膜（即地膜），沿西瓜植株行向紧贴地面全生育期覆盖栽培。华北地区通常在 4 月中下旬播种，6 月上中旬坐瓜，7 月中下旬上市。利用地膜覆盖直播栽培西瓜，一般比露地直播可提早 10 天左右上市，每公顷产量可达 37.5 ～ 45 吨。由于地膜覆盖栽培方法简便易行，不需特殊设备，成本低，经济效益较高，所以最近几年在我国各地发展极为迅速。

（5）麦茬栽培 即在小麦收获后立即灭茬整畦，浸种直播。华北各地通常在 6 月上旬播种，7 月中旬开始坐瓜，8 月中下旬上市，每公顷一般产 22.5 ～ 30 吨。麦茬栽培在春作物栽培较多，而秋季较热的地区越来越受到重视，北方各省栽培面积逐年增加。

（6）秋西瓜栽培 也叫延迟栽培。华北地区通常在 6 月下旬到 7 月上中旬播种，8 月下旬至 9 月上旬坐瓜，10 月上中旬上市，每公顷产量一般产 22.5 ～ 30 吨。秋西瓜栽培是延长西瓜下半年供应期最有效的一种方式。由于秋西瓜的贮藏期较长，如果配合贮藏保鲜技术措施，可使西瓜供应期延长到春节前后。

十六、无籽西瓜是怎样培育出来的？

生物细胞核内的染色体是遗传的物质基础。各种生物的染色体都有一定的大小、形状和数目。有性繁殖的植物，在体细胞核中都具有来自父本植物和母本植物双方的两套染色体。这是因为，植物的体细胞在一分为二时，其染色体也分裂开，数量各为原细胞的一半，所以叫减数分裂。待雌雄生殖细胞结合在一起时，其染色体又恢复到原来的数量，就这样保持了染色体数量代代不变。西瓜的染色体基数是 11 条，体细胞内的染色体为基数的 2 倍，所以普通西瓜是二倍体西瓜，即体细胞内的染色体是 11 对（22 条）。

1. 四倍体西瓜的诱变

用一定浓度的秋水仙碱溶液处理二倍体西瓜的种子或幼苗后，可使体细胞内的染色体加倍成为 22 对（44 条）。经选择、稳定后，就获得了四倍体西瓜。具体处理方法有以下几种。

（1）浸种法　种子消毒后，浸入 0.4% 秋水仙碱溶液中，放在 25℃左右条件下，经 36 小时取出，清水冲洗，用湿纱布包起，放在 25℃条件下催芽。

（2）滴苗法　普通西瓜出苗后，在子叶尚未展开至真叶破心前，用滴管将 0.2%～0.4% 秋水仙碱溶液滴在西瓜幼苗顶端的生长点上。每天上午 7～9 时（没有露水）和下午 4～6 时各滴一次，每次 1～2 滴，连续 4～5 天。为使药液保持时间长些，可在西瓜幼苗生长点放一个小棉球，将药滴在棉球上。

（3）涂抹法　用 1% 秋水仙碱溶液 4～6 毫升、羊毛脂膏 10 克，充分混匀，制成秋水仙碱羊毛脂膏。当西瓜幼苗子叶尚未充分展开、真叶未出现时，取少许秋水仙碱羊毛脂膏抹在生长点上。抹时动作要轻缓，只要能与生长点密切接触就行。每棵子叶苗只抹一次。

（4）种芽倒浸法　先将西瓜种子消毒、浸种、催芽，待胚根长 0.5～1 厘米时，使胚根向上，把子叶连同种皮倒着浸入 0.2%～0.4% 秋水仙碱溶液中，上面盖湿纱布，防止胚根失水。放在 30℃条件下，浸 15～17 小时。然后用清水冲洗 2 次即可播种。

2. 四倍体西瓜的鉴定

四倍体西瓜的鉴定方法有直接鉴定（细胞鉴定）和间接鉴定。直接鉴定，就是在显微镜下检查根尖细胞或花粉母细胞，直接计算细胞内染色体数目，即可确定被诱变植株是否变成四倍体。这种方法复杂，而且需要高倍显微镜等设备，一般不常用。生产上多采用间接鉴定法。间接鉴定法又可分为形态鉴定和交配鉴定。

（1）形态鉴定　四倍体西瓜在形态方面与二倍体西瓜从幼苗、花蕾、果实到种子方面都有明显的区别。鉴定时，首先看幼苗的蔓、叶、节间、分枝等。凡是诱变成四倍体的西瓜，其蔓短而粗，而且生长缓慢；叶片宽厚、缺刻浅、裂片宽、先端较圆、叶缘锯齿细长而密、叶色深绿，特别是第 7 ～ 8 片真叶后的叶片，在形态上与二倍体西瓜的区别更为明显；节间变短；分枝少且短。再从花蕾上看，与诱变前的二倍体西瓜相比，凡是变成四倍体的西瓜，雌、雄花蕾都明显变大，花冠也变大。雄蕾花冠和花粉粒要增大 0.5 ～ 1 倍，雌花花冠和子房也明显增大。对这样明显变异的植株，应及早在花蕾上套袋，进行人工自交授粉。最后从果实和种子上看，凡是变成四倍体的西瓜果实，果形变短圆、发育缓慢、瓜皮变厚、甜度增加；种子变得较大较圆、种皮变厚、种脐宽而厚，种子数量明显减少（如果诱变前单瓜种子为 300 ～ 500 粒，那么，变成四倍体后仅 30 ～ 50 粒）。经过以上幼苗、蔓叶、花蕾、果实、种子的区别鉴定，凡是发生明显变异特征的，可以初步确定为准四倍体西瓜。

（2）交配鉴定　就是借用已知的四倍体西瓜和二倍体西瓜为标准，与被诱变并初步确定的准四倍体西瓜进行人工授粉杂交，然后再根据杂交果实和种子特征来判断其植株为几倍体。办法是：对"准四倍体"，每株选留二个雌花留瓜，其中一个进行套袋自交，以便进行果实和种子鉴定，生产四倍体西瓜种子；另一个雌花用已知的，例如"四倍体一号"为父本进行杂交，如果所结的果实中只有发育较好的空壳种子，而没有种胚时，就可以确定被鉴定的植株是二倍体西瓜，即尚未变成四倍体；如果所结的果实中只有未发育的种胎（泡状，比嫩黄瓜种还小），就可以确定被鉴定的植株是三倍体西瓜，即无籽西瓜；如果所结的果实中有发育完全、形状较大、脐部宽厚的种子，就可以确定被鉴定的植株是四倍体西瓜了。经鉴定诱变成四倍体的西瓜，还要经过多次选择，才能培育成优良的四倍体西瓜品种。

3. 无籽西瓜的形成

以四倍体西瓜为母本，普通二倍体西瓜为父本进行杂交，所结的西瓜种子就是无籽西瓜种子。由无籽西瓜种子长成的植株，它的体细胞内的染色体是 33 条，所以也叫三倍体西瓜。

三倍体西瓜体细胞中有 33 条染色体，一组来自母本（四倍体西瓜 $n=22$），一组来自父本（二倍体西瓜 $n=11$）。这种具有 33 条染色体的细胞在进行减数分裂时，形成 11 个三价体，每个三价体都分成三个染色体，其中一个走向一极（单价），另外两个走向另一极（双价），这样染色体组就会出现各种组合。从理论上讲，只有一极有 11 个单价体，另一极有 11 个二价体时，才具有完整的染色体组，所形成的配子才具有正常的可孕性，而其余各种两极组合的配子都具有高度的不孕性，这就是无籽西瓜不能形成正常种子的原因。当然，从理论上讲，无籽西瓜出现可孕配子的概率约为 0.1%，不孕配子的概率约为 99.9%。所以，无籽西瓜果实内有时会出现几粒种子（发育不良的秕子）。

十七、怎样采收和保存无籽西瓜的种子？

生产无籽西瓜的种子与普通西瓜的种子不同，为争取收到更多、发芽率高的优良种子，采种时应做到以下几点。

1. 掌握成熟程度

无籽西瓜种子的种胚发育不充实，种瓜必须充分成熟才能采收。采收时，应选择生长健壮、无病虫害植株上的果实留种，腐烂瓜不能选留；未充分成熟的果实，采摘后应放置阴凉干燥的室内，后熟 5 天左右，方可破瓜取籽，以提高种子发芽率。

2. 破瓜取籽

无籽西瓜种子产量低，破瓜取籽时，必须先将瓜切成小瓣，用清洁的小竹签把种子一粒一粒地取出。破瓜取籽需要在晴天进行，取籽后及时搓洗净和晒干。切勿在阴雨天破瓜取籽，否则种子不能及时晒干，容易霉变影响发芽率。

3. 晒种

种子摊晒时，应每隔 1 ～ 2 小时翻动一次。如果阳光过于强烈，种子需用纱罩盖上，防止烈日暴晒。不能将种子直接放在水泥地或者铁板上摊晒，以免烫伤种子。

4. 种子存放

种子晒干后装入布袋中，放在通风干燥处贮藏。采用混合制种的种子，还需进行种子分类。分类时，除将三倍体无籽西瓜种子、四倍体种子分开外，还应把杂籽、劣籽拣出。种子贮藏过程中，要有专人负责，单独存放，防止种子受潮发霉，机械混杂及鼠害虫害，确保种子质量。

十八、引进推广西瓜良种时应注意哪些问题？

随着西瓜生产的不断发展，对优良品种的需要量也越来越多。尤其是一些新瓜区，品种大多从外地引进。即便是老瓜区，由于更新品种的需要，也常常引进外地新品种。在引进推广西瓜良种时，应注意以下几个问题。

1. 要了解品种特性

任何优良品种都有其一定的适应范围和特殊要求，不同的自然条件和生产条件下，品种优良性状的发挥也就不同，有时甚至还会造成减产。因此，对所要引进的西瓜良种，首先要了解它是旱瓜生态型，还是水瓜生态型、耐空气干燥生态型，它对温度、光照等环境条件的要求以及生育期的长短等，以便根据当地情况确定是否引进，引进后如何试验等。

2. 进行小面积品种比较试验

对引进的西瓜品种，在正式生产栽培之前，先要进行小面积试种。具体做法是，在当地栽培条件下，将引进品种与当地生产上推广的品种，分行排列种植在同一试验田里，以当地推广的品种为对照（标准），观察、比较它们的优劣，这种试验叫作品种比较试验。经过 2～3 年的品种比较试验，如某个（或几个）品种的综合经济性状确实比当地推广品种优良，就可以大量引进、推广，大面积种植。应该注意的是，切不可只根据一年的比较试验结果，就轻率地作出能否大面积推广的结论。

3. 提出推广意见

通过品种比较试验后，要及时进行总结，提出该品种的适应范围和栽培技术要点，以便尽快地发挥优良品种的经济效益和社会效益。有条件的单位，还可以将引进的品种作为育种原始材料，进一步培育成更加完美的新品种。

4. 调运种子时应经有关部门检疫

对引进的西瓜种子首先要有当地检疫部门的检疫证书，以免检疫对象（例如：病毒、镰刀菌及某些危险性病虫害、杂草种子等）传染危害。种子调回后，最好再经本县（市）检疫部门进行复检。

十九、怎样生产西瓜杂交一代种子？

西瓜杂交一代具有明显优势，可以提高植株的生长势和抗病性，增加产量，改善品质。一般可增产 20% ～ 30%。配制杂交一代种子可以采用自然授粉和人工授粉方法。自然授粉时按母本 4、父本 1 的比例隔畦种植在一个隔离区内，待母本雌花开放时，摘除母本植株上的所有雄花，迫使母本接受父本的雄花花粉结成果实，采得的种子即为杂种一代的种子。此法不必人工授粉，但必须彻底摘除母本雄花，否则会产生假杂种，影响种子的质量。采用人工授粉时，母本可成片栽植，有条件的可设隔离区同时繁殖母本种子；父本按母本的 1/10 单独种植。在母本主蔓上第二、三朵雌花开放时，是留种授粉的适宜时间，要求能提供大量父本的雄花，因此父本要比母本提前 1 周播种，或同期播种后用塑料薄膜早期覆盖，促进发枝开花，使父母本花期相遇。人工授粉的，清晨采摘当天开放的雄花花蕾置铝盒内，待其自然开放；雌花开放的前一天傍晚或当天清晨开放前，用长 4 ～ 5 厘米、宽 2 厘米顶部封好的小纸筒套住花蕾，待早晨 6 点至 9 点半时授以父本的雄花花粉，授粉后仍套上纸筒，并挂授粉牌或做上标记。人工授粉结成的果实就是杂种一代的留种瓜，成熟时单独采种。人工授粉的制种关键：一是要掌握好授粉时期，如授粉时期推迟，植株自然坐果，杂交率明显降低。在这种情况下，应摘除基部自然坐果的幼果，提高人工授粉的坐果率。二是开始授粉时父本的花期相遇，就是说，这时父本的雄花也开始开花。人工控制授粉在晴天气温高的情况下，结实率可达 30% ～ 40%，如连续进行 10 ～ 15 天，争取每株能结 1 ～ 2 个瓜，则每亩的制种量可达 15 千克以上。

二十、怎样进行加代繁育西瓜良种？

加代繁育就是增加一年中的繁殖世代。这是加速良种繁育的一种有效方法。西瓜每年只能繁殖一代，现采取一些措施改为每年繁殖两代，就是加代繁育。西瓜种子加代繁育，目前有两种方法，一种是春种秋繁法，另一种是南繁加代法。

1. 春种秋繁法

即早春播种，6 月底至 7 月初采种，然后立即再播种，9 月下旬 10 月上旬又可采种。这样一年可栽种和采种两次。对生育期长的品种，或在无霜期短的地区，可以在种瓜生长后期用塑料拱棚覆盖保温。

2. 南繁加代法

就是在冬季去海南岛栽植制种西瓜，将采得的种子拿回当地种植。用这种方法采种可靠，种子产量较高，但费用较高。地点一般选择在三亚市陵水和乐东。去海南岛繁育种子应注意以下几点。

① 要求严格的播种期。以 10 月 20 日至 11 月 5 日播种最为适宜。如播种期晚于 11 月 10 日则效果显著不好。

② 增施肥料。播种前施入足够的有机肥料作基肥，生产期中多次适时追肥是获得西瓜种子高产的关键。三亚市一般土地瘠薄，最好每亩施有机肥料 1500 ～ 2500 千克，以后根据需要在定苗、伸蔓、坐瓜及膨瓜期施追肥。追肥原则上应是多次追施，每次用量要少。

③ 适时浇水。这是促进西瓜良好生育的保证。浇水方式，以在西瓜植株后开沟、在沟中浇水为宜。不要进行大水漫灌。一般应浇水 4 ～ 6 次。

④ 自幼苗出土后就要及时多次松土、除草，以保证瓜苗健壮迅

速生长。并且加强其他田间管理工作，以促进早长早熟。

⑤ 要避免连作，及时防治病虫害。

⑥ 采种时要做到瓜不熟不收，种子不熟不采。采种时最好实行破瓜取籽。

二十一、我国有哪些西瓜主产区和名产地?

我国西瓜的主产区和名产地见表 10-2。

表 10-2　我国西瓜主产区、名产地面积及产量一览表

省市	主产地	名产名称	面积 / 千亩	总产量 / 千吨
山东	潍坊昌乐	昌乐西瓜	100 ~ 150	600 ~ 700
山东	菏泽东明	东明西瓜	300 ~ 400	1500 ~ 2000
山东	潍坊青州	青州西瓜	90 ~ 130	400 ~ 600
山东	禹城	禹城西瓜	70 ~ 80	280 ~ 350
山东	高唐	高唐西瓜	65 ~ 78	270 ~ 310
山东	济宁泗水	泗水西瓜	70 ~ 75	250 ~ 290
山东	聊城东昌	东昌西瓜	50 ~ 58	200 ~ 230
山东	临沂市	临沂西瓜	48 ~ 52	190 ~ 200
山东	济南章丘	章丘西瓜	40 ~ 48	170 ~ 190
河南	太康	太康西瓜	250 ~ 300	1150 ~ 1500
河南	周口扶沟	扶沟西瓜	120 ~ 150	500 ~ 700
河南	开封通许	通许西瓜	200 ~ 250	1000 ~ 1200
河南	郑州中牟	中牟西瓜	110 ~ 130	650 ~ 699
河南	开封市	开封西瓜	80 ~ 100	350 ~ 580
河南	安阳汤阴	汤阴西瓜	40 ~ 50	171 ~ 192
河南	确山县	确山西瓜	40 ~ 48	170 ~ 190
安徽	砀山市	砀山西瓜	180 ~ 200	800 ~ 1000
安徽	肥东	肥东西瓜	30 ~ 40	150 ~ 170
北京	大兴市	大兴西瓜	80 ~ 100	380 ~ 590
北京	顺义	顺义西瓜	50 ~ 60	190 ~ 240
天津	静海台头	弘历福	30 ~ 50	150 ~ 190
上海	崇明区	崇明西瓜	10 ~ 15	50 ~ 75
上海	浦东区	浦东西瓜		
上海	金山区	金山西瓜	5 ~ 8	22 ~ 36
河北	阜城区	阜城西瓜		

省市	主产地	名产名称	面积 / 千亩	总产量 / 千吨
河北	石家庄		8～11	36～49.5
河北	衡水	衡水西瓜		
河北	保定市	保定西瓜	12～14	54～63
福建	长乐市	长乐西瓜	30～40	150～180
福建	福州连江	连江西瓜	25～30	120～150
福建	宁德霞浦	霞浦西瓜	5～10	22.5～50
新疆	昌吉市	昌吉西瓜	45～60	220～250
新疆	吐鲁番		2～5	10～25
新疆	头屯河		8～10	36～50
黑龙江	双城	双城西瓜	12～15	60～75
黑龙江	双鸭集贤	集贤西瓜	7～9	

此外，江苏东台、新沂、如东，浙江温岭；辽宁新民、山西太谷等地也是那些省市的西瓜主产区和名产地。

二十二、提高西瓜产量的主要措施是什么?

西瓜的高产栽培，除了需要采取综合农业措施以外，环境条件，特别是生长发育期间的气候条件，也是西瓜产量高低的关键之一。如果没有适宜的气候条件，其他农业措施便不能充分发挥应有的作用。气候条件，目前还不能按人们的意志随意改变。但是我们可以采取一定措施，尽量去利用适宜的季节安排生产。根据我国北方大部分地区的气候特点，春播西瓜必须抓住"早"字。要在适宜西瓜播种期间，尽量将播种期提前，做到早播早管。多年的实践证明，西瓜适期早播，不但产量高，而且质量好，经济收入多。因此，抓早种早管就成为西瓜早熟、高产的关键。

西瓜适期早播之所以能高产，是因为西瓜苗体内贮藏物质的多少，与苗龄大小及苗期生长发育的环境条件有关。苗龄越大，苗期的生长条件越好，体内贮藏的营养物质就越多，开花、坐瓜就越早，将来的产量也就越高，品质越好。坐瓜期间的气候条件对西瓜的产量和质量影响很大。开花期间阴雨天会影响授粉，坐瓜期间阴雨天会造成化瓜，整个西瓜生长发育期间阴雨天较多，日照不足，瓜的生长慢，雨水多，西瓜的含糖量低，特别是当西瓜膨大盛期雨水多，会造成裂瓜，使质量大大降低。就山东省的气候来说，主要汛期集中在 7 月中旬到 8 月下旬，年平均降水量从西北到东南由 500 毫米递增到 900 毫米，仅 7 ～ 8 月份降水量即可达 300 ～ 400 毫米。西瓜适期早播就能避开汛期，充分利用有利条件，使西瓜在降雨少、晴天多、气温不太高时开花授粉，以提高坐瓜率，使瓜膨大期正好在气温高、光照强、昼夜温差大时，以提高产量和品质。

二十三、提高西瓜质量的主要措施是什么？

首先要了解影响西瓜品质的主要因素和关键时间。除选用高糖优质品种外，光照、温差、肥水等都对西瓜品质有重要影响。西瓜果实的发育期一般为 30 ～ 40 天。环境条件和管理措施在整个果实发育中所起的作用大致是：前 20 ～ 25 天主要影响果实产量，后 10 ～ 15 天主要影响品质。笔者根据对新红宝和金甜宝等中熟品种的多年观察，认为决定其品质风味的关键时间是果实成熟前 15 天左右至采前 2 ～ 3 天。也就是说，当子房（瓜胎）在授粉后的 20 天左右时间内，一切环境条件和栽培措施只能对果皮、胎座、种壳等组织的形成和膨大（亦即整个果实的膨大）起决定作用，而此时的果实组织特别是胎座和种子正处在迅速发育阶段，还没有贮存、转化大量果糖的能力，故不能也无法影响果实品质。但当果实发育到成熟前 15 天左右时，环境条件和栽培措施主要对果实品质起决定作用，而对其产量高低则影响较小。

其次是减少氮素供应的比例。西瓜膨大后应减少氮素肥料的供应，适当增加钾肥用量。一般应使氮、磷、钾的比例由抽蔓期的 3.59：1：1.74 改变为 3.48：1：4.6。这时如果西瓜吸收氮素过多，就会降低品质，因为瓜不再生长，多余的氮素在瓜内积聚，反而会减少糖分的累积。那么怎样提高西瓜品质呢？有以下几点。

1. 提高光合作用强度

西瓜甜度的高低主要是由蔗糖、果糖、葡萄糖等糖类的多少所决定的，而这些糖类的形成，都离不开光合作用。因此，提高西瓜植株的光合作用强度，通过一系列复杂的生理转化过程，输送到瓜里的蔗糖、葡萄糖、果糖等糖类的含量就会大大增加，因而西瓜的甜度也会相应地提高。为保持较高的光合作用强度，可以通过三方面实现：一是提高光照强度，二是延长光照时间，三是增加空气中二氧化碳含量。后两种措施在塑料大棚内是能够做到的，但提高光照强度则比较困难。延长光照时间可以通过人工补光（增加 300 千瓦·时或 500 千瓦·时的日光灯）实现。

2. 减少氮素供应的比例

西瓜膨大后应减少氮素肥料的供应，适当增加钾肥用量。在追施膨瓜肥时，特别要控制西瓜生长后期植株对氮素的吸收。这时如果西瓜吸收氮素过多就会降低品质，多余的氮素在瓜内积聚，反而使甜度和风味变坏。在此期间侧蔓增多就是氮素过多的特征。

3. 加大昼夜温差

白天温度较高可以提高光合作用，日落后降低大棚的温度，可以降低呼吸强度，减少被消耗的糖分，使更多的糖分贮存到瓜中，有利于糖类物质的积累，能提高西瓜甜度。新疆吐鲁番地区的瓜果之所以特别甜，就是这个道理。塑料大棚栽培比露地栽培易于调节昼夜温差，因而可以人为地加大大棚内的昼夜温差。

4. 采收前控制浇水

在许多西瓜产区流传着"旱瓜甜"的说法，这种说法有一定道理。采收前天旱无雨西瓜确实较甜，而采收前遇到大雨则西瓜味淡不甜，仪器测量也有相同的结果。所以，当西瓜采收前 4～5 天停止浇水，就会使西瓜甜度相对提高。

二十四、西瓜壮苗和徒长苗有哪些区别？如何防止西瓜苗徒长？

1. 壮苗和徒长苗的区别

壮苗和弱苗容易区分，而壮苗与徒长苗却容易混淆。这是因为，徒长苗看来似乎比壮苗生长较大。其实，这只是表面现象。西瓜的壮苗与徒长苗，在形态特征上有明显不同。通过对 1000 多株子叶苗的调查发现，凡是壮苗，其子叶不但肥厚，而且纵径与横径之比平均为1.53；徒长苗不但子叶较薄，而且纵径与横径之比平均为 1.72。壮苗下胚轴营养生长转至生殖生长而形成不了生长中心，因而壮者愈旺，弱者愈弱。如果控制肥水，则可抑制营养生长，使生长中心及时转移到生殖生长方面。雌花出现节位距瓜蔓顶端的距离，是衡量生长中心是否转移的标志。例如鲁西瓜一号，当雌花开放时，从雌花到生长点距离为 25 ～ 30 厘米时，生长发育十分协调，证明生长中心已由营养生长转到生殖生长方面；若从雌花到生长点距离大于 60 厘米时，则蔓叶生长过旺，节间变长，不易坐瓜，证明生长中心仍在营养生长方面而没有转移；如果从雌花到生长点距离小于 15 厘米时，则蔓叶生长过弱，证明生长中心已过早地由营养生长转移到生殖生长方面。

2. 防止徒长的措施

西瓜蔓叶生长过旺会造成生长中心转移，营养过分集中到蔓叶生长方面，被称为植株徒长，俗称跑蔓、疯长、旺长等。徒长后，一般瓜蔓变细而脆，节间变长；叶柄细而长，叶片薄而狭长，叶色淡；雌花出现延迟，不易坐瓜；雌花开放时，瓜梗细且短、子房纤小，易萎缩而化瓜。生产中一般采用下列措施控制徒长。

（1）控制肥水　肥水施用过量，特别是氮肥过量，磷、钾肥不足时，很容易使植株徒长，肥水使用时期掌握不当，也易造成徒长。例如在坐瓜前肥水过大，营养集中供应蔓叶生长，而花果孕育期则得不到足够的营养，即生长中心不能适时由营养生长转为生殖生长而形成不了生长中心。

（2）植株调整　通过整枝、压蔓、摘心等措施，调整西瓜植株，以控制旺盛的营养生长，可促进早开花早坐瓜。实践证明，坐瓜前对瓜蔓近头重压，即要深压、紧压，或用较大的土块压在瓜蔓靠近生长点 2 厘米左右处，可以控制瓜蔓生长。特别是在植株生长过旺，已造成徒长时，采用近头重压措施，对抑制蔓叶生长、促进坐瓜具有明显效果。

二十五、怎样防止西瓜子叶"戴帽"出土？

西瓜在育苗或直播后，当子叶出土时，往往发现有些幼苗的子叶被种皮束缚着而伸展不开，这种现象称为"戴帽"。西瓜播种时，如果方法不当，播种质量较差，则子叶戴帽现象特别严重。

西瓜播种后，在正常情况下，瓜种依靠胚轴基部胚栓的膨压，将种皮由发芽孔推向一方，子叶靠下胚轴的伸长而向下拉长。通过这两个作用，使子叶从种皮内逐渐脱出，再加上覆盖种子的沙土对种皮的压力和阻力，所以当子叶出土时种皮便留在土中。播种后，如果覆土太薄、土壤干燥、土温过低或种胚发育不良等，则往往造成戴帽出土，严重妨碍子叶的伸展和发育。子叶对于培养壮苗十分重要，据观察，西瓜子叶的生理功能可以维持到结瓜期。如果在团棵前子叶受损伤，将会影响到幼苗的生长和发育。

西瓜正确的播种方法应该是，将种子平卧点播（切勿立放或倒置），每穴或每个营养纸袋内分散放入 2～3 粒瓜种，然后覆土。覆盖瓜种的土是特备的细沙土（晒干、过筛），覆土厚度 1～1.5 厘米。播后再用喷壶洒水，使覆盖沙土湿润，然后立即盖好塑料薄膜和草帘。

二十六、棚室西瓜怎样施二氧化碳？

当光照充足、棚温较高时，由于光合速度加快，棚内二氧化碳浓度将会迅速下降，远不能满足西瓜光合作用的需要。因此，适当增加棚室内二氧化碳便成为促进光合作用，提高棚室西瓜产量的重要措施。目前，在棚室生产中增施二氧化碳气肥的方法有以下 3 种。

1. 化学反应法

先将工业用硫酸 1 份（按容积，下同）缓缓倒入 3 份水中，搅匀，冷至常温后备用。当需要补充和增加二氧化碳时，则将配好的稀硫酸倒入广口塑料桶内（桶内稀硫酸倒至 1/3～1/2 为宜，切勿倒满），再加入适量的碳酸氢铵后，桶内即可产生大量气泡二氧化碳，扩散到棚室内就可被西瓜叶片所吸收。若西瓜采用支架栽培，可将桶吊离地面 1～1.2 米处。在棚室内一般每隔 10 米左右放一个塑料桶。碳酸氢铵的用量可根据棚室面积、西瓜生育期和施用时间而定，苗期每平方米每次用 6 ～ 8 克，果实发育期每平方米每次 10 ～ 12 克；晴天中午前后每平方米每次 13 ～ 16 克。使用一段时间后，如果稀硫酸桶内加碳酸氢铵后无气泡发生时，可将桶内废液用水稀释后作为液肥施入瓜畦，然后及时补足稀硫酸。

2. 钢瓶释放法

酒精厂、酒厂等生产回收的二氧化碳用钢瓶贮存，使用时，选用直径 1 厘米的塑料管，通入棚室中。每隔 3 ～ 4 米在塑料管上扎孔，把塑料管接到钢瓶压力表出口。当需要增加棚室内二氧化碳气体时，则将出气口开关打开。在施放气肥过程中，钢瓶出口压力应保持在 98.07 ～ 117.68 千帕（1 ～ 1.2 千克 / 厘米^2），一般每次放气 8 ～ 10 分钟即可。

3. 燃烧丙烷法

通过在棚室内燃烧丙烷产生二氧化碳气体。据测验，1 千克丙烷气经燃烧后可产生 1.5 立方米的二氧化碳气。假如有 600 平方米面积的大棚，燃烧 1.2 ～ 1.5 千克的丙烷气就能使二氧化碳浓度提高到 0.13% 左右。可根据大棚面积的大小确定燃烧丙烷气的数量。

二十七、西瓜苗床的湿度怎样管理？

西瓜苗期对水分反应较为敏感，水分过多过少都会影响幼苗生长，严重时也会导致育苗失败。播种前已浇足底水的苗床，出苗以前一般不再浇水，若发现床土过干可喷适量 40℃ 的温水。出苗后，随着西瓜苗的生长，需水量逐渐加大，同时，由于蒸发作用，床土水分明显减少，尤其是电热和火炕温床，更易失水缺墒，应根据床土湿度情况及时补充水分。一旦缺水，幼苗生长缓慢，真叶变小，育苗时间延长。一般应使土壤湿度保持在田间最大持水量的 85% 左右，不宜再高。若土壤湿度过高，床内的空气湿度也高，不仅会使幼苗徒长，形成弱苗，而且还会增加苗期病害的发生概率。另外，土壤湿度过大，也会因土壤中空气缺乏进而影响到根系的正常生长，甚至发生沤根。床内湿度较大时，可控制浇水，并在不降低床温的情况下，适当进行通风，以降低床内湿度。还可以在床面撒施草木灰吸水，增加床温，并进行浅中耕，以散发土壤水分。据试验，苗床内空气湿度长期大于 85% ～ 90% 时，再遇到低温，很易发生幼苗猝倒病、立枯病。一旦发病应及时采取相应措施，防止病害蔓延。

浇水时要防止大揭大浇，应随揭随浇随盖，最好用喷壶喷浇 30℃温水，以防止浇水造成床温降低。在瓜苗生长过程中，若发现缺肥现象，可以结合浇水少量施肥，一般用 0.1% ～ 0.2% 的尿素水浇施。为了提高幼苗素质，也可喷洒 0.2% 左右的磷酸二氢钾溶液。定植前 5 ～ 7 日停止喷水，进行蹲苗。土壤底墒较好时，苗期一般不补充灌水，若确实干旱缺水，可点浇或在植株一侧开沟暗浇小水。

二十八、西瓜育苗期间遇不良天气应采取哪些措施？

我国北方西瓜育苗期间常受不良天气侵袭，因此做好不良天气的苗床管理，是育苗成败的关键。

连阴天气温下降时，应尽量多揭开草帘子，使瓜苗有一定的见光时间，切不可连续几天不揭帘子。因为幼苗在黑暗环境中，植株体内营养物质消耗大，时间一长叶绿素分解，叶色变黄，瓜苗软弱，晴天后突然揭帘，秧苗会萎蔫死亡。当然揭帘子要在外界温度稍高时进行。对于有加温设备的苗床，苗床内温度应控制比晴天低 3 ～ 4℃，切不可在阴天加温过高，造成瓜苗徒长。阳畦育苗无加温设备，要增加覆盖物保温。

降雪天气要盖好草帘，雪停后应立即扫雪，以保持草帘干燥，并及时揭开草帘使瓜苗见光。

下雨天要防止草帘淋湿而降低保温作用，最好在草帘上再覆盖一层塑料薄膜。白天气温较高时，可揭开草帘，但要防止雨水进入苗床内而降低苗床温度和增加湿度。如夜间有降温可能，还要盖上帘子，以防冻害。

另外，如果连阴天或雨天过后，天气突然转晴，应当逐渐增加瓜苗的光照时间。第一次揭帘子后，要对苗子仔细观察，如果瓜苗有萎蔫现象，应该适当盖帘子遮阴，待瓜苗恢复正常后再揭去帘子。这样反复进行，直到瓜苗不再萎蔫为止。

二十九、西瓜浇水后定植还是定植后浇水？

西瓜生产中这两种方法都常采用。一般来说，浇水后定植能充分保证土壤湿度，栽苗速度较快，定植后可以马上整平整细畦面，这对于覆盖地膜是非常有利的。因此，地膜覆盖栽培和双膜覆盖栽培的西瓜常用这种栽法。定植以后浇水，能使土壤与营养土块或营养纸袋密切接触，利于根系的恢复生长，同时为了提高地温，不能一次浇水过多，栽后两天要连续浇两次水，这对防止早春的晚霜危害有一定的作用，一般露地栽培常用这种栽培方法。

此外，移栽大苗先定植后浇水比较方便；移栽小苗，特别是贴大芽，则以先浇水后定植较好。

浇水后定植时，应在水渗下后马上栽植。如栽早了，穴或沟中尚有水，培土按压时可能在根部形成泥块，影响根系生长。如栽晚了，穴或沟中水分已蒸发，培土后根部土壤处于干燥状态，不利于瓜苗发根，会使成活率降低。

三十、夏播西瓜怎样浇水与排水？

夏播西瓜因生长期间雨水较多，容易引起瓜蔓徒长，不易坐瓜，延迟成熟，降低产量和品质。因此，生产上必须做好排水工作，尤其要做好雨后的排水工作。一般要求降雨时畦面不积水，雨停后沟内积水很快能够排泄干净。如果排水不良，会造成沤根和减产。这是因为，土壤中水分多，孔隙度就小，通气性就差，西瓜根系的呼吸作用受到抑制，进而使根毛腐烂，吸收机能遭到破坏。据调查，七八月份高温期时，西瓜地内若积水 12 小时，瓜根即产生木质化现象；如果积水 5 天，则根系的皮层完全腐烂。可见瓜地积水对西瓜的危害是很严重的。所以夏播西瓜除采用高畦栽培外，还必须在汛期到来之前，于瓜田及其附近挖好排水沟，以便及时排涝。

但当进入西瓜膨大盛期，需水量很大，这时又往往进入秋旱时期，必须及时浇水。浇水时应采用沟灌，浇水量由少到多。浇水后仍应勿使沟内积水时间过长，以充分湿润畦面为度。浇水时间，高温期以早晚浇水为宜，因为在炎热的旱天，白天地温很高，特别在中午前后浇水时容易伤根。瓜地土壤应始终保持一定的湿润状态，切忌过湿或过干。

三十一、西瓜怎样施用追肥？

西瓜不同生育期的肥料吸收量和需肥种类不同，因而不能一次施足各生育时期的需肥量，同时也无法一次满足不同生育时期对各种不同营养元素的配合比例，因此，在施用基肥的基础上，必须通过分期分量追肥来满足上述各种要求。

西瓜生育期间的追肥原则是根据各个生育时期的吸肥特点，选用适宜的肥料种类，做到成分完全、配比恰当。常用作追肥的有机肥，北方多用大粪干、饼肥（其中又以棉籽饼和芝麻饼较多）、草木灰等，南方多用人粪稀。化肥中常用作追肥的有尿素、硫酸铵、碳酸氢铵、硝酸铵、硫酸钾、磷酸二铵及氮磷钾复合肥（如磷钾硝铵）等。近几年来，不少地区根据当地的土壤肥力基础和西瓜的吸肥规律，将氮、磷、钾进行合理配比，并适量加入腐植酸及各种微量元素等，研制和生产了多种西瓜专用肥，应用效果良好。

西瓜的追肥应以速效肥料为主，有机肥与化肥合理搭配，充分满足西瓜各生育期对矿质元素的需要。

1. 提苗肥

在西瓜幼苗期施用少量的速效肥，可以加速幼苗生长，故称为提苗肥。提苗肥是在基肥不足或基肥的肥效还没有发挥出来时追施，这对加速幼苗生长十分必要。提苗肥用量要少，一般每株施尿素8～10克。追肥时，在距幼苗15厘米处开一弧形浅沟，撒入化肥封土，再用瓜铲整平地面，然后点浇小水（每株浇水2～3升），也可在距幼苗10厘米处捅孔施肥。当幼苗生长不整齐时，可对个别弱苗增施"偏心肥"。

2. 催蔓肥

西瓜伸蔓以后，生长速度加快，养分要适量增加，此期追肥可促进瓜蔓迅速伸长，故称催蔓肥。追施催蔓肥应在植株甩龙头前后适时进行，每株施用腐熟饼肥100克或腐熟大粪干等优质肥料500克左右。如果施用化肥，每株施尿素10～15克、过磷酸钙30克、硫酸钾15克。

有机肥施用方法：在两棵瓜苗中间开一条深10厘米、宽10厘米、长40厘米左右的追肥沟，施入肥料，用瓜铲将肥料与土拌匀，然后盖土封沟。如果施用化肥，追肥沟可以小一些，深5～6厘米、宽7～8厘米、长30厘米左右即可。施后适时浇1次水，以促进养料的吸收。

3. 膨瓜肥

当正常结瓜部位的雌花坐住瓜，幼瓜长到鸡蛋大小时即进入膨瓜期。此时是西瓜一生需肥量最大的时期，因此，是追肥的关键时期。此期追肥可以促进果实的迅速膨大，就称之为膨瓜肥。膨瓜肥一般分两次追施。第一次在幼瓜大小直径约5厘米时，在植株一侧距根部30～40厘米处开沟，每公顷施入磷酸二铵225～300千克、硫酸钾75～112.5千克，也可结合浇水追施人粪尿7.5吨。第二次在瓜长到碗口大小时（坐瓜后15天左右），每公顷追施尿素75～105千克、过磷酸钙45～60千克、硫酸钾60～75千克，或三元复合肥150～225千克，可以随水冲施，或撒施后立即浇水。

此外，在西瓜生长期间，可以结合防治病虫害，在药液中加入0.2%～0.3%的尿素和磷酸二氢钾（二者各半），进行叶面喷肥，每隔10天左右喷1次。也可以单独喷施。

南方西瓜追肥，以速效性的人粪尿为多，故均用泼施法。施肥次数和施肥时期与北方相似，但各期追施的肥料浓度不同。幼苗期追施1～2次，浓度为20%～30%；伸蔓期追肥1次，浓度为30%～40%；结瓜期追肥1～次，浓度为50%左右。

三十二、各种肥料能不能混合施用？

西瓜的生育期不同，需要养分的种类、数量及各种肥料的比例也不相同。单独施用一种肥料，不能满足西瓜生长发育的需求，即使含有几种养分的复合肥料，其固定的养分比例也不适合西瓜各个生育期的需要。因此，根据西瓜不同发育期的需要和土壤条件，施用临时配合的混合肥料，是科学用肥、提高肥效的重要措施。随着西瓜栽培面积的不断扩大，有机肥显得越来越缺乏，因而在有机肥中混合化肥的情况越来越多，例如在基肥中土杂肥与过磷酸钙混合施用，在追肥中，人粪尿或草木灰等分别与各种化肥的混合施用等。

各种肥料混合的原则是：混合后能够改善肥料的性状，养分不受损失，而且还可提高养分的有效性，养分之间有增效作用。譬如硝酸铵与磷矿粉混合、尿素与过磷酸钙混合，可以降低硝酸铵和尿素的吸湿性。有些肥料混合后物理性状会变坏，如硝酸铵与过磷酸钙混合，由于吸湿性加强而改变成黏泥状，不便施用，因此不宜混合。有的肥料混合后能提高养分的有效性，如硫酸铵等生理酸性肥料，与骨粉、磷矿粉混合，可增加溶解度，从而提高了磷肥的肥效。草木灰不能与人粪尿、厩肥、硫酸铵、尿素、硝酸铵及碳酸氢铵等混合施用，因为草木灰与铵态氮肥混合后吸湿性增强，能促使氨挥发损失。碱性肥料都不能与铵态氮肥混合。碳酸氢铵与过磷酸钙混合后，氨与磷酸钙中的游离酸结合成磷酸铵，可减少氮的损失，但是会引起磷的变化，因此混合后要立即使用。

三十三、种西瓜怎样施用微量元素肥料？

微量元素肥料是指含有一种或几种西瓜生长发育需要量极少的营养元素的肥料。西瓜对微量元素的需要量虽然很少，但如果缺少了所需要的任何一种，就会产生相应的病症。有些微量元素在西瓜的营养和代谢过程中还起着极为重要的作用。施用微量元素肥料，首先要摸清土壤情况，只有当土壤中缺少某种微量元素时，施用该种微量元素肥料才会有良好的效果。例如，在山区、丘陵的黄壤土地上种西瓜，喷施 0.03% 的硫酸锌（$ZnSO_4 \cdot 7H_2O$），可增产 5% ~ 7%。此外，硼肥和锌肥还能提高西瓜的品质。种西瓜常用且有效的微量元素肥料主要有锌肥、硼肥和钼肥。锌肥中有硫酸锌（$ZnSO_4$）、氯化锌（$ZnCl_2$）和氧化锌（ZnO）等，其中常施用的主要是硫酸锌。锌肥可作基肥、种肥和追肥用。作基肥时，每公顷用硫酸锌 15 ~ 22.5 千克，锌肥可以和生理酸性肥料（如硫酸铵、氯化铵等）混合，但不能与磷肥混合。硫酸锌作根外追肥时，一般喷施浓度为0.01%～0.05%。硼肥有硼酸、硼砂、硼镁肥、含硼过磷酸钙等。一般用硼镁肥、含硼过磷酸钙作基肥，硼砂和硼酸作根外追肥较好。硼镁肥每公顷可施300～450千克，含硼过磷酸钙每公顷可施600～750千克。根外追肥可用0.01%的硼砂或硼酸溶液喷施叶面。

钼肥有钼酸铵、钼酸钠、钼渣等，西瓜常用的是钼酸铵。钼肥可以作基肥、种肥和追肥，施用1次肥效可达数年之久。钼酸铵、钼酸钠用于浸种，浓度为0.05%～0.1%，浸种12小时。根外追肥常用浓度为0.02%～0.05%的钼酸铵溶液，使用时在西瓜苗期和抽蔓期效果较好。

三十四、西瓜早熟高产栽培中每株留几个瓜好？

西瓜早熟高产栽培每株留瓜个数，主要根据栽植密度、瓜型大小、整枝方式及肥水条件而定。一般说来，每公顷栽植7500～9000株、中小型瓜、三蔓或多蔓式整枝，肥水条件较好，每株可留2个瓜；每公顷栽植10500～12000株、中小型瓜、双蔓式整枝，肥水条件中等，每株留1个瓜为宜；每公顷栽植7500～9000株、大型瓜、双蔓或三蔓式整枝，肥水条件中等，每株留1个瓜较好；每公顷栽植10500～12000株、中小型瓜、三蔓或多蔓式整枝，肥水条件好，每株可留2个瓜；每公顷栽植7500～9000株、小型瓜、三蔓或多蔓式整枝、肥水条件好，每株可留2～3个瓜。总之，栽植密度小，可适当多留瓜；栽植密度大，可适当少留瓜；大型瓜少留瓜，小型瓜多留瓜；单蔓或双蔓式整枝少留瓜，三蔓或多蔓式整枝多留瓜；肥水条件好，适当多留瓜；肥水条件较差，适当少留瓜。此外，还应根据下茬作物的安排计划确定是否留二茬瓜来考虑每株的留瓜数。如果下茬为大葱、萝卜、大白菜或冬小麦等秋播作物，一般每株只留1～2个瓜；如果下茬为春播作物，则可让西瓜陆续坐瓜，每株最多可结3～4个商品瓜。当每株选留2个以上的瓜时，应特别注意留瓜方法。一般可分同时选留和错开时间选留两种方法。同时选留法就是在同一株西瓜生长势健壮均等的不同分枝上，同时选留2个以上的瓜胎坐瓜。这种方法适用于株距较大、密度较小、三蔓式或多蔓式整枝、肥水条件较好的地方。这种方法的技术要点是，整枝时一般不保留主蔓，利用侧蔓结瓜。同时不要在同一分枝上选留 2 个以上的瓜胎。错开时间选留法是在一株西瓜上分两次选留 2 个以上的瓜胎坐瓜。这种方法也叫留二茬瓜，适用于株距较小、密度较大、双蔓式整枝、肥水条件中等的情况。这种方法的技术要点是，整枝时保留主蔓，在主蔓上先选留 1 个瓜，当主蔓的瓜成熟前 10 ～ 15 天再在健壮的侧蔓上选留 1 个瓜（在同一条侧蔓上只能留 1 个瓜）。大型瓜当第一瓜采收前 7 ～ 10 天选留第二瓜胎坐瓜。

三十五、怎样辨别西瓜雌花能否坐住瓜？

开放的雌花无论是自然授粉还是人工授粉，都不能保证 100% 坐瓜。辨别西瓜雌花能否坐住瓜，对于及时准确地选瓜留瓜，提高坐瓜率，以及获得优质高产的西瓜具有重要意义。辨别西瓜雌花能否坐住瓜的依据主要有以下几点。

1. 根据子房发育速度

能正常坐瓜的子房，经授粉和受精后，发育很快。授粉后第二天果柄即伸长并弯曲，子房明显膨大，开花后第三天，子房横径可达 2 厘米左右。如果开花后子房发育缓慢、色泽暗淡、果柄细短，这样的瓜胎就很难坐住，应及时另选适当的雌花坐瓜。另外，坐瓜期间如遇阴雨天气，或早春低温，或昆虫活动较少，应采用人工授粉的方法，促进坐瓜。

2. 根据植株生育状况

西瓜植株生长过旺或过弱时，都不容易坐瓜。当生长过旺时，蔓叶的生长成为生长中心，使营养物质过分集中到营养生长方面，严重地影响花果的生殖生长。其表现是节间变长，叶柄细而长，叶片薄而狭长，叶色淡绿；雌花出现延迟，不易坐瓜。当生长过弱时，蔓细叶小，叶柄细而短，叶片薄，叶色暗淡，雌花出现过早，子房纤小而形圆，易萎缩而化瓜。

3. 根据雌花着生部位

雌花开放时，距离所在瓜蔓生长点（瓜蔓顶端）的远近，也是识别该雌花能否坐住瓜的依据之一。据调查，当雌花开放时，从雌花到所在瓜蔓顶端的距离为 30 ～ 40 厘米时，一般都能坐住瓜，从雌花到所在瓜蔓顶端的距离为 60 厘米以上或 15 厘米以下时，一般都坐不住瓜。此外，雌花开放时，在同一瓜蔓上该雌花以上节位（较低节位）已坐住瓜时，则该雌花一般不能再坐住瓜。

4. 根据肥水供应情况

在雌花开放前后，肥水供应适当，就容易坐瓜，如果肥水供应过大或严重不足，都能造成化瓜。在识别能否坐住瓜的基础上，应主动采取积极措施，促进坐瓜，提高坐瓜率。主要措施是：

① 进行人工授粉。

② 将该雌花前后两节瓜蔓固定住，防止风吹瓜蔓磨伤瓜胎。

③ 将其他不留的瓜胎及时摘掉，以集中养料供应所留瓜胎生长。

④ 花前花后正确施用肥水。

⑤ 保胎护纽。在田间管理时对已选留的瓜胎要倍加爱护，防止踏伤及鼠咬虫叮，浇水时防止水淹泥淤。如采用上述措施后，仍坐不住瓜时，应立即改在另一条生长健壮的瓜蔓上选留雌花，并且根据情况再次采用上述促进坐瓜的各项措施，一般都能坐住瓜。

三十六、不留的瓜胎何时去掉为好？

一株西瓜可着生 6 ～ 10 个幼瓜。在西瓜生产中，为了提高商品率，保证瓜大而整齐，一般每株只留一两个瓜。不留的瓜胎何时摘掉，要根据植株生长情况和所留幼瓜的发育状况而定。

一般说来，凡不留的瓜胎摘去的时间越早，越有利于所留瓜的生长，也越节约养分。但事实上，有时疏瓜（即摘去多余的瓜胎）过早，还会造成已留的瓜化瓜。在新瓜区常常遇到这种情况：不留的瓜胎已经全部摘掉了，而原来选好的瓜又化了。如果再等到新的瓜胎出现留瓜，不仅季节已过，时间大大推迟，而且那时植株生长势也已大为减弱，多数形不成商品瓜。但有些老瓜区接受了疏瓜过早的教训,往往又疏瓜过晚,不但造成许多养分的浪费,同时还影响了所留瓜的正常生长。

最适宜的疏瓜时间,应根据下列情况确定:

① 所留瓜胎已谢花 3 天,子房膨大迅速,瓜梗较粗,而且留瓜节位距离该瓜蔓顶端的位置适宜,例如 45 ～ 50 厘米。

② 所留的瓜已退毛后,即在开花后 5 ～ 7 天,子房如鸡蛋大小,茸毛明显变稀。

③ 不留的瓜胎应在退毛之前去掉。

上述三种情况,在生产中可灵活掌握。

三十七、怎样使夏播西瓜提早坐瓜?

夏播西瓜生长较快,节间较长,因而坐瓜位置一般都离根部较远。如果栽培管理不当,很容易徒长和化瓜。为了使夏播西瓜提早坐瓜,可采用下列几项措施。

1. 选择适宜品种

西瓜对品种的要求比较严格,所栽培的品种必须具备抗病、耐湿耐高温、节成性好、生长势较强、光合能力强等特点。综合各地的试验结果,选用中熟杂交种为好。一般从南方多雨地区引入的抗病、丰产、优质的品种,夏播栽培时表现良好。

2. 及时播种

一般在 5 月底 6 月初播种,也可在小麦收获后贴茬直播。播前 2 ～ 3 天浸种催芽,芽(即胚根)长 0.5 厘米左右时采用点播法播种。播前覆盖银灰色地膜的,播种时先将地膜一边揭起,卷放到另一边。按 40 ～ 50 厘米的株距,用瓜铲把播种处的土壤刨松捣细,挖一深 2 ～ 3 厘米的播种穴,每穴浇 1 升左右(视土壤墒情而定,底墒好可适当少浇)的水,待水渗下后,将种子播下。每穴播 2 粒种子,芽尖朝下,然后覆盖 1.5 厘米厚的湿细土,将地膜按播前形式盖好。也可以用移苗器在地膜上播种处打孔,深 3 厘米左右,适量浇水后播入种子,将破口处用细土盖好,厚度 2 厘米左右。播后盖膜的,按预定株距在种植行上用瓜铲挖直径 10 厘米、深 2 ~ 3 厘米的播种穴，穴内适量浇水，水渗下后每穴播 2 粒有芽种子，覆土 1 ~ 2 厘米厚，然后立即覆膜保墒。

播种后 2 ~ 3 天，每天要检查出苗情况，子叶出土后要及时破膜放苗，以防高温烧苗。破膜要细心，不要使破口过大，可用手指捅一直径 2 厘米左右的洞，将苗放出，放苗后应将幼苗茎基部地膜破口处用土封严。

3. 育苗移栽

对倒茬较晚或不便直播的地块，应提前育苗，待倒出茬后或方便时再移栽定植。

（1）育苗　在地势高燥、通风良好的地方建造阳畦苗床，采用营养体育苗。苗床上搭设小拱棚，盖上薄膜防雨，两边掀开通风。在晴天上午 10 时到下午 3 时，苗床上用草帘或遮阳网等遮花阴，以防强光暴晒。苗期尽量不浇或少浇水，以防幼苗徒长。苗期还应注意防蚜，以免幼苗感染病毒病。苗龄不宜过长，日历苗龄 15 天左右，幼苗 2 叶 1 心时定植为宜。

（2）定植　按 40 ~ 50 厘米的株距挖好定植穴，定植穴深 10 厘米、直径 10 厘米左右，将幼苗带土坨放入穴内，用土固稳，点浇定植水。定植完毕，覆盖银灰色地膜，将地膜在幼苗处开"十"字或"T"字形口，使瓜苗从破口处伸出膜面，然后用泥土封住膜口。

4. 利用矮壮素浸种

试验证明，用矮壮素处理西瓜种子，能使西瓜茎蔓节间变短，整个瓜蔓长度缩短，并使坐瓜位置缩短 10 ~ 15 厘米，坐瓜时间提前 2 ~ 3 天。具体做法是将 5% 矮壮素水剂加清水配成 0.5% 的溶液浸种，每 100 克西瓜种子需 0.5% 的矮壮素水溶液 200 克左右，浸泡时间 8 ~ 10 小时。浸种后即可进行催芽或直接播种。

5. 控制适宜的湿度

1980 ~ 1982 年对西瓜花芽分化的研究结果证明，空气湿度和土壤湿度均对西瓜花芽分化有所影响。空气湿度较高时，花芽形成早而多，且有利于雌花的形成。适宜的土壤湿度有利于花芽分化和雌花的形成。但土壤水分过多会引起幼苗徒长，可导致花芽形成过晚，特别是能推迟雌花的形成；水分过少时也会减少花芽分化总数。因此，夏播西瓜应尽量提供较高的空气相对湿度和适宜的土壤湿度。

在夏季通过加强中耕和及时排涝，是能够达到上述要求的。

三十八、秋季延迟栽培西瓜怎样进行田间管理？

1. 整枝打杈

以采用双蔓整枝法为好，即只保留主蔓和主蔓基部一条健壮的侧蔓。在西瓜植株生长的前期，即从团棵到坐果前这段时间，正处在高温高湿的条件下，植株茎叶生长旺盛，易发生徒长，侧枝大量萌生。因此，双蔓整枝后，主蔓和所保留侧蔓上叶腋内萌发的枝杈应及时打掉，保持田间适宜的群体营养面积，改善通风透光条件，控制植株营养生长，以保证坐果。秋季延迟栽培的后期，也就是从幼瓜坐住到果实成熟期，气温开始下降，光照减弱，容易导致植株早衰，此期应尽量保持较大的营养面积。坐果后一般不再整枝，保留叶腋内长出的所有分枝。为防止茎叶过分荫蔽而影响果实成熟，可将遮压住果实的分枝打掉或拨开，使果实露出，充分见光，有利于果实的膨大和内部糖分的积累，果皮着色亦好。

坐住果后，若发现植株生长过旺，应把坐果的茎蔓在幼果前留10片叶打顶。若仍有徒长现象，则须把另一条茎蔓多留几片叶，将顶端5～8厘米长的顶心掐掉，这样既可以减少各种病虫害的发生，又能防止植株早衰，提高光合生产率，使养分集中向果实运输，促进果实膨大。

2. 人工辅助授粉

秋季延迟栽培的西瓜雌花分化较晚，节位较高且间隔较大，不易坐果。如遇不利天气，则会推迟坐果时间，影响产量。要想在理想的节位上坐住果，必须进行人工辅助授粉。在雌花开放阶段，若植株徒长而不易坐果，可在雌花前边 3～5 叶处把茎扭伤，扭伤的程度，是以两只手的拇指和食指分别捏住瓜蔓，相对转动 90 度角，也可以进行闷尖，控制营养生长，促进生殖生长。

3. 覆盖小拱棚保温

秋延迟西瓜进入结果期后，气温逐渐下降，华北地区一般 9 月下旬气温降至 20℃以下，不利于西瓜果实的膨大和内部糖分的积累，必须进行覆盖保护。覆盖形式多采用小拱棚，棚高 40～50 厘米，宽 1 米左右，采用厚度为 0.07～0.1 毫米、幅宽 1.5 米的农用薄膜，也可用厚度 0.05 毫米的地膜，覆盖前先进行曲蔓，即把西瓜秧蔓向后盘绕，使其伸展长度不超过 1 米，然后在植株前后两侧插好拱条，每隔 80 厘米左右插 1 根，将薄膜盖好，四周用土压严。覆盖前期，晴天上午外界气温升至 25℃以上时，将薄膜背风一侧揭开通风，下午 4 时左右再盖好；覆盖后期除只在晴天中午小通风外，整个昼夜不通风，保持较高的温度，促进果实成熟。

4. 防治病虫害

秋季延迟栽培正处在非常不良的气候条件下，最容易遭受各种病虫危害。前期如遇高温干旱极易感染病毒病，植株茎叶生长畸形，失去坐果能力；而在高温高湿的情况下则易感染真菌性的病害，如白粉病、霜霉病等，降低叶片的光合功能；多雨、阵雨、阵风天气容易感染炭疽病及绵腐病，同时也容易发生蚜虫、红蜘蛛等害虫。对各种病虫害的防治应以预防为主，加强栽培管理，采取综合措施，除适时整枝打杈，合理施肥、浇水外，一旦发现病虫害，即应及时防治，具体防治方法详见第九章病虫害防治相关部分。

三十九、地膜覆盖怎样定植西瓜苗？

1. 定植期

地膜覆盖栽培定植不可过早。一般在当地晚霜危险过去后，外界平均气温稳定在 14℃以上，膜下 5 厘米地温稳定在 16℃以上时进行。

定植作业宜选在晴暖无大风天气，且定植后能有连续几天晴暖的日子里进行，以利于缓苗。为提高地温促进缓苗，最好在定植前 5～7 天即覆盖地膜。由于西瓜不耐低温，其茎叶在 5℃ 以下时便受冻害，而在地温 12℃ 时根系才开始生长，若定植后遇连续阴冷天气，则瓜苗会迟迟不长，出现"僵苗"现象。南方春季多阴雨，常常发生此僵苗现象，故选择适当定植时期格外重要。定植苗以经过锻炼、具有 2～4 片真叶的大苗为宜。起苗时应注意带完整土坨，并使土坨内有适量水分，以保护根系和促进定植后发根缓苗。用营养土块育苗时，应在起苗前数日在苗床浇 1 次透水（浇水日期和水量视苗床内墒情和天气而定），使起苗时土坨内既有适量水分，又不因过湿而黏坨。塑料钵育苗可在起苗前一天浇水。由于钵内土壤较疏松，要带钵搬苗。已散坨或叶片、生长点受严重损伤的瓜苗不要定植。

2. 定植方法

一般可在定植前 1～2 天，先按株距在提前扣膜的畦面上划出定植穴中心位置。定植当日先将瓜苗摆放在划定的定植穴位一侧，然后用移植铲将定植穴位地膜切开一个"十"字形口，将被切分开的地膜向四面掀开，再用移植铲向下挖定植穴。在定植面积较大时，最好用自制的钻孔器在定植穴位置上钻定植孔，破膜挖穴工作一次完成，这样工作效率高，而且定植孔规格一致，地膜也不易破损。钻孔器最好用薄铁做成适当规格的圆筒形，其下端是切土的刀刃，应磨得锋利，上端固定在"丁"字形把上，方便操作。定植穴的地膜切口和定植穴的大小、深浅应和营养土坨或营养钵的规格相似并略大些。从定植穴内挖出的土应放在畦面旁边。挖穴后即可向穴内灌底水，待水渗下后将瓜苗小心栽入定植穴内（用塑料钵育苗时，应先将塑料钵轻轻脱下）。定植穴内底水用量视土壤墒情而定，以能保证栽苗后可很快润湿土坨并与瓜畦底墒相接为宜。若瓜畦底墒很好，瓜苗土坨内水分也较适宜，则可减少底水用量。若瓜畦底墒不足或瓜苗土坨过干，则应增加底水用量，必要时可在栽苗前定植穴内浇底水的基础上，栽苗后再浇一小水，然后再封窝（穴）。若瓜畦底墒过大，天气又较阴冷时，可干坨定植，定植时暂不浇水。栽植深度以瓜苗土坨上面与瓜畦畦面持平为宜，过深不易发苗。瓜苗栽入定植穴后，应及时用从定植穴内挖出的土壤将土坨周围的缝隙填满，并用手从四周轻轻压实，但应注意勿挤压土坨，以防挤碎土坨伤根。然后盖约一扁指厚的土，再将掀开的地膜切口盖平，并用少量土将地膜口封严。

除上述定植法外，还可采用揭膜栽苗法和裁膜栽苗法。前者适用于小拱棚或窑窖式改良覆盖，其方法是在定植时先将已盖好的地膜揭开，按上述要求栽苗后再重新扣上地膜并封严。后者是将地膜从畦中央顺畦长方向裁成两半，留下半幅不动，揭开另半幅，按株、行距栽苗后，再将掀开的半幅地膜按原样铺好，并在该半幅地膜上边近瓜苗处剪口（深入 5 厘米），使瓜苗基部在剪口处横向插入地膜剪口，再将该半幅地膜有剪口的这一边压在未揭开的那半幅地膜下面，最后用少量泥土将瓜苗下方两半幅地膜的接口封严压牢。这种裁膜栽苗法可用于普通式地膜覆盖，但不如第一种方法好。若在普通式地膜覆盖（平盖）中则必须在栽后盖膜时对准定穴顶部位置将地膜开成"十"字形或"T"形口，将瓜苗引出地膜外边，再将地膜平铺于畦面、封严，故较费工，而且操作不便。为保证田间苗全苗旺，定植时应同时在田间栽一些补苗用的后备苗。定植后 10 日内进行查苗补苗工作，将田间表现缓苗不好和受损伤严重的瓜苗拔掉，补栽上健壮的后备苗。

四十、西瓜无土栽培的管理要点是什么？

目前西瓜无土栽培主要是在温室或塑料大棚等保护设施中进行，所以，其优质丰产栽培技术除应分别与温室、塑料大棚栽培基本相同外，还应抓好以下几点。

1. 调整营养液

营养液配方在使用过程中，要根据西瓜的不同生育期、不同季节、因营养不当而发生的异常表现等，调整营养液配方成分。西瓜苗期以营养生长为中心，对氮素的需要量较大，而且比较严格，因此应适当增加营养液中的氮量（N：P：K=3.8：1：2.76）。结果期以生殖生长为中心，氮量应适当减少，磷钾成分应适当增加

（N：P：K=3.48：1.1：4.6）。冬季日照较短，太阳光质也较弱，温室无土栽培西瓜易发生徒长，营养液中应适当增加钾素用量；在氮素使用方面，应以硝态氮为主，少用或不用铵态氮。而在日照较长的春季栽培时，可适当增加铵态氮用量。西瓜缺氮、缺铁等，都会发生叶色失绿变黄现象。缺氮时往往是叶黄而形小，全株发育不良；如果缺铁，则表现叶脉间失绿比较明显。在西瓜无土栽培中，由于缺铁而造成叶片变黄等，较为多见其原因往往是营养液的 pH 值较高，而使铁化物发生沉淀不能为植株吸收而发生铁素缺乏。可通过加入硫酸等使 pH 值降低，并适量补铁。

2. 提高供液温度

营养液温度直接影响西瓜根系生长和对水分、矿质营养的吸收。西瓜根系的生长适温 18 ～ 23℃，如果营养液温度长期高于 28℃ 或低于 13℃，对根系生长不利。冬春温室西瓜无土栽培极易发生温度过低的问题，可采取营养液加温措施（如用电热水器加温等），以使液温适合根系生长要求。如果为沙砾盆栽或槽栽方法，可尽量把栽培容器设置在地面以上，棚室内保持适宜的温度，以提高根系的温度。

3. 补充二氧化碳

二氧化碳是绿色植物进行光合作用制造营养物质的重要原料。棚室内无土栽培，西瓜植株吸收二氧化碳速度很快，而基质中二氧化碳含量极少，这是西瓜栽培中的重要限制因子。据试验，施用二氧化碳气肥，可以促进西瓜坐果和果实膨大，具有明显的增产作用。补充二氧化碳的方法如前已述。

4. 供应营养液

采用基质栽培时，一般每天供液 2 ～ 3 次，上午和下午各 1 次，晴天高温的中午可增加 1 次。每次每株西瓜用液量为 0.5 ～ 1 升。苗期或阴雨天用量可小些，晴天和结果期用量应大些。如果采用营养液膜法和喷雾栽培法，应每隔 30 分钟左右供液 1 次。

5. 其他管理

西瓜伸蔓后，及时上架吊蔓。采用双蔓整枝法，即只保留主蔓和一条健壮侧蔓，其余侧蔓随时摘除。选择发育良好的第三雌花留瓜，开花后及时进行人工授粉。

四十一、西瓜育种或少量制种中怎样使用标记？

1. 标牌法

在西瓜育种工作中常常要搜集、保存原始材料，每年都要在材料圃和组合圃内进行大量人工授粉，而且每次授粉时，都要对所授雌花进行标记，以便说明是杂交还是自交。在少量制种中往往由于品种（组合）较多，不便于空间隔离而多采用套袋、人工授粉并予以标记。材料较少时，传统的做法是采用挂纸牌予以标记。但当品种（组合）或原始材料较多时，采用挂牌法则十分费工，成本也高，而标杆法也不适用。首先，标杆不易标明不同父母本的杂交组合。其次，标杆插在地下，往往在收时将相近的同在标杆周围的人工授粉果实与自然授粉果实混淆不清，不能保证品系或组合的纯度。

2. 彩线法

近年来，广大瓜农在坐瓜标记"标杆法"的基础上，又创造出了"彩线标记法"。彩线标记法的基本原理是以不同颜色的彩线代表不同组合或原始材料（亲本），用彩线条数代表父本或母本（1根代表父本，2根代表母本）。例如：红线代表1号品种（组合）或亲本材料，黄线代表2号品种（组合）或亲本材料，蓝线代表3号品种（组合）或亲本材料，白线代表4号品种（组合）或亲本材料，黑线代表5号品种（组合）或亲本材料，绿线代表6号品种（组合）或亲本材料，灰线代表7号品种（组合）或亲本材料，紫线代表8号品种（组合）或亲本材料。

若为自交保纯则为相应代号的单色线，若为杂交制种则为相应代号的双色线，且父本用单根线，母本用双根线。例如用1号品种作母本，3号品种作父本进行杂交时，则人工授粉后应在1号雌花授粉节位的瓜蔓拴上 2 根红线和 1 根蓝线；反交时，则应在 3 号雌花授粉节位的瓜蔓拴上 1 根红线和 2 根蓝线。若为自交保纯时，则在自交授粉雌花节位的瓜蔓上拴相应代号 2 根单色线。例如 7 号品种自交保纯，则应在雌花授粉（同株异花）节位的瓜蔓上拴 2 根灰线。

彩线颜色所代表的品种（组合）或亲本材料，可由使用者自行规定，并在田间档案簿内做好记录。此外，还可考虑采用线上打结个数代表授粉时间（日期），供判断采收成熟度参考。

四十二、远运或久贮西瓜应注意些什么？

远途运输或贮藏的西瓜，除在采收时选择各自适宜的成熟度，还要注意采后预冷、消毒及包装等。

1. 预冷

预冷是指运输或入库前，使西瓜瓜体温度尽快冷却至所规定的温度范围，才能较好地保持原有的品质。西瓜采后距冷却的时间越长，品质下降越明显。如果西瓜在贮运前不经预冷，果温较高，则在车中或库房中呼吸加强，引起环境温度继续升高，很快就会进入恶性循环，很容易造成贮藏失败。

预冷最简单的方法是在田间利用夜间较低的气温预冷一夜。在清晨气温回升之前装车或入库。有条件的地方可采用机械风冷法预冷，采用风机循环冷空气，借助热传导与蒸发潜热来冷却西瓜。一般是将西瓜用传送带通过有冷风吹过的隧道。风冷的冷却速度取决于西瓜的温度、冷风的温度、空气的流速、西瓜的表面积等。

2. 消毒

西瓜贮藏场所及西瓜表面的消毒可选用 40% 福尔马林 150～200 倍液，或 6% 的硫酸铜溶液，或倍量式波尔多液，或 1000 毫克/千克甲基硫菌灵溶液，或 15%～20% 食盐水溶液，或 0.5%～1% 漂白粉溶液，或 1000 毫克/千克多菌灵加 500 毫克/千克橘腐净混合液，或 250 毫克/千克抑霉唑，或 0.1 毫克/千克克霉灵，或 1% 葡萄糖衍生物。

库房消毒可用喷雾器均匀喷洒，对其包装箱、筐、用具、贮藏架等也要进行消毒。西瓜可采用浸渍法消毒，消毒后沥干水分，放到阴凉处晾干，最好与预冷结合起来进行。

3. 包装运输

采收后的西瓜在运往贮藏场所时，应进行包装。西瓜的包装最好用木箱和纸箱，木箱用板条钉成，体积为 60 厘米 ×50 厘米 ×25 厘米，容量为 20 ～ 25 千克，每箱装瓜 4 个。近年来，为了节省木材，已逐步采用硬纸箱包装。

西瓜装箱时，每个瓜用一张包装纸包好，然后在箱底放一层木屑或纸屑，把包好纸的西瓜放入箱内。若西瓜不包纸而直接放入箱内时，每个瓜之间应用瓦楞纸隔开，并在瓜上再放少许纸屑或木屑衬好，防止磨损，盖上盖子，用钉子钉好，或用打包机捆扎结实，以备装运。

贮藏用瓜运输时要特别注意避免任何机械损伤。易地贮藏时，必须用上述包装方法，轻装、轻卸，及时运往贮藏地点，途中尽量避免剧烈震荡。近距离运输时可以直接装车，但车厢内先铺上 20 厘米厚的软麦草或纸屑，再分层装瓜，装车时大瓜装在下面，小瓜装在上面，减少压伤，每一层瓜之间再用麦草隔开，这样可装 6 ～ 8 层。

四十三、什么是"三看浇水法"？ 苗床浇水应注意什么?

1."三看浇水法"

我国北方各地在春西瓜生产中，大部分时间是处在春旱少雨季节，春天沙质土壤水分蒸发又快，所以及时适量浇水是很重要的。种西瓜要看天、看地、看苗浇水，简称"三看浇水法"。所谓看天，就是看天气的阴晴和气温的高低。一般是晴天浇水，阴天蹲苗；气温高，地面蒸发量大，浇水量大；气温低，空气湿度大，地面蒸发量小，浇水量也小。早春为防止降低地温应在晴天上午浇水；6 月上旬以后，气温较高，以早晚浇水为宜，夏季雨后要进行复浇，以防雨过天晴，引起瓜秧萎蔫。所谓看地，就是看地下水位高低，土壤类型和含水量的多少。地下水位高，浇水量宜小，地下水位低，浇水量应大。黏质土地，持水量大，浇水次数应少；沙质土地持水量小，浇水次数应多；盐碱地则应用淡水大灌，并结合中耕；对漏水的土地，应小水勤浇，并在浇水时结合施用有机肥料。所谓看苗，就是看瓜苗长势和叶片颜色，也就是根据生长旺盛部分的特征来判断。在气温最高、日照最强的中午观察，当子叶期的子叶或幼苗期的先端小叶向内并拢，叶色变深时，是幼苗缺水的特征。若子叶期的子叶略向下反卷或幼苗期的茎蔓向上翘起，表示水分正常。如果叶片边缘变黄，显示水分过多。植株长大以后，当中午观察时，发现有叶片开始萎蔫，但中午过后尚可恢复，这说明植株缺水。叶片萎蔫的轻重以及其恢复的时间长短，则表明其缺水程度的大小。若看到叶子或茎蔓顶端的小叶舒展，叶子边缘颜色淡时，则表示水分过多。此外，看茎蔓顶端（俗称龙头）翘起与下垂，叶片萎蔫的轻重及恢复的快慢等，都能反映出需水的程度。

2. 西瓜苗床浇水时应注意的问题

除了通过揭盖草帘，增加光照，控制床温，适当通风外，浇水是一项十分重要的技术措施。西瓜育苗期间，除按西瓜苗正常生长发育对苗床湿度的要求合理浇水外，苗床浇水时，应注意以下几项具体技术问题。

（1）育苗前期要浇温水　育苗前期，气温、地温均低，瓜苗幼小，需要浇水时，尽量不要浇冷水，以免降低床温，影响瓜苗根系的吸收和根毛的生长。确实需要浇水时，可浇 20℃左右的温水。

（2）要分次浇水　苗床浇水一般采用喷水的方法，为了准确掌握浇水量，要分次喷水，不要对准一处一次喷水过多。对于苗床同一部位要均衡地先少量喷水，等水渗下后再喷第二次，以防止局部喷水过多。

（3）苗床不同部位的浇水量要不同　西瓜苗床的中间部分要多喷水，靠近苗床的四周要适当少喷水。这样，可使整个苗床水分一致，能够保证整个苗床内的瓜苗生长整齐一致。这是因为，在苗床内靠近南壁的床土，由于床壁挡光，土温较低，蒸发量也较小，依靠由中部床土浸润过来的水分基本上就能满足西瓜苗生长的需要，故应少喷水或不喷水。苗床的中间部分接受阳光较多，温度较高，蒸发量也大，故应多喷水。靠近苗床北壁的床土，由于床壁反光反热，温度条件较好，如果浇水量和苗床中部一样多，西瓜苗就容易徒长（高温高湿西瓜幼苗极易徒长），但也不可浇水过少，因为如果浇水不足，又容易使西瓜幼苗老化，所以这一部位可比苗床中部适当少浇水。

四十四、什么是有机生态型无土育苗？

有机生态型无土育苗，是指全部使用固态有机肥代替营养液，灌溉时只浇清水，其排出液对环境无污染，具有一般无土育苗的特点。追施固态有机肥，滴灌清水或低浓度的大量元素营养液，进行开放式栽培，大大简化了操作管理过程，降低了设施系统的投资，节省生产费用，产品洁净卫生，可达绿色食品标准。制作有机基质的原料丰富，农产品的废弃物，如玉米、小麦、水稻、向日葵等作物的秸秆；农产品加工后的废弃物，如椰壳、酒渣、醋渣、蔗渣等；木材加工的副产品、锯末、刨花、树皮等；还有造纸工业下脚料、食用菌下脚料等有机废弃物均可用来制作有机基质。这些有机废弃物经粉碎、加入一定量的鸡粪、发酵菌种等辅料，堆制发酵制成有机基质。南京农业大学等单位利用造纸厂的下脚料合成优质环保型有机苇末基质，并实现了商品化生产，广泛应用于穴盘育苗和无土栽培中。为了改善有机基质的理化性状，在使用时可加入一定量的蛭石、珍珠岩、炉渣、沙等固体基质，如国际通用的一半泥炭一半蛭石混合，一半椰壳一半沙混合，7 份苇末基质、3 份蛭石或 3 份炉渣混合等。混配后的复合基质容重应达到 0.5 克/厘米^3 左右、总孔隙度 60% 左右、大小孔隙比 0.5 左右、pH 值 6.8 左右、电导率 2.5 毫西/厘米以下，每立方米基质内应含有全氮 0.6 ～ 1.8 千克、磷（五氧化二磷）0.4 ～ 0.6 千克，钾（氧化钾）0.8 ～ 1.8 千克。有机基质的使用年限一般为 3 年左右。有机基质一般采用槽式栽培，栽培槽可用砖、水泥、混凝土、泡沫板、硬质塑料板、竹竿或木板条等材料制作。建槽的基本要求是槽与土壤隔绝，在作物栽培过程中能把基质拦在栽培槽内。为了降低成本，各地可就地取材制作各种形式的栽培槽。为了防止渗漏并使基质与土壤隔离，应在槽的底部铺 1～2 层塑料薄膜。槽的大小一般槽宽内径 40 厘米、槽深 15 厘米、每槽种植 2 行，槽的长度可视灌溉条件、设施结构及人行道等因素来决定。槽的坡降应不少于 1：250，还可在槽的底部铺设粗炉渣等基质或铺设一根多孔的排水管，以有利于排水和增加通气性。有机基质无土栽培系统灌溉一般采用膜下滴灌装置，在设施内设置贮液（水）池或贮液（水）罐。贮液池为地下式，通过水泵向植株供液或供水；贮液罐为地上式，距地面 1 米左右，靠重力作用向植株供液或供水。滴灌一般采用多孔的软壁管，40 厘米宽的槽铺设 1 根，70～95 厘米宽的槽铺设 2 根。滴灌系统的水或营养液，要经过一个装有 100 目纱网的过滤器，以防杂质堵塞滴头。

四十五、什么是西瓜有机栽培？

1. 地块选择

选择远离城市及厂矿排污或其他污染源的地块种植。

2. 品种选择

有机西瓜生产成本较高，一般应选择高档优质、独具特色或珍稀的西瓜品种，如冰晶、小兰、晶迪、金鹤玉凤、黄小玉、金福、金碧、黄珍珠、京雪等。

3. 限用化肥

（1）提倡施用有机肥，并注意以下几方面问题

① 就地取材，施用农家肥。

② 不准施用城市垃圾、排泄物、工业废渣和未经处理的有机物。

③ 堆肥必须经过高温无害化处理，处理温度为 50～55℃，持续 5～7 天。

（2）提倡施用商品有机肥　严格按照 AA 级绿色食品、有机食品生产要求，不允许施用任何化学肥料、农药。推广施用新型叶面肥。新型叶面肥能降解农药残留、预防药害，是生产有机西瓜的重要技术措施。主要作用有以下几点。

① 能快速补充西瓜所需要的多种营养元素，激活作物中多种酶的活性，加速运转功能。

② 促早熟，防早衰，优质高产。

③ 促进叶绿素的形成，增强光合作用，提高光合效率。

④ 生根壮根，根系发达，茎蔓粗壮，叶色浓绿，壮花保果，西瓜瓤色好，商品价值高。

⑤ 促进类胡萝卜素的形成，提高作物抗旱、抗冻、抗重茬、抗病毒、抗病虫害能力。

⑥ 有效预防猝倒病、立枯病、霜霉病、白粉病、枯萎病、瓜疫病、炭疽病及病毒病等病害。

4. 多施厩肥

中等肥力水平的地块一般每公顷施厩肥 45000 ～ 60000 千克，或鸡鸭粪 7500 ～ 11250 千克，草木灰 450 ～ 600 千克，施菜籽饼肥 750 ～ 1500 千克，富尔磷、钾菌肥 60 ～ 75 千克。基肥用量占总用肥量的 40% ～ 60%。

5. 充分利用沼液沼渣

一是配制营养土。腐熟沼渣 1 份与菜园土 10 份混合配制营养土，每立方米营养土加硝酸磷肥 1 千克拌和均匀，装营养钵育苗。二是作基肥。移栽前 7 天，将沼渣施入大田瓜穴，每亩施沼渣 2500 千克左右。三是作追肥。从坐瓜到果实成熟，每 10 ～ 15 天在株间追施 1∶2 的沼液 1 次，每次每亩施沼液 500 千克。

6. 病虫害安全防治

一是坚持预防为主、综合防治的植保方针，积极推广物理防治、生物防治和洁田防治方法。二是正确鉴别病虫害种类，有针对性地选择有机农药。三是即使高效低毒低残留农药，也只能在无公害的范围内使用，提倡使用烟碱、苦参碱、阿维菌素、氟虫腈、氟啶脲、虫酰肼、波尔多液等。四是积极提倡用沼液防治病虫害，从伸蔓后开始，每 7 ～ 10 天喷 1 次沼液，浓度为 1∶2；果实膨大后喷施浓度为 1∶1，可有效防治枯萎病及其他病虫害。

四十六、怎样解决无籽西瓜栽培中的"三低"问题？

无籽西瓜生产中还存在着采种量低、发芽率低、成苗率低的"三低"问题，严重妨碍着无籽西瓜的进一步发展。其原因各不相同。

1. 采种量低的主要原因

（1）父、母本染色体数不同　由于母本（四倍体西瓜）和父本（二倍体普通西瓜）配子性细胞中的染色体数目不同，所以在杂交后，染色体分配到合子（两性配子融合形成的新细胞总称）的数目有的相同，有的不同。即有的合子染色体配对正常，有的合子染色体配对不正常。只有染色体配对正常的合子才能发育成正常的种子。

（2）父、母本的亲和力低　配制无籽西瓜的父本和母本，其雄蕊和雌蕊的细胞构造和生理活动都与本品种的雄蕊和雌蕊有明显的不同。而花粉与雌蕊的相互作用，首先需要它们之间互相"熟识"（亲和）。20世纪70年代，通过一系列精密技术，查明花粉"识别物质"是外壁蛋白质，而雌蕊柱头的"感受器"则是乳头突起表面的蛋白质薄膜，如果花粉和雌蕊"熟识"，花粉内壁很快就被柱头上的蛋白酶溶解，使花粉管穿进柱头。如果花粉和雌蕊不"熟识"，柱头乳突随即产生胼胝质（硬皮），阻碍花粉管的穿透。所以，由于父本和母本亲和力低，影响花粉在柱头上的发芽和阻碍花粉管的伸长，也是形成种子少的重要原因。

2. 种子发芽率低的主要原因

主要有三个方面：

（1）种皮较厚　无籽西瓜种皮厚度约为二倍体普通西瓜的1.5倍，种脐（俗称种子嘴）部分更厚，约为二倍体普通西瓜种子的2倍。种脐越厚，发芽时对种芽的生长阻力越大，发芽也就越困难。

（2）种胚发育不良　无籽西瓜种子有40%～50%种胚发育畸形（胚叶折叠或缺损），胚重仅占种子重量的34%～38%，而发育正常的二倍体普通西瓜种子，胚占种子重量的56%。

（3）种子发芽条件高　无籽西瓜种子发芽时要求的条件比二倍体普通西瓜高。例如，要求温度高 2～3℃。无籽西瓜种子发芽时呼吸强烈、吸水快、吸水量大，所以要求湿度大，氧气充足。如条件不足，就会影响发芽。

3. 成苗率低的原因

（1）种子质量　无籽西瓜的种子不充实，贮存的营养不足，即使种子发芽后，因不能维持幼芽出土所需营养，易造成夭折。

（2）育苗技术　无籽西瓜的种子顶土能力较弱，如果播种过深，子叶出土很慢，有时在土内斜向生长而不能伸出土面。播种后温度低，幼芽生长缓慢，种皮不易脱落，往往不会成苗。

4. 解决办法

根据各地试验，可采取以下有效措施：第一，利用父本的混合花粉（同一品种不同单株的花粉）与母本进行人工授粉，使更多更理想的花粉落到柱头上，增加花粉的发芽率，促进花粉管的迅速伸长，顺利完成受精作用，从而提高种子产量。第二，增施磷肥。许多单位的试验证明，增施磷肥，可以提高无籽西瓜种子的产量。昌乐县果品公司（1974 年）的试验，配制无籽西瓜种子（即三倍体西瓜种子），每公顷施过磷酸钙 1.2 吨，比不施磷肥的增加种子产量 31.3%。第三，密植是提高种子产量的重要途径。种瓜大小与单瓜种子数之间，关系不是很密切。据 1976 年调查（昌乐县，杂交组合为蜜宝四倍体 × 乐选 5 号）：2.5～4 千克的种瓜平均单瓜种子为 81.5 粒；1.75～2.25 千克的种瓜平均单瓜种子为 70.3 粒。每 0.5 千克大种瓜平均产种子 12.4 粒，而每 0.5 千克小种瓜平均产种子 20.1 粒。可见密植虽种瓜变小，但种子总产量仍然增加。第四，人工破壳。破壳的方法有口嗑破壳法和机械破壳法两种：口嗑破壳法就是用牙齿将种子喙部（俗称种子嘴）嗑开一个小口，像平时嗑瓜子一样，手拿 1 粒种子将其喙部放在上下两牙齿之间，轻轻一咬，听到响声为止，不要咬破种胚；机械破壳法是用钳子将种子喙部沿窄面两边轻轻夹一下即可。为了确保安全，可在钳子后部垫上一块小塑料或小木块，以防用力大时损伤种胚。

总之，要严格执行无籽西瓜生产中的各项条件，精心操作，严格管理，才能提高生产水平。

四十七、种植西瓜为什么强调"发棵先发根"？

西瓜（包括根系）的生长所需要的有机养料是由蔓、叶制造的；蔓、叶生长所需要的水分和无机养料都是靠根吸收的。因此，西瓜根系的生长与蔓、叶和瓜的生长，有着十分密切的关系。西瓜种子发芽时，首先生出胚根。当胚根长达1.5毫米时，细胞开始加速伸长生长，并从表皮细胞处产生根毛，从中柱分化出侧根。以后，侧根伸长，又分化出副侧根，从而逐渐形成根系。发芽期以后，西瓜根系的生长是与蔓、叶同时进行的，但是根系生长的速度要快。特别是西瓜的幼苗期，蔓叶生长缓慢，只有当根系供给较多的养分时，才能促使蔓、叶较快地生长发育。而根系要供给蔓、叶较多的养分，必须本身扎得深、分布广，发达而健全，这样才能多吸取养分和水分。因此"发棵要先发根"。另外，西瓜进入结瓜期以后根系生长缓慢，如果生长前期根系发育不良，势必会引起植株早衰，而使西瓜个小，产量降低。

促使早发根对于育苗移栽的西瓜尤为重要。因为瓜苗定植时易伤根，定植后要缓苗，如果不及时促使发生新根，势必延长缓苗期，影响地上部蔓、叶的生长。促使西瓜早发根，应采取多种技术措施。首先，在播种或定植前要认真做畦，增施有机肥料。在填瓜沟时要将土壤耕作层的熟土铺于沟内，并将土壤与有机肥拌匀、捣碎，然后平整畦面。要加强苗床管理，培育适龄壮苗。定植时要尽量多带土，不破土块或营养纸袋，少伤根，并要浇足底水，选择晴暖天气定植。出苗或定植以后要早中耕、勤划锄，使土壤通气增温，为发根和发棵创造良好的条件。

四十八、怎样护瓜整瓜？

护瓜整瓜包括松蔓、顺瓜和垫瓜、曲蔓、翻瓜和竖瓜、荫瓜等。

1. 松蔓

当果实生长到拳头大小时（授粉后5～7天），将幼瓜后秧蔓上压的土块去掉，或将压入土中的秧蔓提出土面放松，以促进果实膨大。

2. 顺瓜和垫瓜

西瓜开花时，雌花子房大多是朝上的，授粉受精以后，随着子房的膨大，瓜柄逐渐扭转向下，幼瓜可能落入土块之间，易受机械压力而长成畸形瓜，若陷入泥水之中或沾污较多的泥浆，会使果实停止发育造成腐烂。因此，应垫瓜和顺瓜。垫瓜即在幼瓜下边以及植株根节附近垫以碎草、麦秸或细土等，以防炭疽病及疫病病菌的侵染，使果实生长周正，同时也有一定的抗旱保墒和防病作用。

顺瓜即在幼瓜坐稳后，将瓜下地面整细拍平，做成斜坡形高台，然后将幼瓜顺着斜坡放置。北方干旱地区常结合瓜下松土进行垫瓜。当果实长到 1 ～ 1.5 千克时，左手将幼瓜托起，右手用瓜铲沿瓜下地面松土。松土深度约为 2 厘米，并将地面土壤整平，同时铺一层细沙土。一般松土 2 ～ 3 次。在南方多雨地区，可将瓜蔓提起，将瓜下面的土块打碎整平，垫上麦秸或稻草，使幼瓜坐在草上。

3. 曲蔓

在幼瓜坐住后，结合顺瓜将主蔓先端从瓜柄处曲转，然后仍向前延伸，使幼瓜与主蔓摆成一条直线，然后也同样顺放在瓜畦上。这样垫放幼瓜，将有利于加速从根部输入果实的养分、水分畅通运输。

4. 翻瓜和竖瓜

翻瓜即不断改变果实着地部位，使瓜面受光均匀，皮色一致，瓜瓤成熟度均匀。翻瓜一般在膨大中后期进行，每隔 10 ～ 15 天翻动 1 次，可翻 1 ～ 2 次。翻瓜时应注意以下几点：第一，翻瓜的时间以晴天的午后为宜，以免折伤果柄和茎叶。第二，翻瓜要看果柄上的纹路（即维管束），通常称作瓜脉，要顺着纹路而转，不可强扭。第三，翻瓜时双手操作，一手扶住果梗，一手扶住果顶，双手同时轻轻扭转。第四，每次翻瓜沿同一方向轻轻转动，一次翻转角度不可太大，以转出原着地面即可。在西瓜采收前几天，将果实竖起来，以利果形圆整，瓜皮着色良好，即所谓竖瓜。

5. 荫瓜

夏季烈日高温，容易引起瓜皮老化、果肉恶变和雨后裂果，可以在瓜上面盖草，或牵引叶蔓为果实遮阴，避免果实直接裸露在阳光下，这就是荫瓜。

四十九、催芽时为什么有时会出现种皮开口？

西瓜种子在催芽过程中，有时会出现种皮从发芽孔（种子嘴）处开口，甚至整个种子皮张开的现象。种皮开口后，水分浸入易造成浆种（种仁积水而发酵）、烂种，胚根不能伸长等，暂时不浆不烂的种子，也不能顺利完成发芽过程而夭折。发生这种情况的原因有以下几种。

1. 浸种时间过短

西瓜种皮是由四层不同的细胞组织构成的，外面的两层分别是由比较厚的角质层和木栓层组成的，吸水和透水性较差。如果种子在水中浸泡的时间短，水分便不能渗透到内层去。当外层吸水膨胀后，内层仍未吸水膨胀，这样外层种皮对内层种皮就会产生一种胀力，但由于内外层种皮是紧密地连在一起的，而且外层种皮厚，内层种皮薄，所以内层种皮便在外层种皮的胀力作用下，被迫从发芽孔的"薄弱环节"处裂开。

2. 催芽湿度过小

种子经浸种后，整个种皮都会吸水而膨胀。催芽时温度较高，水分蒸发加快，如果湿度过小，则外层种皮很容易失水而收缩，但内层种皮仍处于湿润而膨胀的状态，内外层种皮之间便产生了胀力差，又因内外层种皮是紧密地连在一起的，加之内层种皮较薄，所以内层种皮便会在外层种皮收缩力的作用下被迫裂开。

3. 催芽温度过高

如果催芽时，温度超过 40℃的时间达 2 小时以上，高温使西瓜外层种皮失水而收缩，从而出现与催芽时湿度过小相同的原因而使种子裂开。

五十、西瓜缺苗和苗子生长不齐怎么办?

如果严格按照技术要求操作种植西瓜，一般不会出现缺苗现象。但有时由于地下害虫的为害、田间鼠害，或者在播种、育苗和定植时某些技术环节失误，会造成出苗不齐不全或栽植后成活率不高的现象。遇此情况，可采取以下的补救办法。

1. 催芽补种

播种后形成缺苗时要抓紧用备用的瓜种浸种、催芽，待瓜种露出胚根后，用瓜铲挖埯补种。

2. 就地移苗

疏密补缺，把一埯多株的西瓜苗，用瓜铲带土挖出 1 株移到缺苗处。栽好后浇少量水，并适时浅划锄，促苗快长。

3. 移栽预备苗

在西瓜播种时，于地头地边集中播种部分预备苗，或者定植时留下部分预备苗。当瓜田出现缺苗时，可移苗补栽。这种方法易使瓜苗生长整齐一致，效果较好。

4. 加肥水促苗

对于瓜苗生长不整齐的瓜田，要在瓜苗长出 3～4 片真叶时，或定植缓苗后，对生长势弱、叶色淡黄的三类瓜苗，追 1 次偏心肥。办法是在距瓜苗 15～20 厘米处，揭开地膜挖小穴，每株浇施约 0.2 千克腐熟的人粪尿或 0.5% 的尿素化肥水 0.5 千克，待肥水渗下后埋土覆膜，以促使弱苗快长。此外，对个别弱苗，施偏心肥 7～10 天后，还可距瓜苗 15～20 厘米开沟，每株追施尿素 20～30 克或复合化肥50 克，然后覆土、浇水 0.5 升左右，待水渗下后盖好地膜。

五十一、西瓜怎样压蔓？

压蔓有明压、暗压、压阴阳蔓等方式。

1. 明压

明压亦称明刀、压土坷垃，就是不把瓜蔓压入土中，而是隔一定距离（30～40厘米）压一土块或插一带杈的枝条将蔓固定。明压一般先把压蔓处整平，再将瓜蔓轻轻拉紧放平，然后把准备好的土块或用行间泥土握成的长条形泥块压在节间上。也可用鲜树枝折成"A"形或选带杈的枝条、棉柴等将瓜蔓叉住。明压法对植株生长影响较小，因而适用于早熟、生长势较弱的品种。一般在土质黏重、雨水较多、地下水位高的地区，或水瓜栽培，多采用明压法。

2. 暗压

暗压即压闷刀，又称压阴蔓。就是连续将一定长度的瓜蔓全部压入土内。具体做法是：先用瓜铲将压蔓的地面松土拍平，然后挖成深5～8厘米、宽3～5厘米的小沟，将蔓理顺、拉直、埋入沟内，只露出叶片和秧头，并覆土拍实。暗压法对生长势旺、容易徒长的品种效果较好，但费工多，而且技术要求较高。在沙性土壤或丘陵坡地栽培旱瓜，一般要用暗压法。

3. 压阴阳蔓

将瓜蔓隔一段埋入土中一段，称为压阴阳蔓。压蔓时，先将压蔓处的松土拍平，然后左手捏住压蔓节，右手将瓜铲横立切下，挤压出一条沟槽，深为6～8厘米，左手将瓜蔓拉直，把压蔓节顺放沟内，使瓜蔓顶端露出地面一小段，然后将沟土挤压紧实即可。每隔30～40厘米压一处。在平原或低洼地栽培旱瓜，压阴阳蔓较好。

南方种瓜很少压蔓，大多在瓜田铺草，或在西瓜伸蔓后，于植株前后左右每隔40～50厘米插一束草把，使瓜蔓卷绕其上，防止风吹滚秧。

西瓜压蔓有轻压、重压之分。轻压可使瓜蔓顶端生长加快，但较细弱；重压后瓜蔓顶端生长缓慢，但很粗壮。生长势较旺的植株可重压，如果植株徒长，可在秧蔓长到一定长度时将秧头埋住（俗称闷顶）。在雌花着生节位的前后几节不能压蔓，雌花节上更不能压蔓，以免使子房损伤或脱落。为了促进坐果，在雌花节到根端的蔓上轻压，以利于功能叶制造的营养物质向前运输，雌花节到顶端的 2 ～ 3 节重压，以抑制营养物质流向顶端，控制瓜秧顶端生长，迫使营养物质流向子房或幼果。北方西瓜伸蔓期正处在旱季，晴天多，风沙大，温度高，宜用重压，使其多生不定根，扩大根系吸水能力，以防风固秧。一般是头刀紧、二刀狠，第三刀开始留瓜，同时压侧蔓。西瓜压蔓宜在中午前后进行，早晨和傍晚瓜蔓较脆易折断，不宜压蔓。

五十二、西瓜高产栽培为什么必须整枝压蔓？

整枝的作用主要是让植株在田间按一定方向伸展，使蔓叶尽量均匀地占有地面，以便形成一个合理的群体结构。压蔓的作用主要是固定瓜蔓，防止蔓叶和幼瓜被风吹动而造成损伤；压蔓还可以产生不定根，增加吸收能力。打杈和摘心能够调整植株体内的营养分配，控制蔓叶生长，促进西瓜生长。

植物营养物质优先供应生长点是一个普遍规律，这种现象叫顶端优势。为了防止植株过度伸长，过多地形成茎叶，影响坐瓜和瓜的膨大，应根据生长势、分枝性、土质和肥水条件等及时打杈和摘心，否则，容易造成蔓叶徒长，不结瓜或虽结瓜也坐不住而化瓜。

植株调整除了调整营养分配，促进坐瓜和瓜发育外，还可缩短生长周期，提早成熟。西瓜是喜光喜温作物，当栽植较密，风光郁闭，或播种较晚，受到温度限制时，生长后期所形成的叶子，不但不能制造养分供应西瓜生长，反而会消耗前期形成的叶片所制造的养分。及时打杈或摘心，就可以减少后期蔓叶消耗养分，使前期所结的瓜充分吸收营养，缩短生长时间，达到提早成熟的目的。

压蔓的作用是防止理顺好的瓜蔓被风吹乱，磨伤幼果和叶片。

五十三、鉴别西瓜种子新陈的方法有哪些？

快速而准确地鉴别西瓜种子的新陈，无论在西瓜生产中还是在种子经营中，都是十分重要的一项技术。鉴别种子新陈主要有感官鉴别、化学鉴别和发芽试验3种方法。

1. 感官鉴别

感官鉴别即通过对西瓜种子的色泽、光洁度、气味及种仁特征进行鉴别。凡是新种子，一般都具有该品种固有的颜色，而且种皮上有胶质物并往往附着一层极薄的白色膜状物；种子具有光泽，种皮表面光洁，将手插入种子内感觉细而涩；种仁洁白，含油较多，具有香味。凡是陈种子，一般种皮颜色变暗，无光泽；种皮表面往往有黄斑或霉状物，角质层干缩，种皮变粗糙；种脐部（种子嘴）波状纹加深；将手插入种子内感觉粗而滑；种仁灰白或具有白蜡状（泛油），无香味甚有霉变异味。

2. 化学鉴别

用某些化学药品处理种子，由于种子的呼吸作用而使药品发生还原反应，从而改变了原来的种仁颜色。利用这些药品改变颜色时间的长短以鉴别种子的新陈。例如，将西瓜种子用四氮茂盐（2，3，5-氯三苯四氮茂）浸种5小时后，观察种仁的变色（变红）程度，变红快而且色深说明种子新；变红慢而且色浅说明种子陈旧，这种鉴别方法也叫染色法。利用染色法鉴别种子的新陈程度，比感官鉴别准确，但需要时间较长；比发芽试验较为迅速，但准确度不如发芽试验。

3. 发芽试验

利用发芽试验这种鉴别方法能十分准确地鉴别西瓜种子的新陈。据试验，在一般贮藏条件下，有籽西瓜种子贮藏期在1年以内，发芽率可保持在95%～100%；贮藏2～3年，发芽率为80%～90%；贮藏4～5年，发芽率为30%～40%；贮藏6年以上，发芽率极低，甚至完全丧失发芽能力。

采用发芽试验鉴别西瓜种子的新陈十分准确，但比感官鉴别和化学鉴别麻烦，需消耗的种子较多。因而该方法对种源充足、价格便宜的种子适用，而对珍贵稀有品种不太适宜。

五十四、无籽西瓜在栽培上与普通西瓜有何不同?

1. 种子"破壳"

无籽西瓜的浸种催芽方法与二倍体普通西瓜基本相同。但由于无籽西瓜种子的种壳较厚,尤其种脐部分更厚,再加上种胚(即种仁)又不饱满,所以出芽很困难,必须"破壳"才能顺利发芽。种子消毒后,经 8 ~ 10 小时浸泡,用清水冲洗净种子表面黏液,擦干种皮表面水分,然后人工用牙齿轻轻嗑一下种脐,嗑时将种面垂直,立着嗑种子嘴,使其略开一个小口即可。嗑时一定要轻,种皮开口要小,不要伤及种胚。

2. 催芽和育苗温度要高

无籽西瓜的催芽温度比二倍体普通西瓜要高,平均高 2 ~ 3℃,即以 30 ~ 32℃为宜。育苗温度也要高于二倍体普通西瓜 3 ~ 4℃,因此无籽西瓜苗床的防寒保温设备应该比二倍体普通西瓜增加一些,如架设风障、加厚草毡等。此外,在苗床管理中应适当减少通风量,以防止苗床降温太大。

3. 提早育苗

无籽西瓜幼苗期生长缓慢,应比普通西瓜早播种早育苗。由于无籽西瓜耐热性比普通西瓜强,所以多采用温室或阳畦育苗。山东省无籽西瓜露地栽培一般在 3 月上旬开始育苗。苗床要选在温暖向阳的地方。

4. 加强肥水管理

无籽西瓜生长势较强,根系发达,蔓、叶粗壮,因而需肥数量比二倍体普通西瓜多。一般每亩应施圈肥 5000 ~ 6000 千克、过磷酸钙 40 ~ 50 千克作基肥。追肥分 3 次;第一次用大粪干 1000 千克,或饼肥 60 ~ 75 千克,或磷酸二铵 25 千克,硫酸钾 10 千克;第二次用磷酸二铵 15 千克、硫酸钾 7.5 千克;第三次用磷酸二铵 10 千克,硫酸钾 7.5 千克。

无籽西瓜幼苗期生长缓慢，伸蔓以后生长加快，到开花前后生长势更加旺盛，这时如果肥水供应不当，很容易疯长跑蔓、坐不住瓜。因此，从伸蔓后到选留的果实开花前应适当控制肥水，开始浇中水和浇大水的时间都应比普通西瓜晚 4～5 天。

5. 间种二倍体普通西瓜

由于无籽西瓜的花粉没有生殖能力，不能起授粉作用，单独种植坐不住瓜，所以无籽西瓜田间必须间种二倍体普通西瓜。应每隔 2～3 行种植 1 行二倍体普通西瓜作为授粉株（这不是杂交，仅是借助授粉株花粉的刺激作用使无籽西瓜的子房膨大）。授粉株所用品种的果皮应与无籽西瓜果皮有明显的不同特征，以便在采收时与无籽西瓜区别开来。

6. 高节位留瓜

坐瓜节位对于无籽西瓜产量和品质的影响比二倍体普通西瓜更明显。无籽西瓜坐瓜节位低时，不仅果实小，果形不正，瓜皮厚，而且种壳多，并有着色的硬种壳（无籽西瓜的种壳很软、白色），易空心，易裂果。坐瓜节位高的果实则个头较大，形状美观，瓜皮较薄，秕籽少，不空心，不易裂果。一般生产中多选留主蔓上第三、四个雌花（在第二十节左右）坐瓜。

7. 适当早采收

无籽西瓜的收获适期比二倍体普通西瓜更为重要，故生产中一般比二倍体普通西瓜适当早采收。如果采收较晚，则瓜的品质明显下降，主要表现是：瓜易空心或倒瓤，瓜瓤易发绵变软，汁液减少，风味降低。一般以九成半熟采收品质最好。

五十五、西瓜播种前的种子处理有哪些方法？

种子是传播病害的重要途径之一，许多西瓜病害可以通过种子传播。因此，在播种前必须对其进行消毒灭菌处理。

1. 药剂消毒

将可能带有病菌的种子，浸入能杀死病菌的药液中，这是最有效的种子消毒方法之一。下面介绍几种主要方法。

① 磷酸三钠法：用10%的磷酸三钠溶液，浸泡西瓜种子20分钟，捞出后在水中清洗干净，除去种子表面的药液，可以抑制病毒病菌，对西瓜的花叶病毒病预防效果较好。

② 代森铵浸种：先将50%的代森铵水剂配成500倍的药液，放入西瓜种子浸泡0.5～1小时，然后，取出用清水冲洗干净。

③ 漂白粉消毒法：配成2%～4%的漂白粉溶液，将西瓜种子浸泡半个小时，捞出后用清水冲洗干净，可以杀死种子表面的细菌。

④ 多菌灵浸种：用50%的多菌灵可湿性粉剂配制成500倍的药液，使西瓜种子在其中浸泡1小时，取出后冲洗一下，可以预防炭疽病。

⑤ 抗菌剂401浸种：将种子放入用10%的抗菌剂401配制的500倍药液中，浸泡30分钟，捞出待用。可杀死种子上带有的枯萎病菌、炭疽病菌等。

⑥ 其他药剂：40%福尔马林水剂150倍液，浸种30分钟，可预防枯萎病和蔓枯病；硫酸链霉素100～150倍液（必须用蒸馏水稀释），浸种10～15分钟，也可预防炭疽病。

西瓜种子用药剂浸种后，必须用清水洗净药液才可进行浸种催芽或晾干播种，否则可能发生药害。

2. 高温烫种

在两个容器中分别装入等量的冷水和开水，水量为种子量的3倍，先把选好的种子倒入开水中，迅速搅拌3～5秒，立即将另一容器中的冷水倒入，并不断搅拌至30℃左右，在室温下浸种3～4小时，可杀死种子表面的病原菌。烫种时注意速度要快，不要烫得太久，以免影响种子发芽率。

3. 温汤浸种

将种子放入55℃的温水中，不断搅拌15分钟，然后令其自然冷却浸种 4～6 小时。55℃为病菌的致死温度，浸烫 15 分钟后，基本上可杀死附在种子上的病菌、病毒，可预防西瓜花叶病毒病。在没有温度计的情况下，可用 2 份开水兑入 1 份冷水，将手伸入水中感到烫手，但又能忍受，这样的温度为 55℃左右。

4. 强光晒种

在春季，选择晴朗无风天气，把种子摊在席或纸等物体上，厚度不超过 1 厘米，使其在阳光下暴晒，每隔 2 小时左右翻动 1 次，使其受光均匀。阳光中的紫外线和较高的温度，对种子上的病菌有一定的杀伤作用。晒种时不要放在水泥板、铁板或石头等物上，以免影响种子的发芽率。晒种除有一定的杀菌作用外，还可促进种子的后熟，增强种子的活力，提高发芽势和发芽率。

五十六、怎样根据西瓜生态型选择高产优质品种？

根据福尔萨"利用统计学方法划分食用西瓜生态型"的学说，将全世界的食用西瓜品种划分为阿富汗、印度、中亚、美国、俄罗斯、东亚、西欧、外高加索、小亚细亚及远东等 10 个生态型。由于我国幅员辽阔，气候带宽广，生态复杂，加之西瓜栽培历史悠久，所以在上述 10 个生态型品种中，我国就有 6 个生态型的品种被广泛栽培。其中栽培面积较大的是中亚生态型、美国生态型和东亚生态型等。

目前，在西瓜高产栽培中，主要根据西瓜生态型的下列经济性状选择品种。

1. 熟性

以远东生态型的品种最为早熟。俄罗斯远东地区当地品种均为中小瓜型、大种子，易空心倒瓤，品质较差，但生育期极短，在乌克兰南部赫尔松州从播种到成熟只需 54～58 天，比当地最早熟的西瓜品种还提前 20 天成熟。晚熟类型以阿富汗和中亚、印度等生态型的品种成熟最晚，从播种到成熟大多需 100～120 天。例如我国的核桃纹西瓜就属于这一类生态型品种。其主要优点是产量高、耐藏，通常采收后可贮藏 2～3 个月。

2. 丰产性

西瓜产量的构成因素是密度、单株坐瓜数和平均单瓜重。据新疆八一农学院林德佩等对新疆原产的 15 个西瓜品种（阿克塔吾孜等）的研究，在相同的栽培密度下，株产与平均单瓜重的相关系数为 0.56，株产与单株坐瓜数的相关系数为 -0.2，按相关显性衡量标准可以看出，株产与平均单瓜重的相关系数为中等程度的正相关；株产与单株坐瓜数的相关性为弱负相关。因此，可以在西瓜产量构成中采用平均单瓜重作为衡量西瓜作物丰产性的参数。在世界的西瓜品种资源中，阿富汗、印度、中亚这三个生态型的品种单瓜重最大，其次是外高加索、美国和小亚细亚生态型的品种。笔者在育种实践中也证实了这一点。

3. 含糖量

西瓜是供生食的果品，在育种目标中，提高品质，尤其是提高含糖量，是必须优先考虑的因素。美洲和西欧生态型的品种含糖量最高，其次是东亚生态型（尤其是日本品种）。因此，在选择亲本中应慎重选用阿富汗、印度、中亚及远东等低糖生态型的品种，而注意尽量选用美洲、西欧和东亚生态型的高糖品种作为育种材料。例如近年来育成的乐蜜一号、鲁瓜一号、红优二号、中育六号及浙蜜一号、苏蜜一号等高产优质品种，其亲本中均有美国和西欧生态型的高糖品种。

4. 贮藏性

美洲、西欧和东亚生态型西瓜较耐贮藏，通常采收后可贮藏 2 ～ 3 个月。

五十七、用低频电流处理西瓜种子有哪些好处？

低频电流（频率为 50 赫兹，电流方向每秒改变 100 次）处理种子，就是把西瓜种子放在绝缘容器内，加入水，用两根电线将电压为 220 伏的生产或生活用交流电引入容器中，接通电源，经一定时间后即可播种。用低频电流处理西瓜种子，具有促进发芽，增进长势，提早开花坐瓜，提高光合作用，增加西瓜产量及操作方便，成本低廉，只要有电就可应用等优点。

1. 促进发芽

生产实践证明，用低频电流处理西瓜种子，可以促进种子发芽，使发芽率提高约 5%，发芽势提高 16% 以上。瓜农也反映，经电处理的西瓜种子发芽快、苗齐、苗壮。

2. 增强生长势

经低频电流处理的西瓜种子生成的幼苗，生长势增强，表现分枝性增加，瓜蔓变粗。用 100 毫安电流处理西瓜种子 3 分钟，可使平均单株瓜蔓数增加 0.5 ～ 0.9 根。

3. 提早开花坐瓜

经低频电流处理过种子的西瓜物候期提前 1 ～ 3 天，其中抽蔓期和第一雌花出现时间提前 2 ～ 3 天。同时由于瓜的发育前期加快，不仅不易化瓜，而且可提前 1 ～ 2 天成熟。

4. 提高光合作用

西瓜的产量在相当程度上取决于光合作用，而光合作用又与进行光合作用的叶面积大小和叶绿素含量多少有密切关系。据测定，电处理对这几个生理指标都有明显的促进作用。例如：西瓜种子用 100 毫安电流处理 3 分钟后，抽蔓期叶面积较不处理的增加 24.3%，叶片的叶绿素含量增加 10.6%，光合强度提高了 32.8%。

5. 增加产量，提高品质

1998 年在莱州市农业局实验农场和店子乡后店子村分别用 100 毫安、200 毫安的电流处理西瓜种子 1 ～ 3 分钟，证明均有抑制雄花的发育、促进雌花形成的作用；瓜增重 15% ～ 25%。其中以处理 2 分钟的效果最好，瓜的品质亦有改进：瓜皮较薄，种子数量较少，总可溶性固形物增加，畸形瓜减少。

五十八、定植前怎样进行瓜苗锻炼？

早春苗床内与露地的环境条件相差很大，因此在定植前要对瓜苗进行锻炼，以增强抗逆能力，使之适应露地条件。瓜苗经过锻炼，植株中干物质和细胞液浓度增加，茎叶表皮增厚，角质和蜡质增多，叶色浓绿。这样的瓜苗抗寒抗旱能力强，定植后保苗率高，缓苗速度快。

西瓜苗的锻炼一般从定植前 5 ～ 7 天开始进行。瓜苗锻炼前选晴暖天气浇一次足水（锻炼期间不要再浇水），然后逐渐增大通风量，使床内温度由 25 ～ 27℃逐渐降到 20℃左右。电热温床应减少通电次数和通电时间。在这期间夜间一般不再盖草帘，塑料薄膜边缘所开的通风口夜间也不关闭。

随着外界气温的回升，定植前 2 ～ 3 天当气温稳定在 18℃以上时，苗床除掉所有覆盖物（电热温床还应停止通电）。使瓜苗得到充分的锻炼。在瓜苗锻炼期间，如果遇到不良天气，例如大风、阴雨、寒流、霜冻等，则应立即停止锻炼并采取相应的防风、防雨、防寒、防霜等保护措施。另外，如果锻炼时间已达到要求，但因天气不良或突然遇到某种特殊情况时，可暂不定植，在瓜苗不受冻害的前提下，继续进行锻炼。

定植前对瓜苗进行锻炼的目的是使西瓜苗能更好地适应移栽后的新环境，并不是培育壮苗所必需的措施。因此锻炼不可过度，时间也不宜过长。否则，反而会降低瓜苗质量。瓜苗锻炼的程度，应根据定植后的栽培条件决定。一般定植在塑料棚内保护栽培的可锻炼轻些，露地定植的和地膜覆盖栽培的要加强锻炼。锻炼程度取决于锻炼天数和降温、控水的程度。例如由苗床定植到小拱棚内可锻炼 5 天左右，床温降至 20 ～ 22℃，停止浇水 4 ～ 5 天。如果露地定植，则应锻炼 7 天左右，床温降至 18 ～ 20℃，停止浇水 6 ～ 7 天。对于采用电热温床或温室育苗，移栽定植到塑料大棚或中棚内的瓜苗，也要锻炼 2 ～ 3 天，使温度降至 22 ～ 25℃，停止浇水 2 ～ 3 天，并加大通风量和延长通风时间。

五十九、怎样使"二茬瓜"高产？

随着保护设施的发展，西瓜的栽培季节比传统的栽培方式大大提前了，山东省小拱棚栽培和地膜覆盖栽培的西瓜，多在 6 月中、下旬或 7 月上旬成熟。当头茬瓜采收后，山东省的炎热多雨天气尚未到来，西瓜植株生长发育的良好季节仍有一段时间，所以可在同一植株上继续留瓜，使其分批坐瓜，陆续采收。这种做法通称为留"二茬瓜"。为了提高二茬瓜的产量，应采取以下几项措施。

1. 及时选留二茬瓜

留二茬瓜的具体做法是，当第一个瓜采收前 10 ～ 15 天，在西瓜植株基部的其余侧蔓中选 1 ～ 2 条健壮瓜蔓，每条蔓上选第 8 ～ 10 节以上着生的雌花留瓜 1 个。在没有蜜蜂的地区或天气不良时，应进行人工授粉。对选留的瓜胎要用 10 ～ 12 厘米的长树条折成"八"字形，卡住瓜胎的前后二个节位，以防被风吹动或在田间管理时（如浇水、追肥、喷药、整瓜及采收等）损伤幼瓜。当被选留的瓜胎谢花后 4 ～ 5 天，幼瓜发育正常、膨大较快时，即可将其余幼瓜及时疏掉，以便节约养分，集中供应所留瓜的需要。

2. 爱护茎蔓，防止损伤叶片

叶片和茎蔓是制造和输送养分的器官，只有保证每株有较大的功能性强的叶面积，才能使二茬瓜获得足够的养分，并很快长大。为了不损伤茎蔓，可在收摘第一茬瓜时把西瓜一个一个传递出来，做到不踏蔓不坏叶。对于有碍行走的地方，可先把蔓收拢在一起，待整枝时再伸展开。这样做能有效地保护蔓叶，促进二茬瓜的正常生长。

3. 整枝疏叶，增加通风透光

第一茬瓜成熟时，叶面积系数一般在 2 左右，但新生侧枝和残老病叶较多，原来的坐瓜蔓也开始衰老，田间郁闭，通风透光条件差。为了长好二茬瓜，要在第一茬瓜收摘后立即进行整枝疏叶，将原来的坐瓜蔓和功能性较差的病叶老叶，连同出现的幼瓜一齐疏去，并带出田间。这样既增加了通风透光，又减少了养分消耗。

4. 加强对二茬瓜的管理

第一茬瓜采收后，土壤中养分和水分减少很多，植株因脱肥开始衰老，如不增肥浇水等，就不能保证二茬瓜正常成熟和有较好品质。所以，当第一茬瓜采收后，应立即追一次速效化肥（例如尿素每亩20～25千克，硫酸钾10千克左右），浇大水一次（每亩20～25立方米）。

留二茬瓜必须维持植株较强的生长势，防止蔓叶早衰。维持植株生长势，防止早衰的主要措施是及时追肥、浇水、清除杂草、翻瓜整瓜和加强病虫防治等。

六十、制种时怎样采集西瓜种子？

1. 设立采种田

西瓜为天然异花授粉的植物，采种时应防止与其他类型的品种杂交，最好设立专门采种田。近年来有些省市实行三级繁育，即育种单位提供原种；农业科研单位、种子公司等设立原种田，保持原种或培育新种；良种场设立生产用种田；西瓜专业户购买良种或每年单株选留种瓜。县乡二级采种田实行空间隔离，不同品种间，在空旷地带应隔离1000米（生产用种）至2000米（原种田）。

2. 种瓜的选留和瓜内不同部位种子的选择

一般说来，每株上留种瓜的数越多，单位面积采种量亦越多，但留种瓜过多却往往会影响西瓜种子的质量。因此在留瓜较多的情况下，必须加强采种田的肥水管理和病虫害的防治工作。

同一株上不同节位的种瓜，往往在发育上有明显的差异。一般情况是，节位低的瓜形小、瓜皮厚，种子少而千粒重较高；中节位的瓜形大，瓜皮薄，种子多而千粒重较低。通常认为，凡节位低的种瓜，其种子发育的幼苗苗壮，西瓜早熟。

同一果实内不同部位种子的数量与质量也不一样。据一般观察，瓜顶部（近花痕部）的种子较少，胴部最多，近瓜梗部分也较少。这是因为，不同部位胚珠在受精早晚和胚胎发育速度上不同。

采种用的瓜，应选择具有品种特征，瓜形端正的第一、二雌花形成的瓜，待达到生理成熟（充分成熟）后采收。采收后，及时剖瓜取种，不必进行后熟，因后熟会降低种子发芽率。根据瓜瓤颜色及种子形态、颜色、大小等特征再进行第二次选择。将符合本品种特征的种子，洗净黏附物，晒干，装入袋内或罐内，放在通风干燥处存放。

西瓜种子春化阶段极短，无明显休眠期，所以也可当年播种开花结果。种子发芽年限 3 ～ 4 年。

西瓜种子应按品种、等级分别贮藏，并切实防止受热受潮，以免影响播种质量。

第四节　西瓜生产中常用数据与基本技能

西瓜栽培技术性较强，在诸多作物栽培中属"技术密集型"。长期以来，广大瓜农和瓜类科技工作者积累并创造了许多经验和技术措施。这些经验和技术都来自西瓜栽培的实践过程，经过总结和推广同时又对西瓜生产起到了指导与推动的作用。

一、常用数据

1. 对环境条件要求的极限值与标准值

（1）对温度要求的极限值与标准值

① 极限值　西瓜正常生长发育的最低温度为 10℃，最高为 40℃。

② 标准值　最适为 25 ～ 30℃。其中发芽期为 28 ～ 30℃，幼苗期为 22 ～ 25℃，抽蔓期为 25 ～ 28℃，结果期为 30 ～ 35℃。全生育期积温为 2500 ～ 3000℃，其中果实发育期积温为 800 ～ 1000℃。

（2）对光照的要求　每天日照时间应为 10 ～ 12 小时，生长健壮，产量高，品质好。西瓜幼苗的光饱和点为 80000 勒克斯，结果期为 100000 勒克斯以上。西瓜的光补偿点为 4000 勒克斯。

（3）对水分的要求　西瓜是需水量较多的作物。其叶片对水分的蒸腾强度为每平方米每小时 700 克。每株西瓜一生中约需水量 0.8 ～ 1.0 立方米（不同品种有差异）。但西瓜根系不耐积水，特别是苗期。果实生长中后期要求空气干燥，相对湿度为 50% ～ 60% 时最为适宜。

（4）对土壤的要求　西瓜根系具有明显的好气性，它生长的最适宜氧气压为 18%。西瓜最适宜在中性土壤中生长，但在 pH 值 5 ～ 7 范围内均能正常生长。西瓜根系不耐盐碱，当土壤中的含盐量超过 0.2% 时，生长不良。

（5）对营养元素的要求　西瓜整个生育期对氮磷钾三要素的吸收比例大约为氮（N）：磷（P_2O_5）：钾（K_2O）=3.28：1：4.33。但不同生育期对三要素的吸收量和吸收比例不同。幼苗期吸收量仅占一生总吸收量的 0.54%，其吸收比例为氮（N）：磷（P_2O_5）：钾（K_2O）=3.80：1：2.76；伸蔓期吸收量占总吸收量的 14.67%，其吸收比例为氮（N）：磷（P_2O_5）：钾（K_2O）=3.59：1：1.74；果实生长初期吸收量约占总吸收量的 7.28%，其吸收比例为氮（N）：磷（P_2O_5）：钾（K_2O）=3.63：1：3.66；果实生长盛期吸肥量约占一生总吸收量的 77.5%，其吸收比例为氮（N）：磷（P_2O_5）：钾（K_2O）=3.48：1：4.60。

（6）对气体成分的要求　二氧化碳是植物光合作用的重要原料，要维持西瓜较高的光合作用，应使二氧化碳浓度保持在 500 毫升 / 米^{3}以上。

2. 株行距与密度的计算

（1）株行距的计算　西瓜与粮食作物相比，株行距较大，同时又因整枝方式和栽培品种的不同，即使每亩株数相同，而株行距可有几种不同组合方式。例如行距 1.8 米、株距 0.5 米，每亩 741 株，而行距 1.5 米、株距 0.6 米，每亩也是 741 株；行距 2 米、株距 0.4 米，每亩 834 株，而行距 1.6 米、株距 0.5 米，每亩也是 834 株。再如每亩同为 1111 株，可有以下几种行距和株距相结合：2 米 ×0.3 米、1.5 米 ×0.4 米、1.2 米 ×0.5 米和 1 米 ×0.6 米等。

在西瓜生产中，如果每亩栽植株数已经确定，那么在确定株行距时，就要考虑到采用什么品种、哪种整枝方式。一般来说凡是晚熟大瓜型品种或单蔓及双蔓式整枝或普通栽培者，应适当加大行距、缩小株距；凡是早熟小瓜型品种或三蔓及多蔓式整枝或双行栽培者，应适当缩小行距、加大株距。此外，在整理瓜蔓时，如果使主蔓和侧蔓同向延伸，应适当缩小行距、加大株距；如果使主蔓和侧蔓背向延伸，则应适当加大行距、缩小株距。坐瓜后，采用摘心和 / 或闷尖（将坐瓜蔓顶端埋入土内）措施者，行距也可适当缩小，株距适当加大。株距加大后，还可在健壮侧蔓上选留瓜胎坐瓜，在不提高密度情况下，增加单位面积的瓜数及总产量。

在生产实践中，由于西瓜沟需要在封冻前深翻，而深翻瓜沟亦即确定了行距。因此，往往是尚未购买种子，也未确定栽培方式和整枝方式的情况下先确定了行距。那么，翌年春就应根据已定行距和栽培方式选择适宜的品种；行距、栽培方式和品种都确定后，当确定株距时，可根据每亩要求达到的株数或整枝方式、留蔓方向等来决定。当每亩栽植株数和行距已定，在确定株距时，可采用下列公式计算：

$$株距（米）= \frac{667（平方米）}{每亩株数 \times 行距（米）}$$

（2）种植密度的计算　种植密度就是单位面积土地上的种植株数，通常是指每亩的种植株数。计算种植密度对合理密植、丰产栽培及田间试验等都是十分必要的。

计算种植密度时，应首先测量好行距和株距，然后就可以根据株行距相乘的面积计算每亩地上的株数了。其计算公式为：

$$每亩株数 = \frac{667（平方米）}{行距（米） \times 株距（米）}$$

为了得到准确数值，应注意以下几点。

① 株行距要测量准确　西瓜株行距较大，有时种植并不均匀，如果只测量一两行，三四株，往往不能代表整个地块的平均密度。根据各地经验，一般要测量 5 行以上求其平均行距，测量 6 株以上求其

平均株距，然后以平均株行距计算密度。

②取点要有代表性　测量时，取点是否有代表性，也是计算密度是否准确的关键。所以，在取点测量株行距时，应随机取点，并应重复1～2次。取点越多或重复次数越多，测量的数据越准确。特别是密度试验、肥料试验、高产试验等，更应注意这个问题。

（3）关于实种系数的确定　西瓜和其他粮食作物不同，在计算密度时，应扣除瓜棚、水池（或水道）、档子（为了浇水和管理方便，每隔20米左右在株间留0.5米左右的人行道或操作行，其方向与瓜沟垂直，一般在挑瓜沟或作瓜畦时即已留好空地，瓜农称为档子，有的地区也叫"段空"）等所占面积，由于各地瓜棚大小、水池多少及档子宽窄等不尽相同，所以无法统一规定扣除的比例数，最好在计算株行距时，同时测算实种系数（即实际种植面积占耕地面积的百分比）。据调查，我国北方各省市西瓜实种系数为75%～85%。

为了快速计算种植密度，也可以不进行实地测量而根据播种或栽植时所确定的株行距查表10-3求出理论数值，然后再根据实种系数计算出种植密度。但这样所计算出的种植密度，只能是近似密度，往往与实际密度有出入，只能作为参考数据。

表10-3　西瓜株行距查对表

行距 /米	株距 / 米			
	0.3	0.4	0.5	0.6
	每公顷（10000 平方米）株数 / 株			
1.0	33330	25005	9995	16665
1.1	30300	22725	18180	15150
1.2	27780	20835	16665	13890
1.3	25635	19230	15390	12825
1.4	23805	17850	14280	11910
1.5	22215	16665	13335	11115
1.6	20835	15630	12495	10410
1.7	19605	14700	11760	9810
1.8	18525	13890	11115	9255
1.9	17550	13155	10530	8775
2.0	16665	12495	10005	8340
2.1	15870	11910	9525	7935
2.2	15150	11370	9090	7575
2.3	14490	10875	8700	7245
2.4	13890	10410	8340	6945
2.5	13335	10005	7995	6660

3. 用种量的计算

了解西瓜的每亩用种量，可以有计划地购买种子，避免播种时数量不足或造成浪费。但由于西瓜种子的发芽率、种粒大小，种皮厚薄及种子的饱满程度不同，用种量也有较大的出入。种粒大小、种皮厚薄及种子饱满度等各项都可用"千粒重"体现（代表），也就是说只要知道种子的千粒重、发芽率、保苗数（单位面积株数、每穴粒数），就能按以下公式计算出用种量。即用以下通式表达：

$$K=\frac{L \times N \times n \times P}{1000}$$

式中，K 代表每亩用种量，克；L 代表千粒重，克；P 代表种子发芽率；N 代表每亩保苗数；n 代表每穴种子粒数。

特别是在籽瓜栽培中，由于不同品种千粒重差别很大，加之又多为直播，所以必须准确计算播种量。例如同样播种 1 亩籽用瓜田，都直播、保苗 1200 株、每穴 3 粒种子，发芽率都要求 90%，不同品种其用种量相差很大。播种靖远大板（千粒重 353 克）每亩用种量为1143.7 克，而播种宁夏红籽（千粒重 155 克）每亩只需用 502.2 克，播种台湾红富（千粒重 188 克）每亩需要 609.1 克。这主要是因为不同品种种子的千粒重不同。

4. 根据幼瓜提前预测西瓜产量的方法

通过对大量西瓜的调查，认为西瓜成熟时，瓜的横径为开花后 5天时幼瓜横径的 8 ~ 10 倍；开花后 12 天时，瓜的横径约为成熟时横径的 60.5%；开花后 20 天时，瓜的横径约为成熟时横径的 83.5%。因此，可以在上述三个时间中的任何一个时间里测量瓜的横径，来推算成熟时的重量。但是比较精确的是通过开花后 20 天时瓜的纵径和横径，来推算成熟时瓜的重量。具体推算可按以下经验公式进行计算：

$$W=0.497(D+d)^3 \qquad\qquad (10\text{-}1)$$

$$W=0.746(D+d)^2 \times (R+r) \qquad\qquad (10\text{-}2)$$

式中，W 为预计西瓜成熟时的瓜重，克；D 为开花后 20 天时瓜的横径，厘米；R 为开花后 20 天时瓜的纵径，厘米；d 和 r 均为经验常数，系西瓜从开花后 20 天到该瓜成熟时横、纵径的增长量（其具体数值受品种、肥水条件等所支配），厘米。一般情况下，圆形瓜早、中熟品种 d 为 3～5 厘米，晚熟品种 d 为 5～7 厘米；长形瓜（椭圆形）早、中熟品种 d 为 3～4 厘米，r 为 5～6 厘米；晚熟品种 d 为 4～5 厘米，r 为 6～7 厘米。

式（10-1）适用于圆形瓜，式（10-2）适用于椭圆形、长形等西瓜。

如测得京欣 2 号西瓜坐瓜 20 天时瓜直径为 17.5 厘米，因京欣 2 号西瓜是圆形瓜，可用式（10-1）计算成熟时的重量，又根据该品种果实发育特点（早熟），20 天后的直径增长约为 4 厘米（经验常数），具体计算如下：

$W=0.497×（17.5+4）^3=4939.4$（克），即这个京欣 4 号西瓜成熟时的重量约为 4939.4 克或 4.9 千克。

又如测得西农 8 号西瓜坐瓜后 20 天时瓜的横径为 15 厘米，纵径为 25 厘米，因西瓜是长椭圆形瓜，可用式（10-2）计算成熟时瓜的重量，又因为它是中熟品种，20 天后的横径增长为 3 厘米，纵径增长为 5 厘米（经验常数），具体计算如下：

$W=0.746×（15+3）^2×（25+5）=0.746×324×30=7251.1$（克）

即这个西农 8 号西瓜成熟时的重量约为 7251.1 克或 7.2 千克。

二、基本技能

1. 施肥技能

（1）肥料混合规则　　两种以上肥料适当掺和施用，有助于提高肥效和节省劳力，但不是所有肥料都可以混合的。如混合不当，会出现营养物质逸失（如氨的挥发）、有效性降低和混合后的肥料物理性状变劣等不良情况。碱性肥料与铵态氮肥或过磷酸钙不可混合。目前，碳酸氢铵仍占相当比重，由于自身易挥发，不提倡与其他肥料混合后久存，在北方有的地区采用碳酸铵与过磷酸钙随混随用作基肥。尿素肥分高，适宜作混合肥用（表 10-4）。近年新生产的各种化肥能否混用，请参考该肥料使用说明书或了解相混肥料的酸、碱性。只要知道酸性肥料不能与碱性肥料混合就行。

表 10-4　常用化肥品种混用图解表

	尿素	碳酸氢铵	硫酸铵	硝酸铵	硝酸盐（钠、钾、钙）	石灰氮	过磷酸钙	钙镁磷肥	磷矿粉	氯化钾	石灰、草木灰
尿素	○	△	○	△	△	△	△	△	△	△	△
碳酸氢铵	△	○	△	△	△	×	△	×	△	○	×
硫酸铵	○	△	○	○	△	×	△	×	△	○	×
硝酸铵	△	△	○	○	○	×	△	△	△	△	△
硝酸盐（钠、钾、钙）	△	△	△	○	○	○	○	△	△	△	△
石灰氮	△	×	×	×	×	○	○	○	△	△	○
过磷酸钙	△	△	△	△	○	○	○	×	△	△	×
钙镁磷肥	△	×	×	△	△	○	×	○	△	△	△
磷矿粉	△	△	△	△	△	△	△	△	○	△	×
氯化钾、硫酸钾	△	○	○	△	△	△	△	△	△	○	△
石灰、草木灰	△	×	×	×	△	○	×	○	×	×	○

注：○表示可混；△表示随混随用；×表示不可混。

（2）配方施肥与专用肥施用　所谓配方施肥，就是根据西瓜的需肥特点以及土壤的营养水平，将各种营养元素按一定数量和比例混合搭配施用的一种施肥方法。根据这一原理，目前已研究生产出西瓜专用肥。如北京市农林科学院研制的 A 型和 B 型西瓜专用肥，石家庄市曙光化肥有限公司生产的西瓜专用肥，河北省农林科学院研制的西瓜专用肥等。

由于这种肥是专门根据西瓜的需肥特点而生产的，所以对促进植株茎叶粗壮、增强抗病能力、提高产量、增加含糖量、改善瓜的品质、提早成熟等均有明显的作用。

西瓜专用肥可作基肥，也可用作追肥。追肥以沟施或穴施为佳。施用量依肥料养分含量的不同而异。例如，北京市农林科学院生产的专用肥，1 亩土地可施用 75 千克，石家庄市曙光化肥有限公司生产的可施用 40 ～ 50 千克，河北省农业科学院生产的可施用 50 ～ 60 千克。

施用专用肥时，仍应适量配合施用有机肥，以改善土壤结构。此外，还应根据当地土壤营养状况来选择专用肥的类型。在这种土壤上某一类型的专用肥效果明显，但在另一种土壤上就不一定明显。因此，应事先做好比较试验，然后根据试验结果来选择应用专用肥。

（3）二氧化碳施肥　严格说来，二氧化碳并不是肥料，它是植物进行光合作用合成碳水化合物的主要原料，事实证明，在一定范围内二氧化碳浓度增加，植株的光合速率也会增加。一般空气中二氧化碳正常含量不能满足植株达到最大光合速率时的要求。特别是在棚室内，例如早春塑料大棚生产中，白天棚内二氧化碳浓度较低，大大限制了植株的光合作用。因而有必要人工补充二氧化碳。

① 二氧化碳的来源　化学反应法是目前生产中应用比较多的方法。其原理是利用碳酸氢铵与稀硫酸反应，生成二氧化碳和硫酸铵。其中二氧化碳就扩散到棚内被植株叶片吸收，硫酸铵则可施入土中作为肥料。具体操作步骤是：将1份（体积）浓硫酸缓缓倒入3份（体积）水中搅匀，冷却至常温备用。然后采用适当容器如塑料桶、瓷缸等，装入1/3深的稀硫酸，再加进适量的碳酸氢铵后，将桶于离地面1～1.2米处吊起来即可。一般每3排立柱间放置一个塑料桶。碳酸氢铵的使用量依植株生长时期而定：苗期每平方米大棚面积每次用6～8克，甩蔓及坐果期用12～16克，果实膨大期用10～13克。如果稀硫酸桶内加碳酸氢铵后无气泡生成，则应及时更换桶内硫酸。

此外，还可利用钢瓶二氧化碳液化气，这是酒厂的副产品；还可使用二氧化碳发生器随时向大棚内施放。

② 二氧化碳的施用时间　大棚内定植缓苗后就可施放二氧化碳。每天于早晨8～9时开始施用，施后至少2个小时内不要通风。如果棚内温、湿度不太高，闷棚时间还可长一些，一般可隔天施放，在生长旺盛期则可连续施放。一般每10～15天为一个施肥阶段，隔10天后再施一个阶段，整个生长期中施2～3个阶段。

2. 农药的配制技能

（1）常用药剂配制浓度计算方法

① 按有效成分计算

a. 求稀释剂（水等）用量

稀释 100 倍以下：

$$稀释剂用量 = \frac{原药剂质量 \times （原药剂浓度 - 所配药剂浓度）}{所配药剂浓度}$$

稀释 100 倍以上：

$$稀释剂用量 = \frac{原药剂质量 \times 原药剂浓度}{所配药剂浓度}$$

b. 求用药量

$$原药剂用量 = \frac{所配药剂质量 \times 所配药剂浓度}{原药剂浓度}$$

② 按倍数计算（不考虑有效成分含量）

a. 求稀释剂（水等）用量

稀释 100 倍以下：

$$稀释剂用量 = 原药剂质量 \times 稀释倍数 - 原药剂质量$$

稀释 100 倍以上：

$$稀释剂用量 = 原药剂质量 \times 稀释倍数$$

b. 求用药量

$$原药剂用量 = \frac{所配药剂质量}{稀释倍数}$$

c. 求稀释倍数

$$由浓度比求稀释倍数：稀释倍数 = \frac{原药剂浓度}{所配药剂浓度}$$

$$由质量比求稀释倍数：稀释倍数 = \frac{所配药剂质量}{原药剂质量}$$

③ 石硫合剂计算公式（按质量计算）

a. 需要加水稀释的数量 =

$$\frac{原药剂浓度（波美度）- 需要配制的药剂浓度（波美度）}{需要配制的药剂浓度（波美度）}$$

b. 需要原液量 = $\dfrac{需要稀释药液量}{单位质量加水稀释的液量 +1}$

（2）配制不同浓度、数量的农药所需原药量速查（表 10-5）。

表 10-5 配制不同浓度、数量的农药所需原药量速查表

稀释倍数	配药量 / 千克									
	5	10	15	20	25	30	35	40	45	50
	所需药量：粉剂 / 克、液剂 / 毫升									
50	100	200	300	400	500	600	700	800	900	1000
100	50	100	150	200	250	300	350	400	450	500
150	33.3	66.6	100	133	166	200	233	266.6	300	333
200	25	50	75	100	125	150	175	200	225	250
250	20	40	60	80	100	120	140	160	180	200
300	16.6	33.3	50	66.6	83.3	102	116.6	133.3	150	166.6
350	14.2	28.5	42.8	57	71.4	85.7	100	114	123	142.3
400	12.5	25	37.5	50	62.5	75	87.5	100	112.5	125
500	10	20	30	40	50	60	70	80	90	100
600	8.3	16.6	25	33.3	41.6	50	58.3	66.6	75	83.3
700	7.1	14.2	21.4	28.5	35.7	42.8	50	57.1	64.2	71.4
800	6.3	12.5	18.7	25	31.2	37.5	43.7	50	56.2	62.5
900	5.6	11.1	16.7	22.2	27.7	33.3	38.8	44.4	50	55.5
1000	5.0	10	15	20	25	30	35	40	45	50
1500	3.3	6.6	10	13.3	16.6	20	23.3	26.6	30	33.3
2000	2.5	5.0	7.5	10	12.5	15	17.5	20	22.5	25
2500	2.0	4.0	6.0	8.0	10	12	14	16	18	20
3000	1.7	3.3	5.0	6.7	8.3	10	11.6	13.3	15	16.6
3500	1.4	2.8	4.2	5.7	7.1	8.5	10	11.4	12.8	14.2
4000	1.25	2.5	3.75	5.0	6.25	7.5	8.75	10	11.3	12.5
4500	1.11	2.22	3.33	4.44	5.55	6.66	7.77	8.88	9.99	4.1
5000	1.0	2.0	3.0	4.0	5.0	6.0	7.0	8.0	9.0	10
5500	0.91	1.82	2.73	3.64	4.55	5.46	6.37	7.28	8.19	9.1
6000	0.83	1.66	2.5	3.33	4.16	5	5.83	6.66	17.5	8.33

注：例如要配制 2000 倍乐果药液 30 千克，问需原药多少？先在"稀释倍数"栏找到 2000 这一行，再在"配药量"栏内找到 30，然后向下查到与 2000 那一行的交叉点上为"15"，即是所需的原药量。

三、常用数据查对表

在西瓜生产中会经常用到许多计算数据，为省去计算过程，现将有关数据列表如下，以供查阅（表 10-6 ～表 10-9）。

表 10-6 药剂稀释查对表

稀释倍数	原有浓度 /%									
	5	10	20	25	30	40	50	70	80	90
10	0.500	1.000	2.000	2.500	3.000	4.000	5.000	7.000	8.000	9.000
20	0.250	0.500	1.000	1.250	1.500	2.000	2.500	3.500	4.000	4.500
25	0.200	0.400	0.800	1.000	1.200	1.600	2.000	2.800	3.200	3.600

稀释倍数	原有浓度 /%									
	5	10	20	25	30	40	50	70	80	90
50	0.100	0.200	0.400	0.500	0.600	0.800	1.000	1.400	1.600	1.800
60	0.083	0.167	0.330	0.420	0.500	0670	0.830	1.167	1.340	1.500
100	0.050	0.100	0.200	0.250	0.300	0.400	0.500	0.700	0.800	0.900
150	0.033	0.067	0.130	0.170	0.200	0.270	0.330	0.467	0.530	0.600
200	0.025	0.050	0.100	0.125	0.150	0.200	0.250	0.350	0.400	0.450
250	0.020	0.040	0.080	0.100	0.120	0.160	0.200	0.280	0.320	0.360
300	0.017	0.033	0.070	0.080	0.100	0.130	0.170	0.230	0.270	0.300
400	0.013	0.025	0.050	0.063	0.075	0.100	0.125	0.175	0.200	0.225
500	0.010	0.020	0.040	0.050	0.060	0.080	0.100	0.140	0.160	0.180
800	0.063	0.013	0.025	0.031	0.038	0.050	0.063	0.088	0.100	0.113
1000	0.005	0.010	0.020	0.025	0.030	0.040	0.050	0.070	0.080	0.090
2000	0.003	0.005	0.010	0.013	0.015	0.020	0.025	0.035	0.040	0.045
3000	0.002	0.003	0.007	0.008	0.010	0.013	0.017	0.023	0.027	0.030
4000	0.001	0.003	0.005	0.006	0.008	0.010	0.013	0.018	0.020	0.023
5000	0.001	0.002	0.004	0.005	0.006	0.008	0.010	0.014	0.016	0.018

表 10-7 西瓜病虫用药新旧名称及使用倍数查对表

旧名（商品名）	新名（通用名或简化通用名）	含量 /%	使用剂型	配制倍数
杀毒矾	噁霜·锰锌	64	可湿性粉剂	500～600
甲基托布津	甲基硫菌灵	70	可湿性粉剂	800
克毒灵	菌毒·吗啉胍	7.5	水剂	500
病毒唑	三氮唑核苷	3	水剂	500
锐劲特	氟虫腈	5	乳油	1500
敌克松	敌磺钠	70	可湿性粉剂	500
秀安	异菌脲	50	乳油	1000
普力克	霜霉威	72.2	可湿性粉剂	700
金雷	甲霜·锰锌	68	水分散粒剂	500～600
阿米西达	嘧菌酯	25	乳油	1500
翠贝	嘧菌酯	50	悬浮剂	3000
适乐时	咯菌腈	2.5	悬浮剂	包衣种子
大生	代森锰锌	80	可湿性粉剂	700
世高	苯醚甲环唑	10	水分散粒剂	1500
银法利	氟菌·霜霉威	68.75	可湿性粉剂	600
安泰生	丙森锌	70	可湿性粉剂	400～600
克露	霜脲锰锌	72	可湿性粉剂	700
安克	烯酰吗啉	50	可湿性粉剂	2500
福星	氟硅唑	40	乳油	4000～6000
菌克毒克	宁南霉素	2	水剂	300

西瓜生产经验大全

旧名（商品名）	新名（通用名或简化通用名）	含量/%	使用剂型	配制倍数
病毒 A	盐酸吗啉胍	20	可湿性粉剂	500
抗毒丰	菇类蛋白多糖	0.2	水剂	600
DTM	琥·乙膦铝	60	可湿性粉剂	500
阿克泰	噻虫嗪	25	水分散粒剂	6000～8000
允美	吡虫啉	25	水分散粒剂	3000
天王星	联苯菊酯	2.5	乳油	3000
扑虱灵	噻嗪酮	25	乳油	1000
功夫	高效氯氟氰菊酯	2.5	乳油	5000
果螨特	速螨酮	20	乳油	4000～5000
螨危	螺螨酯	24	乳油	3000
潜克	灭蝇胺	75	可湿性粉剂	5000～7000
百事达	氯氰菊酯	5	乳油	1000～1500
富锐	顺式氯氰菊酯	18.1	乳油	2000
乐斯本	毒死蜱	48	乳油	1000
敌杀死	溴氰菊酯	2.5	乳油	3000～4000
卡死克	氟虫脲	5	乳油	2000
多来宝	醚菊酯	10	悬乳剂	700

表 10-8 西瓜大小与倒瓤的关系

品种	单瓜重/千克	瓜数/个	成熟度/成			倒瓤瓜	
			八	九	十	个数	占调查/%
绿宝	6～7	20	2	11	7	13	65
绿宝	4～5	20	2	11	7	8	40

表 10-9 西瓜叶面积与瓜产量的关系

叶片数/枚	叶面积/平方厘米			瓜重/克	叶/瓜（平方厘米/克）
	瓜后	瓜前	合计		
26.8	498.4	1648.2	5137.6	2183	2.35
78.3	8143.5	2514.7	10658.2	4650	2.29
84.7	9852.3	2873.3	12725.6	5475	2.32
115.4	10076.2	3028.5	13104.7	6025	2.18
147.7	13706.1	2125.3	15831.4	3125	5.07

第十一章
西瓜育种和试验研究

第一节　西瓜育种

一、杂交育种

杂交育种是西瓜育种工作中普遍采用的基本方法之一，目前国内外主要是采用品种之间选配父母本进行有性杂交的方法进行杂交育种。

1. 杂交育种的发展趋势

（1）加强遗传规律的研究　为了提高育种的成功率，压缩选配的组合数，应加强西瓜遗传规律的研究。现在已开始采用电子计算机进行模拟和运筹，以求得最优杂交组合，然后再按计算机显示的育种轨道进行实际杂交育种。

（2）发展多亲（系）杂交，育成高水平的良种　多亲杂交可以综合多种优良性状于一个杂种中，从而育成更符合要求的优良品种。这种杂交方式在抗病育种方面尤为重要。

（3）改进选择方法，压缩分离群体　根据株内遗传差异小于株间遗传差异的原理，采用"单粒传"的方法，即在杂种后代中每株西瓜只选一粒种子播种。这样可以多选株系，而每个株系中分离世代的群体则大大减少。

（4）综合运用多种选育途径　将杂交育种与辐射育种、激光育种、化学诱变育种相结合，能够大大增加育种材料综合优良性状的形成机会，从而加速了育种进程。

2. 西瓜的杂种优势

杂交第一代比其双亲（父本、母本）表现生长健壮、抗逆性强、适应性广、增产显著、品质提高，这种现象叫"杂种优势"。一般说来，两个亲本之间的遗传基础差异越大，其杂种优势越显著，但不是任何两个亲本交配都会产生杂种优势。亲本选择得当，杂交优势明显；亲本选择不当，反而使其产量品质降低。

3. 杂交育种的亲本选择

亲本即杂交亲本，是参与杂交的雄性和雌性个体的总称。其雄性个体称为父本，雌性个体称为母本。亲本选择是否正确得当，是杂交育种成败的关键。亲本选配正确，其后代出现的优良类型就多，容易从中选育出优良品种。在西瓜杂交育种时，为了正确选择亲本，应注意掌握以下原则：

① 尽可能选择优点多、缺点少，而且其优缺点能互相弥补的亲本。亲本主要优良性状多而突出，缺点少而不突出，而且优缺点互相弥补时，配制成的杂交种综合性状多数良好。

② 双亲中要有一个是当地良种。利用一个在本地表现优良的品种作亲本，对当地条件适应性强；再针对当地亲本的缺点，选一个在地理上相距较远，生态型差别较大，而综合性状较好的品种作另一亲本，这就有利于育成当地所需要的优良杂交种。

③ 选一个优点较全面的品种并针对其缺点选一个具有相应优点的品种加以改造。如所选品种具有早熟、优质和抗病的优点，但不丰产，适应性较差。可选一个丰产、适应性较强的品种作亲本与其杂交，这样就利于育成优良性状更全面的杂交种。

④ 选采种量高的自交系作母本。一般自交系的采种量较低，在配制单交种或三交种时，应选采种量比较高的自交系作母本，这样有利于提高种子产量，降低制种成本。

⑤ 显著的杂交优势应在双交种中出现，即在配制双交种时，要使最显著的杂交优势在双交种中出现，而不是在单交种中出现。如自交系甲与自交系乙所配制的单交种（即甲×乙），其杂种优势是产量高。在用它们配制双交种时，可分别先与自交系丙、丁配制成单交种，然后再用这两个单交种配制成双交种，即（甲×丙）×（乙×丁）或（甲×丁）×（乙×丙），让自交系甲与自交系乙在双交组合中相遇，以产生最大的杂交优势。利用杂交优势通常只限于一代杂种。这是因为，杂交种从第二代起即发生所谓分离现象（有的倾向父本，有的倾向母本，有的介于父母本之间），不但生长不一致，而且杂种优势衰退、产量降低、品质变劣。西瓜利用杂种优势的方式可分为 3 种：品种间杂种，即父母本都是固定品种；品种与自交系间杂种，即父母本之中有一个为品种，另一个为自交系；自交系间杂种，即父本母本都是自交系。其中以自交系间杂种的优势最强，增产效果最明显。自交系之间的杂交方式不同，可产生不同类型的杂交种。主要有单交种、双交种、三交种、顶交种和综合种等。单交种是由两个自交系杂交所产生的杂交种，即自交系甲×自交系乙。双交种，是由两个单交种杂交所产生的杂交种，即（自交系甲×自交系乙）×（自交系丙×自交系丁）。三交种，是由一个单交种与一个自交系杂交所产生的杂交种，即品种×自交系。顶交种，是用一个品种与一个自交系杂交，或用一个品种与一个单交种杂交所得的杂交种。综合种，是由若干个自交系、单交种或双交种、顶交种混种在一起，任其自由传粉或人工混合授粉，并经混合选择选育而成的杂交种，即单交种×双交种或三交种、顶交种，混交而选择。在利用杂种优势时，必须正确选择亲本和杂交组合。如蜜宝与克伦生杂交，其单瓜重优势为 87.5%，含糖量优势为 5%；苏联 3 号与中育 3 号杂交，其单瓜重优势为 78.5%，含糖量优势为 19%；新夏之王与蜜宝杂交，其单瓜重优势为 77.8%，含糖量优势为 2.1%；而兴城红与大庆丰杂交，其单瓜重优势 43.2%，含糖量优势为 2%。

二、辐射育种

辐射育种也叫放射育种，是用电离射线照射生物体或某一组织器官，改变其遗传性状，使之产生各种变异，经过选择和培育形成新品种的育种方法。

1. 辐射育种的特点

（1）简便易行　辐射育种是人工促进突变创造新品种简便易行的新方法。

（2）提高突变率　辐射育种产生的变异类型多，变异范围广，其突变率一般是 2% ～ 3%，比自然突变率高 100 ～ 1000 倍。

（3）育种时间较短　辐射育种一般只需 4 ～ 5 代选育时间，后代稳定较快。

（4）适于改良品种个别性状　辐射育种和其他育种方法相比，最适于改良品种的某一个别性状，如成熟期、抗病性、瓜蔓长度、节间长度、雌花率等其中的某一项。

（5）打破连锁基因　由于电离射线能使染色体断裂，因而辐射育种能够打破旧连锁，通过染色体交换，使之形成基因的重组。这是其他常规育种方法所办不到的。

（6）其他用途　应用电离射线还可以固定杂种优势，诱发染色体易位，克服远缘不亲和性及促进孤雌生殖等。因此，采用常规育种与辐射育种相结合的方法，将是现代育种发展的必由之路。应该指出，辐射育种也存在一定的缺点，主要是在突变株中，有利突变概率低，不利突变概率过高，另外，目前还难以定向控制突变过程。

2. 辐射育种应用的射线种类

一般说来，γ 射线、X 射线、β 射线、中子流和激光等都可用于辐射育种。但在西瓜辐射育种中，应用最普遍的是 γ 射线，其次是中子。γ 射线主要是由放射性同位素钴（Co）产生的，应用装置有小型钴炮、钴照射室、钴温室及钴植物园等。中子照射主要来源于原子反应堆。

3. 照射方法

多采用外照射，即利用放射线从植物体或某一器官外部向组织内进行照射。这种方法操作方便，可集中处理多种材料，一般没有放射性污染和散射问题，故比较安全，最适于开展群众性辐射育种。在西瓜辐射育种中，主要是照射种子。可以照射干种子、湿种子或萌动的种子。使用剂量应根据射线种类和临界剂量而定。例如用钴-60照射西瓜干种子，可用2万～4万伦琴；用中子流照射西瓜干种子，可用7.5×10^{12}中子/平方厘米。

4. 辐射育种的主要程序

（1）按不同剂量分别播种　由于突变多属隐性，可遗传的变异在当代通常并不表现出来。可将这些植株（称为R1）坐瓜节位的雌花与同株雄花分别自交授粉，并全部编号留种。

（2）R2的播种及鉴定　将R1植株所留种子，按其编号分别播种成一个小区，称为株系圃，每个株系圃内种植20株。出苗后即开始仔细观察记载每株西瓜的变异情况，对于发生了变异的单株，选择有经济价值的突变株编号留种（需自交授粉）。

（3）R3的播种和鉴定　将R2突变株选留的种子按株号分别播种，每个株号播在一个小区内。出苗后进一步观察记载突变株的分离情况和重要经济性状。开花时单株自交授粉。在优良株号中选择最优良的单株分别编号留种，其他植株不再留种。

（4）R4及其后代的继续选择和稳定　将优良R4株系中的入选种子分别播种，其植株即为Ra，在其中进一步选择优良株系。如果该株系内各植株的性状表现一致，即可将该株系的优良单株混合采收、混合播种，进行品种比较试验，最后选出优良品种。如果该株系内各植株的性状还不一致，则应继续在R4或Ra植株内进一步选择优良株系，直至同一株系内各植株的性状表现一致为止。

三、多倍体育种

所谓多倍体育种，是指通过染色体组成倍增加以培育多倍体新品种的方法。西瓜的多倍体育种主要是指三倍体（无籽西瓜）育种。其特点，一是必须用一定的方法（多采用秋水仙碱处理）使染色体加倍，培育出同源四倍体或异源四倍体；二是一般四倍体形加大，发育延迟，结实率降低，有的蛋白质含量、含糖量提高，耐旱耐寒性增强等。因此必须根据育种目标，恰当地采用多倍体育种法。

1. 四倍体（少籽）西瓜的人工诱变

（1）诱变材料的选择　在选择诱变的亲本时选择具有品质好、糖分含量高、皮薄、抗病性较强的二倍体（普通）西瓜作为诱变四倍体西瓜的原始材料。同时，为使诱变出的四倍体适合于配制三倍体（无籽）西瓜，还应注意所选择二倍体西瓜的种子要小，果实形状以椭圆形为好，纯度要高。另外，为获得优良的四倍体品种或品系，还可进行不同的四倍体品种（系）间的杂交，从而选出综合性状优良的四倍体品种，利用四倍体的杂交一代作为配制三倍体西瓜的母本，以得到生活力强、发芽率高、成苗率好、采种量高、经济性状优良的三倍体西瓜种子。

（2）诱变方法　二倍体西瓜诱变成四倍体西瓜的主要手段是利用秋水仙碱处理，其方法主要有浸种法、涂抹幼苗法、滴苗法和胚芽倒置浸渍法等。

（3）四倍体西瓜的鉴定　经过人工诱变处理的二倍体西瓜植株，是否变成我们所需要的四倍体，还需进一步进行鉴定。

2. 三倍体（无籽）西瓜品种的选育

（1）杂交组合的选配　三倍体无籽西瓜是以四倍体为母本、二倍体为父本的杂交一代。所以在培育新品种前必须选配好杂交组合。

（2）配制三倍体组合的方式

① 二元配对种（单交种）。是由两个亲本配对组成的组合，四倍体 A × 二倍体 B。

② 三元配对种（三交种）。两个四倍体杂交，再用其杂交一代种与二倍体父本杂交所形成杂交组合，即（四倍体 A × 四倍体 B）× 二倍体 C。

③ 多元配对种。或者称双交种，是用两个四倍体品种杂交，用

它的杂交种作母本与两个二倍体杂交作父本进行杂交而成的组合，即（四倍体 A× 四倍体 B）×（二倍体 C× 二倍体 D）。但是应该注意的是，在进行多元杂交时，两个母本品种、两个父本品种在性状上应当相似，否则三倍体杂交种会出现性状分离。

配制三倍体西瓜新品种，关键是要获得性状优良的四倍体西瓜，然后再选择性状优良的二倍体西瓜，通过组合力测定，选育出优质、高产、抗病的无籽西瓜一代杂交种。

第二节　亲本繁殖和杂交一代种子的培育

一、自交系的繁殖

1. 原种的生产

原种的生产应采用三圃制，即设株行圃、株系圃和原种圃。其具体程序如下。

在西瓜生育过程中，单株选择应分 3 次进行。

第一次选择　第一次在主蔓上第二、三雌花（即留瓜节位的雌花）出现时进行，此时主要根据叶片的形状、第一雌花出现的节位、雌花间隔节数、花的特征及植株的抗逆性等性状，选择符合原品种特征特性的单株，搞好标记，并在留瓜节位的雌花开放的前一天，分别将该节位的雌花及次日开放的雄花套袋（或夹花冠），次日上午进行人工授粉自交，以便保纯。

第二次选择　是在第一次中选套袋的单株的果实成熟时进行。此次主要根据果实的大小形状、皮色、花纹以及果实生长天数、植株的抗逆性等性状，选择符合原品种特征特性的单株，并搞好标记。

第三次选择　是在第二次中选单株所收获的果实剖瓜考种时进行。此次主要依据西瓜的瓤色、肉质、皮厚、是否空心、有无白筋、含糖量、风味、耐贮运性以及种子的形状、大小、色泽等性状，选择符合原品种特征特性的果实，进行单瓜编号，单瓜留种。

2. 株行圃

株行圃应选择地面平整、肥力均匀、排灌方便、隔离条件好、7年以上未种过瓜类作物的地块，每个中选的单瓜种一行成为一个株行，每株行定苗 20 株以上，间比排列，不设重复，每隔 5～10 行设一行同品种的原种作对照，株行圃的四周设保护行。移植或直播后应按单株选择时的编号绘制田间种植图。田间管理与大田生产要求基本相同。株行选择的时间、标准和方法与单株选择相同，第一次中选株行中的每个单株也都须对留瓜节位的雌花及同株同日开放的雄花，在开放前一天要分别套袋（或夹花冠），次日上午进行人工授粉自交，以便保纯。凡是杂交率大于 5% 的株行或其特征特性与原品种不同的株行应予淘汰。收获时，先收劣杂株行和对照行，然后再收中选株行。在收获中选株行时，应先将个别杂株去掉，然后混合收获，混合采种。

3. 株系圃

选作株系圃的田块也应是地面平整、肥力均匀、排灌方便、隔离条件好、7年以上未种过西瓜的地块。将入选株行分别种植在株系圃内进行系间比较，每株系种一个小区，每个小区种 100 株左右，全圃设一个对照区，间比排列，不设重复。对株系选的时间、标准和方法与单株选择相同，第一次中选株系中的各单株也应对留瓜节位的雌花进行人工授粉，在各次选择中，进一步淘汰不良株系，将最后入选的株系混合采种，进入原种圃。

4. 原种圃

将入选株系的种子混合种植于原种圃内。原种圃应与其他品种进行空间隔离或器械隔离，空间隔离的距离应在 1500 米以上。在西瓜开花期、果实生长中期和收获期，分别进行观察鉴定，严格去杂去劣，要求纯度为 99.5% 以上。入选种瓜混合采种后即为原种。

二、制种亲本的生产

为了保证生产用种的质量，首先要有质量合格的原种，另外在生产的过程中必须采取有效的措施防止发生混杂退化现象。单位面积采种量的多少与栽培技术、品种、留瓜部位都有密切关系。一般低节位的果实种子数量少，中后期坐的瓜种子数量多，主蔓上第二、三雌花所结的瓜种子质量最好，因此采种用的果实应选择具有本品种特征特性、瓜形端正的第二或第三雌花形成的果实。为了提高种子产量还可适当增加种植密度，每亩应在800株以上。并增施磷、钾肥料。在花期应进行人工辅助授粉，以增加种子产量。一般每瓜采种量为15～20克，每亩采种量为10～15千克，每100千克西瓜大约产种0.5千克。

三、二倍体杂交一代种子的繁育

1. 普通西瓜杂交制种的方法

（1）人工控制授粉杂交制种　在开花期间，每天下午4～6时，巡视瓜田，选择翌日开放的父本的雄花和母本的雌花，此时花冠顶端稍见松裂，花瓣呈浅黄绿色。用纸筒（帽）将花套住，或用长约4厘米、宽约2毫米的金属薄片，在花冠上部1/3处把花冠夹住，夹花时应防止夹得太重，以免花瓣夹破，也不可太轻，以免翌晨花瓣开张时，金属片容易脱落。套袋或夹花完毕后，应在附近插上一小标杆做好标记，以便翌晨寻找。已选好的雄花也可以于下午4～6时连花柄一起摘下来，插入铺有湿沙的纸盒内或放入塑料袋内，翌晨用于授粉。翌日清晨先把雄花摘下，除去纸袋或金属片（或从纸盒、玻璃瓶、塑料袋内取出雄花），剥掉花瓣，用指甲轻碰一下花药，看有无花粉撒出，若已有花粉粒撒出时，就将雌花上的纸袋取下（或将金属片打开），然后拿雄花的花药在已经露出的雌花柱头上轻轻地涂抹几下，使花粉均匀地落散在柱头上。授粉要充分，柱头上每处均应涂抹花粉。授粉后再将雌花用纸袋套起来，或再用金属片将花冠夹好，也可用大号空药用胶囊套在柱头上，以防昆虫非目的性自然杂交，同时在瓜柄上拴一醒目标记。

（2）空间隔离自然授粉杂交制种　这一方法一般在大量制种时采用。采用这种方法时，制种田应与其他品种（组合、类型）隔离

1500 米以上，父母本按 1：3 或 1：4 的比例间隔种植，但制种田的边行应种植父本，以利授粉。开花期间将母本上的雄花在未开放以前全部摘掉，这种去雄工作一定要细致、彻底，每天下午应在制种田巡视检查一次，摘除母本各条蔓上的雄花，不得遗漏，次日晨再补摘一次，待果实坐住以后，此项去雄工作即可结束。为了提高种子产量，应在开花期进行人工辅助授粉，即每天早晨 5～7 时取父本的雄花，去掉花瓣，将花粉轻轻涂在母本留瓜节位雌花的柱头上。

（3）空间隔离人工控制授粉杂交制种　即通称的"三保险"制种法，也就是上述二法的综合应用，即实行空间隔离，又进行套花或夹花隔离和人工授粉。具体方法同前。在进行杂交种子的生产时，为了简化制种手续，降低种子成本，可以利用标志性状的方法。它是利用只有在同质结合时才能表现出来的隐性遗传性状来淘汰假杂种。具体的做法是：以具有苗期隐性性状的品种作母本，以具有相对显性性状的品种作父本在制种的隔离区内隔行种植，使之自然授粉，在母本品种上收瓜留种。这类种子播种后，凡是在苗期表现为隐性性状的便是母本自交的假杂种，而表现显性性状的幼苗，那就是杂种一代。例如板叶类型的叶片为隐性性状，而有深裂类型的叶片为显性性状，如以板叶类型为母本，以有深裂叶片的品种为父本，使之自然授粉，在子代凡是表现为深裂显性性状的就是杂种一代，而表现为板叶型的就是母本的自交后代，这样就很容易在幼苗期把杂种苗与非杂种苗识别出来。在西瓜的杂交制种时，由于西瓜的花期较长，在不同期播种的情况下，一般不会发生花期不遇的问题。在制种的同时，还必须注意父母本的自交保纯，以备下一年制种用。

2. 种瓜的采收和调制

西瓜一般在坐瓜后 3 个星期左右，就能得到有发芽能力的种子。一般成熟的商品瓜，果实已达到生理成熟，其中的种子已具有较高的发芽能力，但是充分成熟或过熟一些的果实，其种子质量好，千粒重有所增加，发芽率也有所提高。因此，留种瓜应比商品瓜晚收几天，采收后即可剖瓜取种，不必进行后熟。因为在后熟过程中枯萎病菌易在果实内蔓延，炭疽病菌也常从外部侵入。大规模采种，可用采种机采种，小规模采种，可用切薄片用竹签挑籽或分食吃瓜留籽的方法。取出的种子装入干净的瓷缸、瓦盆或塑料桶中（切勿用铁制的或带油污的容器，否则种皮变黑），加上一些西瓜汁（以淹没种子为度）使之发酵，时间约1昼夜，但切忌发酵的时间过长，否则会致使种皮变黑，发芽率降低。种子发酵后要及时清洗，一般可用麻袋或掺少量河沙揉搓，搓掉种皮上的胶质黏液和连在一起的瓜瓤，然后在清水中漂洗干净。清洗的时间最好在晴天的上午，清洗过的种子立即摊放到席子上晾晒，并经常翻动，使尽快干燥，不可长时间在阳光下暴晒，更不可放在水泥地或铁板上，以免影响种子的质量。种子的干制也可采用烘干法，但在进行加热烘干时，加热的温度不应高于43℃。当种子充分干燥后即可分袋贮藏，若装入密闭容器（如铁罐）时，种子的含水量应不超过6.5%，若装于非密闭容器（如麻袋、纸袋）时，种子的含水量也不应超过8%。西瓜种子的存放应放置在干燥低温的条件下才能延长其寿命。贮藏种子的适宜温度最好在15℃以下，相对湿度最好在60%以下。在一般贮藏条件下，西瓜种子的发芽年限为3～4年。贮藏西瓜种子时应按品种、等级分别贮藏，避免混杂。同时要防止受热受潮，防止鼠害。西瓜种子没有休眠期，用当年收获的新瓜种继续播种能正常开花结果。

四、四倍体西瓜选育与繁殖技术

1. 四倍体西瓜的诱变

将普通的二倍体西瓜诱变成四倍体的方法主要有以下几种。

（1）浸种法　将要处理的种子先放在清水中浸泡5～6小时，再放在0.1%～0.2%的秋水仙碱溶液中浸48小时，然后置于33℃左右的条件下催芽、播种。

（2）涂抹法　用1%的秋水仙碱溶液4～6毫升与10克羊毛脂膏充分搅拌混合制成秋水仙碱羊毛脂膏，当西瓜幼苗的子叶展开，真叶尚未出现时，将混合剂涂在生长点上少许，使混合剂与生长点密接。

（3）滴苗法　在幼苗子叶展开、真叶尚未出现时，用滴管将

0.2% ～ 0.4% 的秋水仙碱溶液滴浸幼苗生长点，每天早晚各一次，每次 1 滴，连续 4 天。为了延长溶液作用于生长点的时间，也可在生长点上包以棉花，而将溶液滴入棉花中。

（4）胚芽倒置浸渍法　先将种子催芽，当胚根长至 1 厘米左右，子叶刚露出时，将子叶连种皮浸入 0.2% ～ 0.4% 的秋水仙碱溶液中，根尖朝上，盖以湿纱布，放在 30℃ 下处理 10 ～ 24 小时，处理后用清水浸泡 1 ～ 2 小时。

以上 4 种方法都可获得四倍体，如果采用浸种后再用涂抹、滴苗或浸渍胚芽的方法，则会增加诱变概率。凡经药剂处理的，其幼苗生长点的生长受到抑制，苗期生长很慢，所以诱变处理时，应较普通的西瓜早播 10 ～ 15 天，否则开花结果延迟，遇到雨季影响授粉和坐果，即使诱变成功，保种常有困难。另外还应注意在处理后要清洗除去残存的药剂，以免药剂继续作用而抑制细胞的分裂和生长。同时还要防止药剂与皮肤暴露部分接触，以免中毒。在处理幼苗时，若药剂沾染到手及皮肤上，应立即用肥皂和清水洗净。

2. 四倍体西瓜的鉴别

经过秋水仙碱处理的二倍体西瓜植株，有多种变异，一般多数仍是二倍体，也有四倍体嵌合体。因此要了解是否已诱变成了四倍体，还需要进行鉴别，鉴别的方法有两种。

（1）直接鉴定法　直接鉴定就是在显微镜下检查胚根、幼叶体细胞和花粉母细胞内染色体的数目，即可确定诱变植株是否变成了四倍体。体细胞染色体数目鉴定的方法是：在西瓜种子发芽至胚根长达 0.5 ～ 1.0 厘米时，于分裂盛期取下胚根，置于酒精 - 醋酸（3 份 95% 酒精加 1 份冰醋酸）中固定 10 ～ 12 小时，如不准备立即进行检查，则可以用 95% 酒精清洗，然后转移到 70% 的酒精中保存。制片时，先将材料用 1 摩尔 / 升盐酸在 60℃ 下处理 8 ～ 10 分钟，或放入 95% 酒精与浓盐酸混合液中（二者体积比为 1：1），处理 5 ～ 8 分钟，然后用蒸馏水或 50% 酒精洗涤数次。再将根尖放入醋酸胭脂红或醋酸地衣红中染色 1 ～ 2 小时。制片时将靠近根冠处极小一段（0.2 ～ 0.4 毫米）切下，在一滴醋酸胭脂红中压片。压片时应在盖片上覆以吸水纸，用左手按着，勿使盖片移动，用镊子轻敲盖片，使材料分散，即可进行显微镜镜检。如细胞分散得不够好，或染色体不在一个平面上，可再用大拇指或带有橡皮头的铅笔轻压盖片。而后把制片在酒精灯上来回移动，进行微热烤片，使细胞质透明，染色体便清晰可见，随即以石蜡或甘油胶封边。这种临时制片，约可保存1周。为了便于计算染色体数目，可在材料固定之前，用 α- 溴代萘饱和水溶液或对二氯苯饱和水溶液预先处理2～4小时，这样可促进染色体分散和浓缩。实践证明，在田间取植株根尖和茎尖有一定的困难，故一般是以幼叶作为检查染色体的材料。方法是于上午9时前后在茎蔓顶部摘一幼小叶片（2～3毫米长）制片（同根尖制片法），同样能迅速确定染色体数目。染色体数目确定之后，就可以区别变异株是否变为四倍体。四倍体染色体数44条，二倍体染色体数是22条。花粉母细胞染色体数目鉴定的方法是：于细胞分裂盛期取比绿豆大小的雄花蕾加以固定。制片前小心剥去花萼和花瓣，不必水解，取出花药束，置于载玻片上轻轻压出花粉母细胞，染色后置于显微镜下观察。可以看到花粉母细胞正在进行减数分裂，计算染色体数目。根据染色体数目的多少，判断是四倍体，还是二倍体。

（2）间接鉴定法　间接鉴定法就是根据四倍体植株与二倍体植株在形态上的差异来进行判断。四倍体种子的胚根明显变粗；幼苗茎尖变为深绿色，略有膨大，形成许多突起；茎的生长缓慢，节间短，分枝力差；叶片小而厚，茸毛较多，颜色也较深，缺刻浅，裂片宽，叶片上气孔的保卫细胞较大；花器变大，花粉粒的体积也较大；果实一般比二倍体短而小，果皮厚，肉质较紧密，果实内种子数量少，种子大而脐部宽，种皮厚而硬。为了进行鉴定诱变植株是否为四倍体，还可以进行下面的一些辅助观察。

①首先可用其他四倍体西瓜花粉给变异单系授粉。如果得到正常的果实和种子时，就证明了该变异单系是四倍体。因为在这种情况下，假如该单系仍是一个二倍体，虽然正常结果却只能获得没有种胚的空壳种皮，不可能形成正常的种子。倘若该单系是三倍体的话，只能结成无籽西瓜。由此可见，该单系既不是二倍体也不是三倍体，只能是四倍体。

② 用变异单系的花粉给二倍体西瓜授粉。如果果实内的种子是没有种胚的空壳种皮，就证明了该变异单系是四倍体。因为若是二倍体，必定形成具有正常二倍体种子的果实；若是三倍体，则根本不能使二倍体的子房发育。

③ 以二倍体西瓜花粉给变异单系授粉获得的种子再播种，并用二倍体西瓜的花粉作助媒，如果能得到无籽西瓜，就证明了该变异单系是四倍体。如果果实内有种子，那就说明该单系仍是一个二倍体。

五、三倍体（无籽）西瓜的选育与繁殖

1. 无籽西瓜组合的选配

三倍体无籽西瓜是以四倍体为母本，二倍体为父本的杂交一代。父母本不同，杂交后代的表现也有差异，所以，选出四倍体品种后，必须选择优良的二倍体品种作父本，找出适宜的组合。在选配无籽西瓜组合时，必须注意标志性状，利用父本显性或母本显性。所谓标志性状，即以明显的形态特征作标志，以便在田间区别二倍体、三倍体与四倍体的果实。以果皮颜色花纹为例，如四倍体母本品种的果皮为绿色网纹状，就应选择果皮深绿或有深绿花条的二倍体作父本，这样根据果皮颜色的遗传规律选择的组合，其杂种一代的三倍体西瓜果皮颜色就一定是深绿色或深绿色花条，这是父本显性。反之，若以深色果皮的四倍体作母本，就应以浅色果皮的二倍体作父本，其杂种一代三倍体西瓜果皮和母本相似，也是深色的，这是母本显性。这样根据果皮的颜色、花纹就可以在田间区分二倍体、三倍体和四倍体的果实。也可利用果形来区别不同倍数体的果实，例如用圆果形的四倍体品种作母本，长果形的二倍体品种作父本，其杂种一代三倍体果实是中间型的椭圆形。标志性状的利用，在无籽西瓜生产中具有很重要的实用价值。选配组合时，除注意标志性状之外，还应考虑瓤色、肉质、品质、种子大小等性状，最好选择瓤色较一致的、皮薄、肉硬、品质好、种子小的二倍体作父本。每个四倍体品种在选配组合时，要同时选择几个二倍体优良品种作父本进行杂交，做组合力的测定，以选择综合性状好的组合。

2. 繁殖父母本

四倍体西瓜是无籽西瓜的母本，是发展无籽西瓜的关键，因此，提高四倍体西瓜种性和繁殖足够数量的父母本种子是保证无籽西瓜种子生产的前提。四倍体西瓜应选用种性优良的纯系繁殖，繁殖数量不多时常用人工控制套袋自交授粉法留种以获得纯种，而较大量繁殖时则用空间隔离人工辅助授粉法留种。

（1）无籽西瓜的种子生产　无籽西瓜的制种方法和程序与杂交一代的制种基本相同，其不同点与注意事项是：在制种方法上与杂交一代制种同样可以采用相同的方法。即人工控制（套袋或夹花）授粉、空间隔离下母本去雄自然授粉与"三保险"法（空间隔离、套袋、去雄）。此外，无籽西瓜还有一种其特有的制种方法，即空间隔离母本不去雄的自然授粉简化制种法，用此法从母本上采得的种子，可能是四倍体种子，也可能是三倍体种子，而四倍体种子与三倍体种子易于从形态上加以区别，前者种子饱满圆鼓、喙部较窄、种皮上无裂纹或裂纹较浅，后者种子扁平、喙部较宽、种皮上裂纹较多较深。利用以上不同特点可以基本（80%以上）区分开来，但此法并非有绝对区分把握，同时所得的三倍体种子比例不高（若父母本按1:4配制可得三倍体种子30%～40%）。因此，仅在劳力奇缺的少数国家试用，而我国劳力充裕，并没有推广应用。目前应用最多的是人工控制（套袋夹花）授粉杂交制种法。

（2）四倍体西瓜的单瓜种子量少　为了增加无籽西瓜种子的单位面积采种量，应尽量扩大母本的种植比例，父母本一般按1:10（二倍体:四倍体）以上的比例种植，父本多集中种于田边一侧，也可采用全田种植四倍体母本，父本另行种植供给雄花。

（3）及时淘汰四倍体个别植株恢复成二倍体的种株　四倍体西瓜在特定条件下会偶然出现个别植株恢复成二倍体的"返祖"现象，用这种恢复株种子播种后所结的果实，与四倍体果实在外观上比较相似，若混入四倍体中进行无籽西瓜制种，将会造成严重的不良后果，故必须随时注意剔除淘汰。

无籽西瓜制种田的栽培管理特点与前述的四倍体西瓜的繁种田

相同。

3. 采种和调制

采种和调制的一般方法与二倍体西瓜相同，但是无籽西瓜采种时必须注意以下两个问题。一是种瓜必须充分成熟。三倍体种瓜一般需35天左右才能充分成熟，积温约900℃。充分成熟的果实采收后可立即剖瓜采种；未充分成熟的果实必须后熟5天左右，否则发芽率降低，后熟不要在阳光下暴晒，应平放在室内干燥的阴凉处，最好不要堆积。二是采种时不进行酸化处理。二倍体西瓜采种时都要把种子连同西瓜汁一起放在盆内进行酸化，然后再清洗。而无籽西瓜种子如经酸化处理则会降低种子发芽率。试验证明，不酸化的发芽率最高，可达78.7%，而酸化一昼夜的其发芽率则降低到65.2%，酸化2～3昼夜的，发芽率降至32.5%和6.2%。因此，无籽西瓜种子从果实内取出后应立即搓洗干净，清除秕籽后晾干。清洗种子最好在晴天的上午进行。洗后立即在阳光下晾晒，经常翻动使其尽快干燥，干后及时收起，放在通风良好的室内风干2～3天，再放在干燥密闭的坛内或装入布袋放在通风干燥处保存，以后经常晾晒。采种时不宜在阳光下暴晒时间过长，以免影响发芽率。不可在傍晚或阴雨天清洗种子，否则，会因不能及时晒干而影响种子的发芽率。

4. 提高无籽西瓜采种量的途径

采种量低是无籽西瓜生产发展上存在的最突出的问题，这是由多倍体植物孕性差的遗传特性所决定的，因此，要从根本上来解决此问题是十分困难的。但是，经过长期的试验研究和生产实践，已找到了一些切实可行的缓解途径，大致可以归纳为两个方面的措施：一是育种措施，如选育多籽品种和多籽单系，选配结实力高的三倍体组合，四倍体品种间杂交一代的利用等；二是栽培措施，如选择在最适宜的气候条件下（不同地区、不同季节、不同播期等）制种，推广人工辅助授粉代替自然授粉，少蔓整枝（单双蔓整枝）、密植多果（南方每亩800株以上，华北每亩1000株以上，新疆与河西地区每亩2000株左右）、增施磷钾肥等。采取以上综合措施，一般亩产无籽西瓜种子达 5 千克左右，高者可达 8 千克以上。

六、西瓜品种混杂退化的原因及预防

品种混杂一般是指在一个品种群体中，混杂有不同于本品种的各种异型株。品种退化主要是指品种在生产栽培过程中逐渐丧失其优良性状，如产量降低、品质变劣、成熟期改变、生活力降低、抗逆力减弱，甚至完全丧失原品种典型性状的现象。西瓜品种混杂退化的原因是多方面的，现将主要原因及其防治办法介绍如下。

1. 天然杂交所引起的生物学混杂

西瓜的绝大多数品种是雌雄异花授粉作物，在隔离不良的情况下，往往发生不同类型、不同品种间的天然杂交（串花），从而造成非本品种的配子参与受精过程，产生一些杂合的个体，这些杂合体在继续繁殖过程中又产生许多重组的类型，使原品种群体的遗传结构发生很大变化，因此造成品种的混杂和劣变。防止天然杂交的方法是对易于相互杂交的品种、类型之间进行必要的隔离留种。隔离的方法有以下 3 种。

（1）器械隔离 一般多用于品种较多，难以安排自然隔离区而又需同时留种时。其方法是人工将留瓜节位的雌花和预备提供花粉的雄花在开花前一天，将花冠分别用纸套、药用胶囊等器具套住，或用金属片夹住，第二天打开进行人工授粉后再次套住或夹住，以防昆虫进行非目的的授粉而引起杂交。此外，利用网罩或温室等设施进行隔离也属于器械隔离，但在隔离网罩内采种需进行人工辅助授粉或在网罩内放蜂、蝇以解决授粉问题。

（2）花期隔离 所谓花期隔离就是利用一些栽培措施，使不同品种的开花期前后错开，以避免天然杂交。一般可利用温室、阳畦等设施使某一品种提前播种早开花，而使另一品种延迟播种晚开花，或是一年播一个品种，隔年交替，轮换繁殖，从而起到错期隔离的作用。另外，也可用整枝、施用生长调节剂等方法进行花期隔离。

（3）空间隔离 这一方式是良种繁育中经常采用的，它既不需要网罩之类的设备，也不需要采取调节花期的措施，只要将容易发生天然杂交的不同品种、类型之间相互隔开适当的距离进行留种即可。不同品种或类型的西瓜，利用空间隔离的方法进行采种时，在开阔地的隔离距离应为 1000 米以上，在有屏障的地方也要在 500 米以上。

2. 不良的选种留种方法造成的品种退化

① 不重视选择和缺乏合理的选择制度，是导致品种退化的主要因素之一。西瓜品种在栽培过程中除了会发生机械混杂、生物学混杂外，还会经常发生自然突变，而突变中出现的有利变异少而不利变异多。因此，在良种繁育过程中如不注意通过严格的选择，将混杂劣变的植株淘汰掉，任其留种就必然导致品种的退化，特别是对于自然选择与人工选择方向不一致的那些性状。如食用西瓜种子的多少，肉质的软硬等，若不注意人工的选择，就会导致个小、肉硬、种子多等不良性状的出现。因此，为了防止品种混杂退化，应该连续定向地在每代都进行选择，各代应在品种的特征特性容易鉴别时进行多次的选择和淘汰，对于原种的生产要进行严格株选，对于生产用种的繁殖田，要认真地去杂去劣和淘汰病株。

② 在不合理的自然、栽培条件下留种也能造成退化，如果留种田的自然条件和栽培管理条件，不利于该品种主要经济性状的表现，品种的优良特征特性未能得到发挥，因而就无法根据个体间的差异来选优去劣。这样经多次留种后也会导致品种的退化。例如，长期在露地栽培的瓜地内，选留适于保护地栽培的品种时，适于保护地栽培所必需的耐湿、耐弱光、抗病性强的特点就很难在露地栽培植株中表现出来，因而这些性状就很难通过选择巩固加强。同样，选择早熟品种只有在温度较低的春季进行早熟栽培时，才能比较准确地判断植株的早熟性状，而在晚熟栽培的条件下进行选择，久而久之就会导致品种的退化。总之，留种田的自然条件和栽培条件应该有利于该品种主要经济性状的表现，有利于该品种优良特征特性的发挥。

3. 机械混杂

在种子收获、脱粒、清洗、晾晒、储存、包装和运输等过程中，由于工作上的粗枝大叶或不认真执行技术操作规程，混入了异品种的种子而造成的混杂叫机械混杂。西瓜是异花授粉作物，在已发生了机械混杂的群体中，播种后又不及时去杂，该品种的植株就会与混杂的植株于开花时相互杂交，进一步造成生物学混杂使种性进一步退化。为了防止机械混杂，在播种前应对种子进行精选，挑出品种类型相异的种子。在浸种、播种、育苗、定植的过程中都要密切注意避免混入其他品种，在种子收获时，各品种要分别收获、分别取种、分别晾晒、分别堆放。在种子精选、加工、贮藏的过程中，所用的器具都必须彻底清除前一品种残留的种子，严防混杂。在种子包装、贮藏时容器内外均应附上标签，记明品种名称、等级、数量。对于已发生机械混杂的品种，应于开花前去杂（拔除）。

参考文献

［1］贾文海.西瓜栽培.济南：山东科学技术出版社，1984.

［2］贾文海.西瓜花芽分化的研究.山东农业科学，1983.

［3］贾文海.西瓜几个数量性状遗传力的初步研究.瓜类科技通讯，1985.

［4］贾文海.西瓜高产栽培技术问答.济南：山东科学技术出版社，1988.

［5］王坚.西瓜栽培与育种.北京：中国农业出版社，1993.

［6］贾文海.地膜覆盖西瓜施肥特性的初步研究.中国园艺学会成立六十周年纪念暨第
　　六届年会论文集，1989.

［7］贾文海.西瓜栽培新技术.北京：金盾出版社，2010.

［8］贾文海，贾智超.蔬菜育苗百事通.北京：中国农业出版社，2011.

［9］贾文海，贾智超.西瓜生产技术手册.北京：金盾出版社，2016.

［10］贾文海，李晶晶.西瓜生产百事通.北京：化学工业出版社，2019.

［11］贾文海，刘伟，乔淑芹.彩色图解西瓜高效种植技术.北京：化学工业出版社，
　　　2020.